钣金展开放样技巧与精通

杨玉杰　编著

机 械 工 业 出 版 社

本书从基本几何作图法开始，由浅入深地介绍了各种构件的展开放样方法与技巧，包括平行线法、放射线法、三角形法、相贯线的作图法与应用技巧、不可展曲面构件的近似展开；最后介绍了计算法展开放样技巧与计算机的应用。

本书以图形为主，通过大量的图例介绍各种展开图画法，配以简练的文字说明。对展开构件做出了立体效果图，使读者便于理解构件的形体和展开方法。在计算法展开放样部分尽可能地提供最简单的计算公式和数据。同时作者对自己在计算机上利用 AutoCAD 软件为平台进行展开和排板下料的方法和经验也作了总结。

本书可供钣金工、铆工、钳工、管工等初、中级技工阅读。

图书在版编目（CIP）数据

钣金展开放样技巧与精通/杨玉杰编著. —北京：机械工业出版社，2010.1（2023.12 重印）
ISBN 978-7-111-29615-7

Ⅰ. 钣… Ⅱ. 杨… Ⅲ. 钣金工 Ⅳ. TG936

中国版本图书馆 CIP 数据核字（2010）第 013311 号

机械工业出版社（北京市百万庄大街 22 号 邮政编码 100037）
策划编辑：吕德齐 责任编辑：吕德齐 版式设计：霍永明
封面设计：姚 毅 责任校对：李 婷 责任印制：任维东
北京中兴印刷有限公司印刷
2023 年 12 月第 1 版第 16 次印刷
260mm×184mm · 14.25 印张 · 270 千字
标准书号：ISBN 978-7-111-29615-7
定价：39.00 元

电话服务
客服电话：010-88361066
010-88379833
010-68326294

网络服务
机 工 官 网：www.cmpbook.com
机 工 官 博：weibo.com/cmp1952
金 书 网：www.golden-book.com
机工教育服务网：www.cmpedu.com

前　　言

根据读者的需求，尤其是初学者需要通俗易懂的钣金展开图书，他们希望比照书上的图就能画出实际的展开图，即使用计算法也一定要力求简单，能用加、减、乘、除法解决问题最好。笔者编写这本图书的目的就是为给这部分读者一些帮助。

钣金展开放样的目的就是要将施工图样上立体构件的表面展成平面图形，然后将展开后的平面图形进行排板后画在施工材料的平面上。无论用什么方法进行展开，最后都需要在施工材料上用1:1的实际尺寸进行画线，就好像是制衣裁缝在布料上的画线。

展开放样在实际施工中有多种方法，展开图画法是展开技术的基础，各种展开方法都要依靠它来推导和建立。而作图法展开就是利用展开图画法来直接进行钣金展开的，因此本书将在前七章中用较大的篇幅介绍各种展开图画法，通过大量的图例，希望能使读者全面掌握各种展开图画法技巧，也就是钣金展开中的作图法展开。

为能做到通俗易懂，本书以图形为主，配以最简练的文字说明，文字随图，并尽量做到由最简单的基础知识讲起并逐步加深。对展开构件尽量做出立体效果图，使读者便于理解构件的形体和展开方法。

计算法展开因计算器的方便和施工人员文化水平的提高在施工中被广泛采用，同时因作图工作量的减小和精确度的提高，尤其是较大尺寸构件的排板下料就更是方便和准确，因此是现在施工中普遍采用的施工方法。而且笔者在施工实践中见到过许多文化水平较低的工人只要经过努力同样可以熟练掌握各种计算法展开的操作技巧，所以笔者在第八章中尽可能地依据前七章中图例的展开图形，将现在施工中常用计算展开的各种方法进行推导和介绍，尽可能地提供最简单的计算公式和数据。为使读者能够理解和掌握，对计算展开的具体操作步骤尽量进行详细介绍。同时，笔者将自己在计算机上利用AutoCAD软件为平台进行展开和排板下料的经验和方法给大家作一些介绍，希望读者在掌握展开图画法技巧的前提下对钣金展开技术能有所提高。同时，也供同行们参考和研究。

因立体构件的表面材料都是有厚度的，而展开图画法是在一平面上的几何作图，要求放样图应是单线条图，需要在画出放样图时进行板厚处理，为保持图面的清晰和文字的简练，图例中对板厚处理方法不作十分详细的分析，而主要是介绍钣金展开的各种画法，请读者谅解。

本书以大量实例来介绍各种展开放样的技巧和经验，希望能对广大读者在解决施工中的实际问题时有所帮助，也希望通过本书的学习，可以对在化工、冶金、煤炭、建筑等行业中从事金属加工制造和安装的初学者能有所帮助，并希望他们在掌握钣金展开和排板下料的基本技巧后能有所提高。希望能满足读者的需求，错误之处也望广大读者能提出意见并给予指正。

编　者

目　　录

第一章　常用基本几何作图法

熟练地掌握和运用几何作图方法是钣金展开放样工作中非常重要的内容，本章 20 余图例是常用的几何作图画法。

图例 1　线段的任意等分作法

如图 1 所示，过 *a* 点作线段 *ah* 的合适角度线 *a*8，在 *a*8 线上截取 *a*1、12、23…67 为 7 个相同任意长度。连接 *h*7，用钢板尺或作辅助线 *AB* 垂直于 *h*7 线，用直角尺的一边沿 *AB* 线移动，另一边过 6、5、4、…各点在 *ah* 线得到 *g*、*f*、*e*、…各点，各点将 *ah* 线段 7 等分。

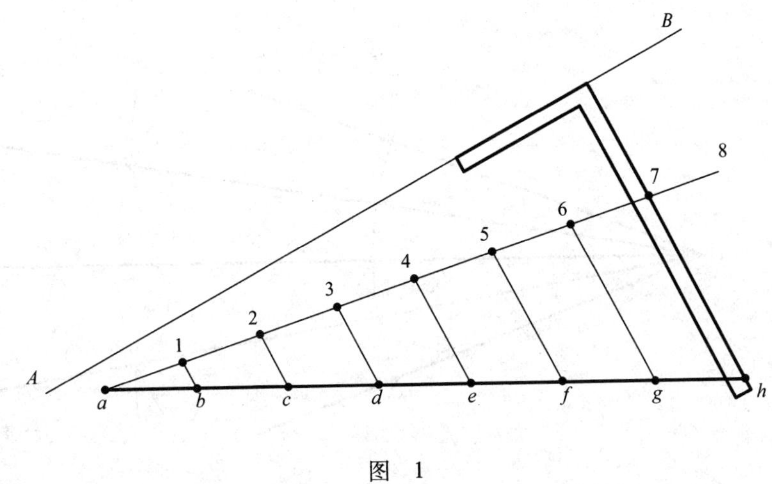

图　1

图例 2　已知三边长度求作三角形

如图 2 所示，已知三边长度为 *a*、*b*、*c*。

作线段 *AB* 长度为 *c* 的长度，以 *A*、*B* 两点为圆心，分别以 *b*、*a* 长度为半径，画弧交于 *C* 点，连接 *AC*、*BC* 得三角形 *ABC* 为所求。

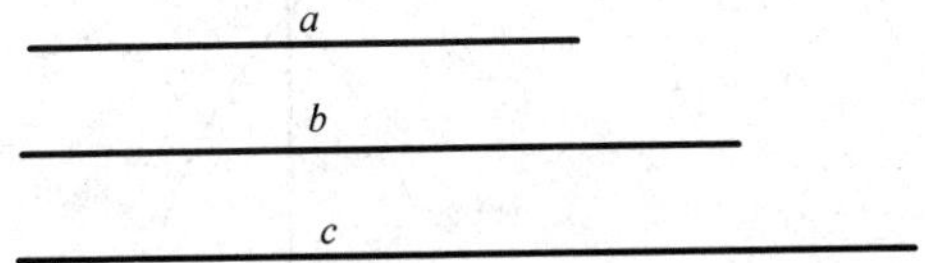

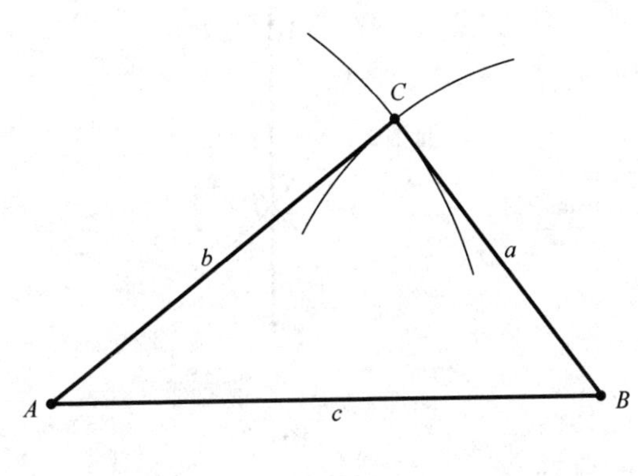

图　2

图例 3　线段垂直平分线的作法

如图 3 所示，已知线段 AB，分别以 A、B 为圆心，以大于 AB 一半的适当长度为半径画弧，交于 C、D 两点，连接 CD，则 CD 垂直并平分 AB，$AO=BO$。

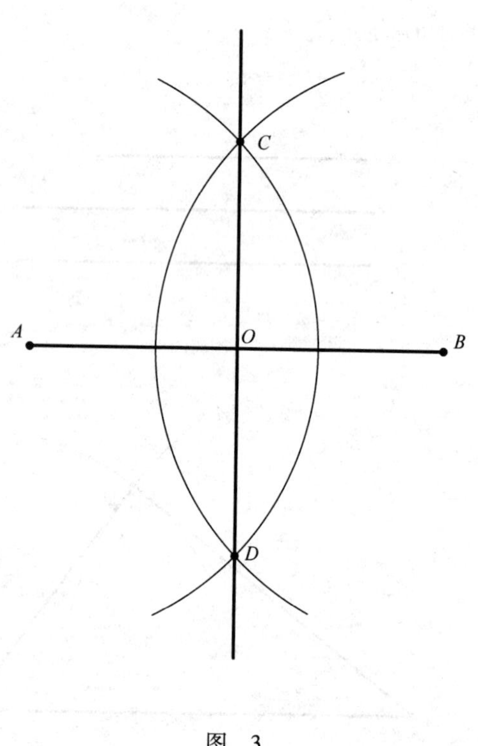

图　3

图例 4　角平分线的作法

如图 4-1 所示，已知 $\angle AOB$。以 O 为圆心，以任意长度为半径画弧，交两边于 a、b 点。再分别以 a、b 点为圆心，以同一长度为半径画弧交于 C 点，连接 CO，则 CO 平分 $\angle AOB$。

如图 4-2 所示，用同样方法将 $\angle AOC$ 平分，得 DO 为 $\angle AOB$ 的 1/4 平分线。

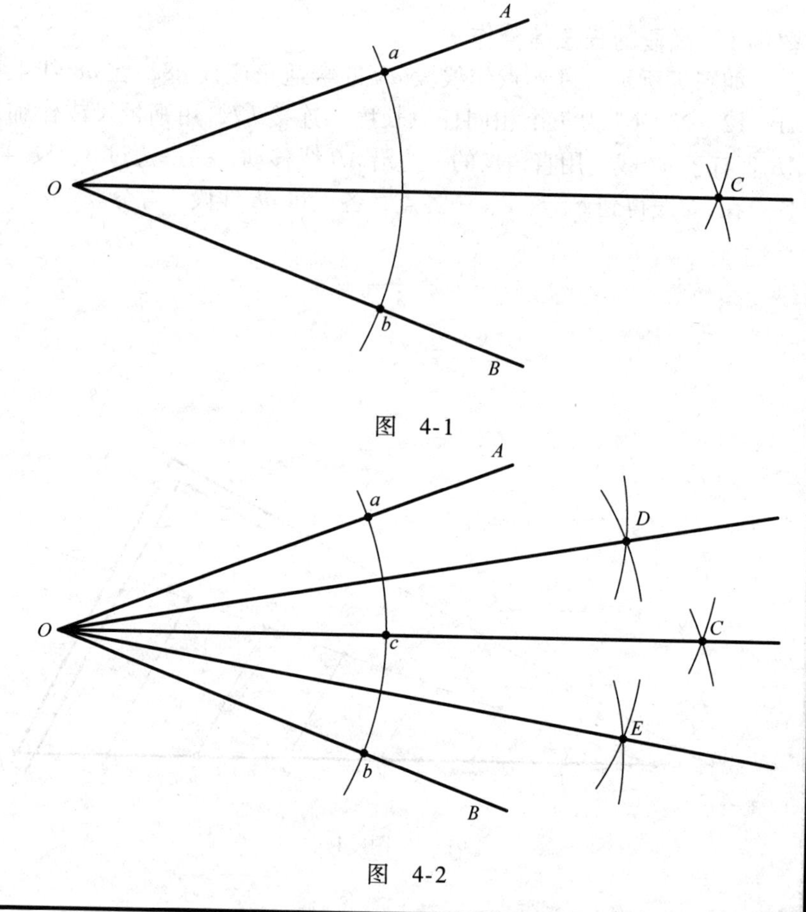

图　4-1

图　4-2

图例5 大弯尺线和求方的作法

大弯尺线的作法如图 5-1 所示，在材料短边作直线 *AB*，以 *A*、*B* 两点为圆心，以 *AB* 长度为半径画圆弧交于 *O* 点，连接 *BO* 并延长。再以 *O* 为圆心，以 *AB* 长度为半径画弧交 *BO* 延长线于 *C* 点，连接 *AC*，得∠*CAB* 为所求弯尺线。

大弯尺线的另一种常用作法如图 5-2 所示，在材料的长边作一直线，过直线上 *C* 点作斜线，在斜线上取 *BO* = *CO*，以 *O* 点为圆心，以 *BO* 为半径画弧交直线于 *A* 点，连接 *AB*，得∠*CAB* 为所求弯尺线。

求方的画法可利用大弯尺线来作出，但施工中大批排板下料时一般是利用计算器先算出矩形对角线的长度，用下面两种方法可更快和准确地作出矩形。如求作 1000mm×5000mm 的矩形，可先计算出矩形的对角线为 5099mm，如图 5-3 所示，在材料的长边上作两条间距为 1000mm 的平行线，取 *A*、*B* 两点距离为 5000mm，分别以 *A*、*B* 点为圆心，以 5099mm 为半径画弧交平行线于 *D*、*C* 点，作图时也可以如图 5-4 所示，以 *B* 点为圆心，以 5099mm 为半径画弧，交于 *C* 点，取 *CD* 长度为 5000mm，再以 *D* 点为圆心，以 5099mm 为半径画弧交得 *A* 点。连接 *AC* 和 *BD*，得矩形 *ABDC* 为所求。

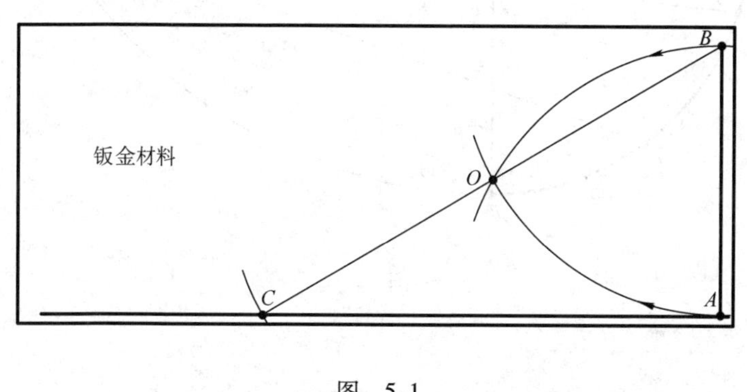

图 5-1

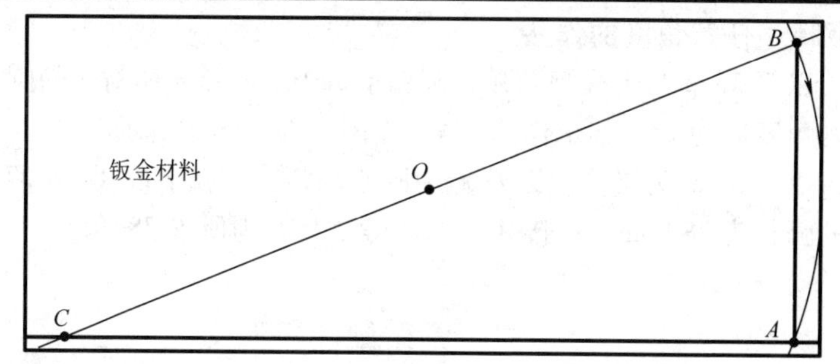

图 5-2

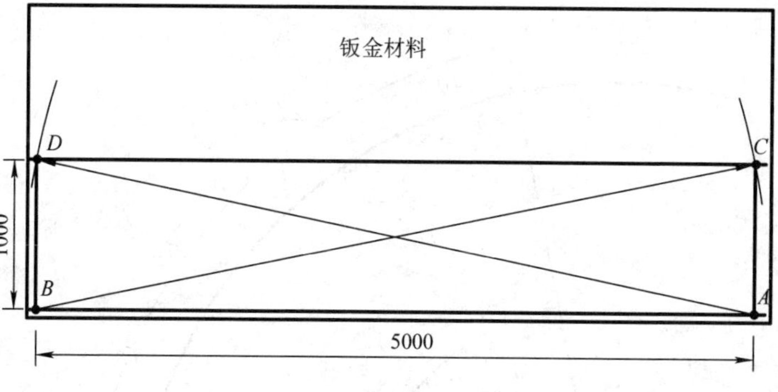

图 5-3

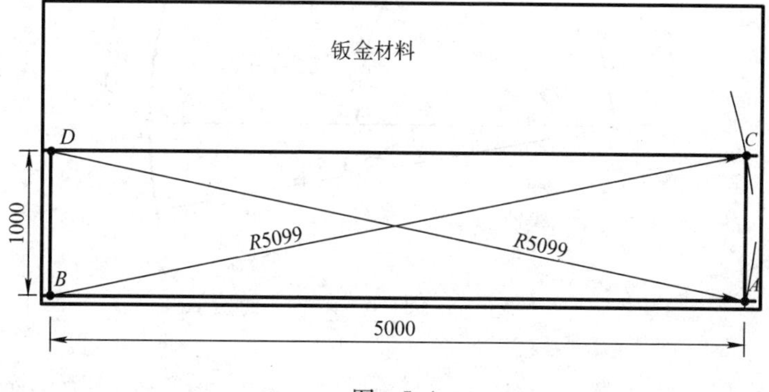

图 5-4

图例 6　任意角度的作法

以 573mm 为半径画圆弧，圆弧上每 10mm 弧长所对应的圆心角的角度即为 1°，如求作 78°角，作图步骤如图 6 所示。

以 573mm 为半径，以 *O* 点为圆心画弧，在弧上取 *A*、*B* 两点间的弧长为 780mm。连接 *AO*、*BO* 得∠*AOB* 为所求 78°角。

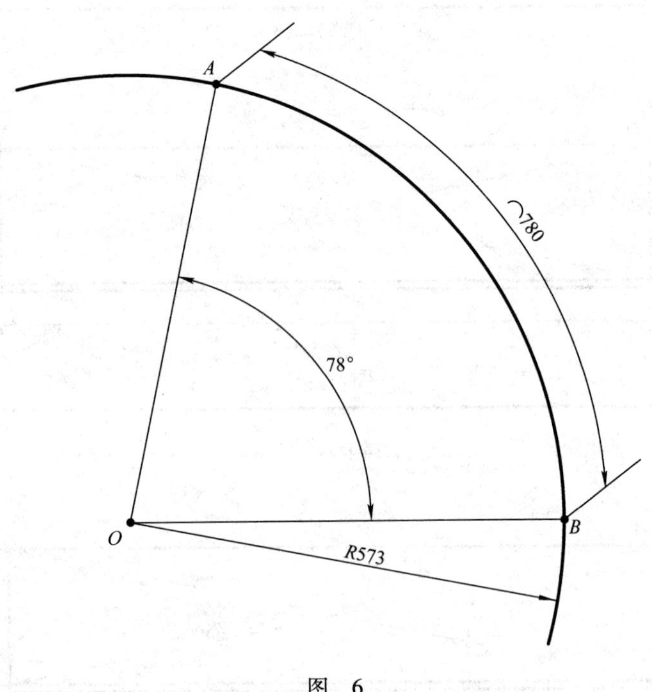

图　6

图例 7　半圆周的任意等分作法

将半圆的直径分为求作的相同等分，如要将半圆周分为 5 等分时，作图步骤如图 7 所示。

将半圆的直径 *AB* 分为 5 等分。分别以 *A*、*B* 两点为圆心，以 *AB* 长度为半径，画弧交于 *O* 点，连接 *O* 点和直径 *AB* 的各等分点并延长，交半圆周于 *C*、*D*、*E*、*F* 各点，各点即将半圆周 5 等分。

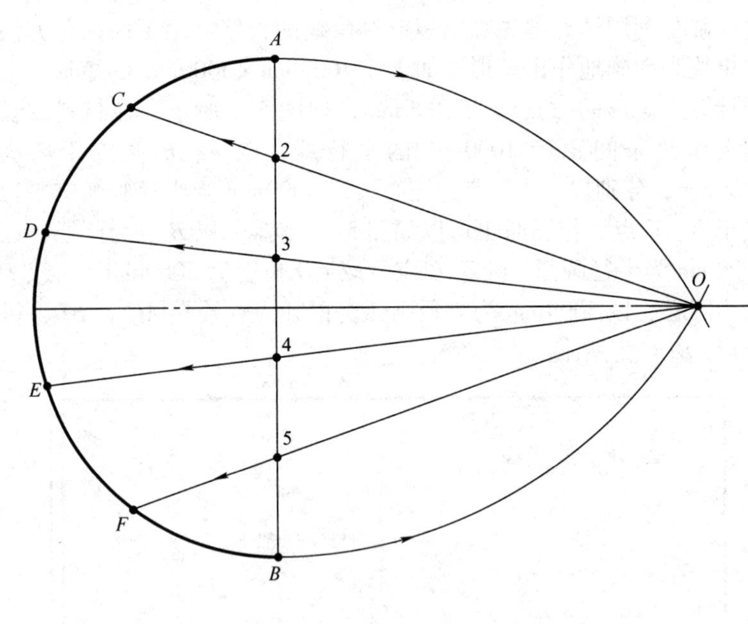

图　7

图例 8　圆周的任意等分作法

圆周任意等分的近似作法是先将圆的直径分成求作的相同等分，如将圆周作7 等分时，作图步骤如图 8-1 所示。

过圆心作直径 *CD*，分别以 *C*、*D* 点为圆心，以直径 *CD* 为半径画弧，交平分线于 *A*、*B* 两点，直线 *AB* 即为 *CD* 的垂直平分线。将直径 *CD* 作 7 等分，过 *A*、*B* 两点连接直径上各奇数等分点并延长，交圆周各点即为圆周的 7 等分点。

圆的 3 等分作法如图 8-2 所示，作圆的直径 *AB*，以 *A* 为圆心，以圆的半径 *AO* 为半径画弧，交圆于 *C*、*D* 两点，则 *C*、*D*、*B* 三点将圆周 3 等分。

圆的 6 等分作法如图 8-3 所示，在图 8-2 的圆上再以 *B* 为圆心，以 *BO* 为半径画弧，交圆上于 *E*、*F* 点，则 *A*、*D*、*F*、*B*、*E*、*C* 各点将圆周 6 等分。

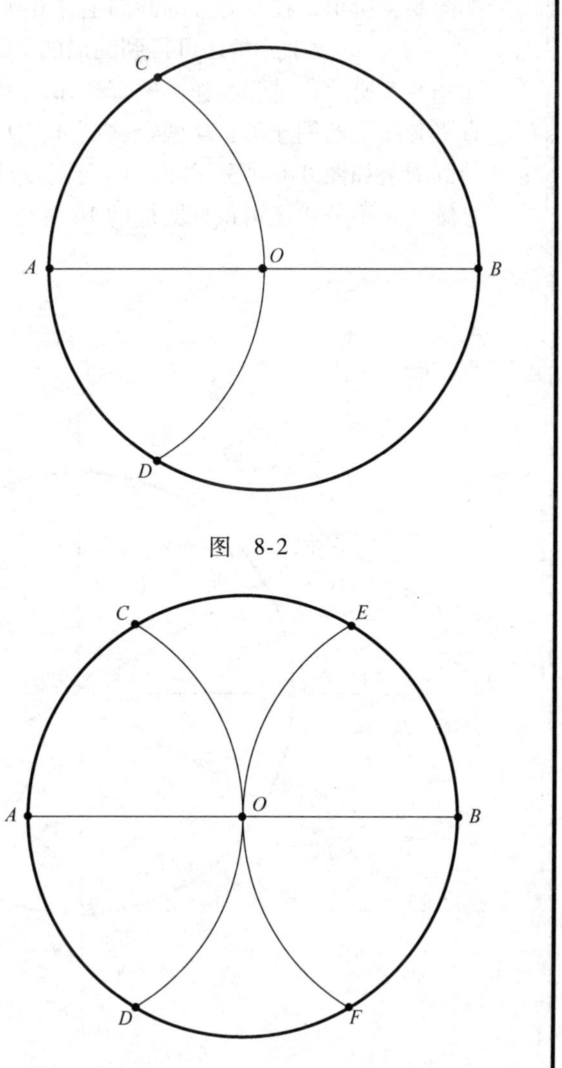

图　8-2

图　8-3

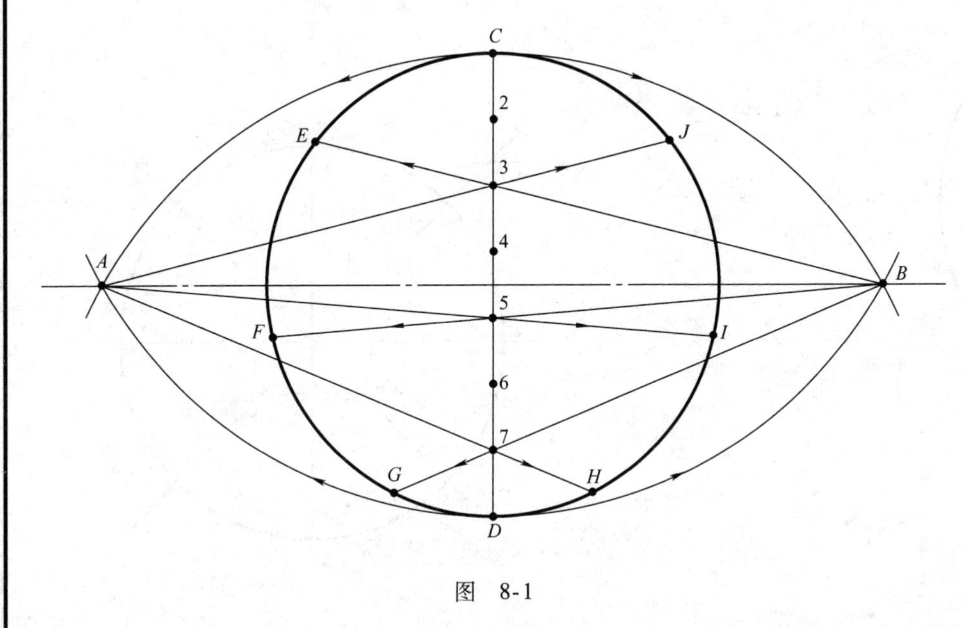

图　8-1

如图 8-4 所示，在 6 等分的圆周上作 6 个圆心角的角平分线，可得到圆周的 12 等分点，继续平分角还可得到圆周的 24 等分和 48 等分等。

如图 8-5 所示，过圆心作圆的直径 *AB*，则 *A*、*B* 两点将圆周 2 等分。作 *AB* 的垂直平分线交圆周于 *C*、*D* 两点，则 *A*、*D*、*B*、*C* 四点将圆周 4 等分。在 4 等分的圆周上如图 8-6 所示再将四个圆心角作角平分线，可得到圆周的 8 等分，继续作角平分线还可得到圆周的 16 等分和 32 等分等。

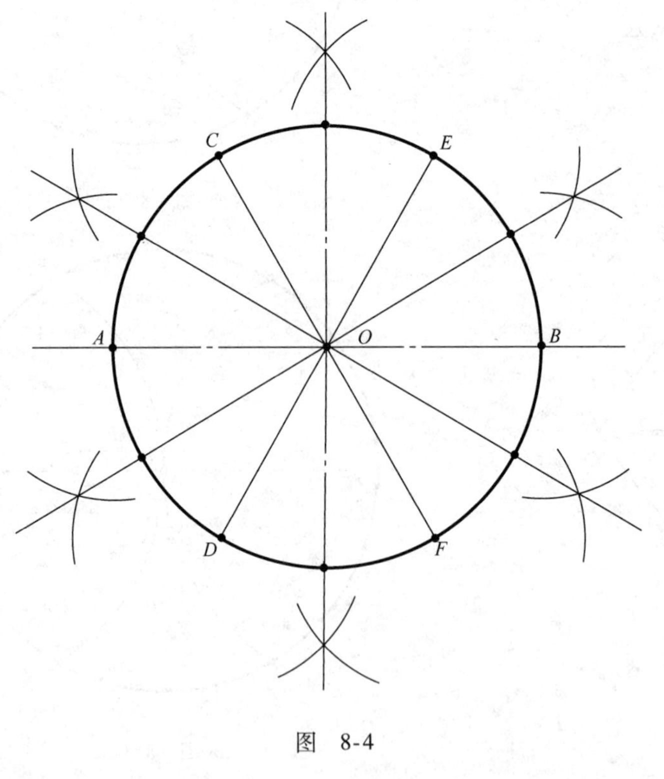

图 8-4

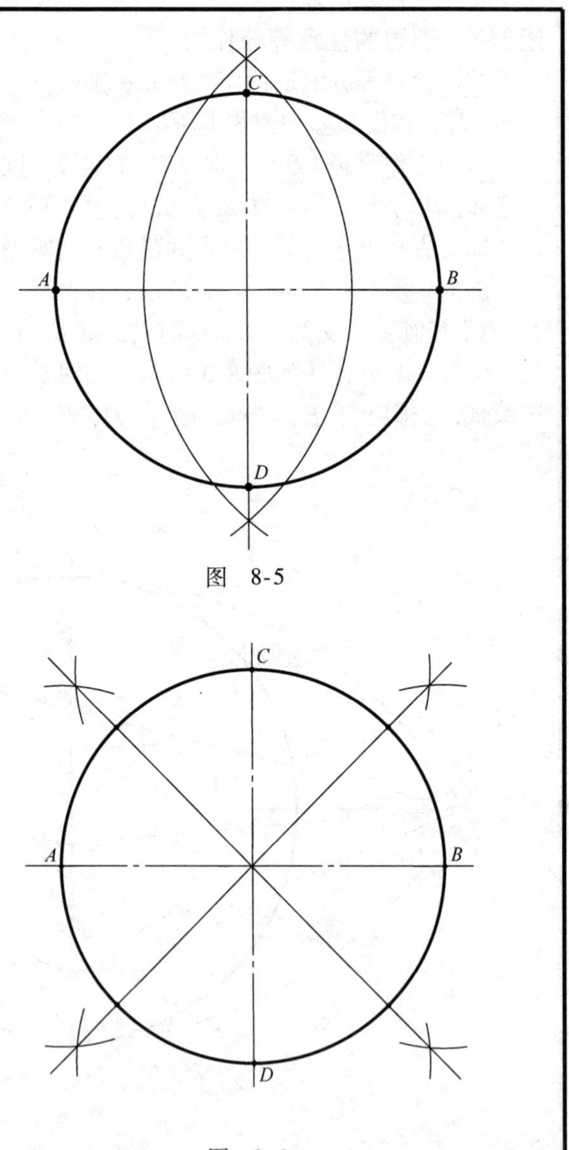

图 8-5

图 8-6

圆的 5 等分作法如图 8-7 所示，过圆心 O 作十字垂线交圆周于 A、H 两点，取半径 OH 的中点 F，以 F 为圆心 AF 为半径画弧交 OH 线上于 G 点，再以 A 为圆心 AG 为半径画弧交圆周于 B、E 点，再以 B、E 为圆心 AB 为半径画弧交圆周于 C、D 点，则 A、B、C、D、E 点将圆周 5 等分。

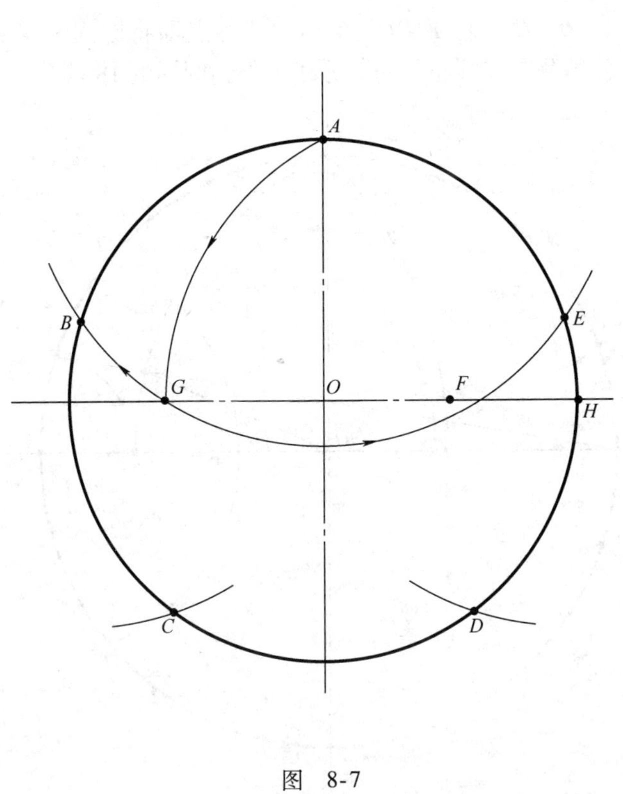

图 8-7

在 5 等分的圆周上如图 8-8 所示再作 5 个圆心角的角平分线，可得到圆周的 10 等分，继续作角平分线还可得到圆周的 20 等分和 40 等分等。

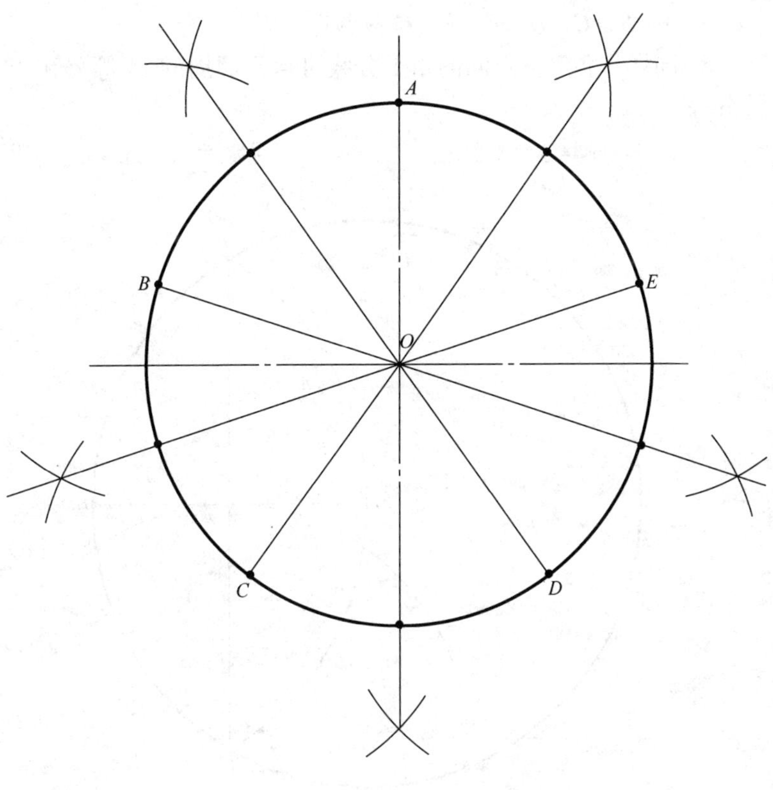

图 8-8

圆的 7 等分作法如图 8-9 所示。

1. 作圆的半径 OH，以 H 为圆心，以 OH 为半径画弧交圆周于 A、J 点，连接 AJ，交 OH 于 I 点。

2. 以 A 点为圆心，以 AI 为半径画弧交圆周于 B、G 点。

3. 以 B、G 为圆心，以同样半径画弧交圆周于 C、F 点。

4. 以 C、F 为圆心，以同样半径画弧交圆周于 D、E 点。

5. A、B、C、D、E、F、G 各点将圆周 7 等分。

6. 同样作各等分点间的角平分线可得到圆周的 14 等分和 28 等分等。

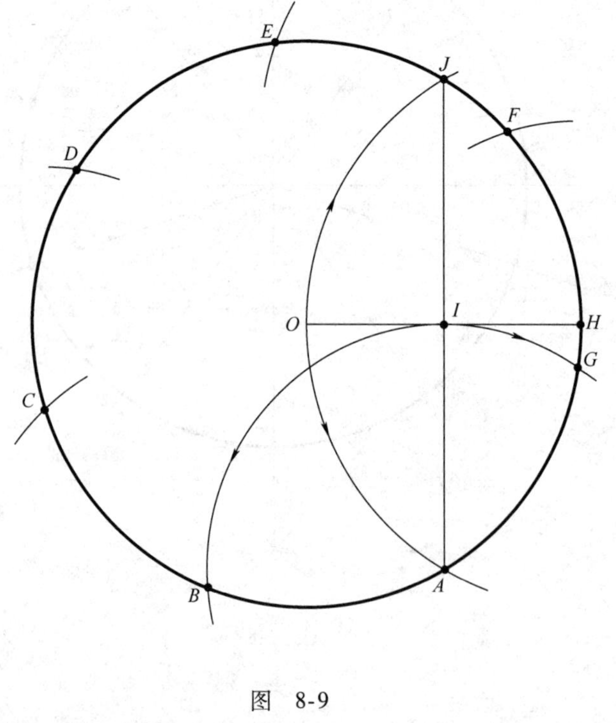

图 8-9

圆的 9 等分作法如图 8-10 所示。

1. 过圆心 O 作圆的十字中心线 Of 和 Ad，以 A 为圆心 Af 为半径画弧交 Ad 于 a，以 a 为圆心 af 为半径，画弧交 Ad 于 b，以 A 为圆心 Ab 为半径画弧交圆周于 c，连接 cd 交 bf 弧于 e。

2. 以 A 为圆心 Oe 为半径画弧交圆周于 B、I 点，再分别以 B、I 为圆心以同样半径画弧交圆周于 C、H 点，以同样作法依次取得 C、H、D、G 和 E、F 点。

3. A、B、C、D、E、F、G、H、I 各点即将圆周 9 等分，同样如作各等分点间圆心角的平分线可得到圆周的 18 等分。

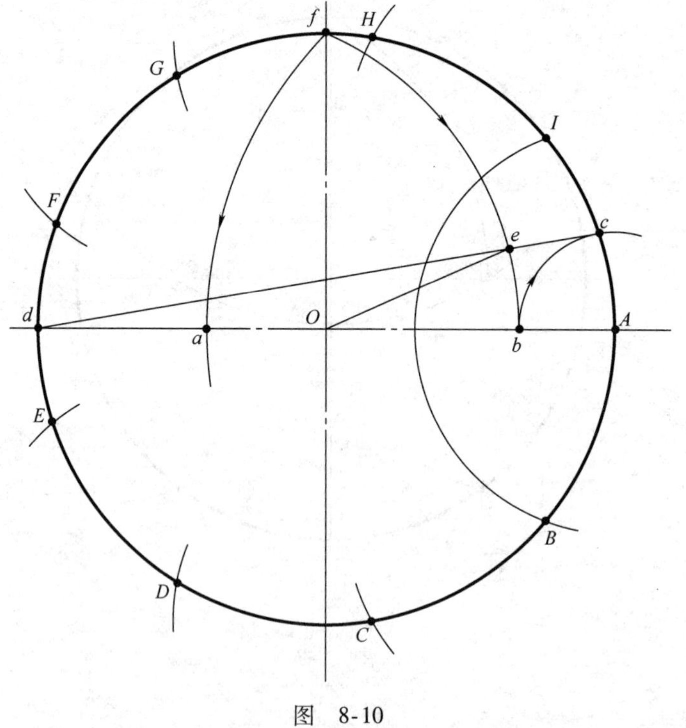

图 8-10

圆的另一种 9 等分的作法如图 8-11 所示。

将直径 AB 分 9 等分，以 3 等分长度为半径以 B 为圆心画弧交圆周于 C、D 点，则弧段 BC 和 BD 的弧长均为圆周弧长的 1/9。以同样弧长分割圆周得 B、C、D、E、I、F、J、H、K 点，各点将圆周 9 等分。

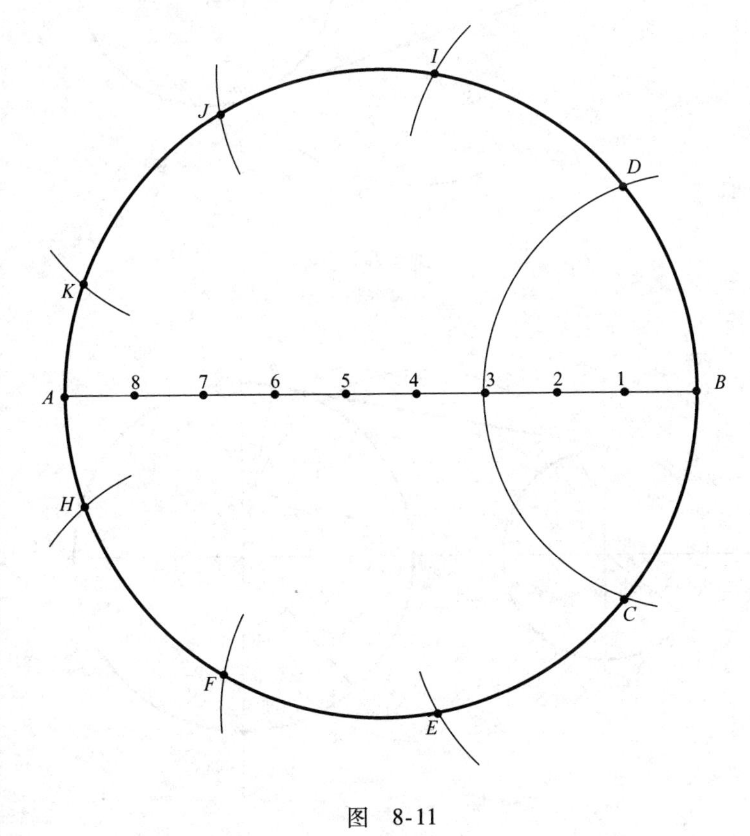

图 8-11

圆的另一种 7 等分的作法如图 8-12 所示。

将直径 AB 分 7 等分，分别以 A、B 点为圆心 AB 为半径画弧交于 O，连接 $O2$ 并延长交圆周于 C，则弧段 AC 的弧长为圆周弧长的 1/7。以同样弧长分割圆周得 A、C、D、E、F、G、H 点，各点将圆周 7 等分。

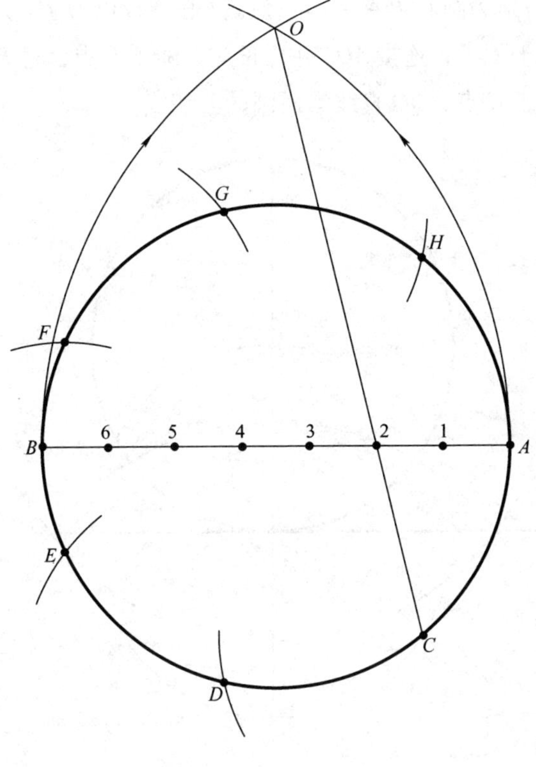

图 8-12

图例 9　圆的切线作法

过圆上一点 A 作圆的切线作法如图 9-1 所示：连接 OA，过 A 点作 OA 的垂线 CD 即为过 A 点的圆的切线。

过圆外一点 A 作圆的切线的作法如图 9-2 所示：连接圆心 O 和 A 点，以 OA 为直径画圆，交圆上于 B 和 C 两点，连接 AB 和 AC，两直线为过 A 点圆的切线。

两圆公切线的作法如图 9-3 所示：连接两圆心 O_1O_2，在大半径的圆内以 O_1 为圆心 $R-r$ 为半径画同心圆，以 O_1O_2 为直径画圆交同心圆于 A 点，连接 AO_1 并延长交大圆于 B 点，过 B 点作小圆的切线交于 C 点，BC 直线为两圆的公切线。

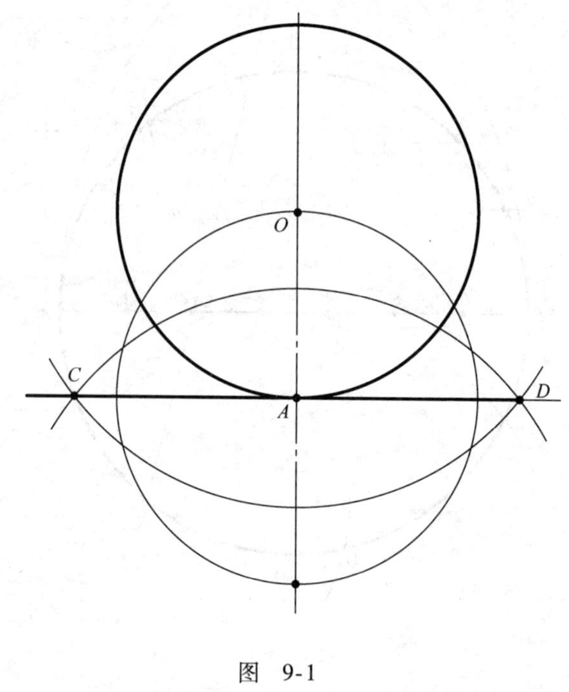

图　9-1

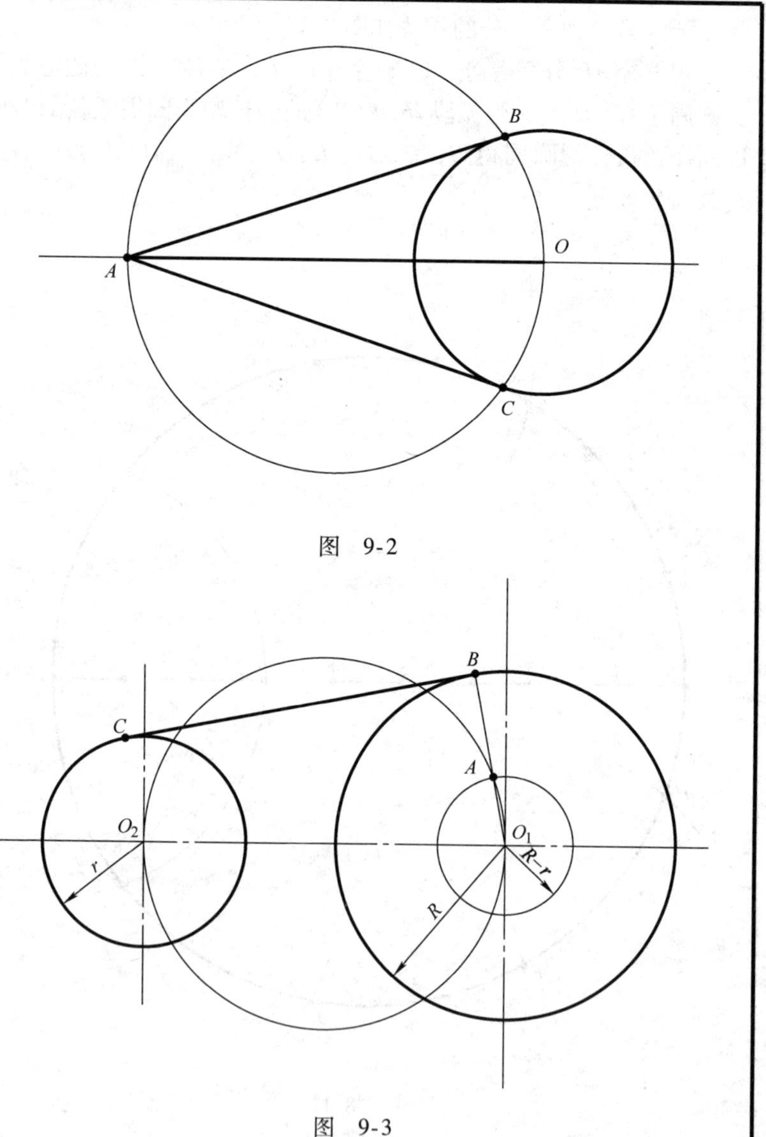

图　9-2

图　9-3

图例 10　已知边长作正多边形

五边形的作法如图 10-1 所示：作线段 AB 为已知边长 a，作 AB 的垂直平分线 $O5$，以 A 为圆心 AO 为半径画弧，交过 A 点所作 AB 的垂线上于 1 点，连接 $B1$。如图所示，再顺序以 1、B、A、B、4、5、4 为圆心，分别以 $A1$、$B2$、$A3$、AB、$B4$、45、AB 为半径，按图中箭头所示依次画弧得到 4、5、6 各点，顺序连接 5 个点即得到所求的五边形。

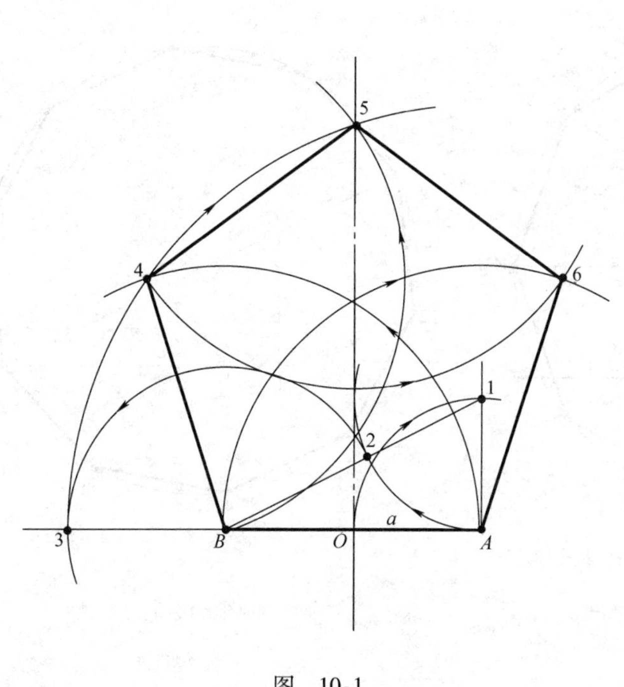

图　10-1

另一种五边形的作法如图 10-2 所示：作线段 AB 等于已知边长 a，以 A、B 点为圆心 a 为半径画弧交 AB 的垂直平分线上于 H 点，以 H 为圆心 a 为半径画弧交两圆于 G、F 点，与线段 AB 的垂直平分线交于 O 点，连接 FO 和 GO 并延长分别交两圆于 E、C 点，再以 E、C 为圆心 a 为半径，画弧交于 D 点，连接 A、B、C、D、E 点即得到所求的五边形。

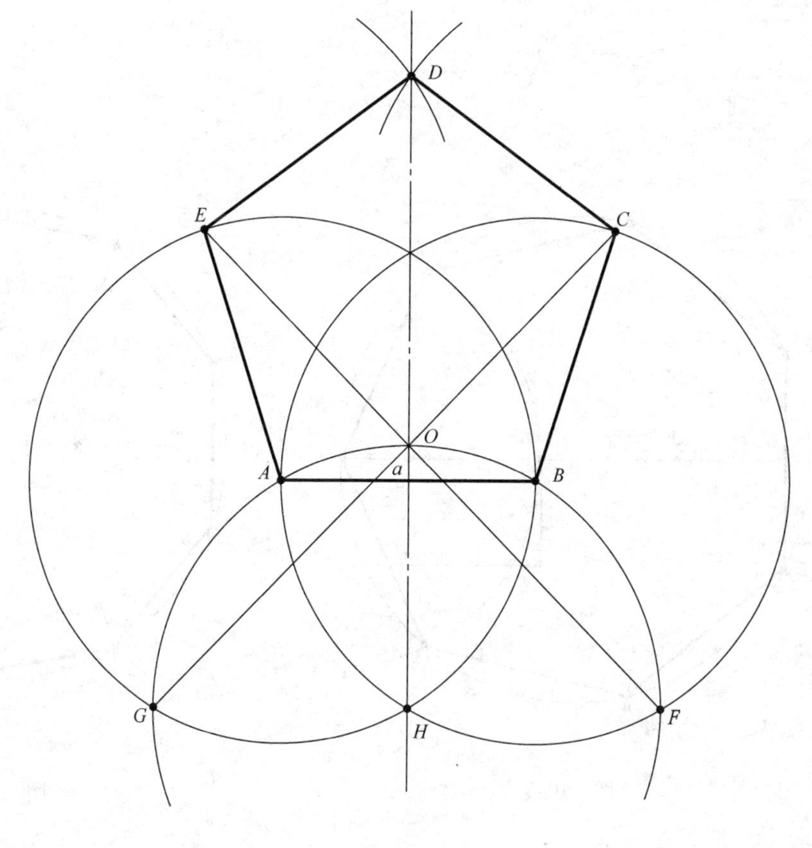

图　10-2

七边形的作法如图 10-3 所示：取线段 A3 长度为已知边长 a，将其分成 3 等分，延长 A3 到 B 并使 AB 为 7 等分，以 AB 为直径作圆。

用图 8-9 所示的方法将圆周 7 等分，连接各等分点即得到所求的正七边形。

九边形的作法如图 10-4 所示：取线段 A3 长度为已知边长 a，将其分成 3 等分，延长 A3 到 B，并使 AB 为 9 等分，以 AB 为直径作圆。

用图 8-10 所示的方法将圆周 9 等分，连接各等分点即得到所求的正九边形。

十边形的作法如图 10-5 所示：作直角三角形 ABC，使直角边 AC 等于已知边长 a，AB 等于 $2a$。以 C 为圆心 a 为半径画弧，交 BC 的延长线上于 1 点。

取 B1 的中心点 O，以 O 为圆心 BO 为半径画圆，在圆上用 a 为定长，从 1 开始依次截取得 2 ~ 9 各点，用直线连接各点，即为所求的正十边形。

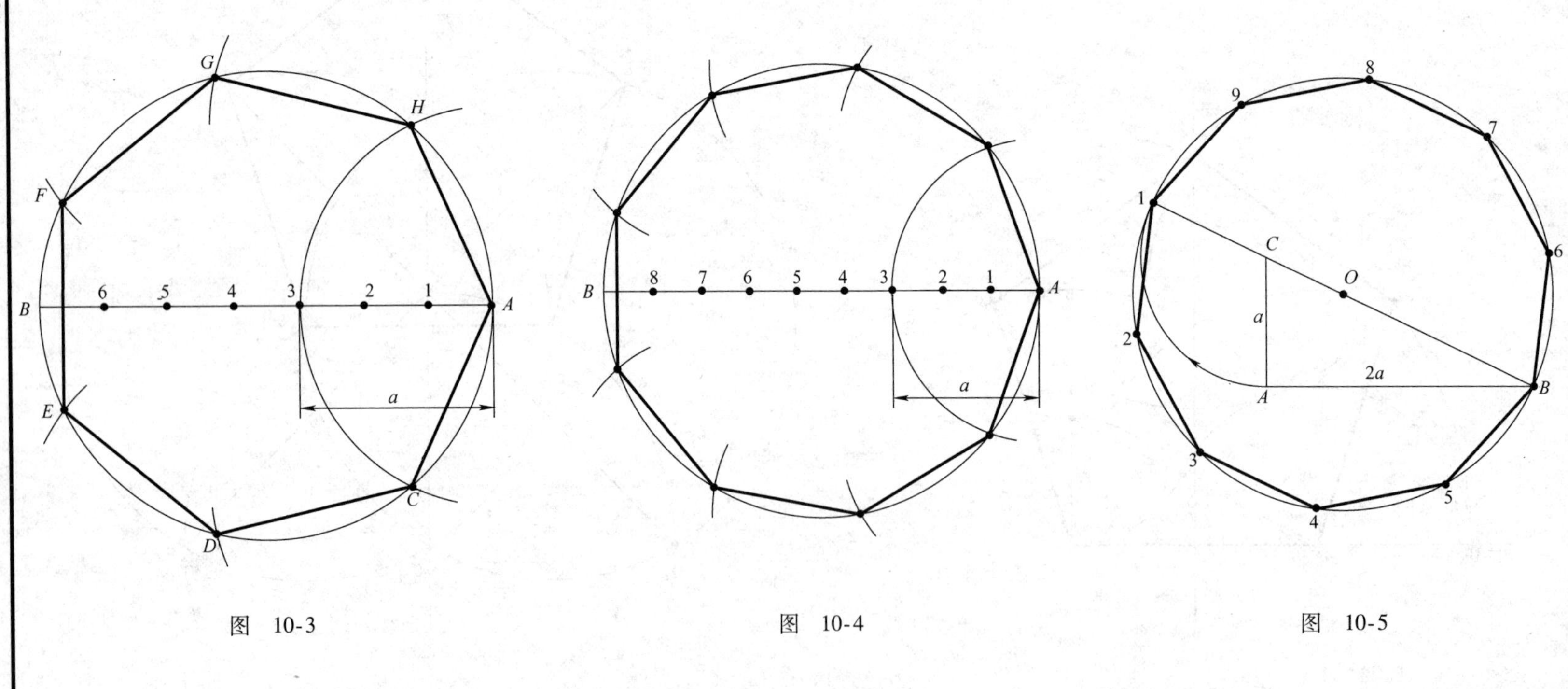

图 10-3　　图 10-4　　图 10-5

图例 11　蛋形圆画法

如图 11 所示，以 AB 为直径画圆，过圆心 O 作十字中心线得到 O'点，连接 AO'和 BO'，分别以 A、B 为圆心 AB 为半径画弧，分别与 AO'和 BO'的延长线相交于 E、F 点，再以 O'为圆心 EO'为半径画弧交于 E、F 点，四弧段组成蛋形圆。

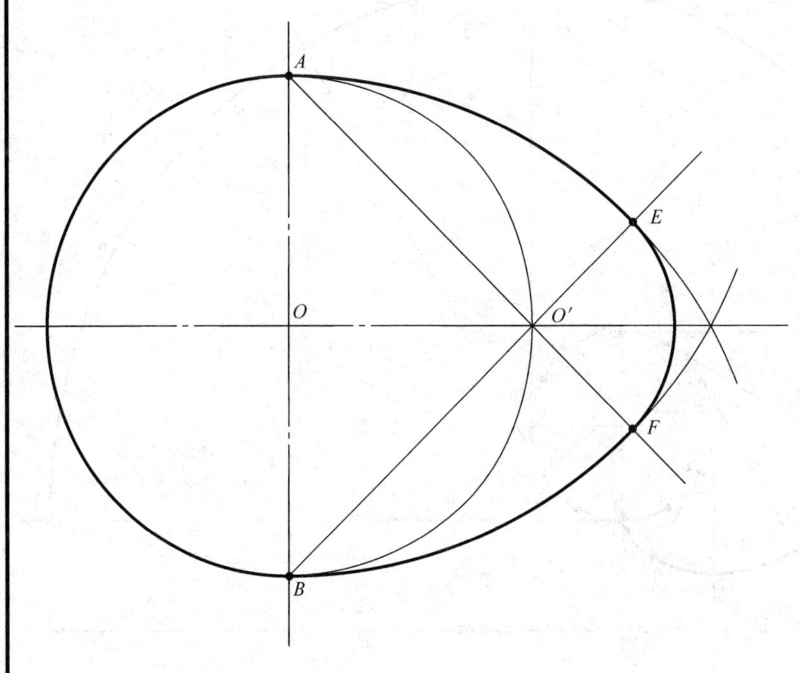

图　11

图例 12　制动锁形画法

如图 12 所示，分别以 O、O'为圆心，用同一半径画圆，两圆分别交直径的延长线于 A、B 两点，以线段 AB 中点 O''为圆心 AO''为半径画半圆，半圆与两圆交于 C 点间的弧段组成制动锁形。

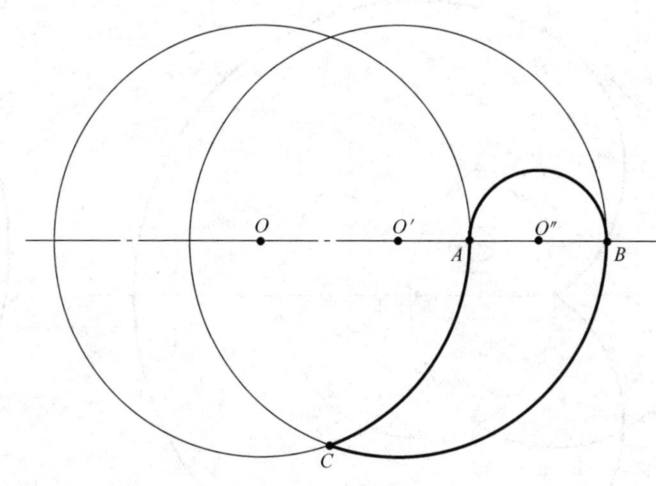

图　12

图例 13　心形圆画法

如图 13 所示，以 O 为圆心 OA 和 OO' 为半径画同心圆，再以 O' 为圆心 AO' 为半径画弧交内圆于 C、D 点。分别以 C、D 为圆心 AO' 为半径画弧相切外圆于 E、F 点，则三弧段组成心形圆。

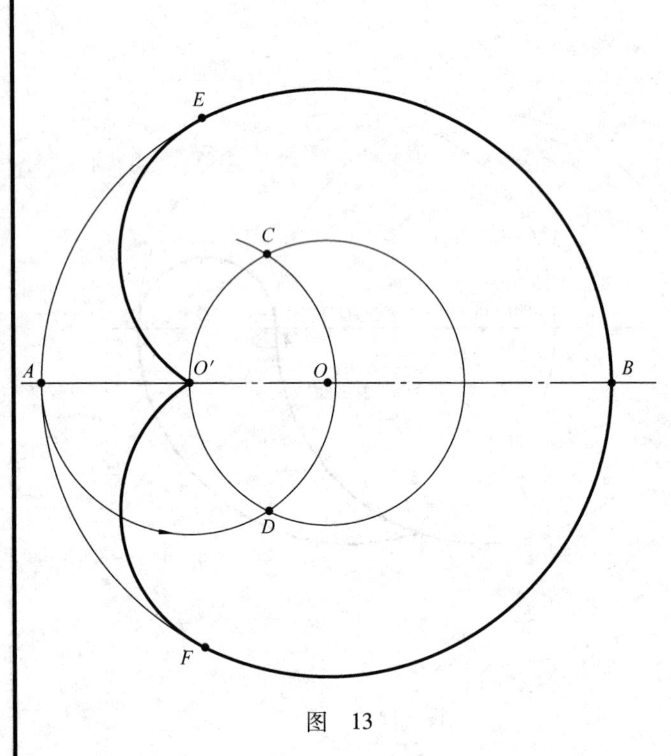

图　13

图例 14　渐伸线画法

如图 14 所示，作圆的等分，过 1、2、…各等分点作圆的切线 $2A$、$3B$、…，在切线上截取对应弧长的同样长度，得到 A、B、…各点，光滑连接各点即得到圆的渐开线。

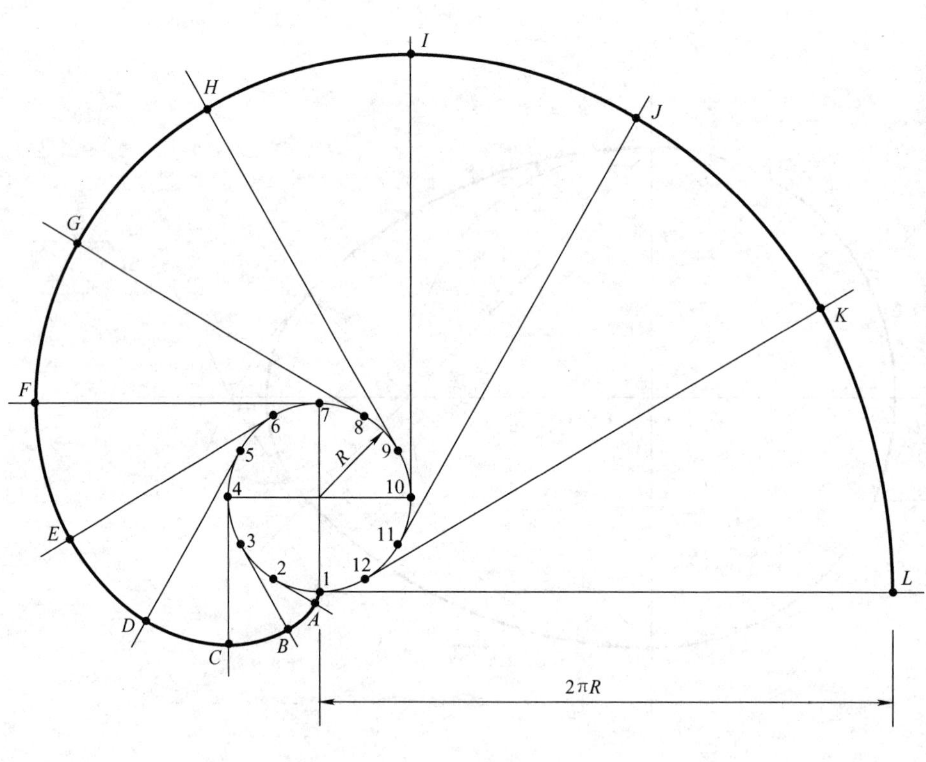

图　14

图例 15 阿基米德螺旋线画法

如图 15 所示，以 O 为圆心 $O1$ 和 $O9$ 为半径画同心圆，同样等分线段 19 和圆周，再以曲线光滑连接对应交点得阿基米德螺旋线，它也是圆锥螺旋线的平面投影。

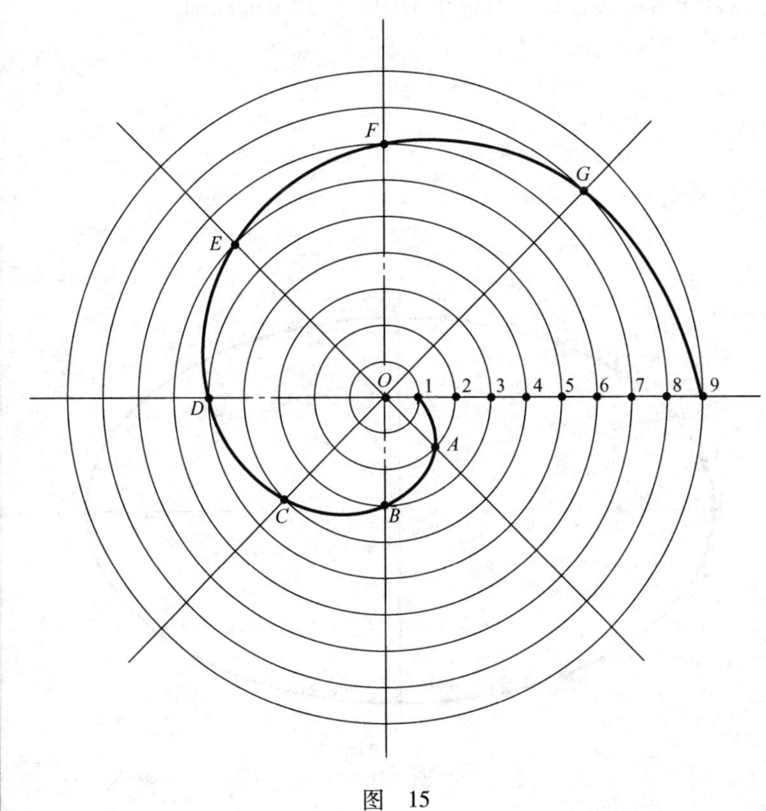

图 15

图例 16 四心画法作近似椭圆

如图 16 所示，以 O 为中心作十字中心线，在线上取椭圆的长轴 AB 和短轴 CD，以 O 为圆心 AO 为半径画弧交 CO 的延长线上于 G，以 C 为圆心 CG 为半径画弧交 AC 的连接上于 H，作 AH 的垂直平分线并延长交 AO 和 DO 的延长线上于 O''和 O'点，分别以 O''和 O'为圆心，AO''和 CO'为半径画弧，两弧交于 I 点，得到的⌒AI 和⌒IC 连起来就是椭圆的 1/4 图形，对称作图可得到全部椭圆。

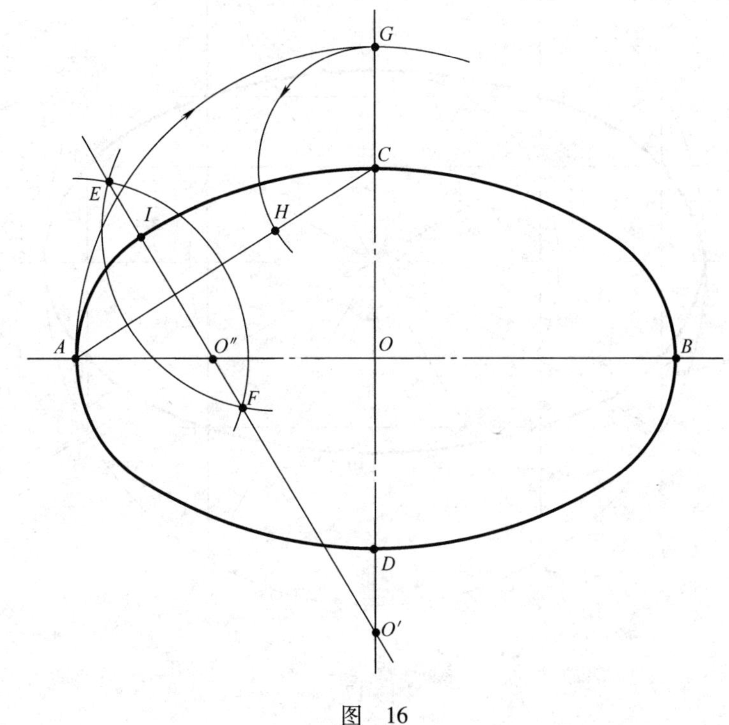

图 16

图例 17　同心圆法作椭圆

如图 17 所示，以 O 为圆心分别以椭圆长轴和短轴的一半为半径画同心圆，同样等分内圆和外圆，外圆各等分点的垂线和内圆各等分点的水平线对应相交于 1、2、3、…各点，光滑连接各点即得到所求椭圆。

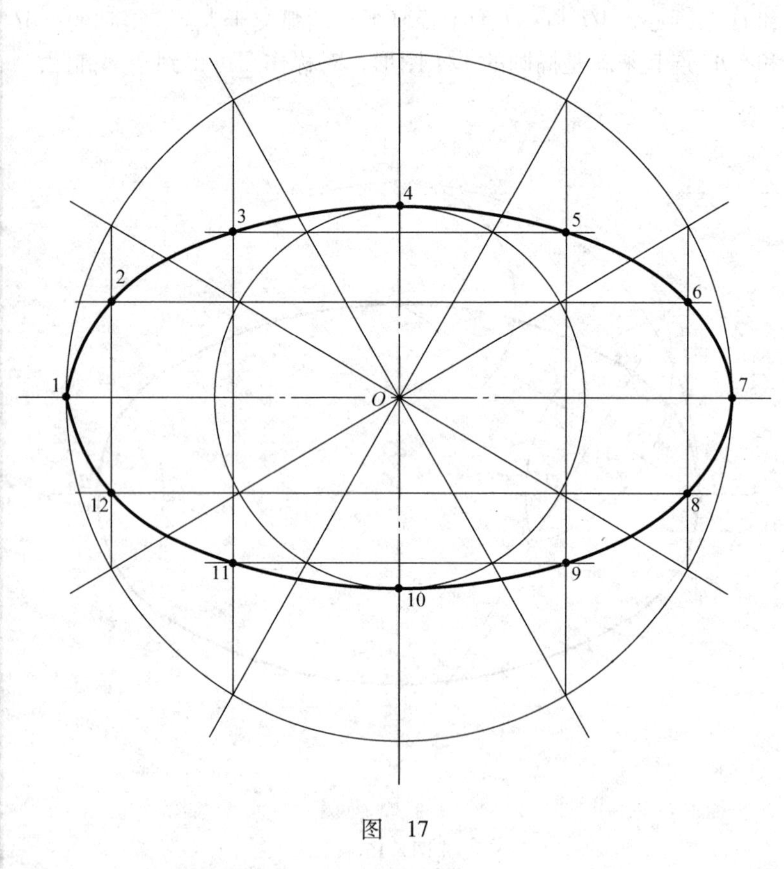

图　17

图例 18　轨迹法作椭圆

如图 18 所示，以 O 为中心作十字中心线，分别画出椭圆的长轴 AB 和短轴 CD，以 D 为圆心 AO 为半径画弧交 AB 中心线上于 f_1、f_2 两点，两点为椭圆的焦心，在 f_1O 范围内取 1、2、…任意多分割点，分别以 f_1、f_2 为圆心 $A1$、$B1$ 为半径，画弧得交点 $1'$，然后再以 2 点为 AB 的分割点取得 $2'$点，依次取得 $3'$、$4'$、…各点，光滑连接各点并对称作图即可得到全部椭圆。

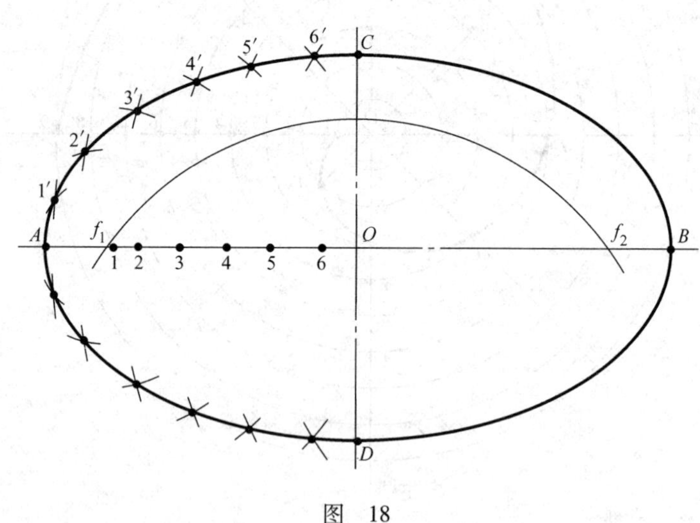

图　18

图例 19　抛物线拱形的画法

如图 19 所示，如已知拱形的宽 $2a$ 和高 h，可以用下面的方法画出拱形：作矩形 $ABCD$，使 AB 等于宽 $2a$，BC 等于高 h，取 CD 的中点 O，同样等分 DO 和 AD，过 DO 各等分点作垂线，和过 O 点连接 AD 上各等分点的连线相交得到 1、2、3 各点，光滑连接各点并对称作图即得到要求的抛物线拱形。

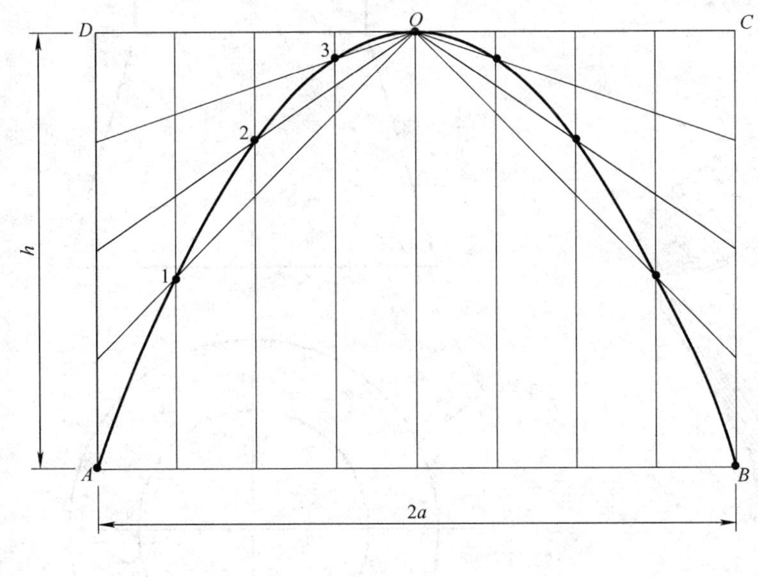

图　19

图例 20　特大半径圆弧的画法

如图 20 所示，如已知圆弧的弦长 AB 和弦高 OC，过 C 点作 AB 平行线 CD，过 A 点分别作 AO 和 AC 的垂线，与 CD 相交于 D、E 点，将 AO、AE、CD 三线段作同样等分，连接 CD 和 AO 的对应等分点，再过 C 点分别连接 AE 的各等分点，得到各对应交点 a、b、c 等，光滑连接各点并对称作图即得到要求作的特大半径圆弧。

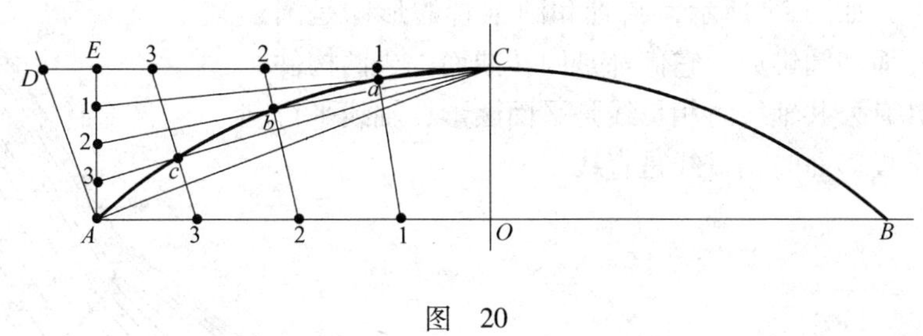

图　20

第二章　相贯线为平面曲线的条件

两曲面体相交时，它们的相贯线在一般情况下是空间曲线，所以它们的投影仍是曲线，但在特殊的条件时，两曲面体的相贯线可以是平面曲线或直线，平面曲线的投影也可以是直线。掌握这些特殊的条件，在展开放样时就可以用来简化相贯线的求作和展开放样的作图，同时在放样时可以设计构件的结构更加合理。本章分类列举部分图例来叙述特殊条件，其他图例和具体作图方法，可参见后面章节中的有关图例。本章内容也是展开放样应掌握的基础知识。

图例 21　有公共轴线的两回转曲面

如图 21 所示，圆管和圆锥管的形体是圆柱面和圆锥面，它们都是回转曲面，当两构件具有公共轴线时相贯线是平面圆形，轴线平行于投影面时相贯线是直线。

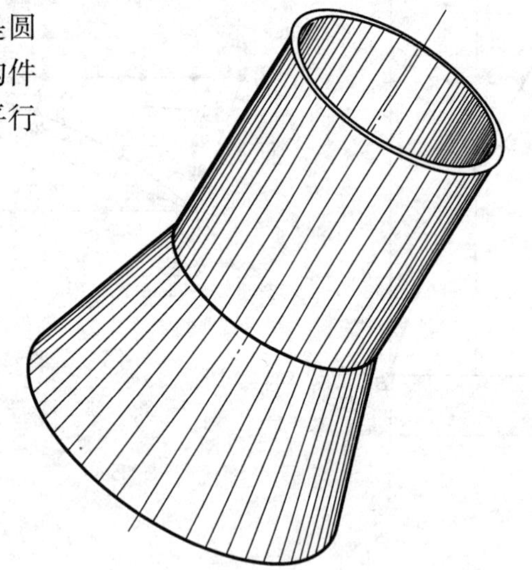

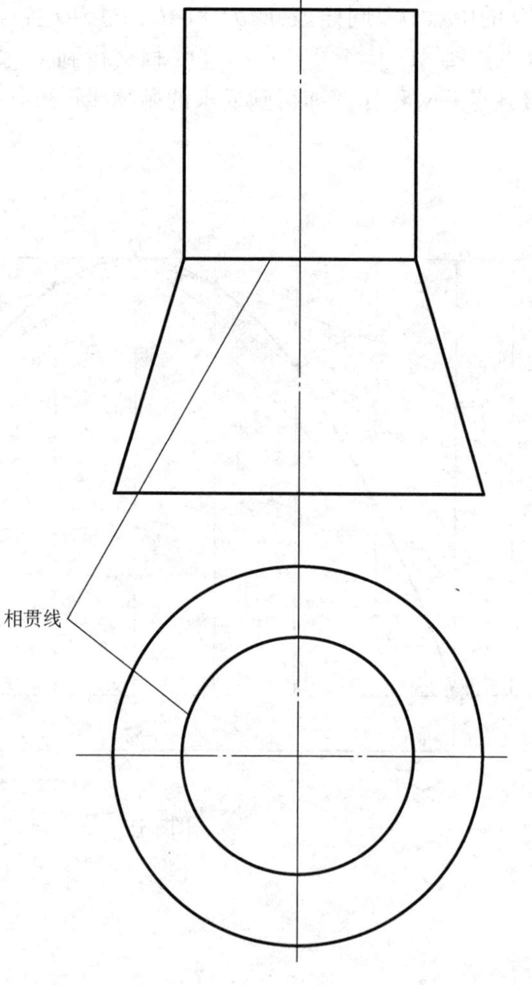

图　21

图例 22　公切于同一球面的两曲面

如图 22-1 所示，两等直径圆管的形体是圆柱曲面，当它们的轴线相交时公切于同一球面。相贯线是两个相交的平面椭圆，两轴线平行于投影面时相贯线是相交两直线。公切球的球心是两轴线的交点。此图例多应用于由等径圆管构成的各种弯头、三通、蛇形管等构件中。

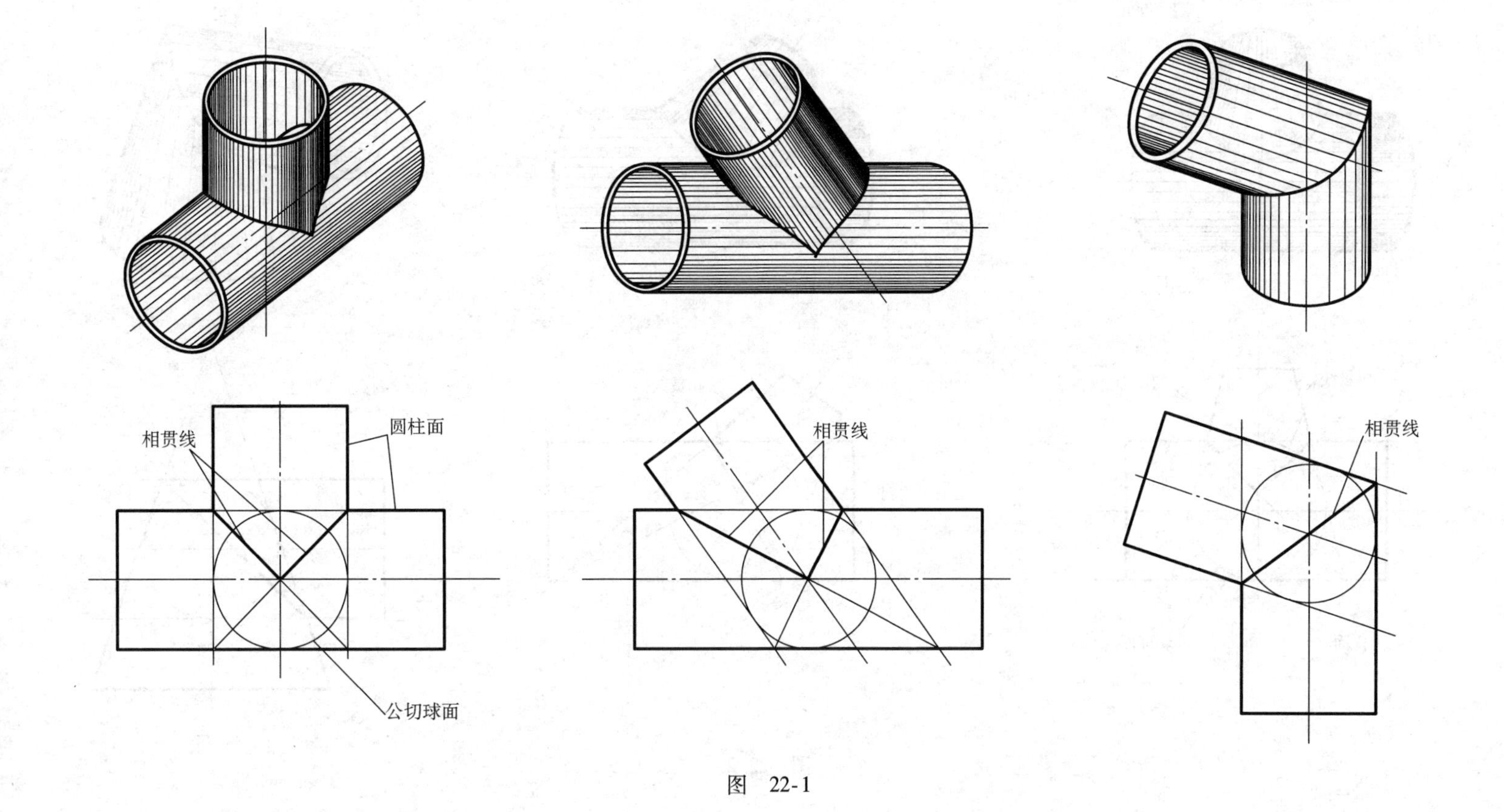

图　22-1

如图 22-2 所示，圆管的形体是圆柱曲面，圆锥管的形体是圆锥曲面，当它们的轴线相交并公切于同一球面时。相贯线是两个相交的平面椭圆，两轴线平行于投影面时相贯线是相交两直线。公切球的球心是两轴线的交点。此图例多应用于由圆管和圆锥管组成的各种弯头、三通等构件中。

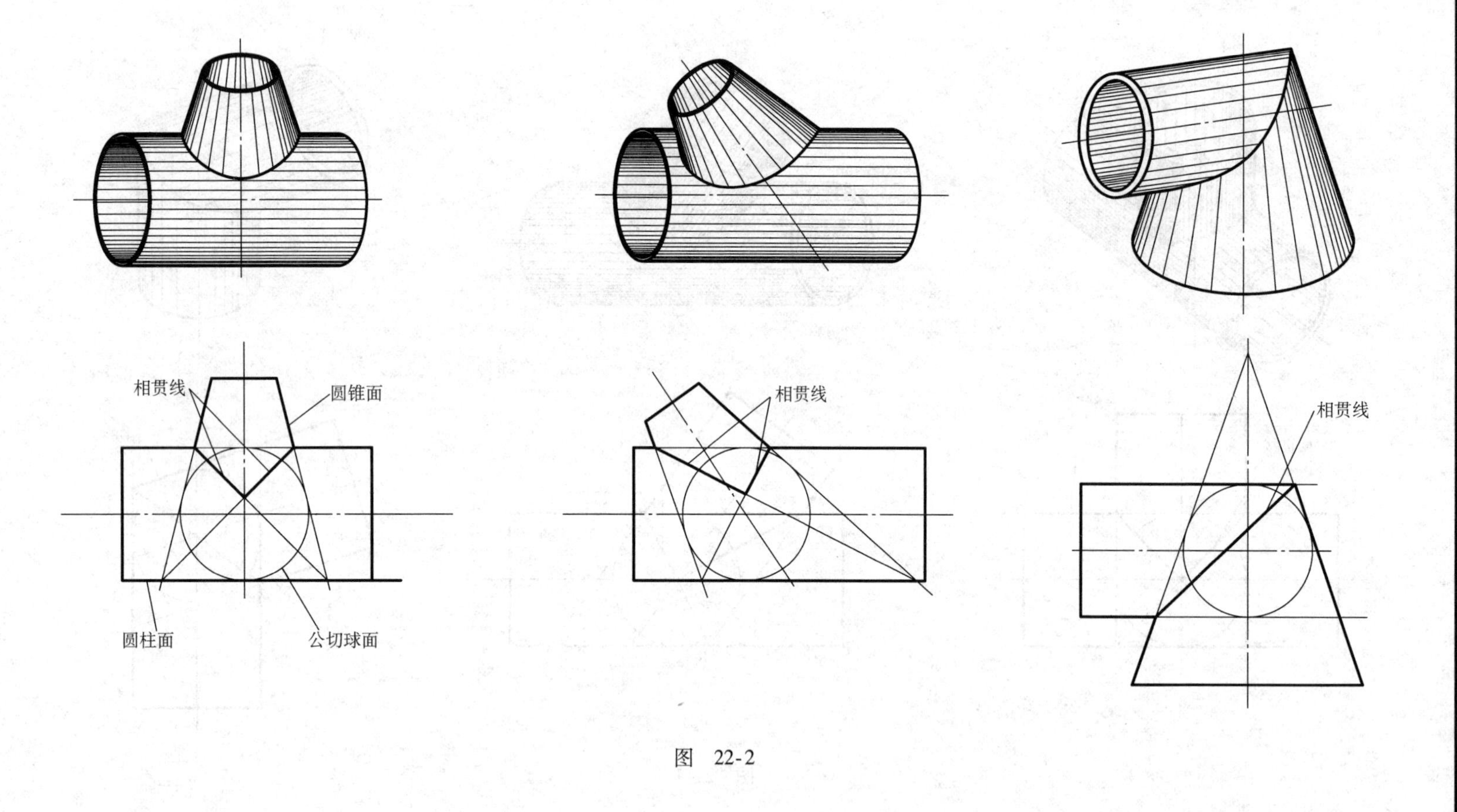

图 22-2

如图 22-3 所示，圆锥管的形体是圆锥曲面，两圆锥曲面的轴线相交并公切于同一球面时，相贯线是两个相交的平面椭圆，两轴线平行于投影面时相贯线是相交两直线。公切球的球心是两轴线的交点。此图例多应用于由圆锥管组成的各种弯头、三通等构件中。

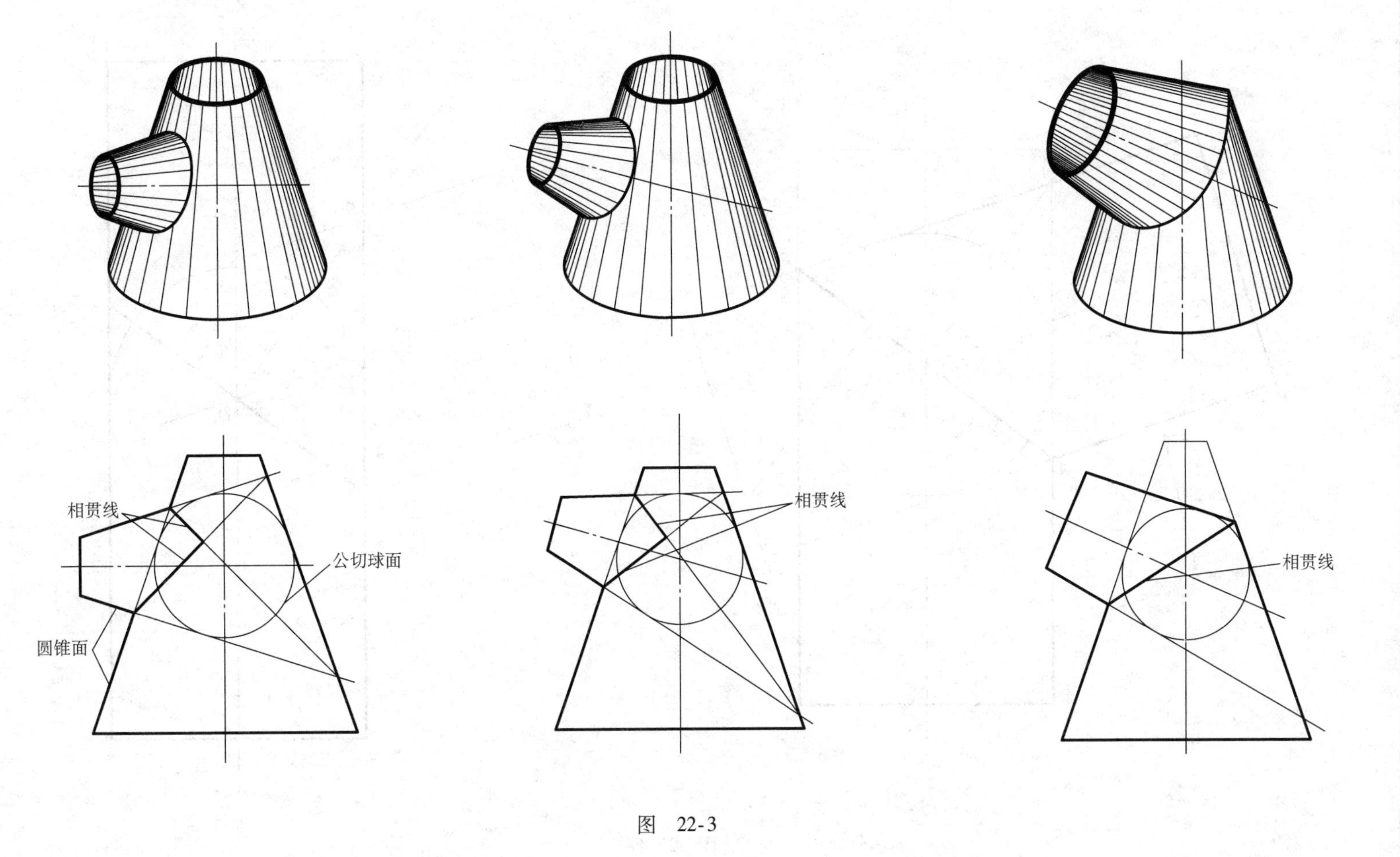

图 22-3

如图 22-4 所示，公切于同一球面相交的两等径圆柱面，相贯线为直线 AB，OE 为两相交轴线的夹角的平分线，将左图圆柱面的投影 $ABCD$ 绕平分线 OE 翻转 180°，在右图中得到一个完整的直圆柱面。此图例多应用于圆管弯头的展开放样中。

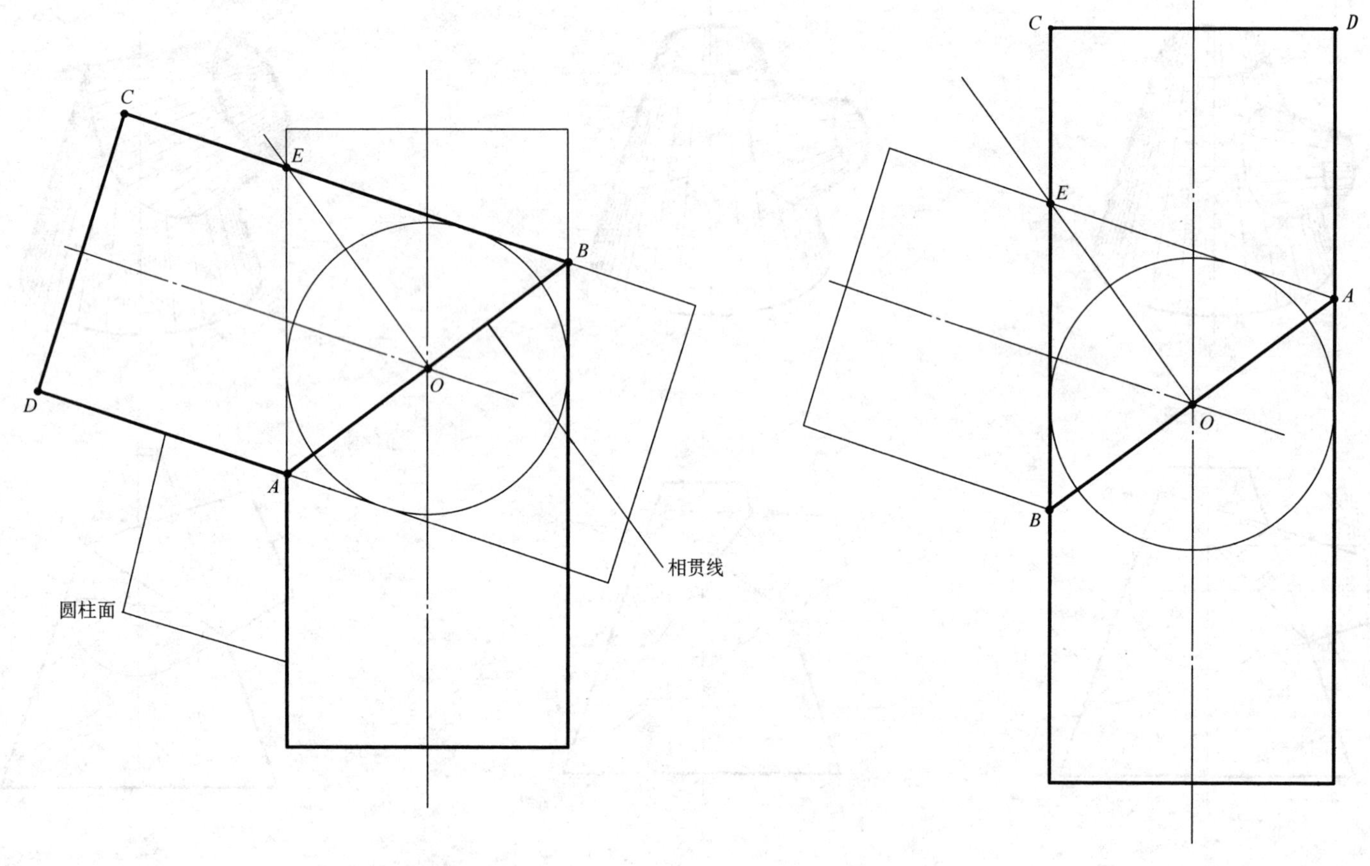

图 22-4

如图 22-5 所示，公切于同一球面同锥度的相交两圆锥面，相贯线为直线 *AB*，*OE* 为两相交轴线的夹角的平分线，将左图圆锥面的投影 *ABCD* 绕平分线 *OE* 翻转 180°，在右图中得到一个完整的圆锥面。此图例多应用于圆锥弯管的展开放样中。

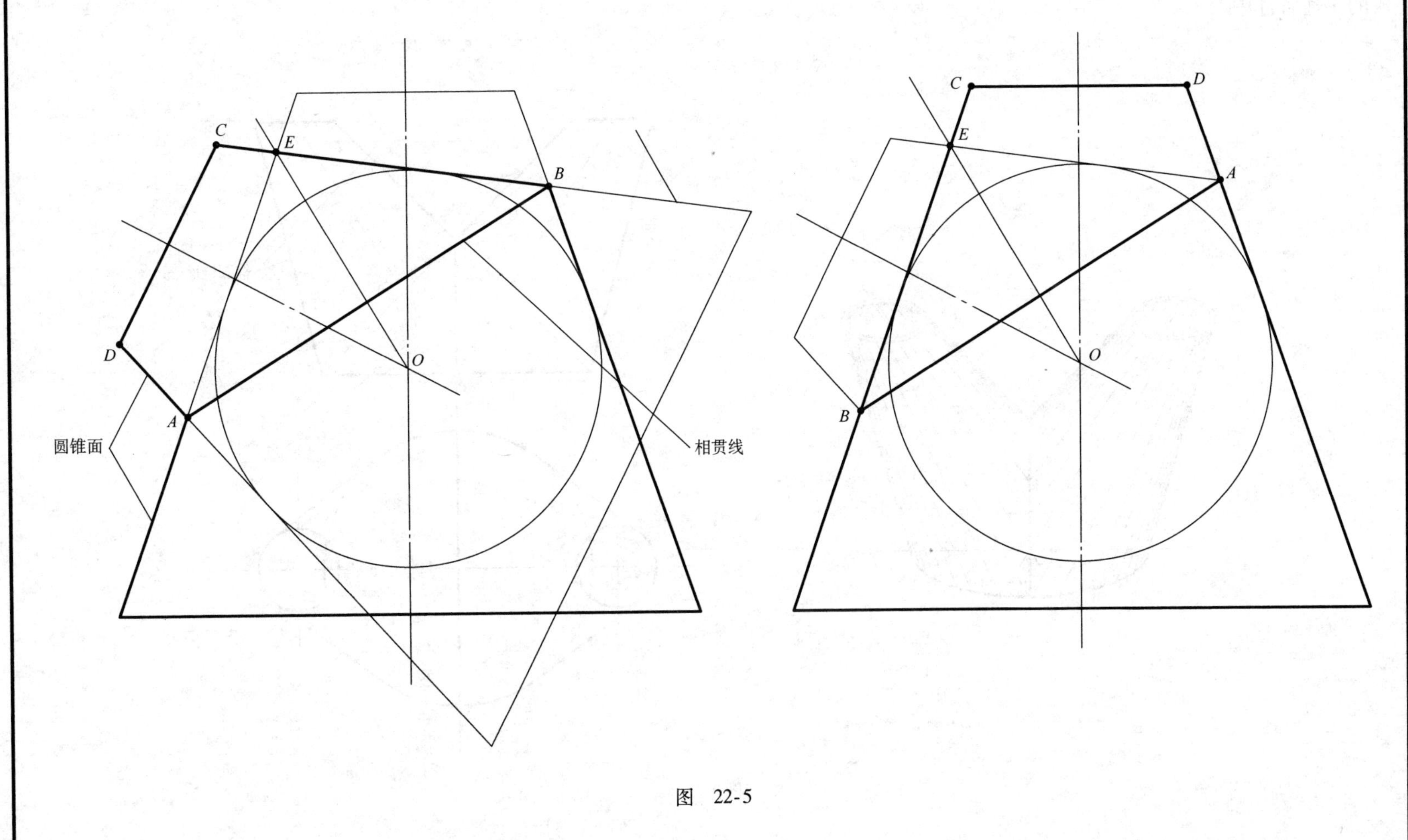

图 22-5

图例 23　具有对称面的两曲面

如图 23 所示，两椭圆锥管的形体是椭圆锥面，当椭圆锥面相交时对于平面是相互对称的。两曲面的相贯线中就必有一条是在对称平面上的平面曲线，当对称面垂直于投影面时，相贯线在该投影面上的投影和对称面的投影重合为一直线。此图例多用于由椭圆锥管构成的多通管件中。

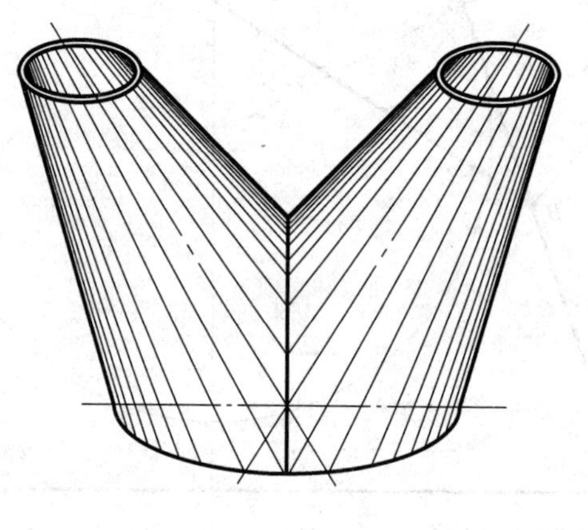

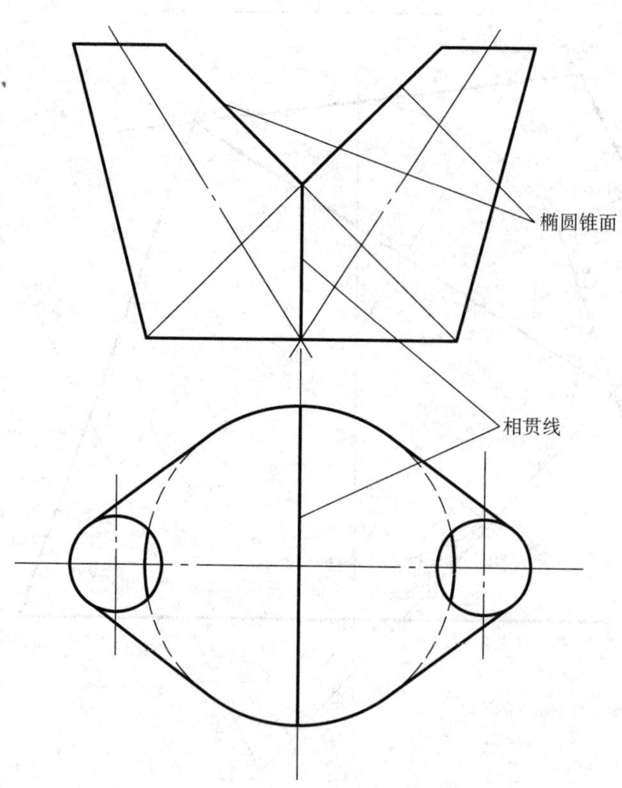

图　23

图例 24　已知一条相贯线是平面曲线的两曲面

如图 24 所示，椭圆管的形体是椭圆柱面，圆管的形体是圆柱面，两曲面相交具有公共的底圆，公共底圆也可理解为两曲面的相贯线。圆是平面曲线，所以两曲面的另一条相贯线也是平面曲线。在平行于底圆的平面投影中相贯线为半圆，当两曲面的轴线平行于投影面时相贯线的投影为直线。此图例多应用于由柱面、锥面、球面等形体组成的构件中。

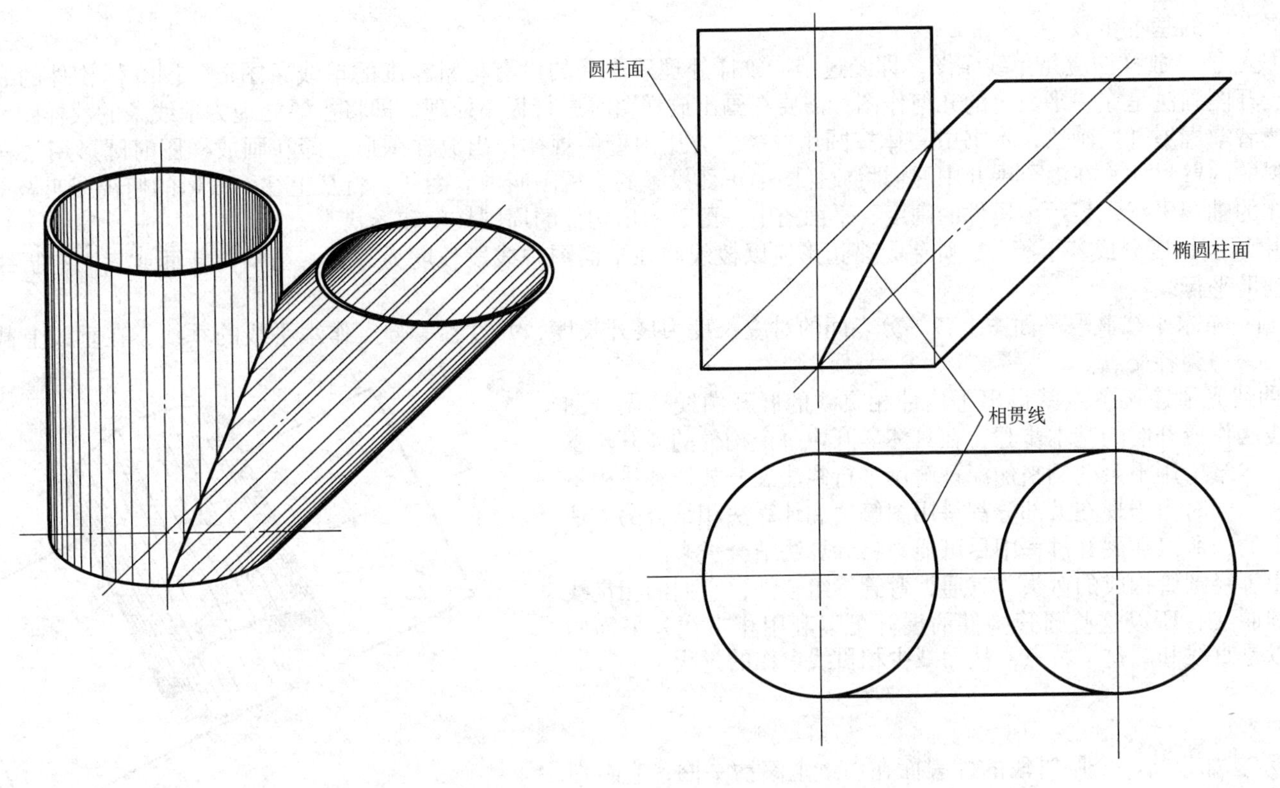

图　24

第三章　平行线法展开放样技巧

曲面展开的一般方法，都是将构件表面的曲面分割成若干小块，将每一小块都近似地看成是平面，作出每个平面的实形后拼接成展开图。平行线法适用于素线或棱线平行的柱面展开，如圆柱面是可展曲面，而且它的素线和轴线是平行的，所以素线也是相互平行的，沿素线分割得到的各小块是矩形、平行四边形或梯形等，用这样分割的展开方法就叫做平行线法。平行线法展开一般多应用于圆管和有平行棱线的平板构件。

平行线法作展开图的基本步骤：

1. 首先画出放样图，放样图应是单线条图，即经过结构放样处理后得到的没有材料厚度的单线条图形。因立体构件的表面材料都是有厚度的，而展开图画法是在一平面上的几何作图，需要在画出放样图时进行板厚处理，即将板厚处理为单线条的放样图。为保持图面的清晰和便于读者掌握展开图画法，本书中一律按圆用中径、方用内壁的规律作出放样图形，即在画放样图时圆形用材料的中径尺寸，而方形用材料的内壁尺寸。在钣金展开中习惯将放样图中正面投影的主视图叫做立面图，将从上往下投影的俯视图叫做平面图。立面图中一般和形体的轴线平行，表示出构件的高度，平面图中一般表示出构件的周围长度和形状。

2. 将平面图中周围长度分成若干等分，如果是多边形应以棱线间在平面图中线段长度为等分，当构件断面或表面有折线时，需在折点处加画一条辅助平行线。

3. 在平面上画一条水平线截取平面图上各等分点间的对应长度为展开长度，并过各等分点作水平线的垂线，在垂线上截取立面图上各对应素线实长，得到各交点。

4. 用直线或曲线光滑连接各点就得出了构件相贯线的展开曲线和展开图形。这是用平行线法作展开图的基本步骤，在具体展开中每个构件的展开步骤不一定完全相同。本章中用十余图例来加深理解用平行线法展开放样和排板下料的具体操作方法，同时由于现在大部分都是用图解法和计算法相结合的方法进行展开放样施工的，所以在展开过程中尽可能地将计算法结合进来。

本章图例中由等径圆管构成的弯头、三通、弯管等组合件，它们的相贯线均是空间平面椭圆曲线，所以这些圆管构件的展开可以利用相贯线是平面曲线、它的投影可以是直线和圆这一特点，从而减少相贯线求作的过程。

图例 25　圆管段

如图 25-1 所示，如果将一个圆管段的外表面在白纸上滚动一圈，它在白纸上就会有一个长方形 *ABCD* 的痕迹，也就是圆管段外表面的展开图形。所以只要作出这个长方形也就是作出了这个圆管段外表面的展开图形。圆管段在白纸上任意位置停顿的痕迹就得到圆管段的一条素线。

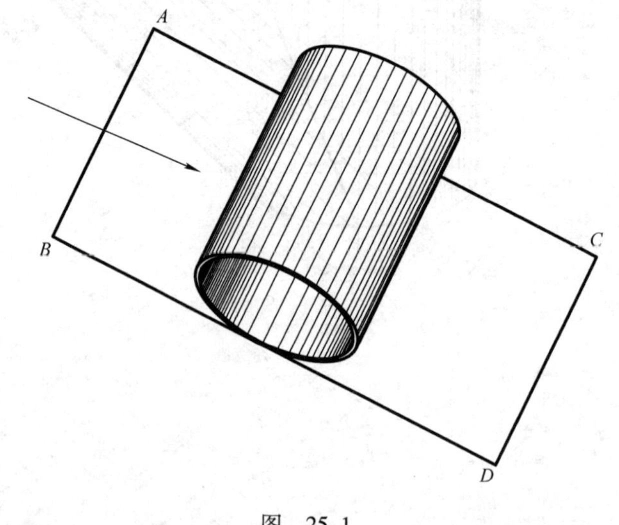

图　25-1

图 25-2 所示为圆管段和它的放样图及展开图。放样图中圆管的直径用圆管壁厚的中径 D，高度为 H，立面图中虚线表示圆管内外壁轮廓线的投影。

1. 将放样平面图中的圆周 12 等分，在展开图中将圆周长度作同样的 12 等分，过各等分点作垂线，得到被素线分割的 12 个长方形，把相邻两素线间的曲面近似地看作平面，在展开图中就得到由 12 个小长方形拼成的展开图形——长方形 $ABCD$。实际展开时不必作素线，可用圆周的展开长度 AB 直接作出展开图。

2. 在施工中展开图都是用计算的方法直接作出长方形 $ABCD$，长方形一边长度为圆管的高度 H，一边长度为圆管中径的展开值 πD。

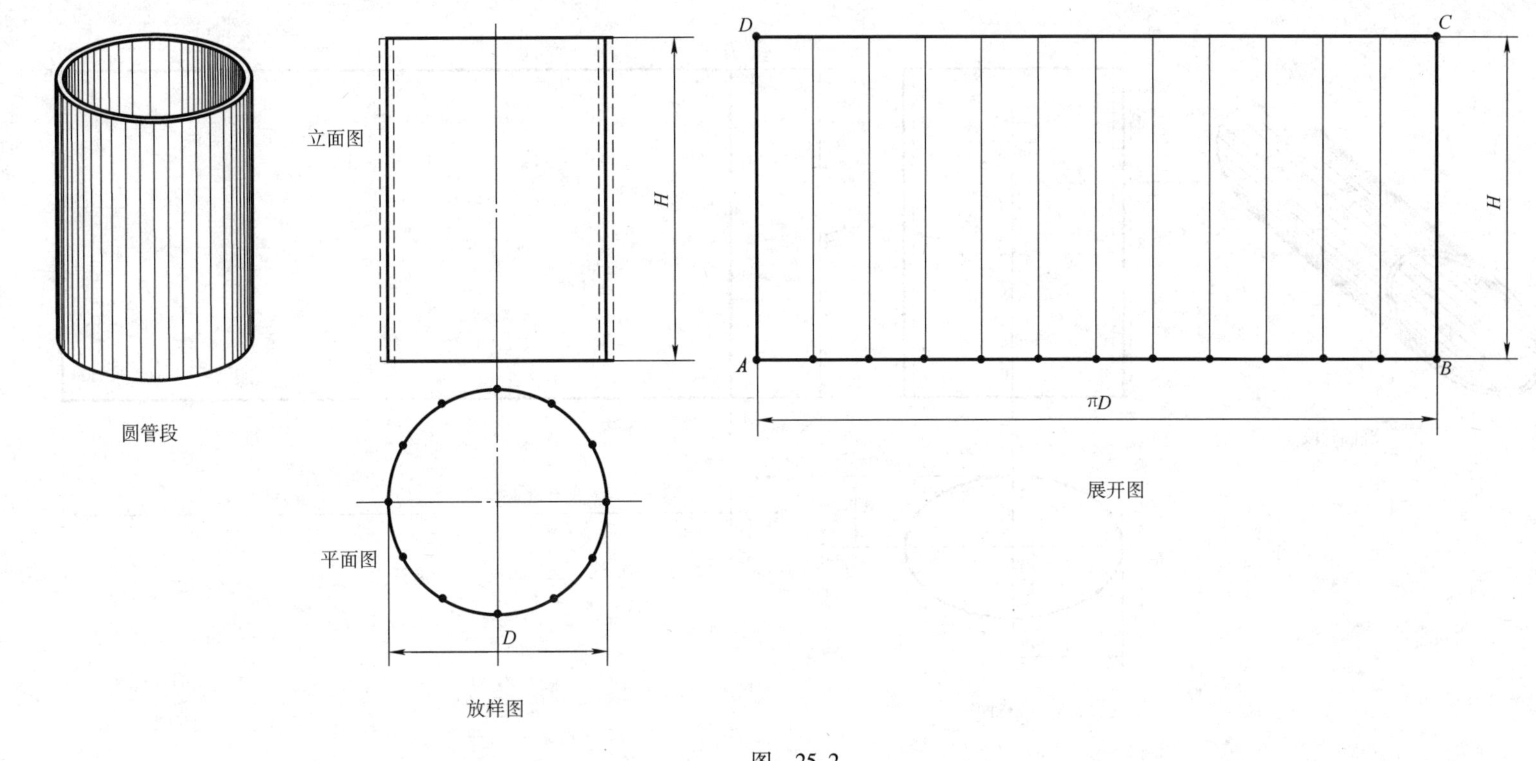

图 25-2

图例 26　椭圆管段

图 26 所示为椭圆管段和它的放样图及展开图。椭圆管段的展开和圆管段的展开方法相同，展开图形也是一个长方形，可以盘弧长而直接作出展开图。但椭圆的形状是由长轴 $2a$ 和短轴 $2b$ 的尺寸来决定的，同时因椭圆画法的不同，盘量出圆周的长度 L 也有所不同，所以椭圆圆周的展开长度要根据这些条件来决定。同时椭圆管段的展开和圆管的计算展开作图一样，也可以近似计算出椭圆周长的近似值后直接画出展开的长方图形。椭圆的近似展开计算公式可见第八章。

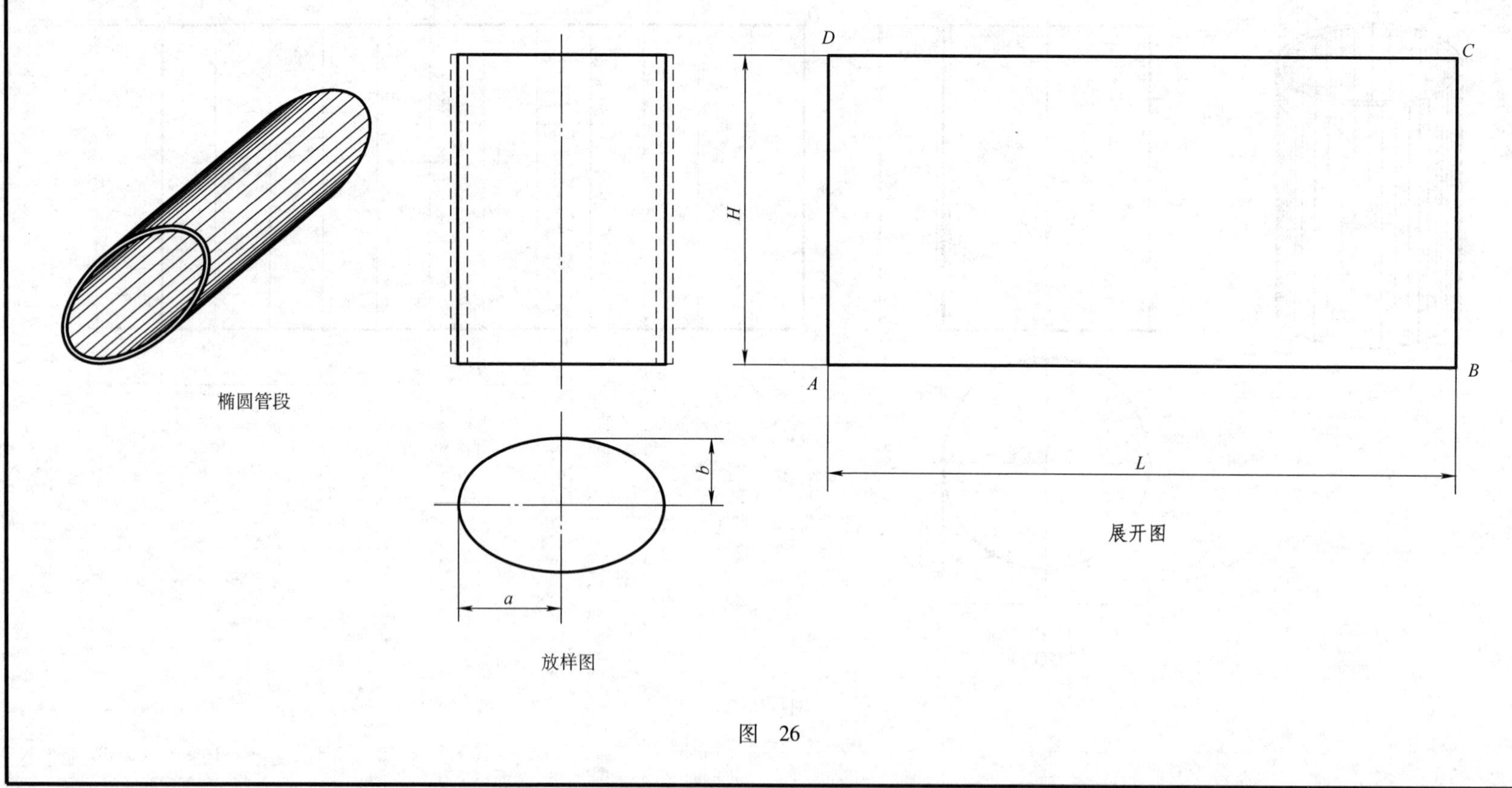

图　26

图例 27　两节直角圆管弯头

图 27-1 所示为两节直角圆管弯头和它的放样图及展开图。

1. 先用圆管中径尺寸画出放样图，放样图中虚线是圆管内外壁轮廓线的投影。两管的相贯线是一个平面椭圆，在弯头的正面投影中是一条直线。

2. 在放样平面图中将圆周 12 等分，过各等分点作圆管的素线和两管的结合线交于各点，过这些点作水平投线。

3. 在立面图底圆的投影延长线上截取线段长度为圆周的展开长度 πD，并将线段作 12 等分。将接口位置放在 4 线上，过各点作垂线和水平投线对应相交得 1′、2′、…各点，光滑连接各点即得到弯头管Ⅱ的展开图形，同样作法可得到管Ⅰ的展开图形。

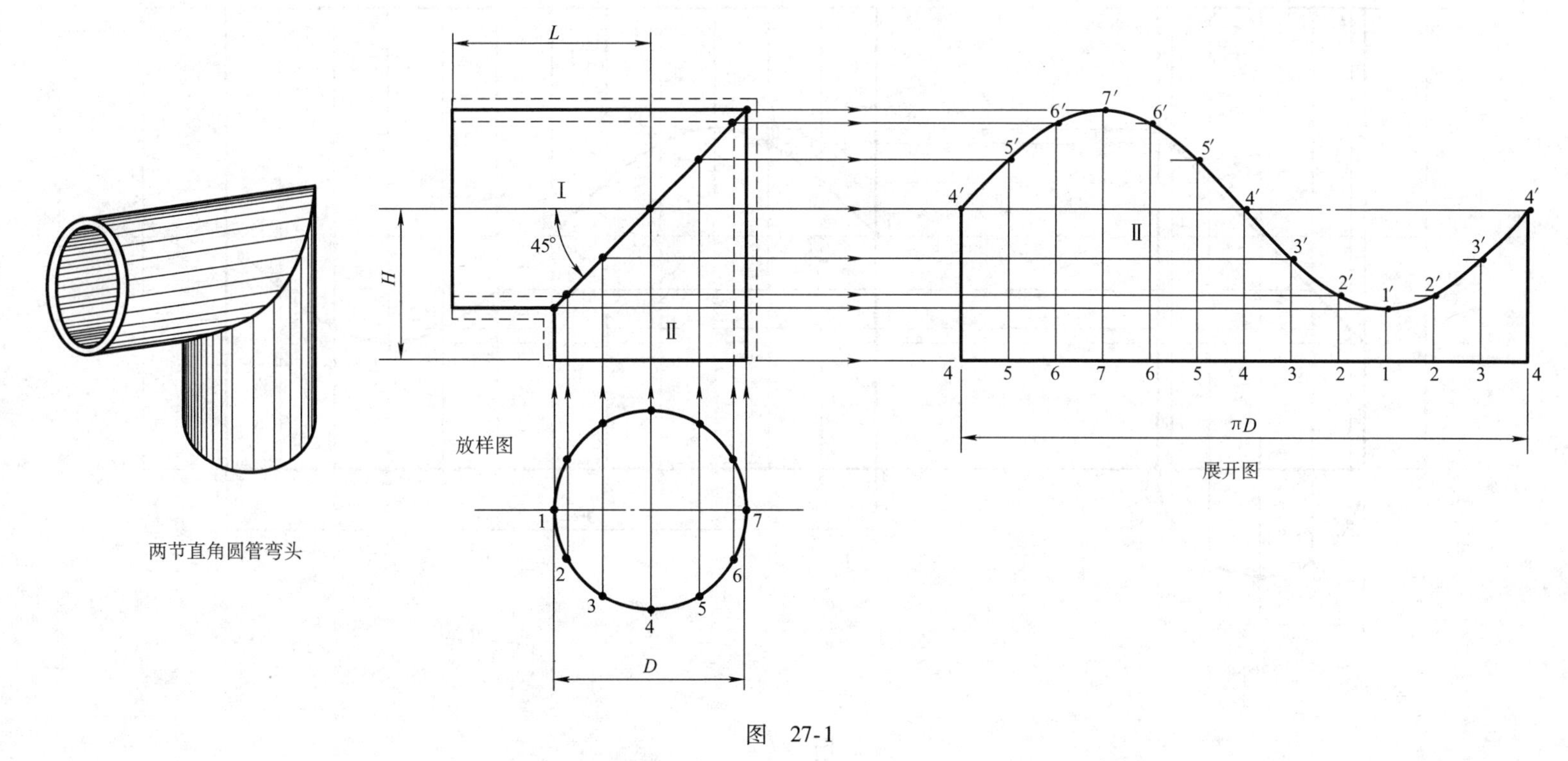

图　27-1

图 27-2 是弯头另一种作法的放样图及展开图。

1. 放样图中将管Ⅰ翻转后成一直圆管段。圆管高度为 $L+H$，直径为 D，相贯线平面与轴线的夹角为 45°。

2. 将放样图底圆在平面上的半圆周投影画出并将半圆周 6 等分，过各等分点作垂线上投和两管的结合线交于各点，再过各点作水平投线。

3. 在放样图底圆的投影延长线上截取线段长度为圆周的展开长度 πD，并将线段作和圆周同样的 12 等分，将接口位置放在 4 线上，过各等分点作垂线和各水平投线对应交得 1′、2′、…各点，光滑连接各点即得到弯头管Ⅰ和管Ⅱ的展开图形。

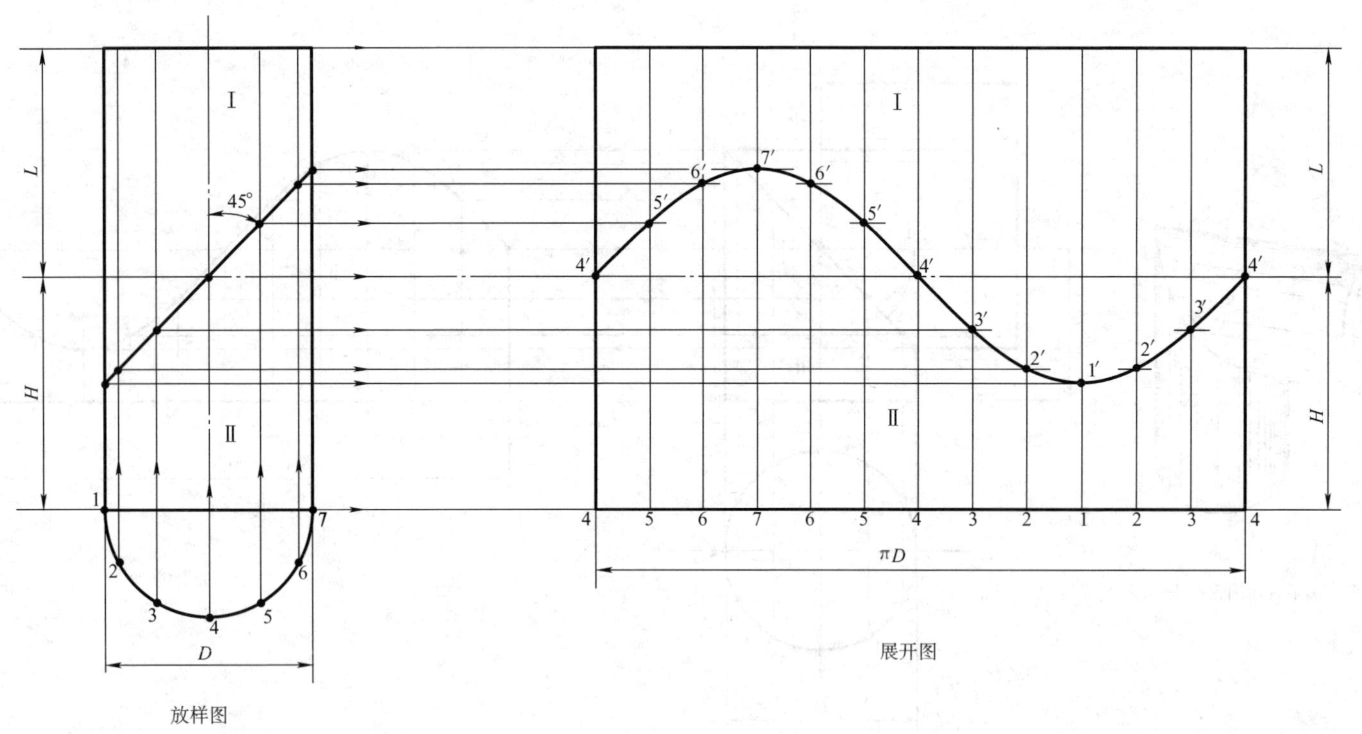

图 27-2

图 27-3 是弯头为相贯线处没有破口要求，即自然破口时板厚处理时的放样图及展开图。图中 D 为圆管的内径。

1. 放样图中内侧以弯头正面视图中圆管的外径 $D/2+t$，内侧以圆管内径 $D/2$ 为半径画出的两个半圆为平面图，相贯线为 45°斜线形成的斜截半圆柱投影即为放样立面图。

2. 将放样平面图上底圆半圆周各 6 等分，过各等分点作圆柱素线和两管的相贯线交于各点，再过各点作水平投线。

3. 在放样立面图底圆的投影延长线上截取线段长度为圆周的展开长度 $\pi(D+t)$，并将线段作 12 等分，将接口位置放在 4 线上，过各等分点作垂线和各水平投线对应交得 1′、2′、…各点，光滑连接各点即得到弯头管Ⅱ的展开图形。

当弯头材料较厚时应采用此放样展开法。

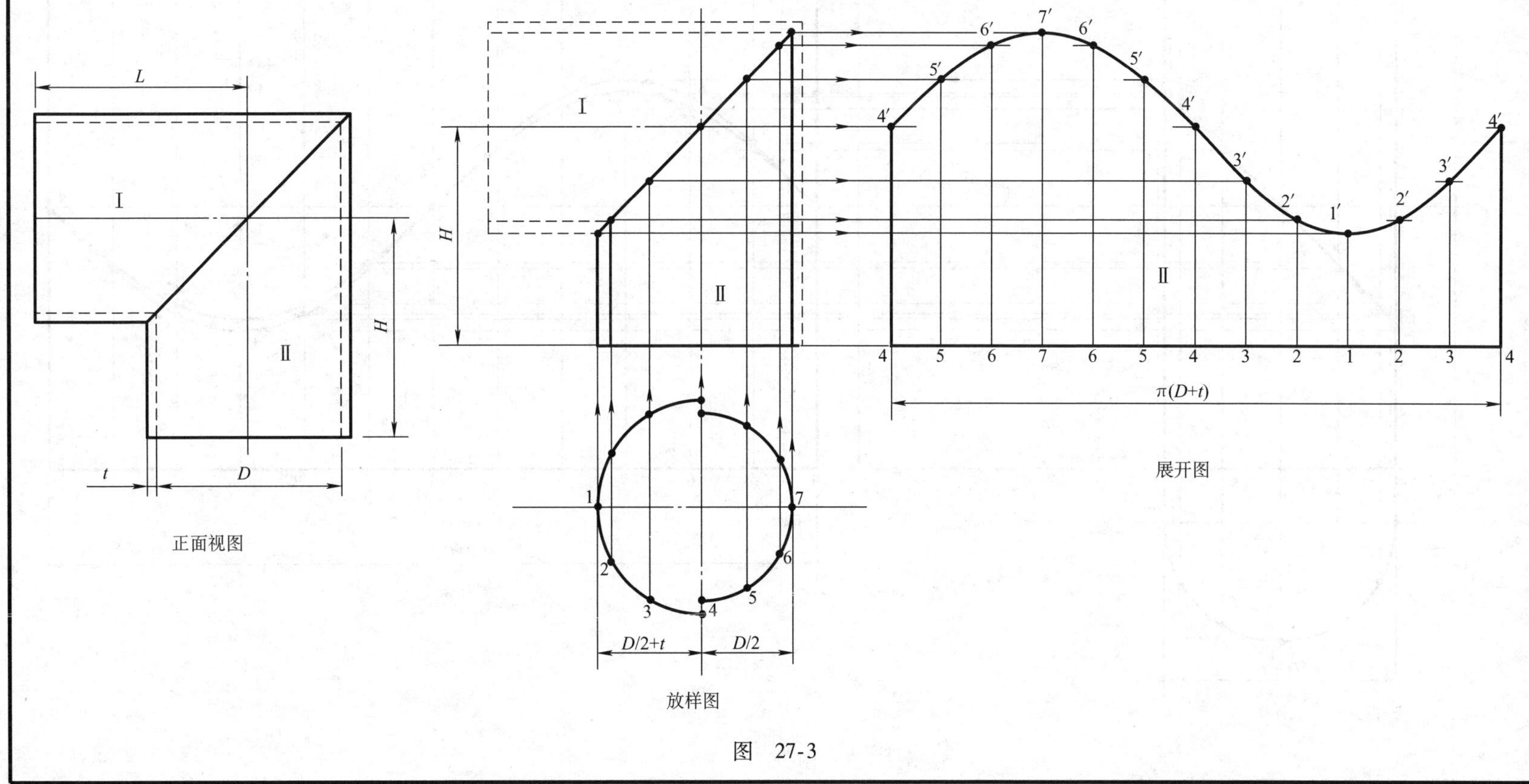

图 27-3

图 27-4 是弯头放样图及展开图的另一种作图方法。

1. 仍用图 27-3 中弯管的正面视图，先将两节圆管翻转拼接成圆柱体，用中径尺寸画出放样立面图，然后将圆管的内外壁轮廓线画出，相贯线与拼接圆柱的中心线左右内外轮廓线交于四点，过四点作素线的垂线交中径线上于 1′、1″和 7′、7″四点，将四点与 4′连线，得到 1′4′、4′7′、1″4′和 4′7″四线段即为板厚处理后相贯线的投影。

2. 先作出圆柱体展开的长方图形。然后用图 27-3 同样的方法求出分割长方形的两条相贯线的展开曲线，即得到弯头管Ⅰ和管Ⅱ的展开图形。此图例也是相贯线处没有破口要求即自然破口时板厚处理的作法。

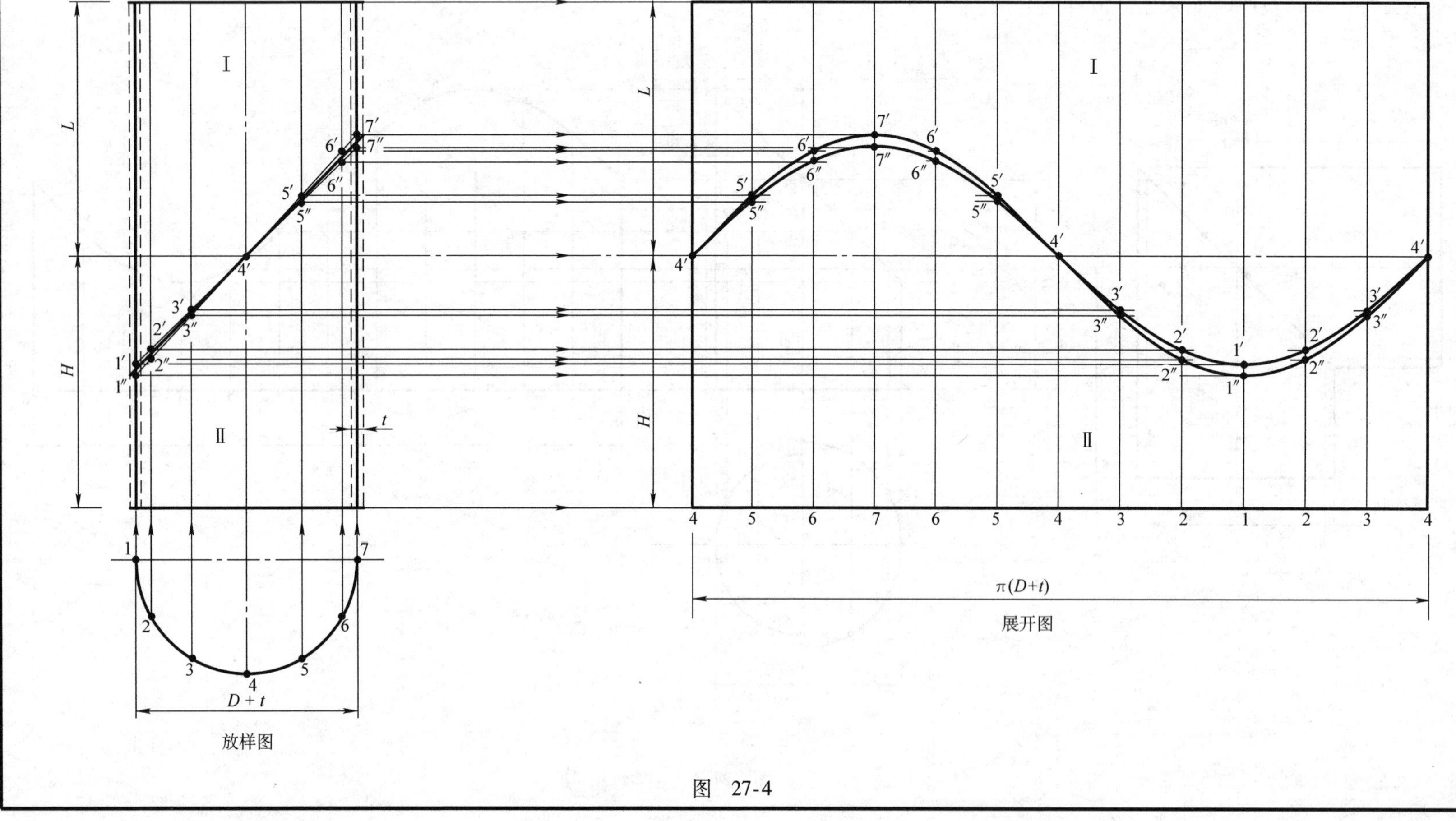

图 27-4

图例 28　两节直角方管弯头

图 28 所示为一个两节直角方管弯头和用它的内壁尺寸画出的放样图及展开图。

1. 放样图中虚线是它外壁轮廓线的投影。可以看出它和直角圆管弯头不同的是上下口的形状不一样，下口周长为方口的周长 $4a$，方口展开图中过各边线端点的垂线上的素线高度即为各棱线的对应高度。

2. 在放样立面图下口的投影延长线上截取线段 AD 的长度为方口的周长 $4a$，过各线段端点作垂线，各垂线和过放样立面图中交线端点 1、2 作水平投线，对应相交得 1′、2′、…各点，用直线连接各相邻点即得到管Ⅱ各面的展开图，用同样的方法也可作出管Ⅰ的展开图形。

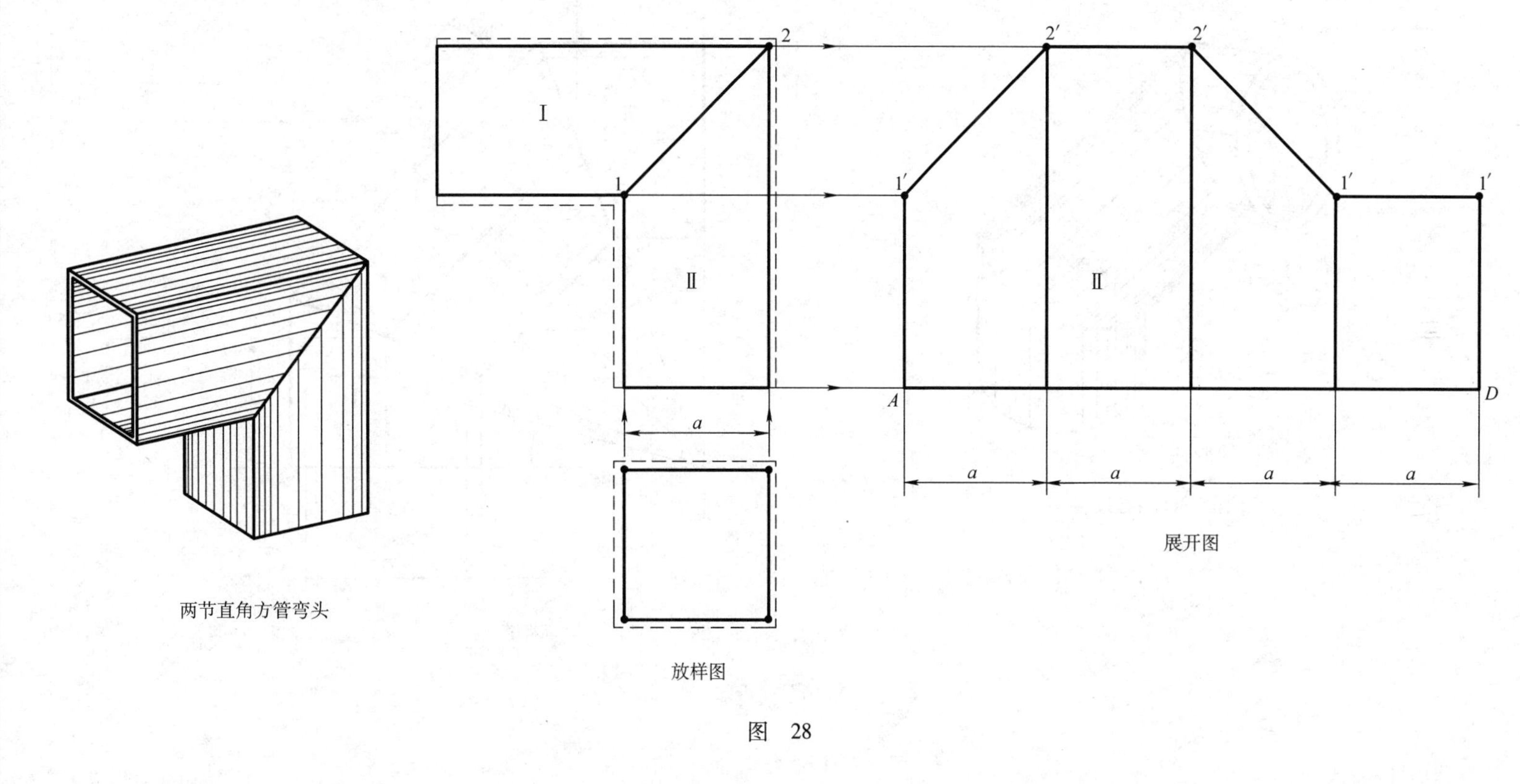

图　28

图例 29　三节直角圆管弯头

图 29-1 所示为三节直角圆管弯头和它的正面视图。它由三节直径相同的圆管组成，两端口平面互相垂直，管Ⅰ和管Ⅲ的轴线长度相同，并为中节管Ⅱ轴线长度的一半。相贯线平面和圆管端口投影的夹角为 α，圆管的内径为 D，厚度为 t。

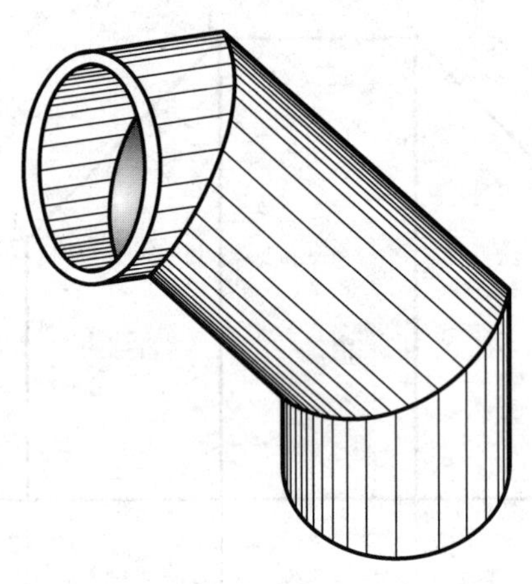

三节直角圆管弯头

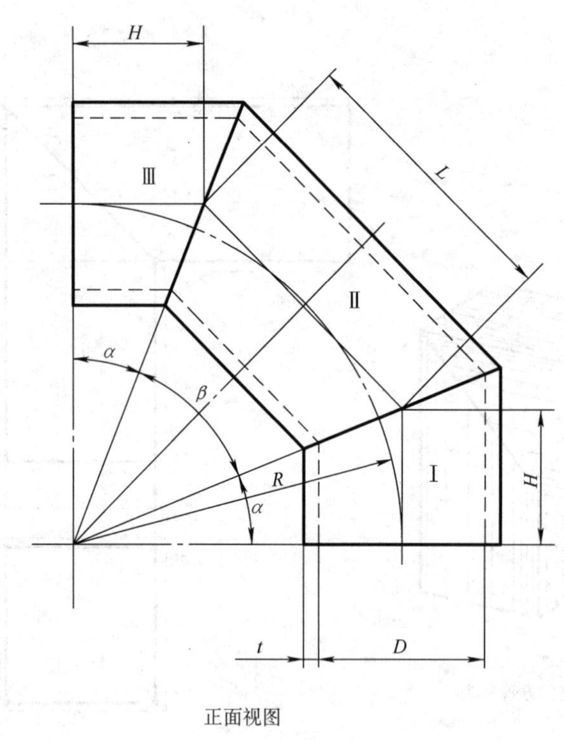

正面视图

图　29-1

图 29-2 是弯头的放样图及展开图。放样图是中心高度为 $2H+L$、直径为 $D+t$ 的圆柱面的投影，相贯线与轴线垂面的夹角 $\alpha=22.5°$。展开图是被两条曲线分割的一边长度为 $\pi(D+t)$、另一边长度为 $2H+L$ 的矩形。

1. 将放样图底圆在平面图上的投影画出并将半圆周 6 等分，过各等分点作圆柱素线和两管的结合线交于各点，再过各点作水平投线。

2. 在放样图底圆的投影延长线上截取线段长度为圆周的展开长度 $\pi(D+t)$，并将线段作 12 等分，先作出如图所示的矩形，将接口位置放在 4 线上，过各等分点作垂线和各水平投线对应交得 1′、2′、…和 1″、2″、…各点，光滑连接各点即得到由两曲线分割的全部展开图形。

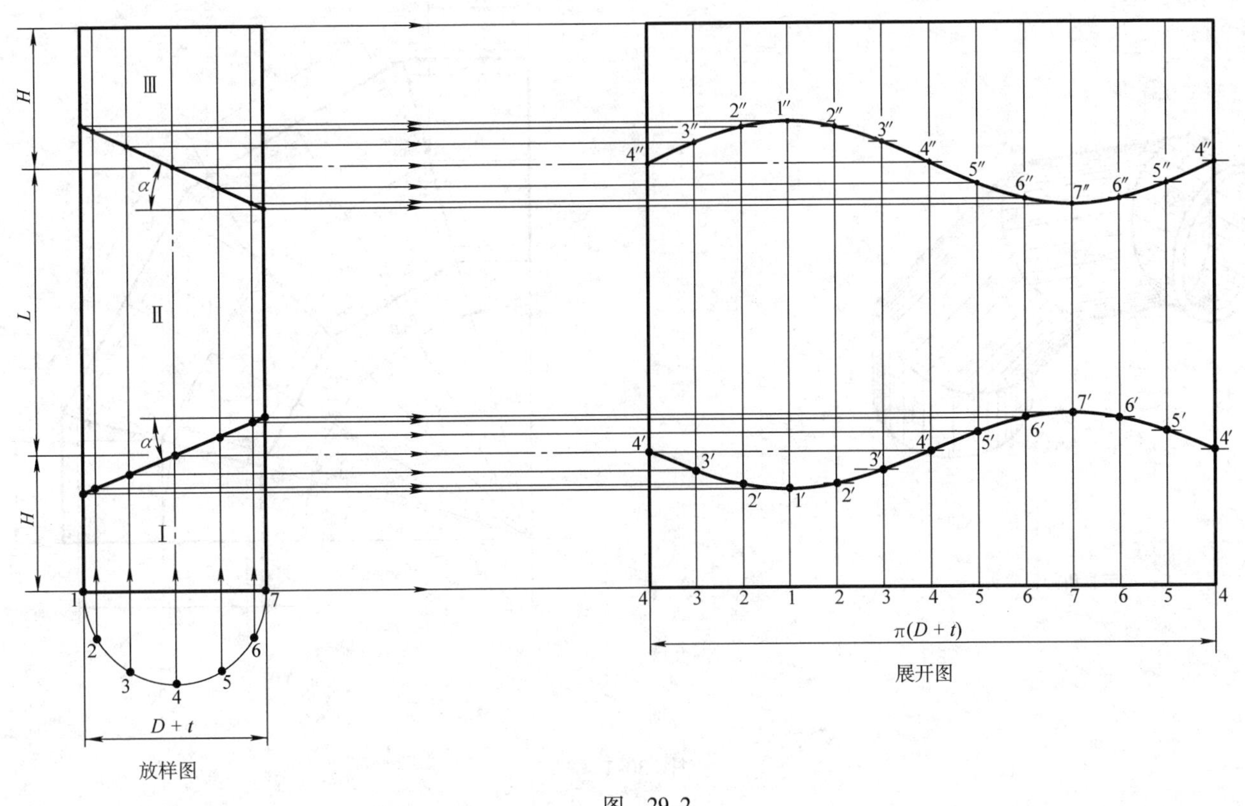

图 29-2

图例 30　四节直角圆管弯头

图 30-1 所示为四节直角圆管弯头和它的正面视图。它由四节直径相同的圆管组成，两端口平面互相垂直，管Ⅱ和管Ⅲ的轴线长度相同，管Ⅰ和管Ⅳ的轴线长度相同并为中节管Ⅱ和管Ⅲ轴线长度的一半。圆管内径为 D，厚度为 t，相贯线平面和轴线垂直面间的夹角为 α。

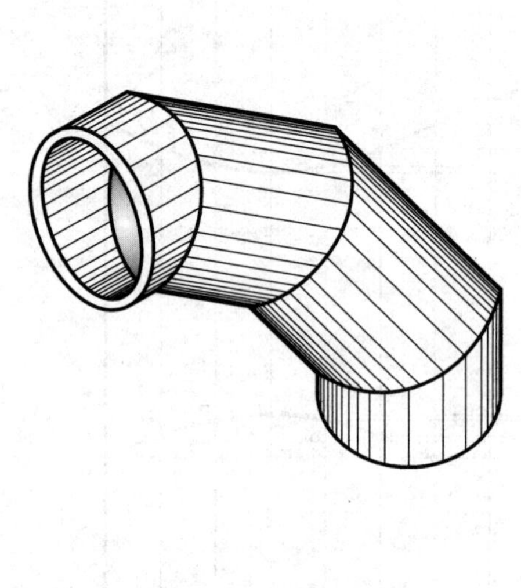

四节直角圆管弯头

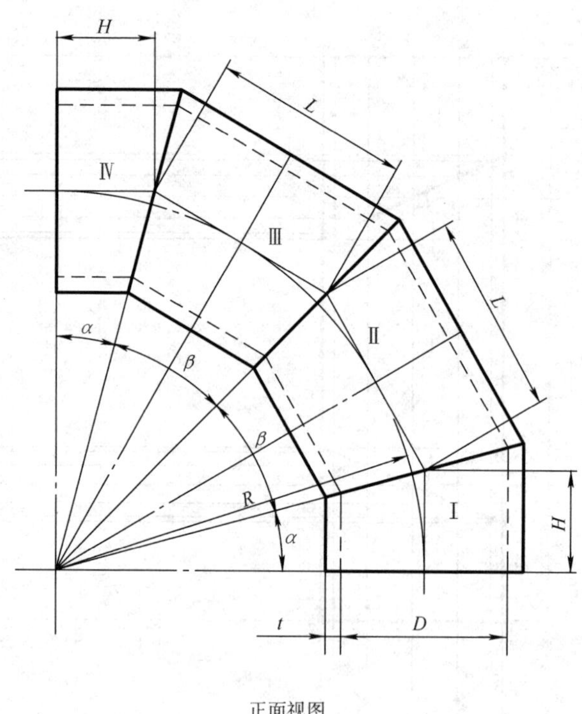

正面视图

图　30-1

图 30-2 是弯头的放样图及展开图。放样图是中心高度为 $2L+2H$，直径为 $D+t$ 的圆柱面投影，两相贯线与底圆投影的夹角均为 α，$\alpha=15°$。展开图为被三条曲线分割的一边长度为 $\pi(D+t)$、另一边长度为 $2H+2L$ 的矩形。具体作图方法和图例 29 相同。

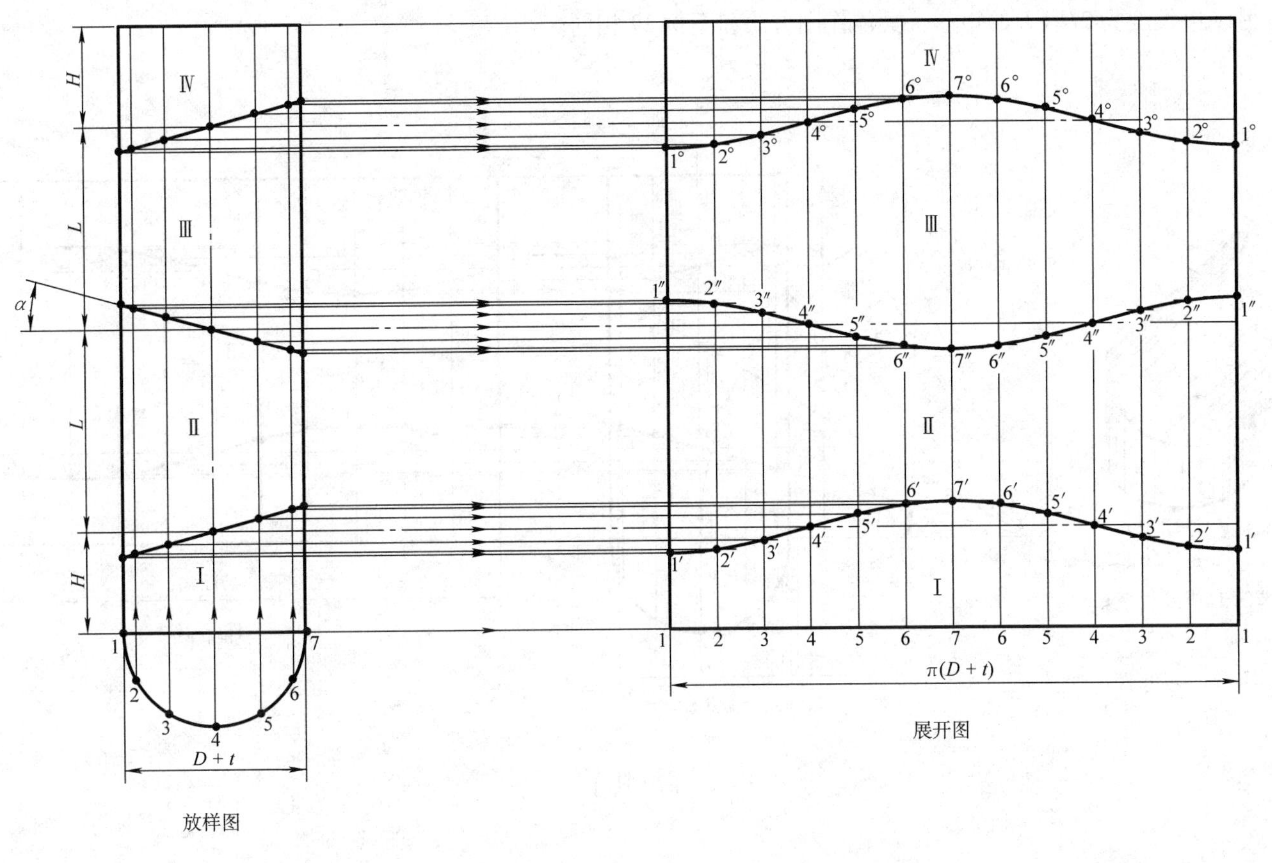

图 30-2

图例 31　三节任意角度圆管弯头

图 31-1 所示为三节任意角度圆管弯头和用中径尺寸画出的放样图及展开图。它由三节直径相同的圆管组成，两端口平面夹角为任意角度 β，管Ⅰ和管Ⅲ的轴线长度相同并为中节管Ⅱ轴线长度的一半。圆管内径为 D，厚度为 t，两相贯线与轴线垂面间的夹角在放样立面图中的投影均为 α，$\alpha=\beta/4$。

放样图是中心高度为 $L+2H$、直径为 $D+t$ 的圆柱面投影，图中虚线部分是弯头的正面视图，展开图为被两条曲线分割的一边长度为 $\pi(D+t)$、另一边长度为 $2H+L$ 的矩形。具体作图方法和图例 29 相同。

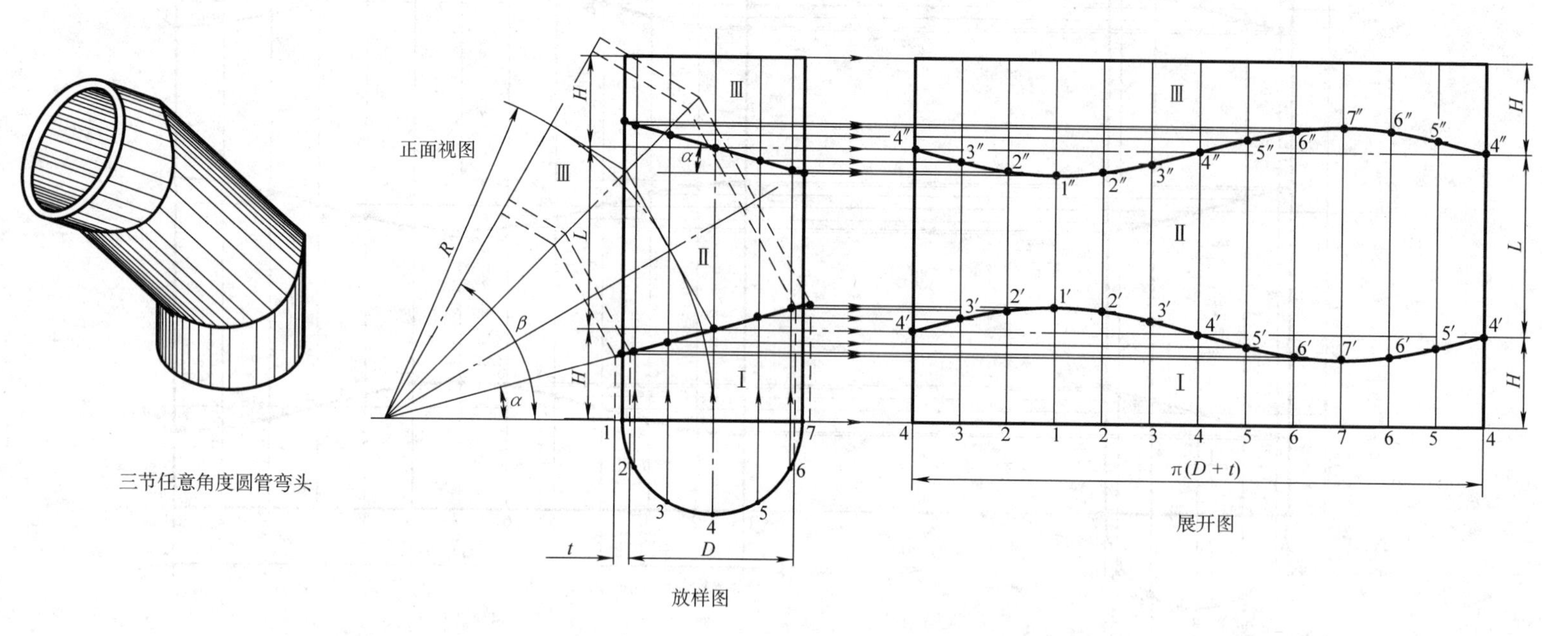

图　31-1

图 31-2 是弯头一种习惯作法的放样图及展开图。放样图为用圆管中径尺寸作出的弯头立面投影图，两相贯线平面与底圆平面投影的夹角均为 α，$\alpha=\beta/4$。因管Ⅰ和管Ⅲ相同，所以只要作出管Ⅰ和管Ⅱ的展开图即可。

管Ⅱ展开图作法：将端口半圆周 6 等分，过各等分点作管Ⅰ圆管的素线，交相贯线于各点，过各点作管Ⅱ圆管的素线交第二条结合线于各点。将管Ⅱ圆管的中心线延长，在延长线上截取线段长度为 $\pi(D+t)$，并将线段 12 等分，过各等分点作中心线的垂线和由两条结合线上各点所作中心线的平行线对应交于 1′、2′、…各点，光滑连接各点即得到管Ⅱ的展开图形。

管Ⅰ的展开图形作法与管Ⅱ相同，管Ⅰ的展开图形为管Ⅱ展开图形的一半。

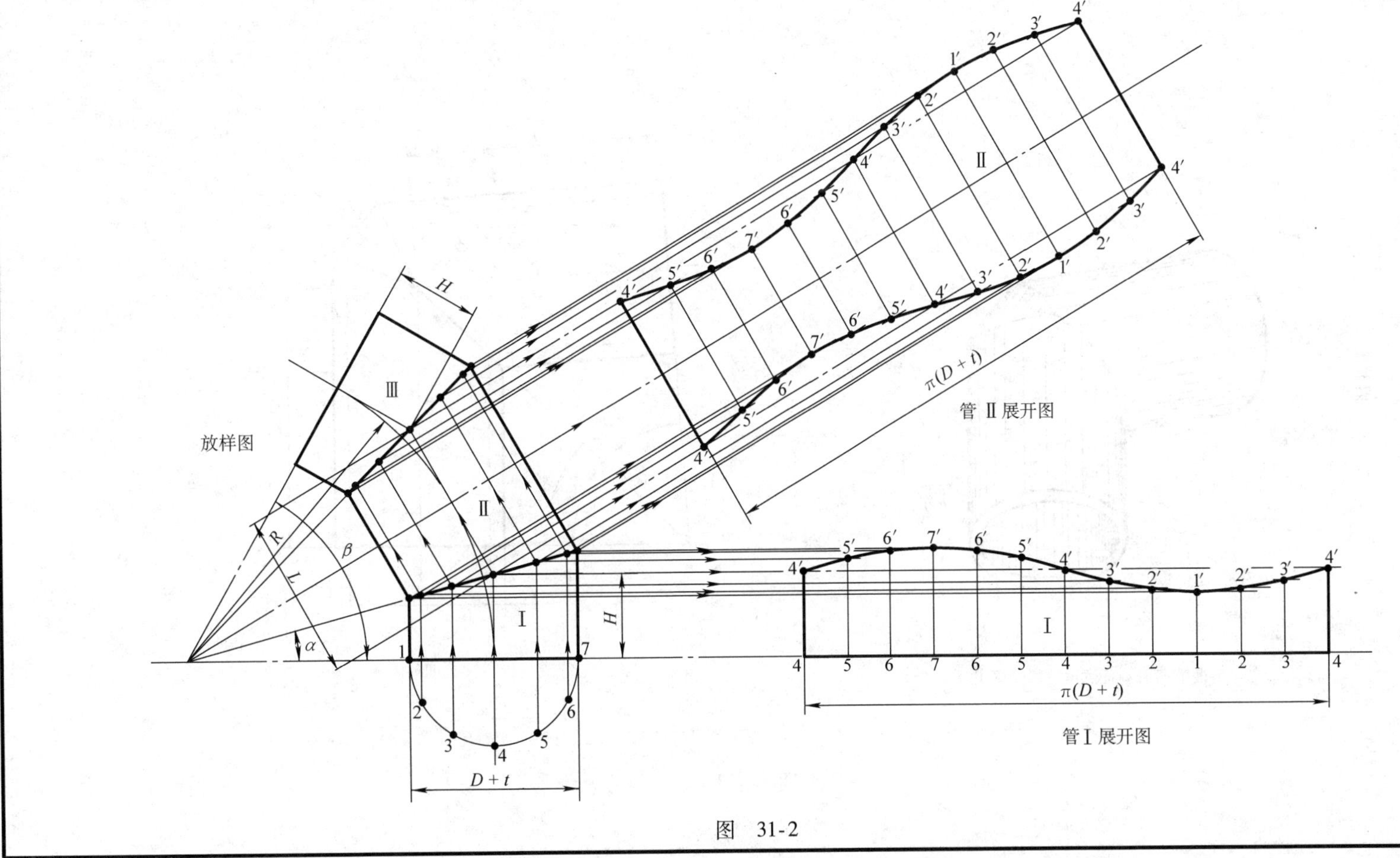

图 31-2

图例 32　两节带补料任意角度圆管弯头

图 32-1 所示为两节带补料任意角度圆管弯头和它的正面视图。它由两节直径相同的圆管组成，圆管内径为 D，厚度为 t，两端口平面夹角为任意角度 β，相交两圆管的轴线长度相同，相贯线平面和轴线垂直面间的夹角为 α，在弯头外角增添补料。

补料的画法：画出两节任意角度圆管弯头的正面视图，以两管的轴线交点 O 为圆心，$D/2+t$ 为半径，画弧交相贯线的延长线上于 O' 点，过 O' 点作圆弧的切线，和两管的外壁轮廓线的投影交于 A、B 两点，连接 AB、AO、BO 得到补料外壁的投影，同时也得到内壁的投影。

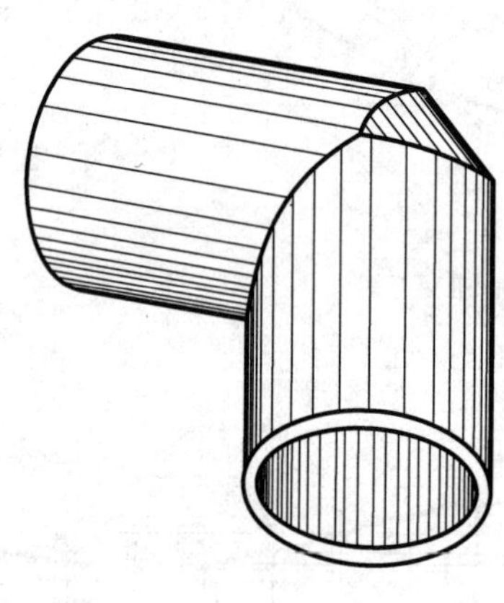

两节带补料任意角度圆管弯头

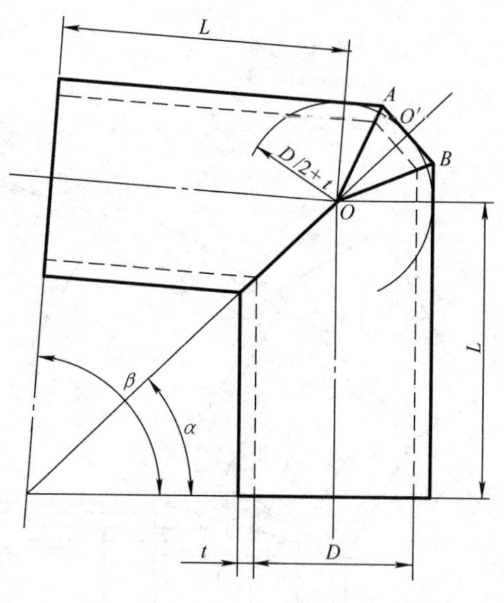

正面视图

图　32-1

图 32-2 是两节带补料任意角度圆管弯头的放样图及展开图。两圆柱管因对称相同，所以仅展开一件。

1. 两圆柱管相交的内侧用外径尺寸，补料和外侧用内径尺寸画出放样图。在放样图中将端口的平面投影内侧以外径尺寸，外侧以内径尺寸分别画出 1/4 圆周，并各作 3 等分，过各等分点作圆管的素线与相贯线交于各点，将补料相贯线上的各点作两管相贯线的垂线，交第二条相贯线于各点。

2. 圆管展开图的作法：在端口投影的延长线上截取线段长度为 $\pi(D+t)$ 并作 12 等分，过各等分点作线段的垂线，再过两管相贯线和第一条补料相贯线上的各等分点作端口投影的平行投线，和线段的各垂线对应交得各点，光滑连接各点即得到圆管的展开图。

3. 补料展开图的作法：将两管相贯线延长，在延长线上截取线段长度为 $\pi(D+t)/2$ 并作 6 等分，用和圆管同样的平行线法可作出补料的展开图形。

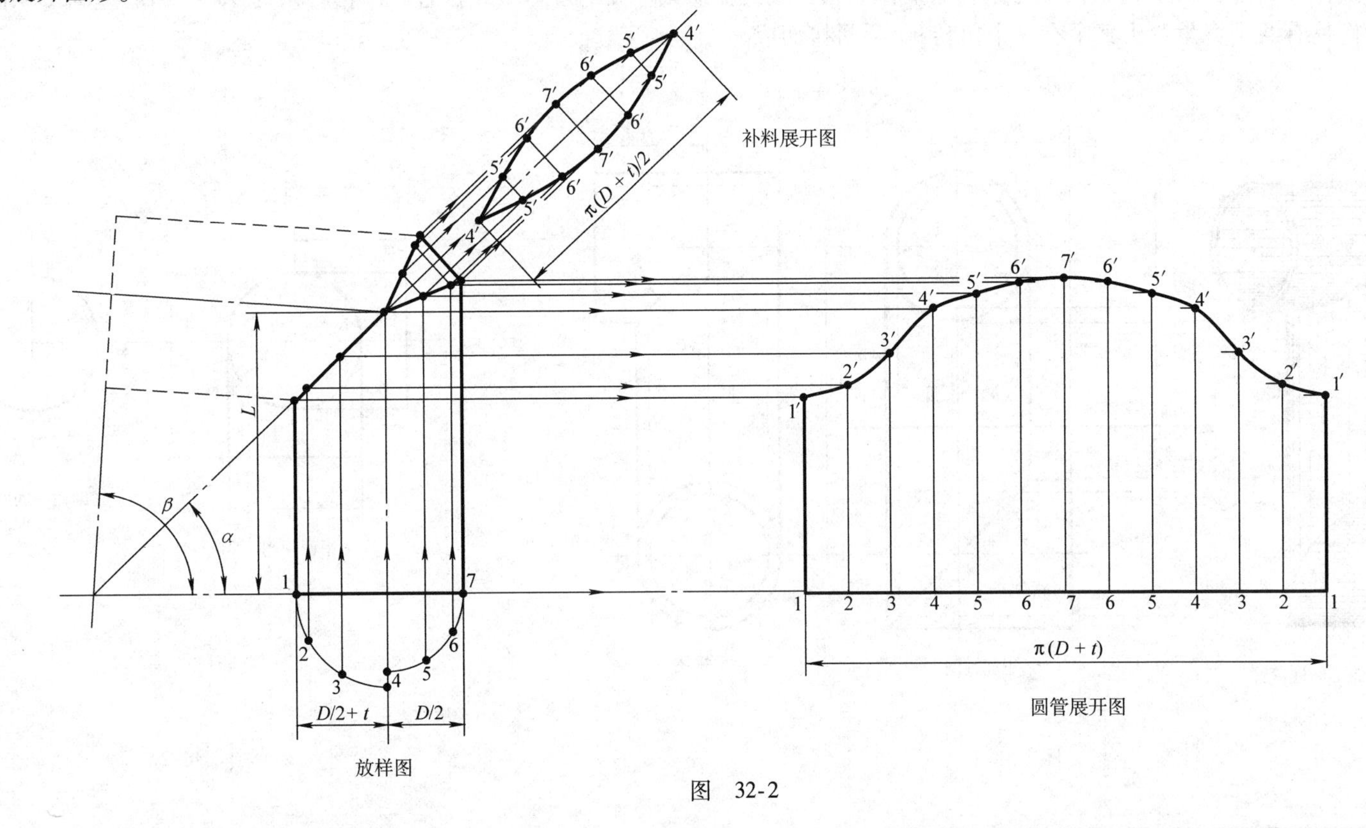

图 32-2

图例 33　三节双直角蛇形圆柱弯管

图 33-1 所示为三节双直角蛇形圆柱弯管和它在施工图样中常用的两面视图表达方法。

蛇形弯管的展开方法也是用平行线法，但由于蛇形弯管是由三节以上不在同一平面内的圆管构成，所以两条相贯线无法在同一视图面内都是直线。如在管Ⅱ中部合适位置假想一个和轴线垂直而又和两端相贯线都不相交的辅助截平面，被截断的两部分就可以看成是两个两节直角圆管弯头。两个弯头展开时在管Ⅱ各自的最短素线位置，在辅助截面圆上形成了一个相错的劣弧长度，这个劣弧长度叫做错心差，这劣弧所对的圆心角叫作错心角，在管Ⅱ的身上利用错心角和错心差就可心用平行线法将蛇形管展开。

此图例的错心差图形可见图 33-2。在图 33-1 的正面视图中假想一辅助截平面 P，如图 33-2 所示，先将截面的平面视图画出，然后将辅助截平面圆移出，可看出 A 和 B 两点分别是管Ⅱ两端相贯线到辅助截平面的最短素线位置，即错心角为 90°。错心差为 1/4 圆周长度，也可以看作是有两个直角弯头其中有一个扭转 90°后拼接而成。

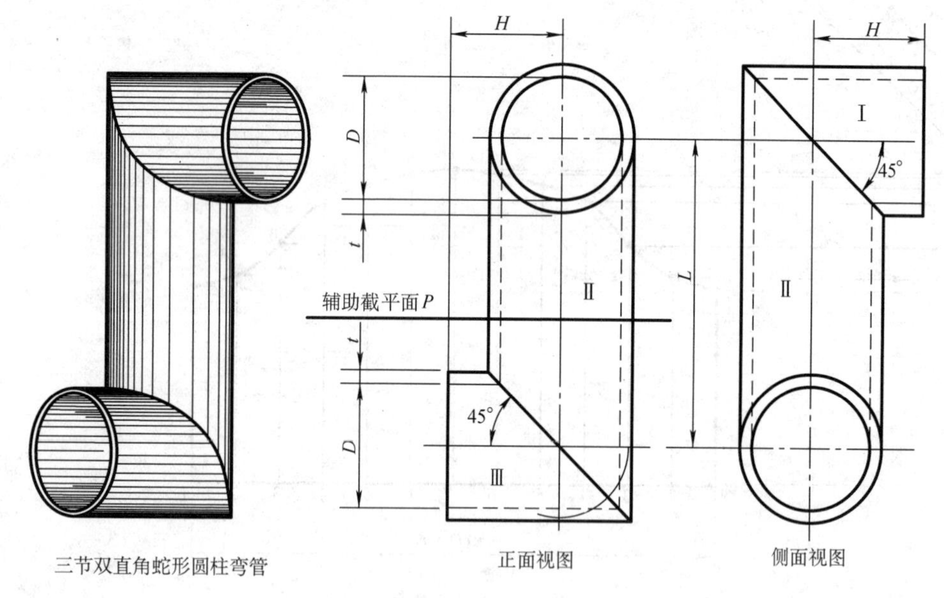

图　33-1

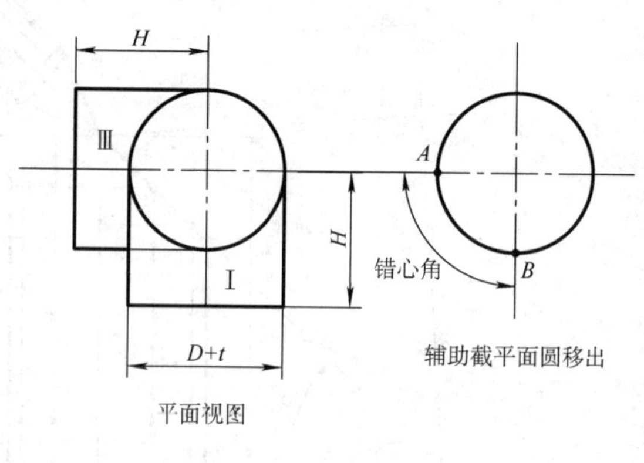

图　33-2

图 33-3 是蛇形弯管的放样图及展开图。其作图方法与在同一平面内弯管的展开作图方法相同，放样图中将三节圆管翻转拼接成直圆管段用中径尺寸画出，放样立面图是高度为 $2H+L$，直径为 $D+t$ 的圆管的投影，两条结合线与轴线间的夹角均为 45°。

1. 将放样平面图中半圆周 6 等分，过各等分点作轴线平行的投线和两条结合线相交于各点，过各点作水平投线。

2. 在放样图底圆投影的延长线上截取线段长度为中径圆周的展开长度 $\pi(D+t)$，先用圆管长度和展开长度作出展开后的长方形，然后将展开长度的线段 12 等分，过各等分点作垂线。将管Ⅰ的接口位置放在 1 线上，从放样图中可看出 7 线是管Ⅰ和管Ⅱ的结合线到辅助截平面的最短素线位置，即得到辅助截平面圆移出的 B 点，在截面投射线上由 B 点向右移动 1/4 的圆周长度得到 A 点。从放样图中可看出 1 线是管Ⅲ和管Ⅱ的结合线到辅助截平面的最短素线位置，即 1 线应放在 A 点的位置。

3. 过两结合线各水平投线和过展开长度 12 等分点各垂线对应相交于 1′、2′、…和 1″、2″、…各点，光滑连接各点即得到被两条结合线的展开曲线分割的全部展开图形。

为避免在卷制圆管后出现十字接缝，蛇形管展开图形在排板下料时应标明展开图的正反曲面，正曲面就是图面是圆管的内壁，反曲面就是图面是圆管的外壁。此图例中管Ⅱ应是正曲面，管Ⅰ和管Ⅲ正反曲面都可以。

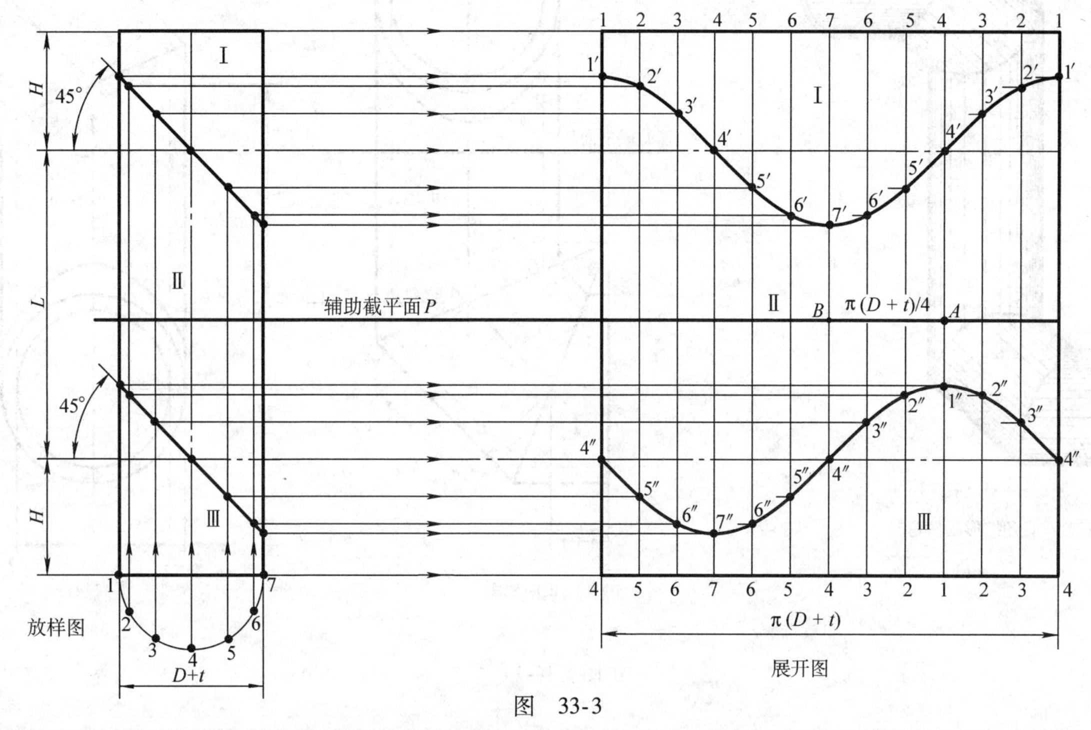

图 33-3

图例 34　五节双直角蛇形圆柱弯管

图 34-1 所示为五节双直角蛇形圆柱弯管和它的两面视图。它由五节直径相同轴线不在同一平面的圆管组成，管Ⅰ、管Ⅱ和管Ⅲ的轴线在同一平面上反映实长和实角，管Ⅲ、管Ⅳ和管Ⅴ的轴线在同一平面上反映实长和实角。而且两部分相同，均是相贯线平面和轴线间夹角为 67.5°。管Ⅲ中部所作辅助截平面 P 的错心角图形和图例 33 相同仍为 90°，所以也可以看做是由两个三节直角弯头其中一个扭转 90°后拼接而成。

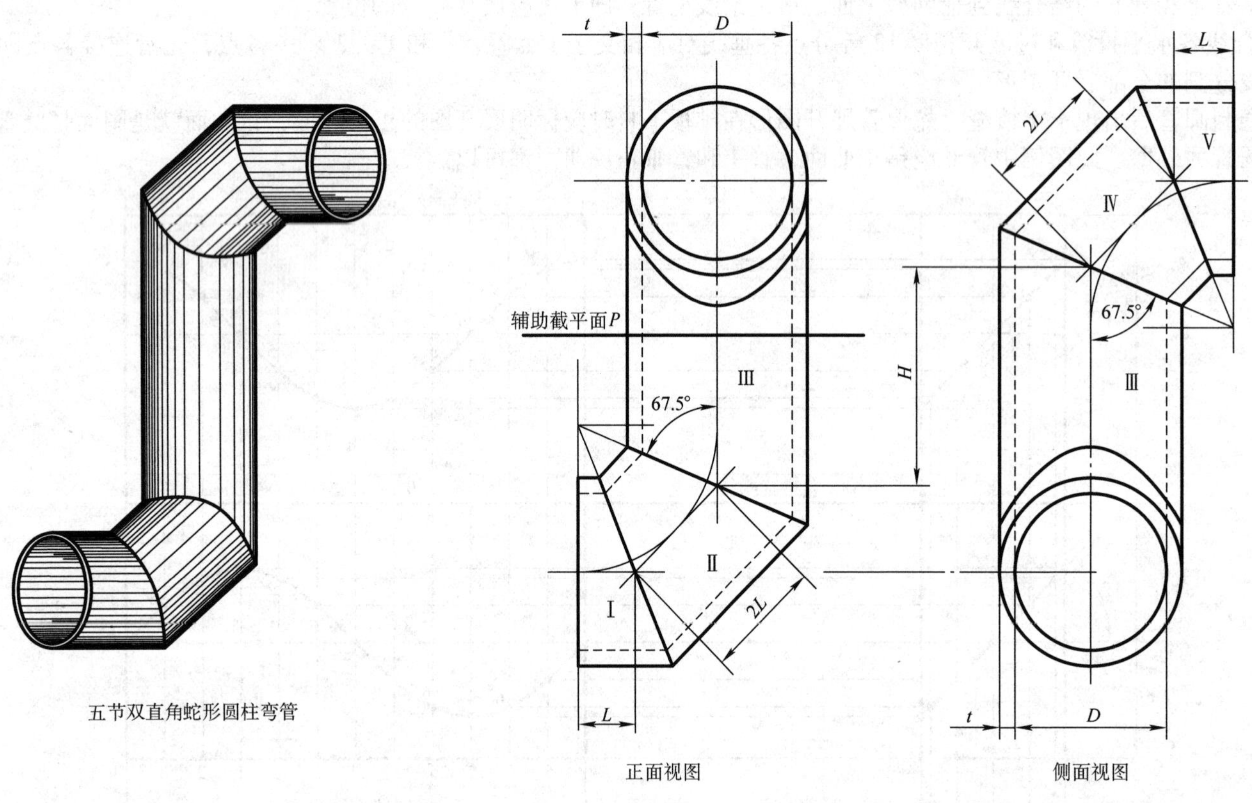

图　34-1

图 34-2 是蛇形圆柱弯管的放样图及展开图。放样图中立面图是中心高度为 $6L+H$、直径为管中径尺寸 $D+t$ 的圆柱面投影，四条相贯线与轴线间的夹角均为 67.5°，在管Ⅲ的中部假想一个和轴线垂直的辅助截平面 P，错心差为 $\pi(D+t)$。

展开图为被四条曲线分割的一边长度为 $\pi(D+t)$，一边长度为 $6L+H$ 的矩形。具体作图方法同图例 33 和平面内弯管相同。

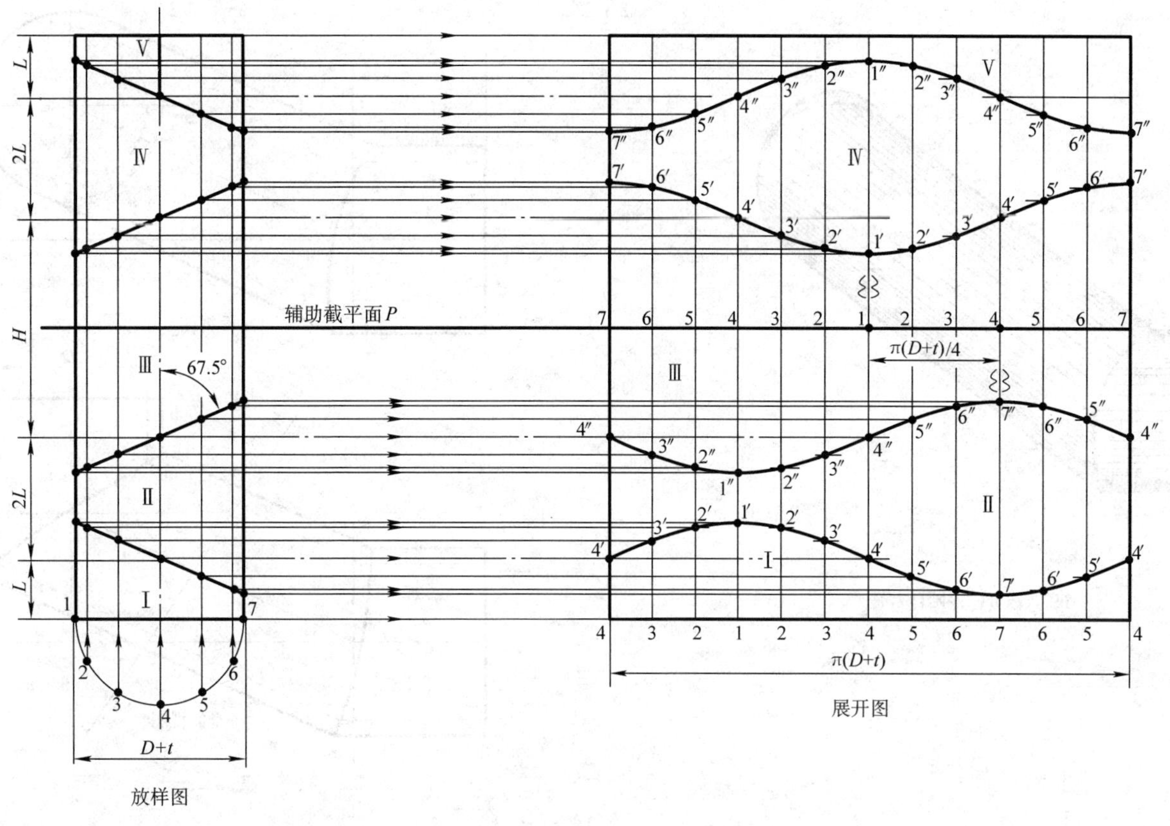

图 34-2

图例 35　三节任意角度蛇形圆柱弯管

图 35-1 所示为三节任意角度蛇形圆柱弯管和它的两面视图，它由三节直径相同轴线不在同一平面的圆管组成。在平面视图中管Ⅰ和管Ⅲ的轴线反映实长但不在同一平面内，管Ⅱ的轴线在两面视图中都不反映实长，而且两管相交处均不反映实形和实角。在管Ⅱ的中部假想一个和轴线垂直的辅助截平面 P，分开的部分就可以看做是两个任意角度圆管弯头。

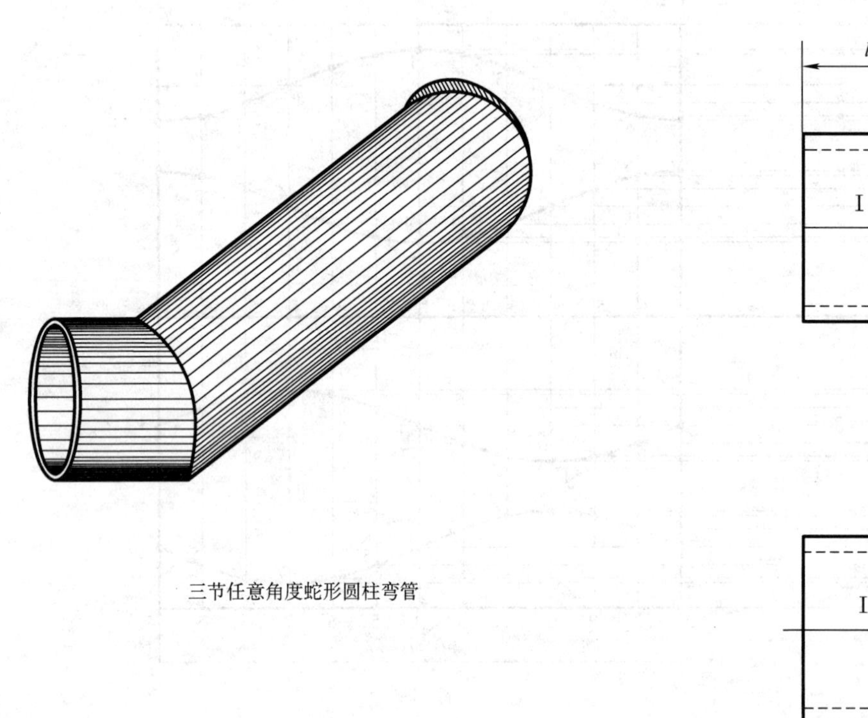

三节任意角度蛇形圆柱弯管

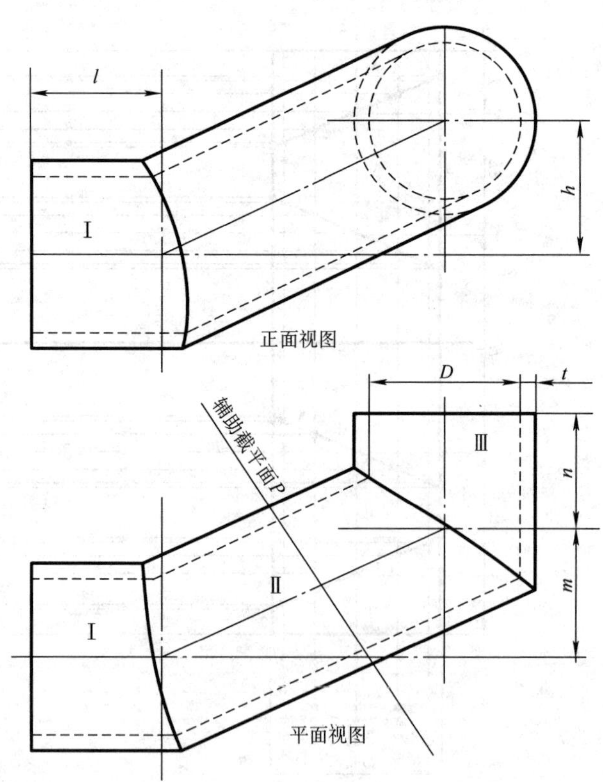

图　35-1

图 35-2 是弯管两相贯线处的实角和错心差求作图。先用中径尺寸画出正、平面视图，因正面视图中管Ⅲ的轴线垂直于投影面，所以由正面视图上平行于管Ⅱ轴线作投影视图，即投影面变换图Ⅰ，因管Ⅱ和管Ⅲ的轴线在同一平面内夹角反映实形，所以∠α 为实角。在管Ⅱ作垂直于轴线的假想辅助截平面 P。

再由投影面变换图Ⅰ中沿管Ⅱ轴线方向投影得垂直于轴线的投影面变换图Ⅱ，在图中 A 点和 B 点分别是管Ⅲ和管Ⅰ的轴线和辅助截平面圆投影的交点，所以∠φ 为管Ⅱ两端相贯线的错心角，对应 AB 弧长为错心差。

再平行于 BO 线作投影视图得投影面变换图Ⅲ，在图中因管Ⅱ和管Ⅰ的轴线在同一平面内夹角反映实形，所以∠β 为实角。

有错心差和相邻两管轴线间的实角就可用平面内弯管的展开方法作出展开图和放样图。

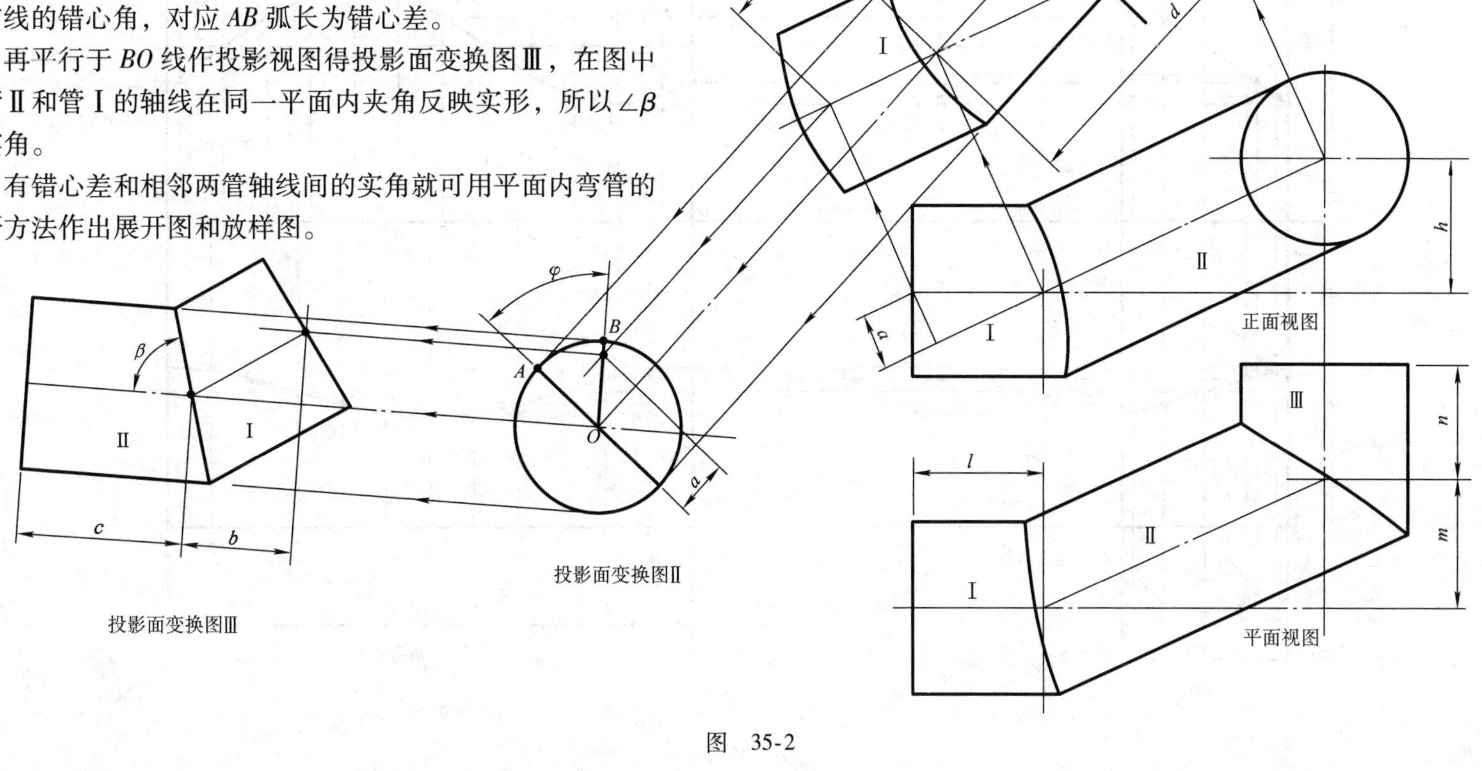

图　35-2

图 35-3 是弯管的放样图及展开图。放样图是将三节圆管翻转拼接而成的圆柱管的投影，管的高度为三节管轴线的和即 $n+d+l$，管的直径取中径为 $D+t$，两条相贯线与轴线间的夹角为 α 和 β。展开图为被两条相贯线曲线分割的一边为 $\pi(D+t)$，一边为 $n+d+l$ 的矩形。

1. 先用平行线法作出管Ⅱ和管Ⅰ相贯线的展开曲线。放样平面图中素线 1 线的 B 点为管Ⅱ和管Ⅰ相交的最短素线位置，用错心差求出 A 点。

2. 在管Ⅱ的中部假想一辅助截平面 P。在辅助截平面圆的展开线上用错心差求出 A 点。A 点为管Ⅱ和管Ⅲ相交的最短素线位置。

3. 过放样平面图中 A 点作素线的平行线，交管Ⅱ和管Ⅲ相贯线上一点，过这点作素线的垂线，在展开图接口线上交于 A' 点，用平行线法作出管Ⅱ和管Ⅲ相贯线的展开曲线，即得到全部展开图形。

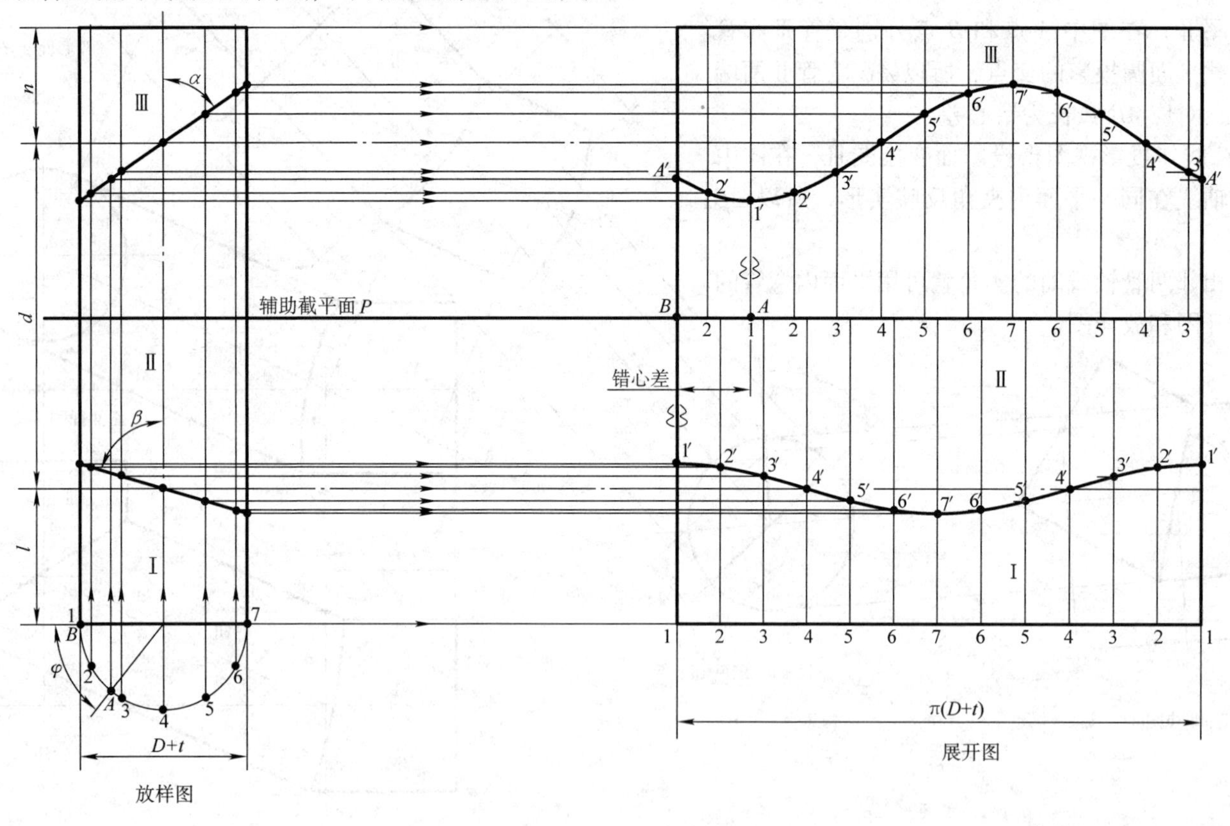

图 35-3

图例 36　正交等径圆管三通

图 36-1 所示为正交等径圆管三通和它的两面视图。它由两节轴线相互垂直的等径圆柱管相交组成，相贯线为平面曲线，其正面投影为直线，正面视图中可以看出垂直管的前后、左右均为对称图形，而且两面视图中的相贯线分别是直线和圆。

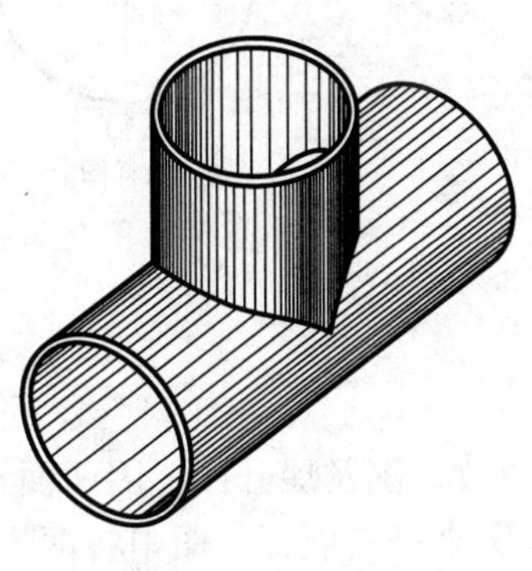
正交等径圆管三通

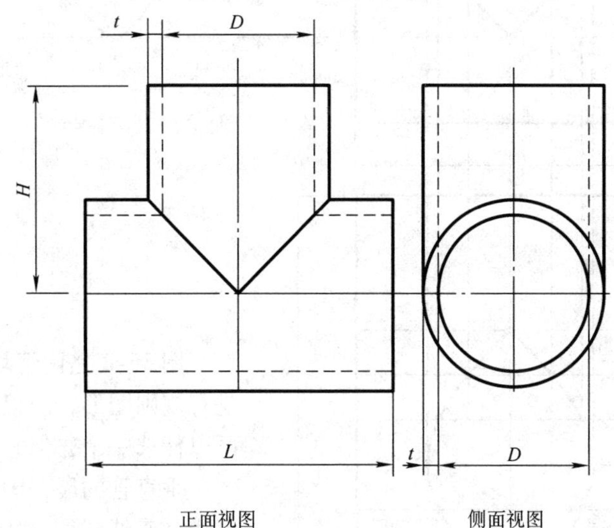

正面视图　　侧面视图

图　36-1

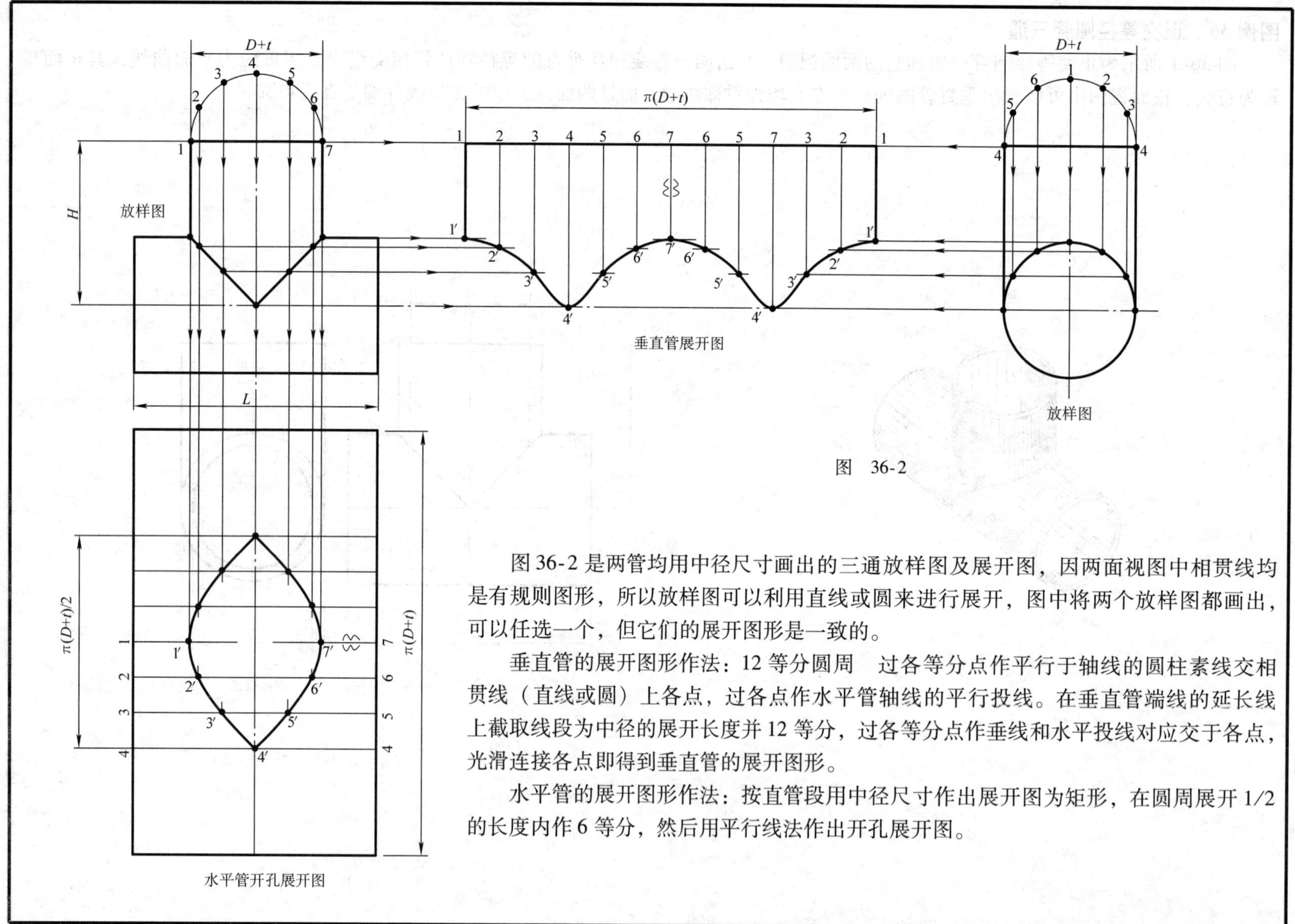

图 36-2

图 36-2 是两管均用中径尺寸画出的三通放样图及展开图，因两面视图中相贯线均是有规则图形，所以放样图可以利用直线或圆来进行展开，图中将两个放样图都画出，可以任选一个，但它们的展开图形是一致的。

垂直管的展开图形作法：12 等分圆周　过各等分点作平行于轴线的圆柱素线交相贯线（直线或圆）上各点，过各点作水平管轴线的平行投线。在垂直管端线的延长线上截取线段为中径的展开长度并 12 等分，过各等分点作垂线和水平投线对应交于各点，光滑连接各点即得到垂直管的展开图形。

水平管的展开图形作法：按直管段用中径尺寸作出展开图为矩形，在圆周展开 1/2 的长度内作 6 等分，然后用平行线法作出开孔展开图。

图例 37　方口直角管三通

图 37-1 所示为方口直角管三通和它的三面视图。由图中可看出两管截面尺寸相同并且互相垂直。两管的棱线均能反映实长且互相平行，方形的边长 L 即为两管各棱面的宽，所以构件可以用平行线法展开。

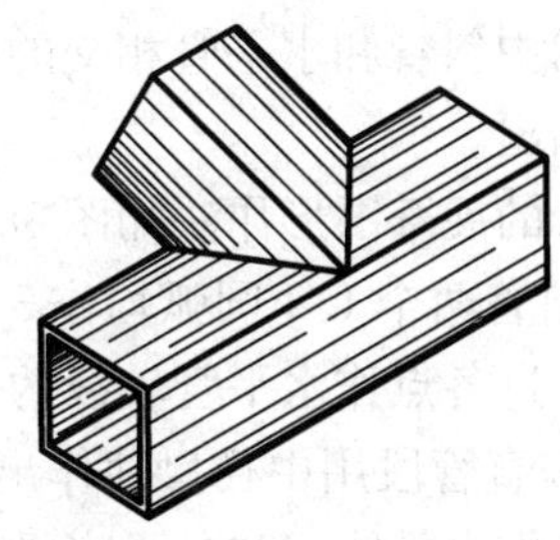

方口直角管三通

图 37-2 是用三通管的内壁尺寸画出的放样展开图。放样图仅画出立面图和方口的局部视图。

管 I 的展开图画法：将放样立面图中管 I 上口的投影线延长，在延长线上截取 $4L$ 的长度，过各等分点向下作垂线。由相贯线各端点作水平线，和各垂线相交于 a'、b'、…各点，用直线依次连接各点即得到所作的展开图。

如图 37-2 所示，用平行线法也可得到管Ⅱ的开孔展开图。

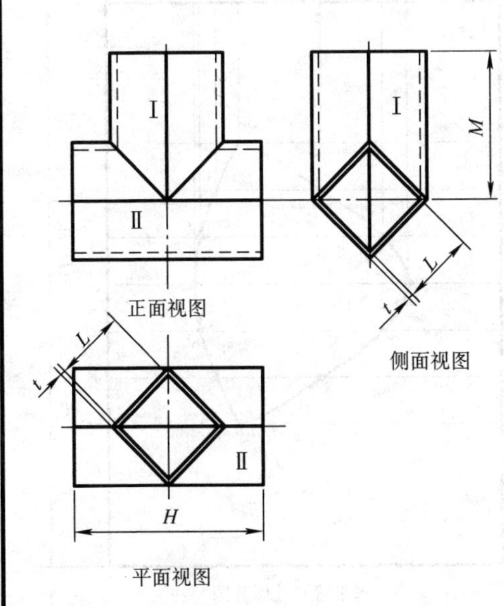

图　37-1

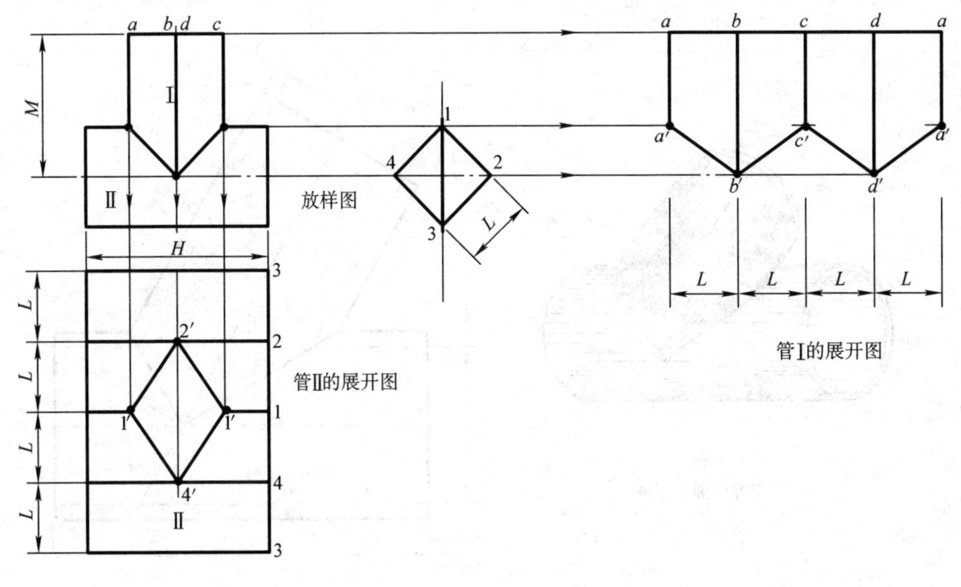

图　37-2

图例 38　斜交等径圆管三通

图 38-1 所示为斜交等径圆管三通和它的正面视图。它由两节轴线相交为任意角度的等径圆柱管相交组成，相贯线为平面曲线，其正面投影为直线。

放样图中斜管和水平管相交的内侧部分两管都用外径尺寸画出，外侧部分两管都用内径尺寸画出。

水平管的展开图形作法如图 38-2 所示：

1. 将斜管两个 1/4 圆弧均作 3 等分，过各等分点作平行于轴线的圆柱素线交相贯线上各点，过各点作水平管轴线的垂直投线。

2. 先按直管段用中径尺寸作出展开图为矩形，再将圆周展开 1/2 的长度作 6 等分，过各等分点作水平线，和各垂直投线对应交得 1′～7′点，光滑连接各点即得到水平管的开孔展开图形。

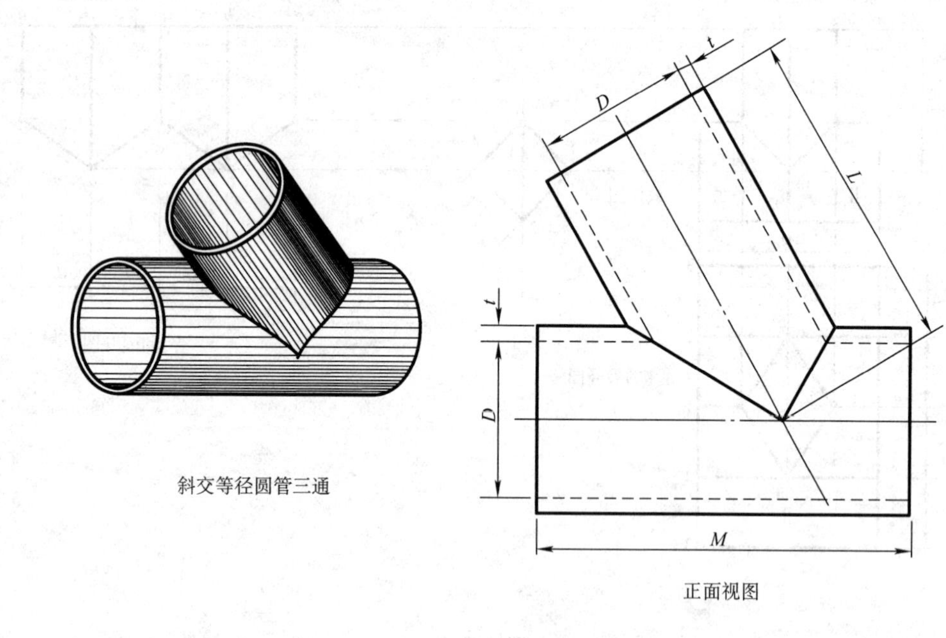

图　38-1

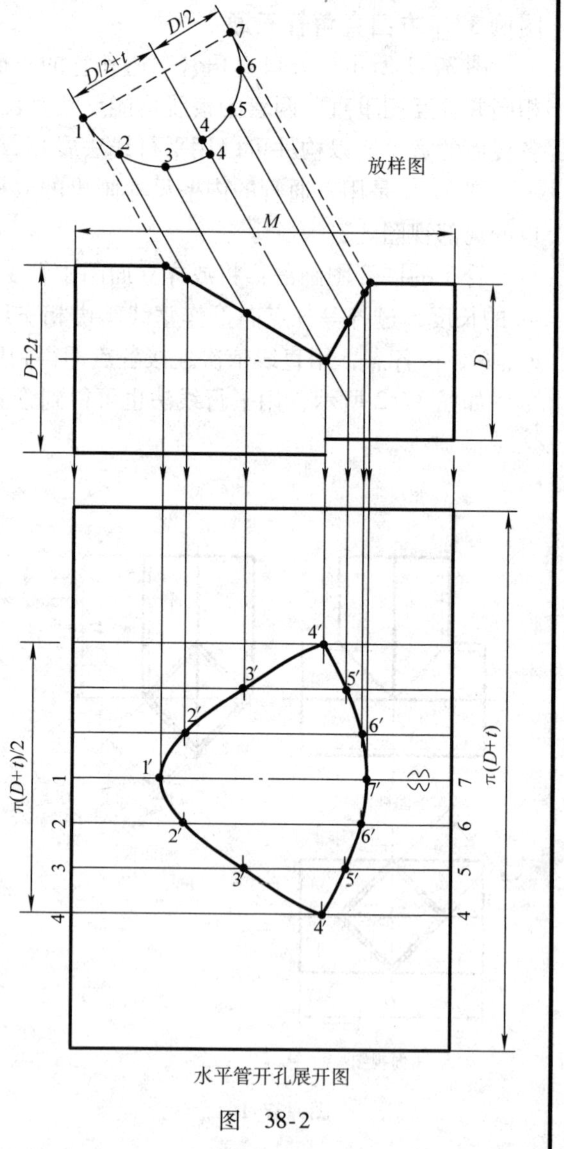

图　38-2

图 38-3 是三通斜管的放样图及展开图。放样图中水平管用外径尺寸画出，而斜管和水平管相交的内侧部分用外径尺寸画出，外侧部分用内径尺寸画出。

1. 将斜管的两个 1/4 圆弧均作 3 等分，过各等分点作平行于轴线的圆柱素线交相贯线上各点，过各点作斜管端面的平行投线。

2. 在斜管端面投影的延长线上截取线段为中径的展开长度并 12 等分，过各等分点作线段的垂线和平行投线对应交于各点，光滑连接各点即得到斜管的展开图形。

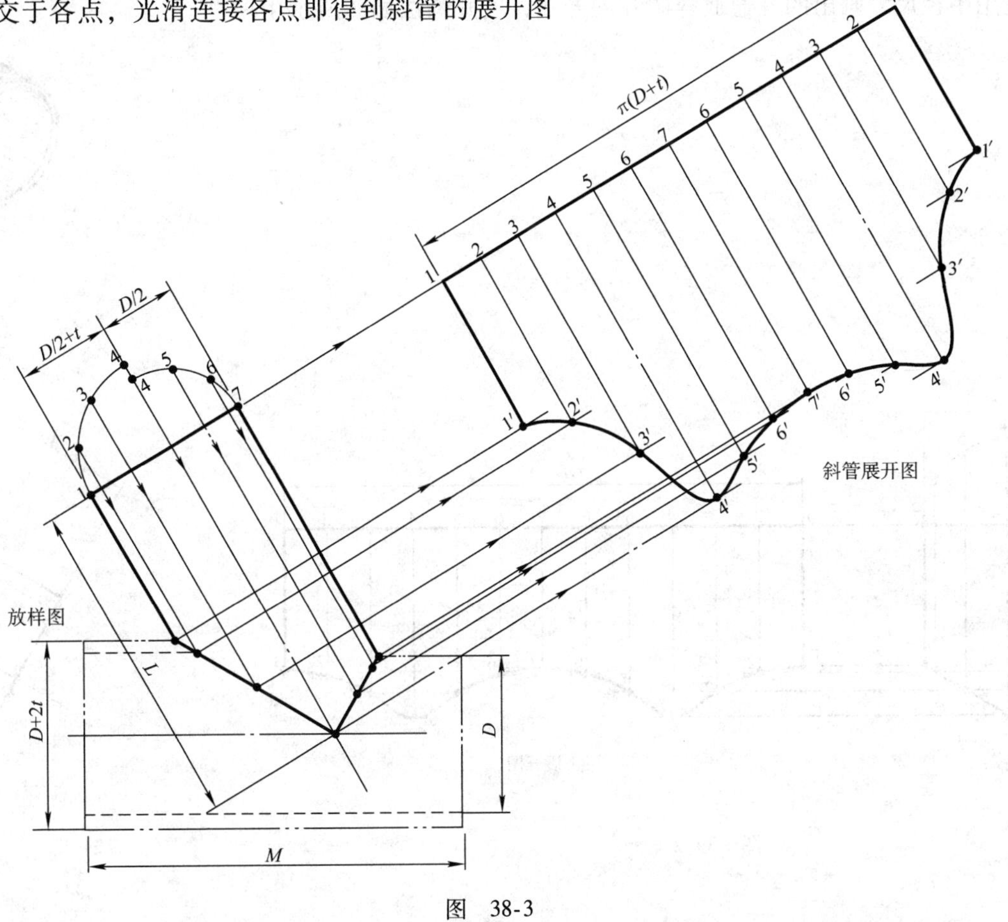

图 38-3

图例 39　等角等径圆管三通

图 39-1 所示为等角等径圆管三通和它的正面视图。它由三节轴线相交，而且两轴线间夹角均为 120°的等径圆柱管相交组成。相贯线为平面曲线，其正面投影为直线。正面视图中可以看出各管的前后两部分为对称图形，三节管的结构完全相同，所以只展开其中的一个。

图 39-2 是用中径尺寸画出的三通放样图和展开图，展开画法如图所示用平行线法。

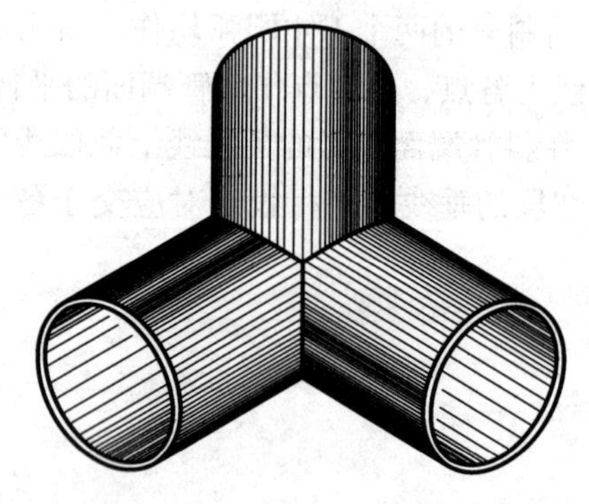

等角等径圆管三通

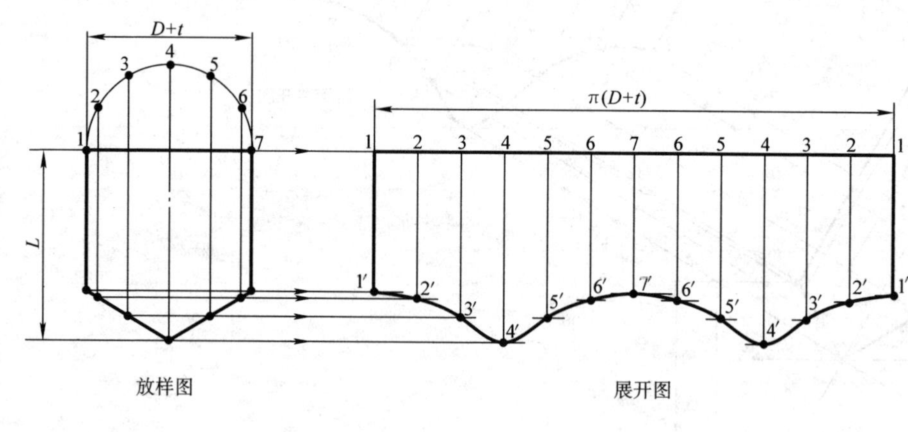

放样图　　展开图

图　39-2

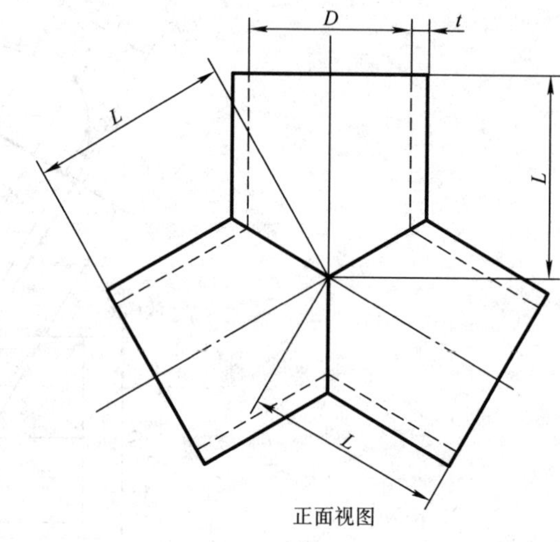

正面视图

图　39-1

图例 40　上口斜截矩形管

图 40-1 所示为上口斜截矩形管和它的两面视图。构件由四块平面板构成，在实际工作中用图样中的已知尺寸就可直接作出展开图。

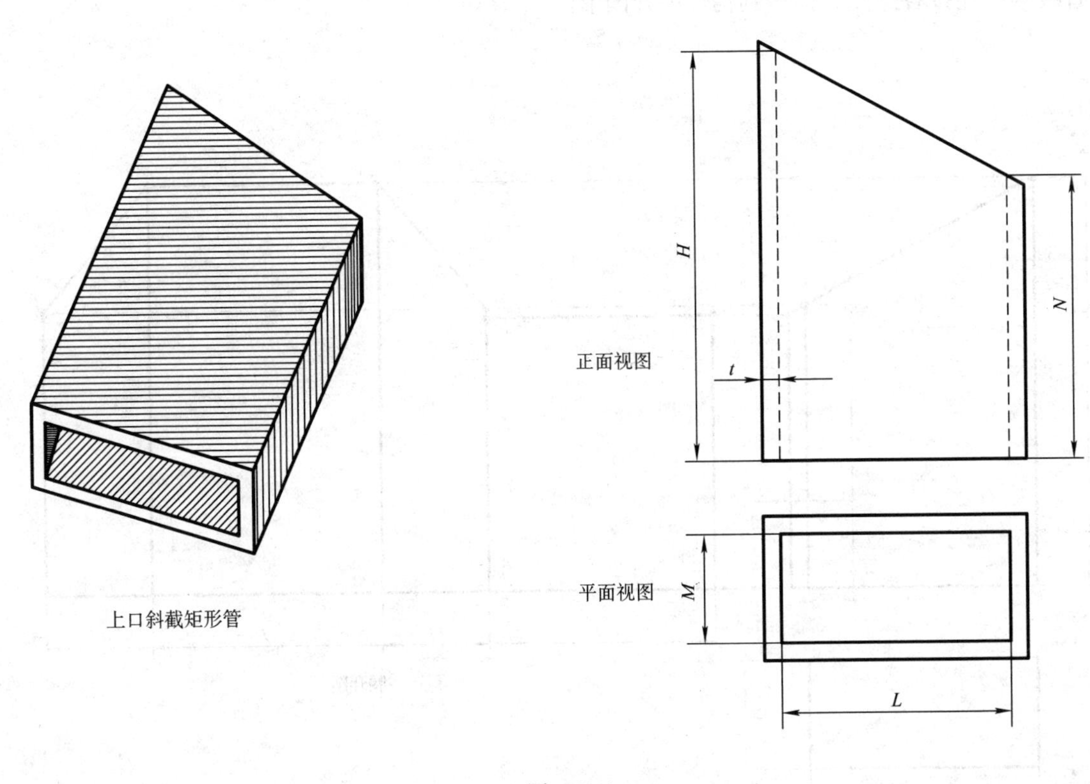

图　40-1

图 40-2 是矩形管的放样图及展开图。放样图用矩形管的内壁即内壁尺寸画出，用平行线法进行展开，画法步骤：

1. 在正面视图中底边的延长线上，按顺序截取平面放样图中各板内壁的边长，过各端点作底边的垂线，即矩形周长方向按内壁尺寸展开。

2. 过矩形管上端口线各棱线交点作棱线的垂线，和展开图中各线对应相交，但右侧板要用外壁尺寸的交点 e，即各棱线的长度要用实际需要长度求出。用直线顺序连接各交点，即得到构件展开图形。

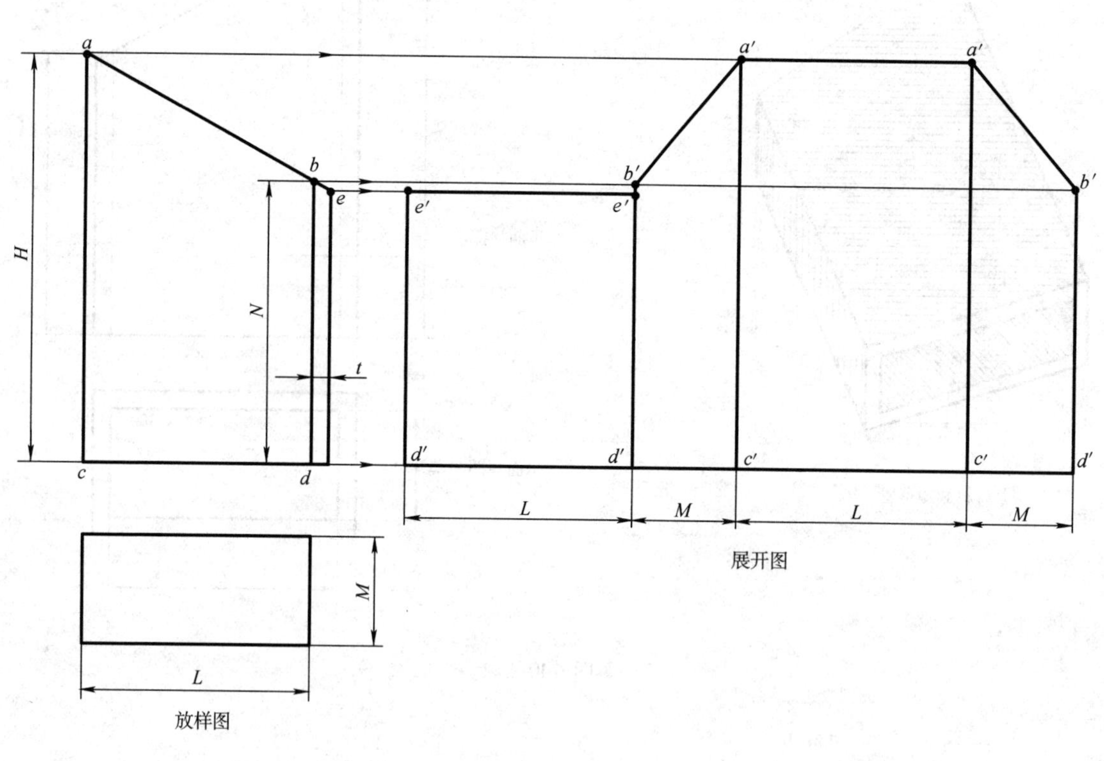

图 40-2

图例 41　斜矩形管

图 41-1 所示为斜矩形管和它的两面视图。斜矩形管的上下口为水平位置的矩形，平面投影中反映端面的实形和边长的实长，棱线为倾斜位置的直线，两面投影中均不反映棱线的实长。

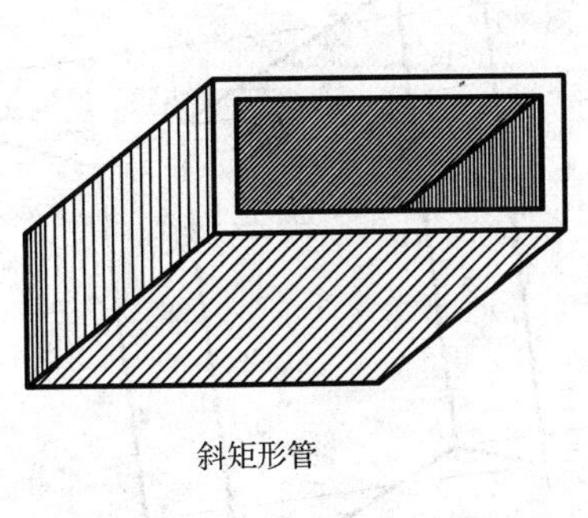

斜矩形管

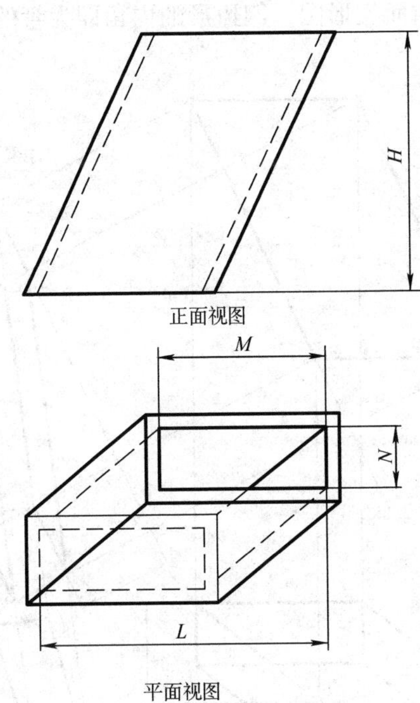

图　41-1

图 41-2 是斜矩形管用内壁尺寸画出的放样图及展开图，图中先求出棱线的实长用平行线法画出展开图。放样图和展开图画法如下：

1. 按图 41-1 用内壁尺寸画出立面和平面图轮廓线，放样立面图中过各棱线端点作棱线的垂线，如图过 2′点作棱线的平行线得 3′、2″和 3″点，取 2″b′长度为放样平面图中 L 的长度，连接 2′b′即为棱线的实长，再取 1′2′的长度为放样平面图中 12 的长度同法画出过 1′点的棱线，同法作出所有棱线和端口轮廓线，即得到由放样立面图作出的与棱线平行并且垂直于放样立面图的投影面变换图。

2. 过图中各棱线端点作棱线的垂线，取 1 点，过 1 点作棱线的平行线得 a 点，以 1 点和 a 点为第一条棱线，用平行线法画出展开图形，作图时用断面实形所得尺寸或端口边长的实长都可画出展开图。

3. 在投影面变换图中将各棱线延长，作 ef 线垂直于延长线，作 ef 的平行线 gh，两线间距离为放样立面图中长度 P，连接 eh 和 fg，得到的四边形为斜矩形管的断面实形图，四边形的内角即为管的各相邻平面间的实角。

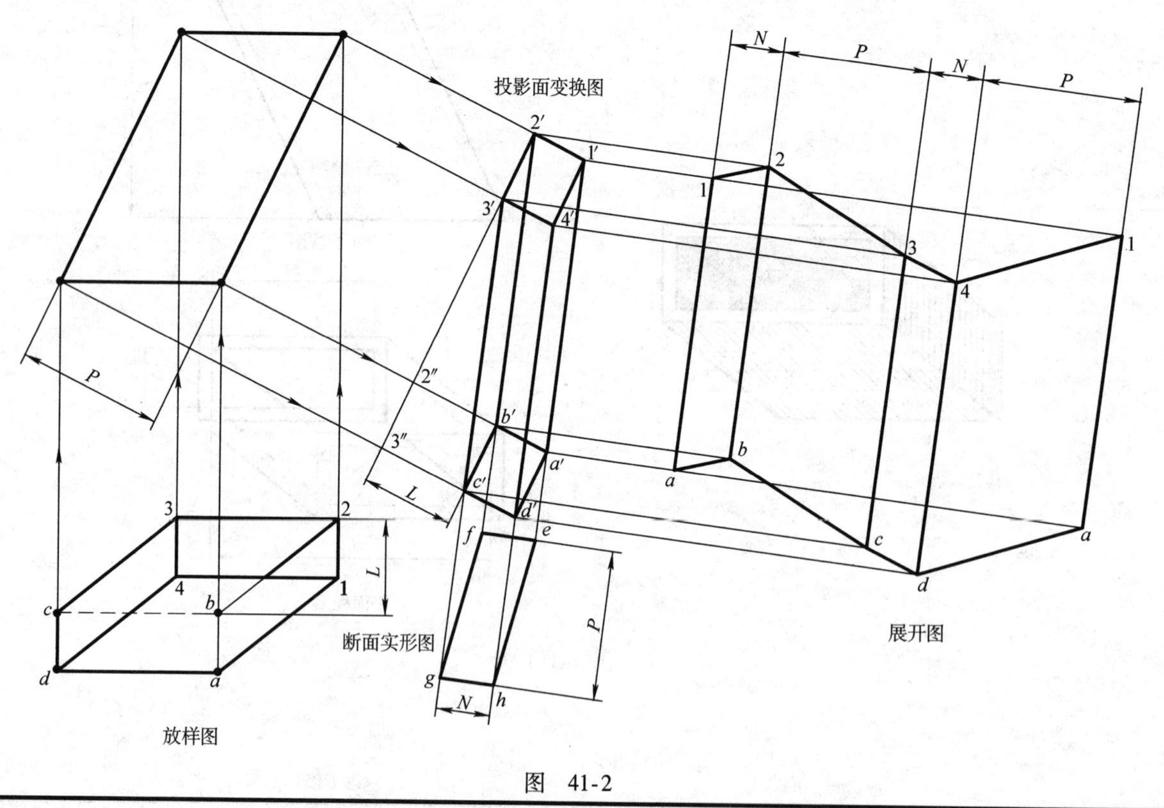

图 41-2

第四章　放射线法展开放样技巧

我们已经知道，曲面展开就是将构件表面的曲面分割成若干小块，将每一块都近似的看成是平面，作出每个平面的实形后拼接成展开图。放射线法多适用于素线相交于轴线上一点的圆锥面或棱锥面展开。如圆锥面是可展曲面，它是由一条和轴线相交的直线段绕轴线旋转一周而形成的曲面，所以它的每条素线和轴线是相交的，素线也是相互相交的，沿素线分割得到的各小块是三角形或四边形。用这样分割的展开方法就叫做放射线法。圆锥构件在展开时，在圆周方向上按圆锥底圆的中径尺寸展开，在素线长度方向上按各素线的实际长度进行展开。

放射线法作展开图的基本步骤如下：

1. 首先画出放样图，和平行线法一样，放样图应是经过结构放样处理后的没有材料厚度的单线条图形。

2. 将放样平面图中周围长度分成若干等分，过各等分点作立面图的投影，将各点投到立面图的底边投射线上，过各点作素线和交点连接，将锥体表面分割成若干个小三角形或四边形。

3. 求出各素线或棱线的实长。

4. 将所有小三角形或四边形的实际大小依次展开并画在平面上，即得到所求展开图形。

这是用放射线法作展开图的基本步骤，在具体展开中每个构件的展开步骤不一定完全相同。本章中用十余个图例来加深理解对放射线法展开放样和排板下料的具体操作方法，同时由于现在大部分都是用图解法和计算法相结合的方法进行展开放样施工的，所以在展开过程中尽可能地将计算法结合进来。

本章图例中由圆锥管构成的弯头、三通、弯管等组合件，它们的相贯线均是平面椭圆曲线，所以这些圆锥构件的展开可以利用相贯线是平面曲线，它的投影可以是直线和圆这一特点而减少相贯线求作的过程。

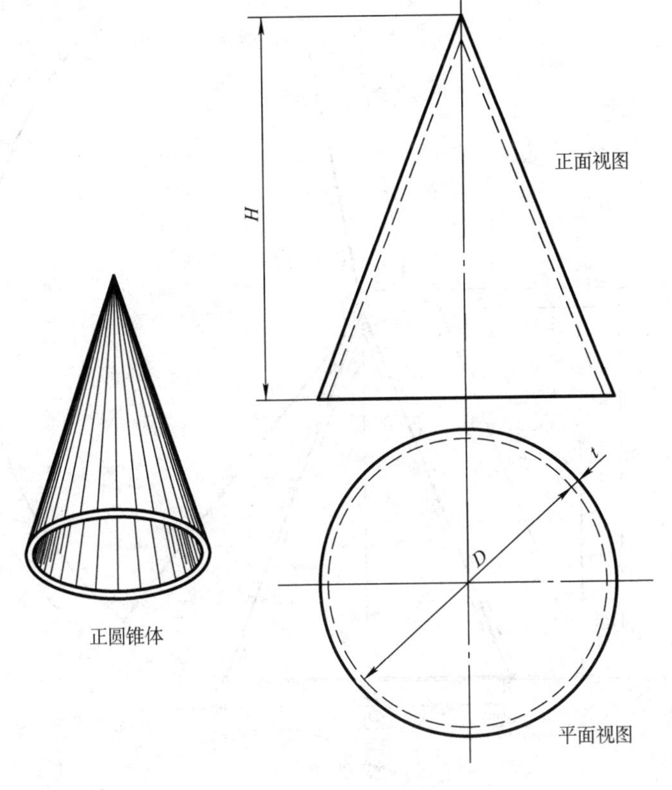

图　42-1

图例 42　正圆锥体

图 42-1 所示为正圆锥体和它的两面视图。圆锥的高度为 H，底圆内径为 D，厚度为 t。

图 42-2 是圆锥体的放样图及展开图。图中虚线为锥体轮廓线的投影。放样图按自然破口处理时，放样图中圆锥底圆的直径用圆锥板厚的中径 D_1，高度为 H_1，具体板厚处理方法可参考图例 43。展开图是一扇形，扇形直边的长度为素线的长度 L，圆周展开长度为圆锥底圆中径的展开值 πD_1。

图例 43　正圆锥管

图 43-1 所示为正圆锥管和它的两面视图。锥管的大小口内径分别为 D 和 d，高度为 H，板厚为 t。

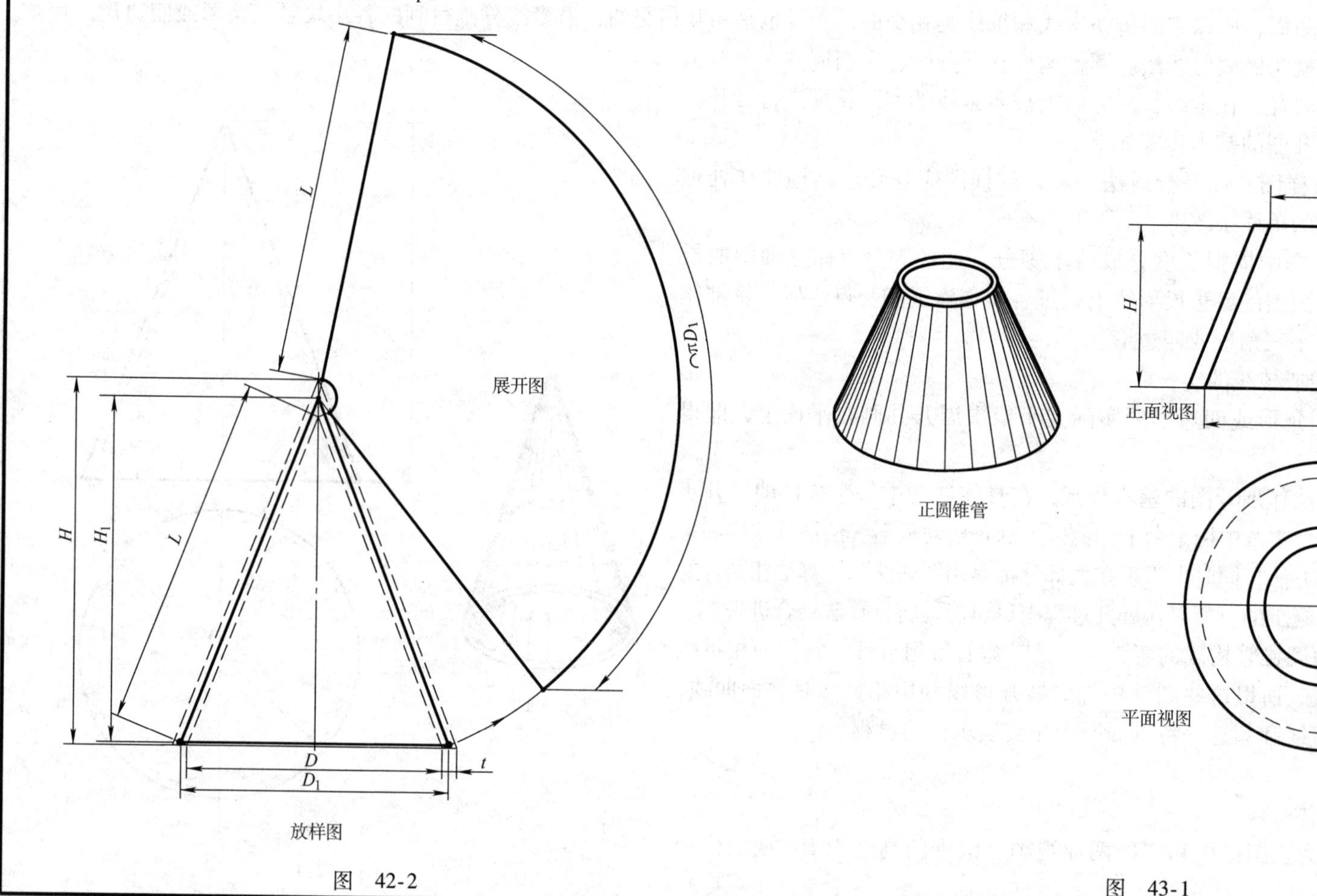

图　42-2

图　43-1

图 43-2 是正圆锥管在两端口没有破口要求即自然破口的情况时的放样图及展开图。图中可看出锥管的中径尺寸和视图中不同，放样图的大小口直径分别为 D_1 和 d_1。

展开图画法：以交点 O 为圆心，以 $O1$ 和 Oa 的长度为半径画弧，在弧上截取长度为圆锥大口中径圆的展开长度 πD_1 得到两个 $1'$点，连接 $O1'$得到两个 Oa'，两个 $1'$点和两个 a'点之间的线段和弧线形成的扇形即为锥管的展开图形。

在放样图上将大口圆周 12 等分，向圆心连线即得到 12 条素线，可看出每条素线都是等长的，并将圆锥管分割为 12 个相同的四边形，12 个四边形拼接成锥管的展开图形。

展开图中因板厚处理后素线长度不同而使展开半径也不同，但大小口的展开弧长都应是锥管的中径展开长度。因展开图形的变化不大，所以在展开精度没有很高的要求时，圆锥管在展开放样时的高度用视图中高度，圆周展开长度用圆锥底圆的中径 $\pi(D+t)$ 作出放样图和展开图的。本章中的圆锥展开一般按这种方法进行板厚处理而不再说明。

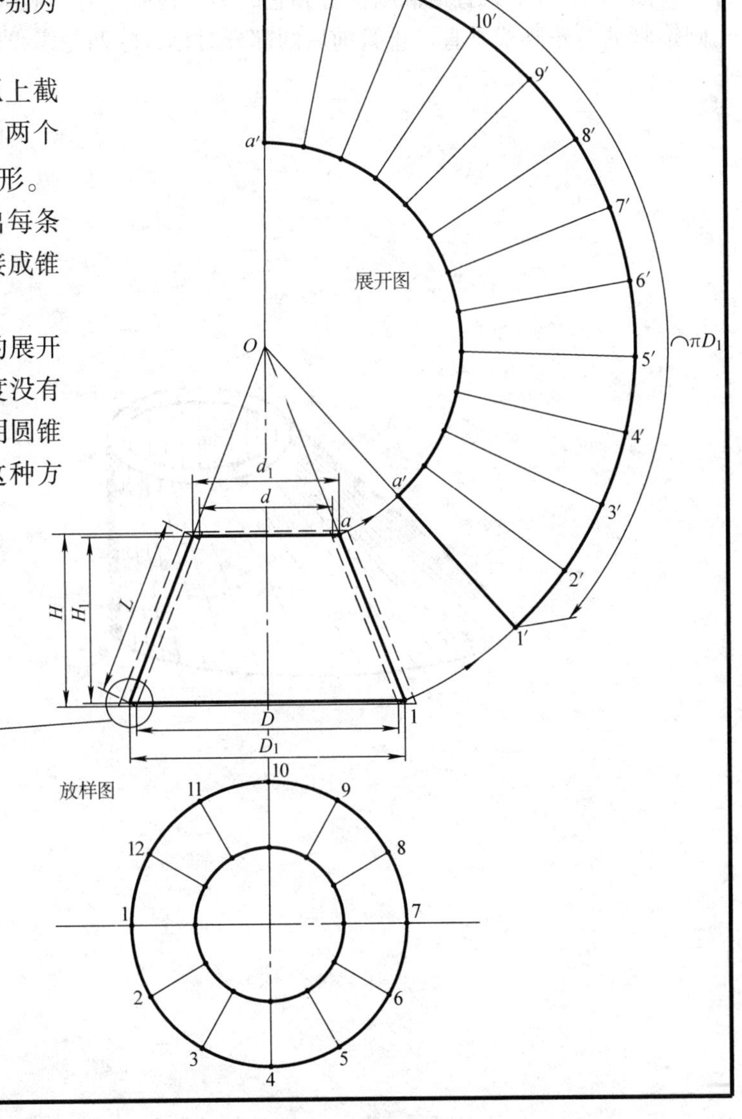

图 43-2

图例 44　直角椭圆锥管

图 44-1 所示为直角椭圆锥管和它的两面视图。它是椭圆锥管被平行的两平面斜截，形成圆形的上、下口，并且两口平面与图中椭圆锥管的右轮廓线垂直。锥管前后两部分对称，除两轮廓线外，其他位置素线均不反映实长。

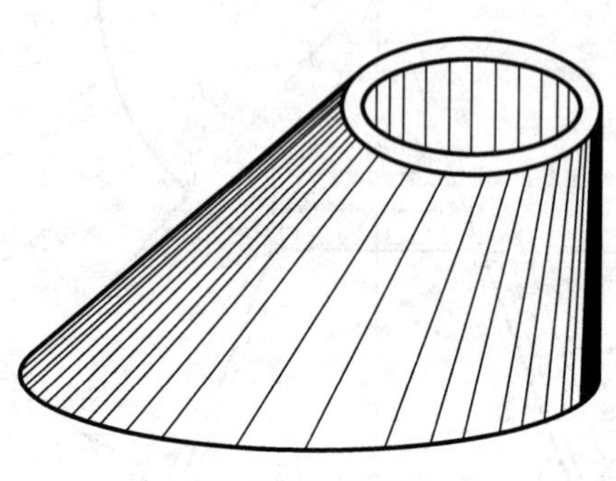
直角椭圆锥管

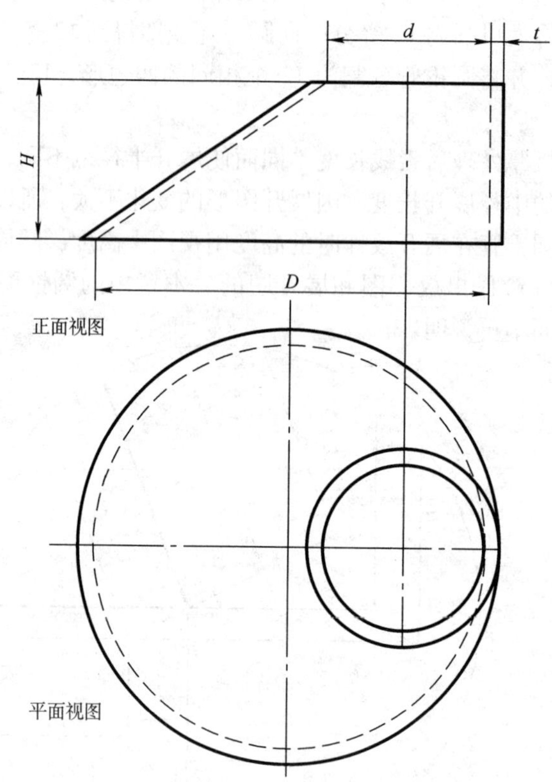

图　44-1

图 44-2 是直角椭圆锥管的放样图及展开图，放样图用锥管正面视图的中径尺寸画出。展开图画法如下：

1. 将两边轮廓线延长交于 O 点，在合适位置作端口平行的辅助截平面 P，将辅助截平面作出半圆并将半圆 6 等分，以 1 点为圆心过各等分点画圆，在辅助截平面的延长线上交得 1 ~7 点。再以 O 点为圆心过 1 ~7 点画同心圆弧，如图所示从 1 的对称点 1′点开始以截面圆的 1/12 弧长向相邻同心圆对应截取得到 1′ ~7′各点。

2. 将 1 ~7 点与 O 点连接并延长，在两端面的延长线上交得 A、B、…和 a、b、…各点。以 O 为圆心过 A、B、…和 a、b…各点画圆和 $O1'$等各延长线对应交得 A'、B'、…和 a'、b'、…各点，光滑连接各点即得到锥管的展开图形。

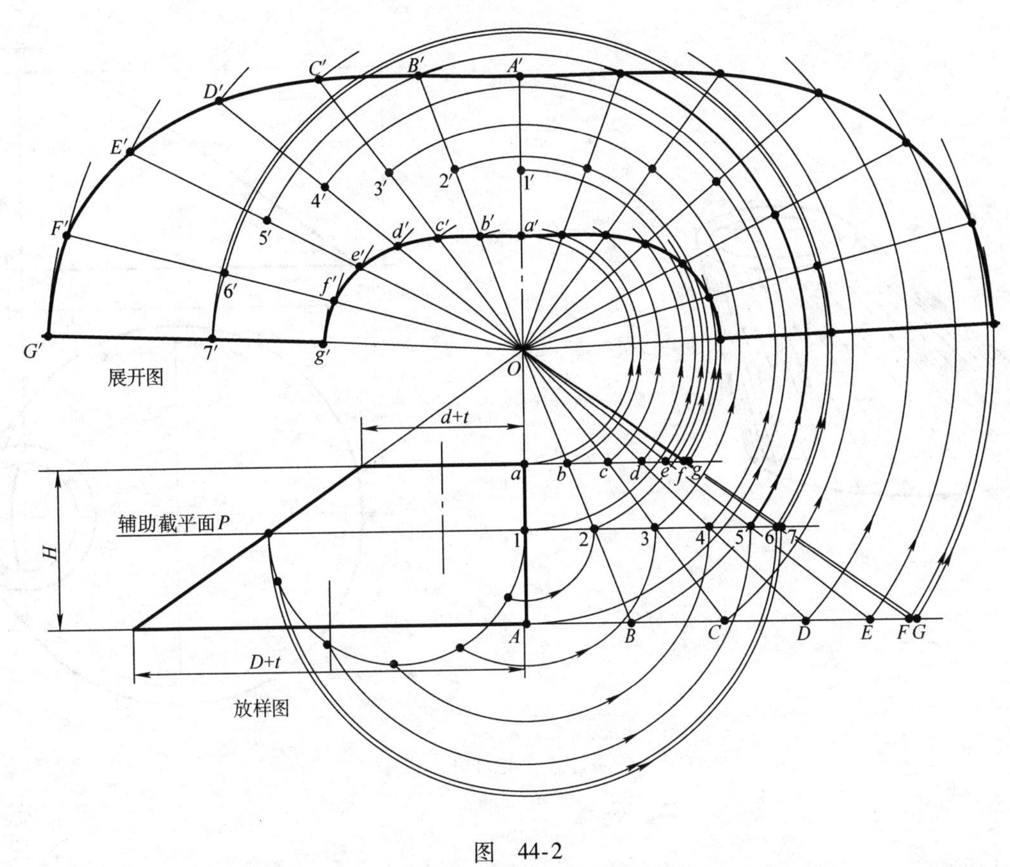

图　44-2

图例 45　椭圆锥管

图 45-1 所示为椭圆锥管和它的两面视图。它是椭圆锥管被平行的两平面斜截，形成圆形的上、下口，并且两口平行。

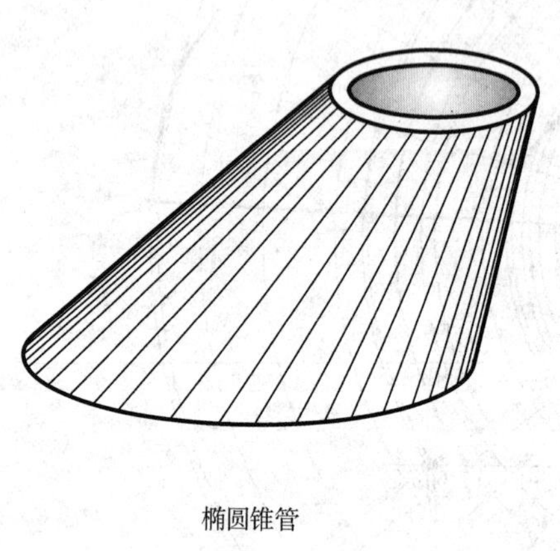

椭圆锥管

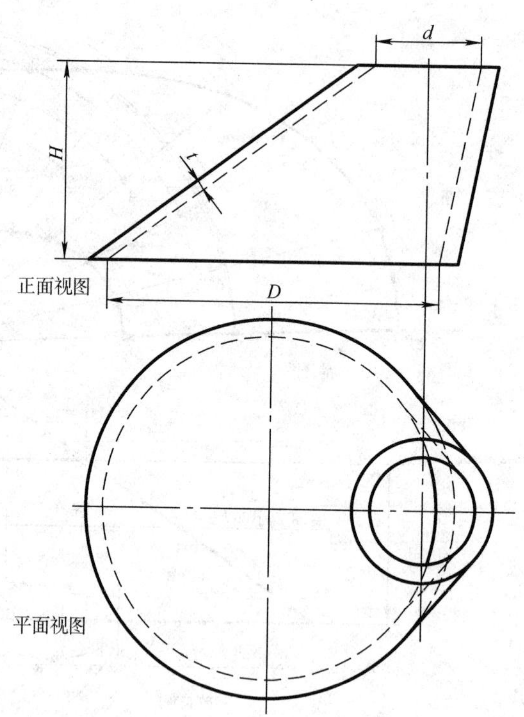

图　45-1

图 45-2 是椭圆锥管的放样图及展开图，放样图用锥管正面视图的中径尺寸画出。

展开图画法如下：

1. 将两边轮廓线延长交于 O 点，在下端面作出半圆并将半圆 6 等分。

2. 以 O 点为圆心过各等分点画圆，在端面的投影线上交得 1 ~7 点。

3. 将 1 ~7 点与 O'点连接，在上端面线上交得 a、b、…各点。再以 O'点为圆心，过 1 ~7 点和 a ~ g 等各点画同心圆弧，从 1′点开始以下端面圆的 1/12 弧长向相邻同心圆弧对应截取得到 1′ ~7′各点。

4. 将 1′ ~7′点分别与 O'点连接，和上口的各同心圆弧线对应交得 a'、b'、…各点，光滑连接各点即得到锥管的展开图形。

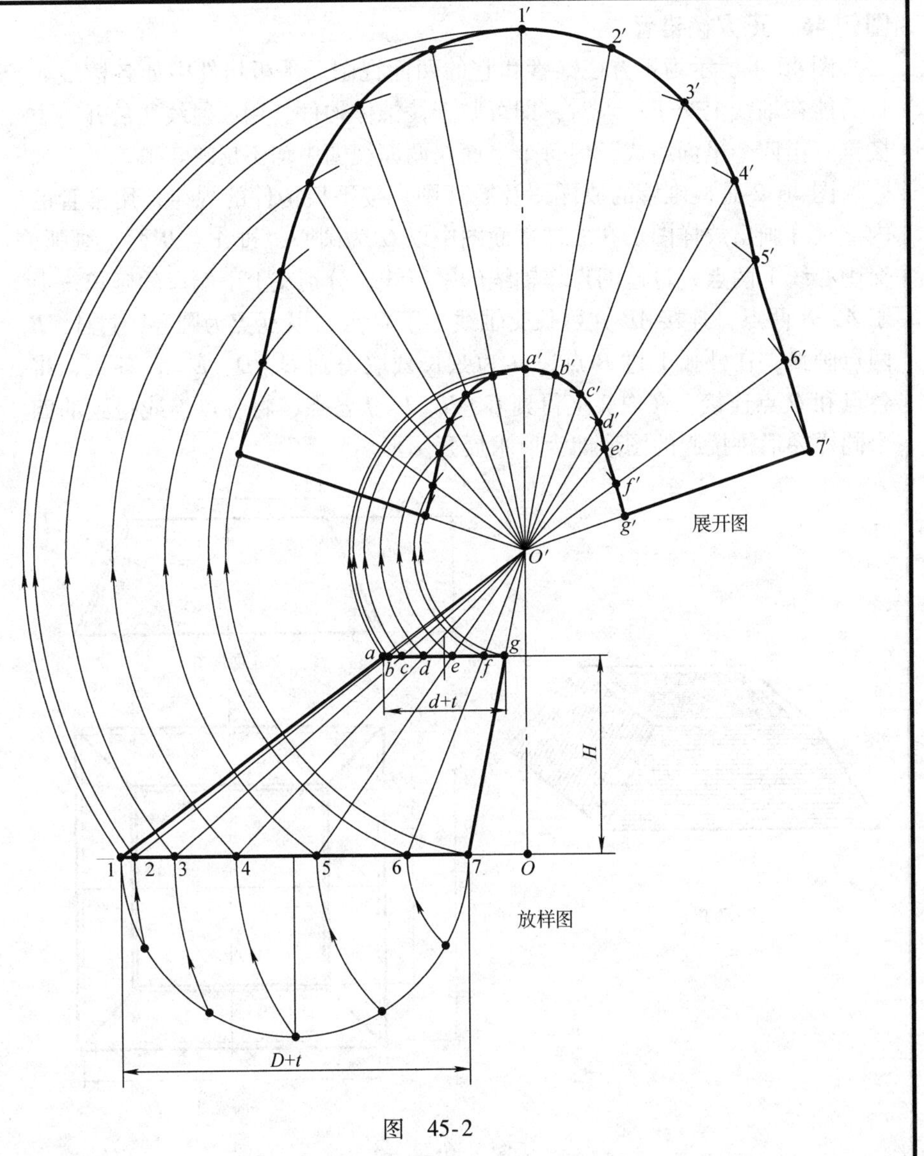

图　45-2

图例 46　正方棱锥管

图 46-1 所示为正方棱锥管和它的两面视图。平板构件中如各棱线延长后能在轴线上交于一点时，即可归于棱锥体构件，用放射线法展开。方棱锥管由四个平面组成，但每个平面在两面视图中均不反映实形。

图 46-2 是棱锥管的放样图及展开图。按平板构件的规律，用锥管的内壁尺寸画出放样图。在放样平面图中以 O'为圆心，过 A'、B'两点画弧，交中心线上两点，过这两点作轴线的平行线，分别交上下端口的延长线上于 A、B 两点，连接 AB 并延长交轴线上于 O 点，以 O 点为圆心，过 A、B 两点画弧，在外弧上过 B 点以 a 为弦长截取得到 C、D、E、F 各点，将各点和 O 点连接，在内弧上得到 G、H、I、J 各点，将各点连线得到的四个同样梯形拼接起的图形即为所求展开图形。

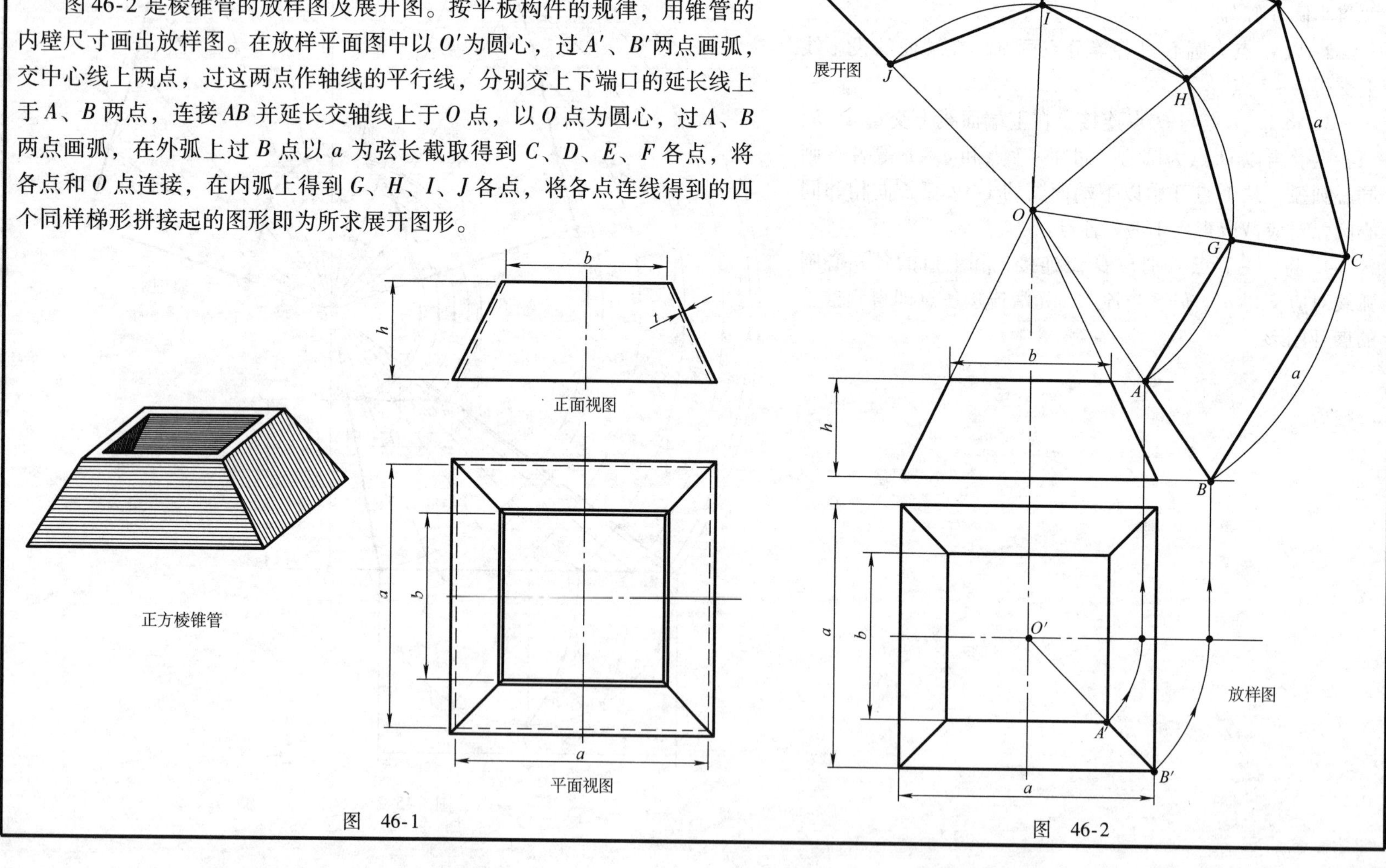

图　46-1

图　46-2

图例 47　长方棱锥管

图 47-1 所示为长方锥管和它的两面视图。因各棱线延长后能在轴线上交于一点，所以也可归于锥体构件，用放射线法展开。长方棱锥管由四个平面组成，但每个平面在两面视图中也不反映实形。

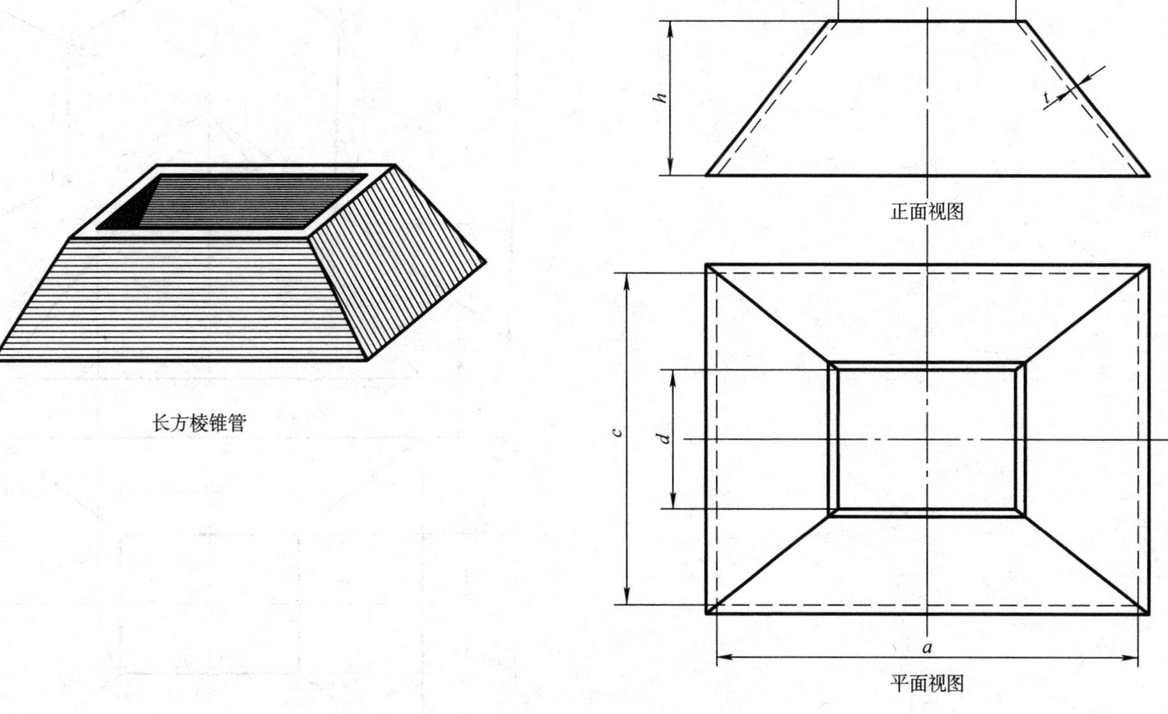

图　47-1

图 47-2 是长方棱锥管用内壁尺寸画出的放样图及展开图。在放样平面图中以 O' 为圆心，过 A'、B' 两点画弧，交中心线上两点，过这两点作轴线的平行线，分别交上下端口的延长线上于 A''、B'' 两点，连接 A''、B'' 并延长交轴线上于 O 点，以 O 点为圆心，过 A''、B'' 两点画弧，在外弧上过 B 点以 a 和 c 为弦长截取得到 C、D、E、F 各点，将各点和 O 点连接，在内弧上得到 A、G、H、I、J 各点，将各点连线得到的四个梯形拼接起的图形即为所求展开图形。

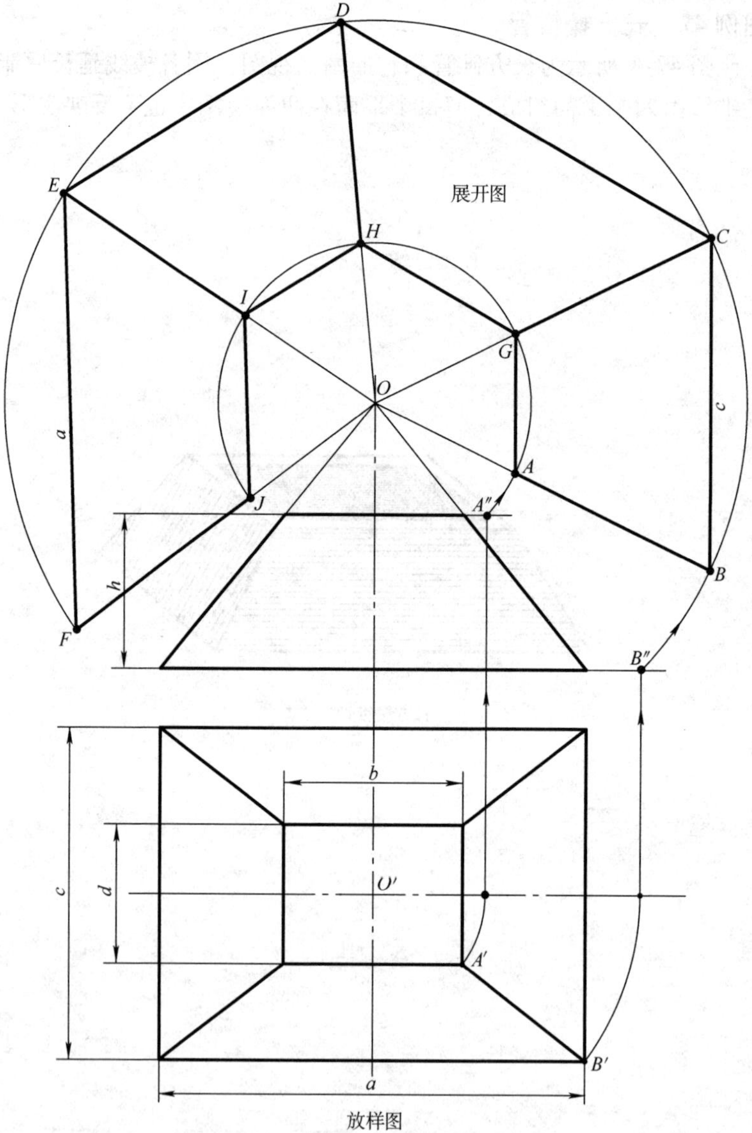

图 47-2

图例 48　斜四棱锥管

图 48-1 所示为斜四棱锥管和它的两面视图。各棱线延长后能在轴线上交于一点，可归于锥体构件用放射线法展开。斜锥管由四个平面组成，但每个平面在两面视图中均不反映实形，前后两面对称相同，各棱线均不反映实长。

图 48-2 是用棱锥管的内壁尺寸画出的放样图及展开图。

1. 棱线实长线求法：在放样立面图中将两轮廓线延长交于 O 点，过 O 点作端口平面的垂线，得到放样平面图中交点 O'。用各棱线在放样平面图中的投影长度 AO'、CO'、…，在放样立面图中用直角三角形法求出各棱线实长 OA'、OC'、…。

2. 展开图画法：因斜棱锥管的上下端口的边长在平面视图中全部反映实长，求出棱线实长后就可利用各棱线实长和已知各边长用放射线法画出斜棱锥管的展开图形。

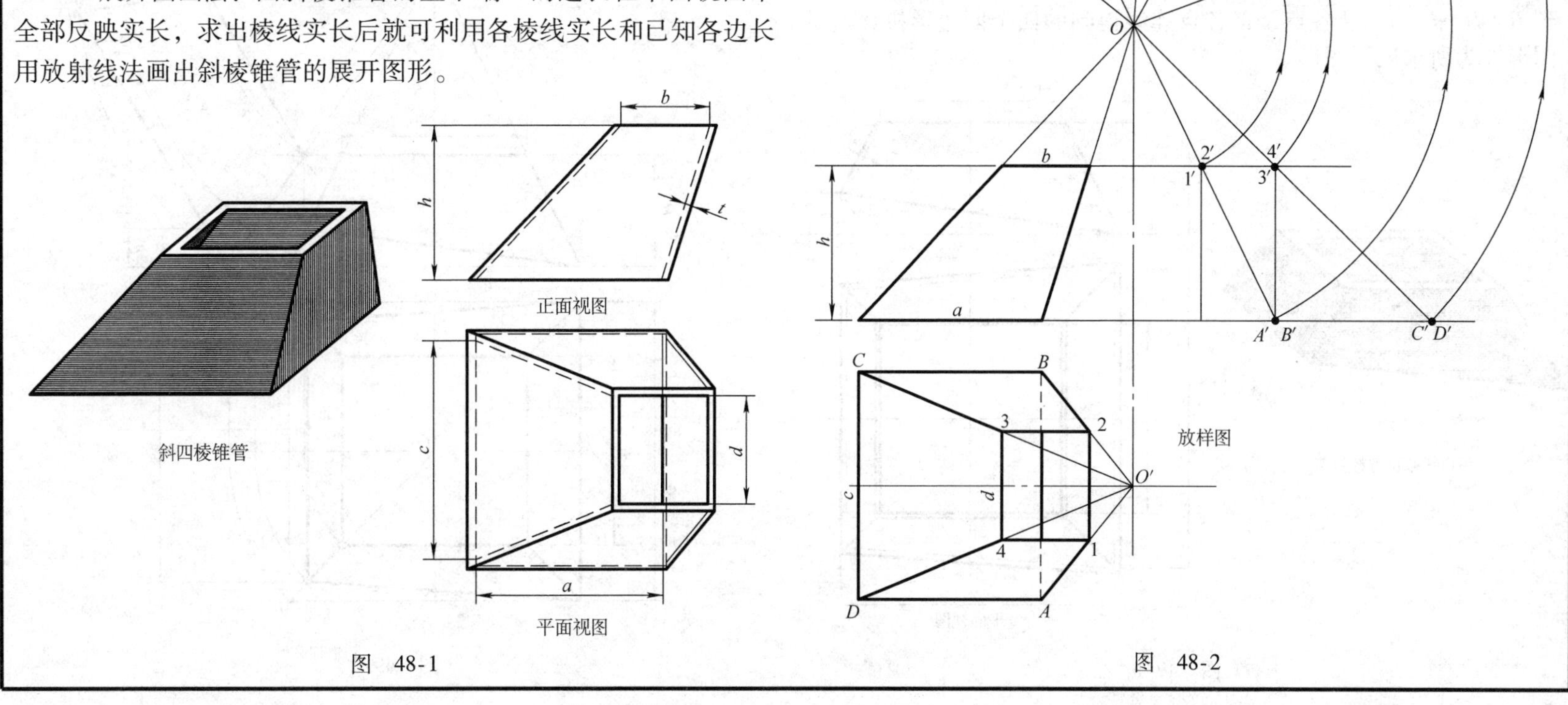

图　48-1

图　48-2

图例 49　下口斜截正方棱锥管

图 49-1 所示为下口斜截正方棱锥管和它的两面视图。上口为水平的正方形，下口为斜置的梯形。棱锥管由四个平面组成，但每个平面在两面视图中均不反映实形。

图 49-2 是用放射线法画出的放样图及展开图。用棱锥管的内壁尺寸画出放样立面图和平面图。展开画法步骤：

1. 在放样平面图中以 O' 为圆心，过 A'、B' 和 C' 三点画弧，交中心线上三点，过这三点作轴线的平行线，分别交上下端口的延长线于 A、B 和 C 三点。

2. 连接 A、B、C 三点并延长，交轴线于 O 点，以 O 点为圆心，过 A、B 和 C 三点画弧，在内弧上过 A 点以 b 为弦长截取得到 A、H、G、M 和 I 各点，将各点和 O 点连接并延长，在两外弧上得到 B、D、E、F、J 各点，将各点连线得到的四个四边形拼接起的图形即为所求展开图形。

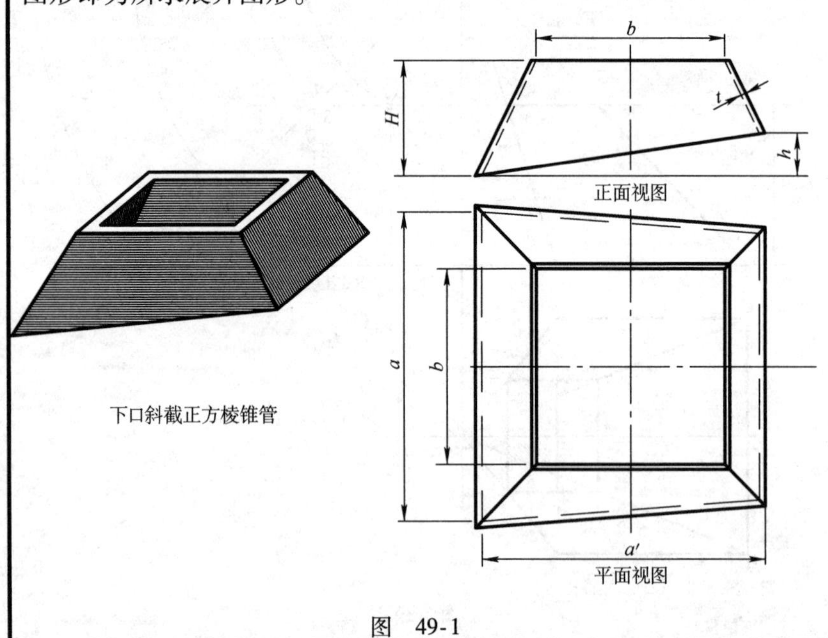

图　49-1

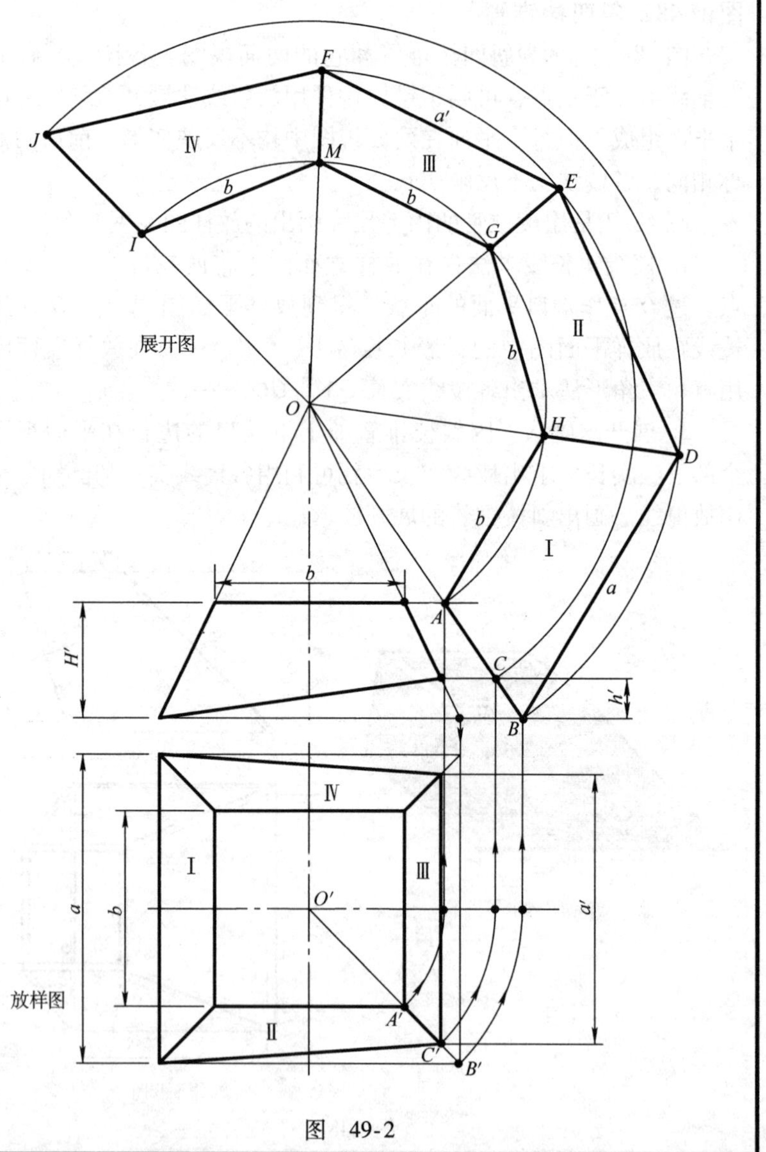

图　49-2

图例 50　被平面斜截正圆锥管

图 50-1 所示为下部被平面斜截正圆锥管和它的两面视图。

图 50-2 是用锥管的中径尺寸画出的放样图及展开图。

展开图画法：

1. 将补齐的正圆锥管底圆半圆周 6 等分，按正圆锥管的展开方法进行展开。在展开图中画出 12 条展开等分线。

2. 放样图中各素线和底圆的投影线交得 1～7′点，过各点作轴线的垂线交右边轮廓线上各点，过这些点以 O 为圆心画弧，和正圆锥展开图中各等分线对应交得 1°～7°各点，光滑连接各点的曲线和展开图形内侧部分组成的图形即为所求的展开图形。

下部被平面斜截正圆锥管

正面视图

平面视图

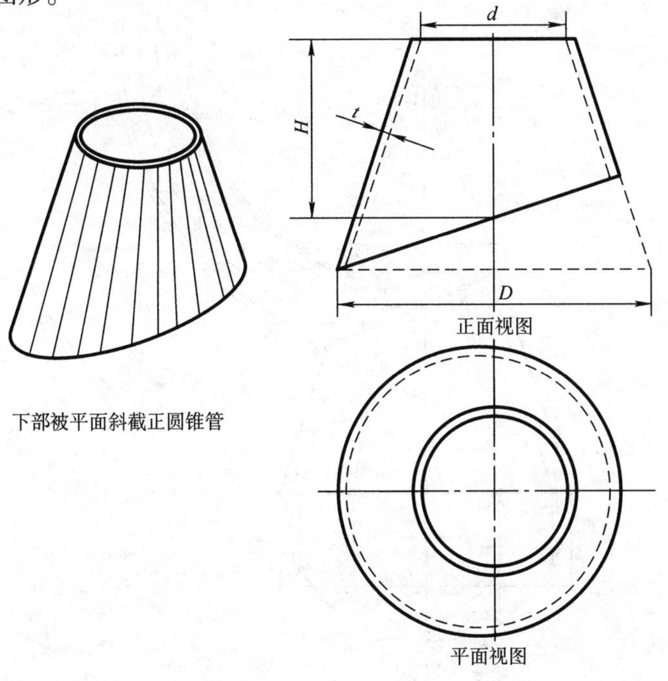

图　50-1

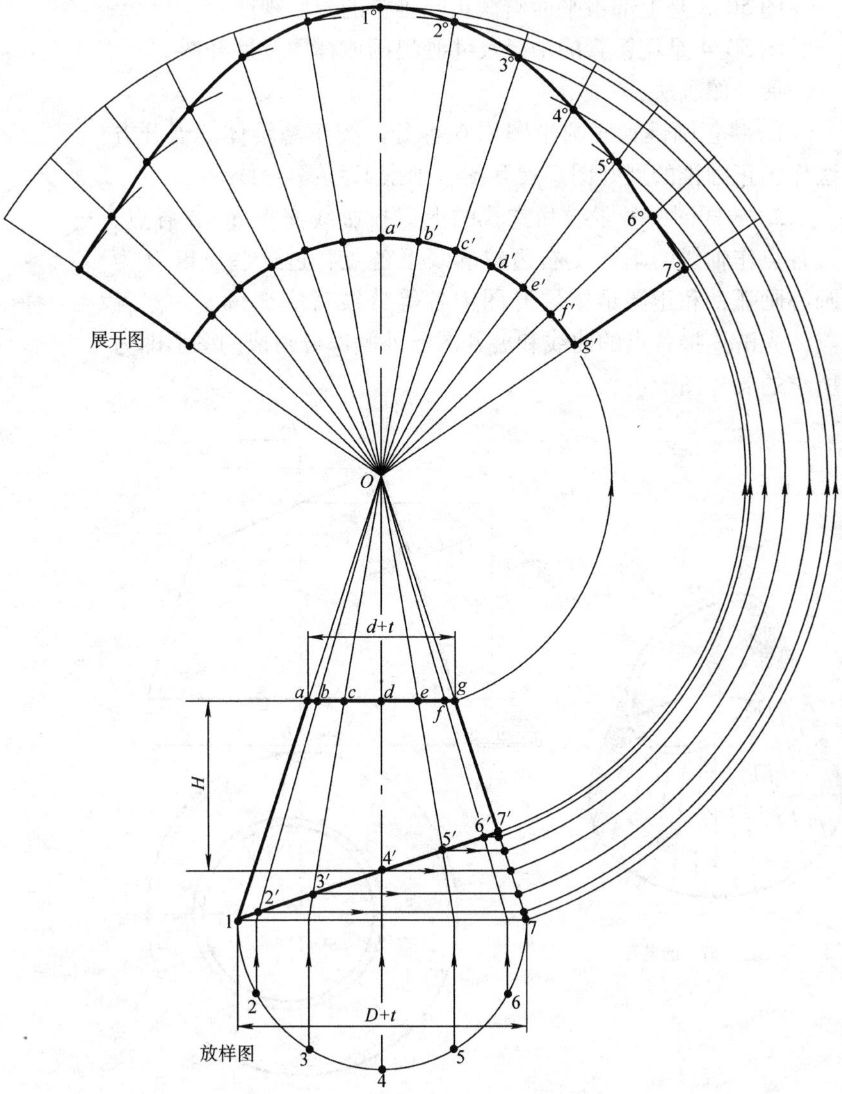

图　50-2

第 72 页

图 50-3 是上部被平面斜截正圆锥管的两面视图。

图 50-4 是用锥管的中径尺寸画出的放样图及展开图。

展开图画法：

1. 将正圆锥管底圆半圆周 6 等分，按正圆锥体的展开方法作出正圆锥的展开图。展开图中画出 12 条等分线。

2. 放样图中各素线和锥管的上口投影线交得 $a \sim g$ 各点，过各点作轴线的垂线交右边轮廓线上各点，过这些点以 O 为圆心画弧，和正圆锥体展开图中各等分线对应交得 $a' \sim g'$ 各点，光滑连接各点的曲线和展开图形外侧部分组成的图形即为所求的展开图形。

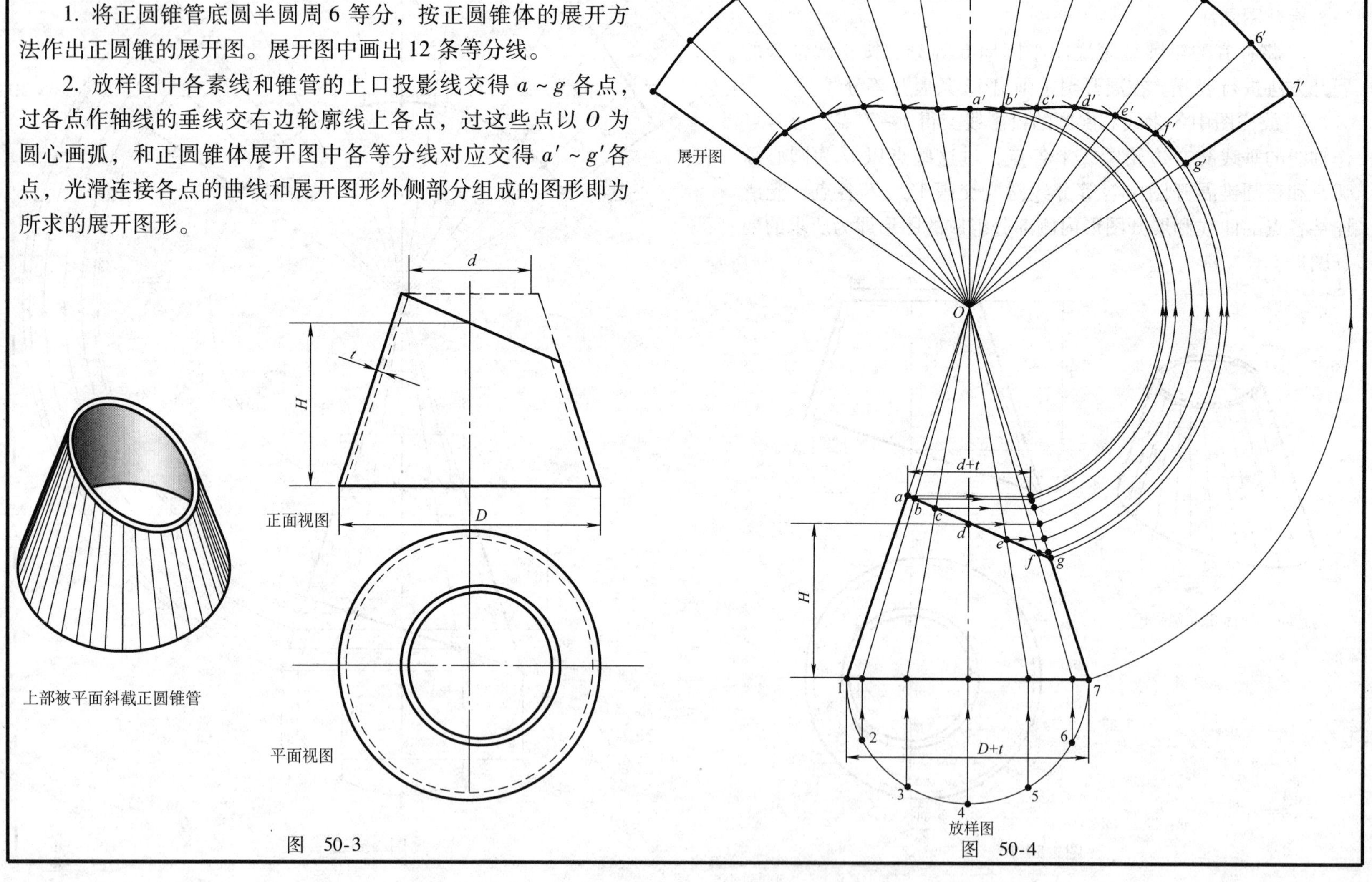

图 50-3

图 50-4

图例 51　两节任意角度圆锥弯管

图 51-1 所示为两节任意角度圆锥弯管和它的正面视图。圆锥弯管一般用于连接两个截面直径不等且轴线相交的圆柱管，它是截面圆逐渐增大或缩小的圆弧弯管，因通常用若干节圆锥管来组成，所以一般俗称叫虾米腰弯头。

弯头两端面圆的内直径分别为 D 和 d，厚度为 t，两圆锥管的轴线长度为 L，两轴线间夹角为两端面间夹角 α 的补角，弯管的弯曲中心线半径为 R。圆锥弯管的结构应符合下列几何关系（符合下列关系的各节圆锥管间的相贯线一定是平面曲线，它的投影可以是直线）：

1. 两边两节圆锥管轴线长度应为中间各节圆锥管轴线长度的一半，两节时两轴线长度应相等。
2. 各节圆锥管轴线应和弯曲中心线相切。
3. 各节圆锥管的锥度应相同。

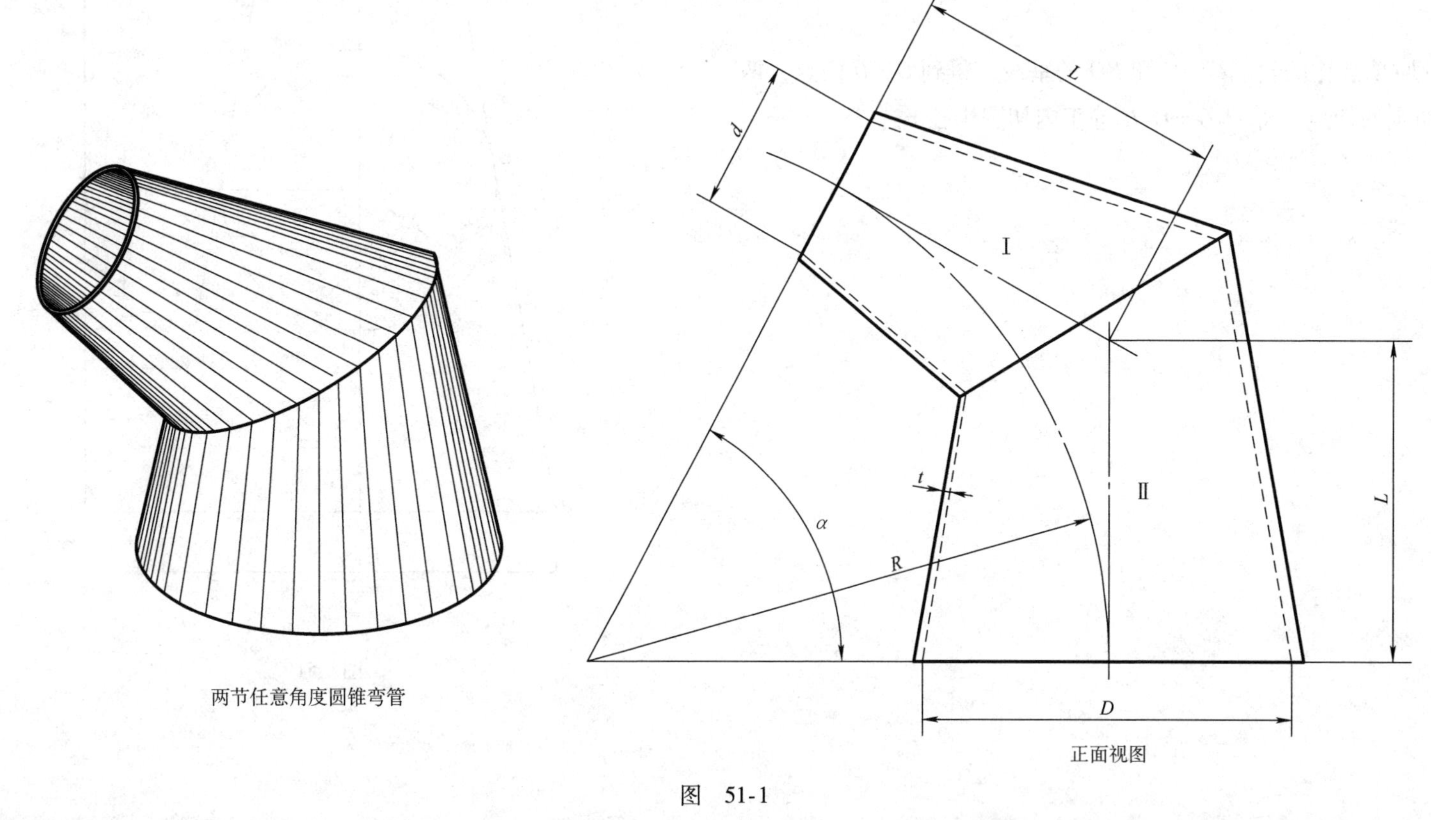

两节任意角度圆锥弯管

正面视图

图　51-1

圆锥弯管的放样图作图必须用圆锥弯管的投影图和将各节圆锥管拼成完整圆锥管的放样图两个图形，并且将两图形互相穿插绘制才能画出。图 51-2 即是用各节圆锥管外径拼成完整圆锥管的放样图。

画法步骤：

1. 作两圆锥管轴线的拼接轴线 O_1O_2，取 $O_1O_3=O_2O_3=L$，在轴线两端作轴线的垂线，在两线上以 O_1、O_2 为中心取弯管两端圆的直径，即 $AB=D+2t$ 和 $CD=d+2t$，连接 AC 和 BD 成为一完整的锥管。

2. 过 O_3 点作两轮廓线 AC 和 BD 的垂线，得到 G、H 两点，两点为内切圆的切点，即 $O_3G=O_3H$ 等于内切圆半径 r。

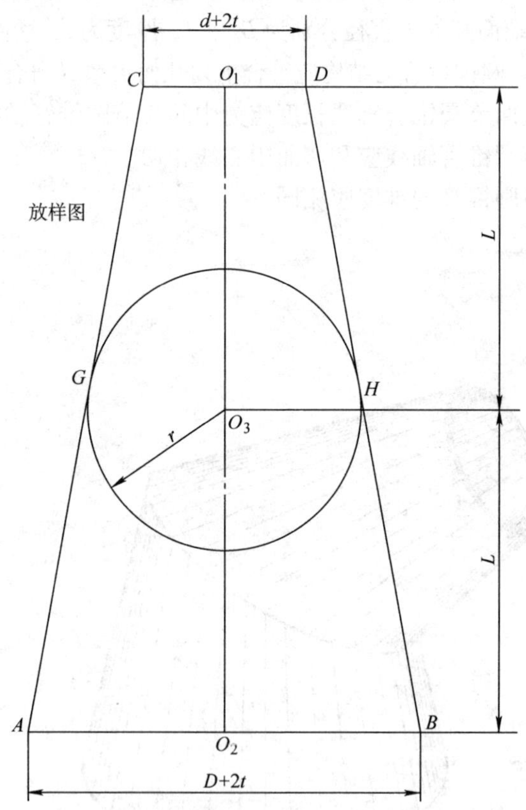

图　51-2

图 51-3 是弯管用外径尺寸画出的放样图。它是用图 51-1 和图 51-2 结合绘制出来的。画法步骤：

1. 作相交成 α 角的两连接管的端面所在的直线，以两线的交点 O 为圆心 R 为半径画出弯曲半径中心线，弯曲半径中心线和角度线的两边交于 O_1 和 O_2。以 O_1 和 O_2 为中心画出两圆锥管端面外径的投影线 AB 和 CD。

2. 过 O_1 和 O_2 作垂直于两管端面线的两圆锥管的轴线，两轴线交于 O_3 点，则 O_1O_3 和 O_2O_3 长度应等于 L。

3. 以图 51-2 中内切圆半径 r 为半径，以 O_3 为圆心作内切圆。

4. 过 A、B、C、D 四点作内切圆的切线，交于 E、F 两点，连接 AE、CE、BF、DF、EF 即得到圆锥弯管外径尺寸的放样图，EF 为两圆锥管相贯线的投影。过 A 点作内切圆切线的画法：

连接内切圆的圆心 O_3 点和 A 点，如图 51-3 所示，以 O_3A 为直径画圆，交内切圆于 G 点，AG 线即为内切圆的切线。其他切线画法相同。

有外径的放样图，即可根据图 51-1 中的板厚尺寸画出内径或中径尺寸的放样图形。

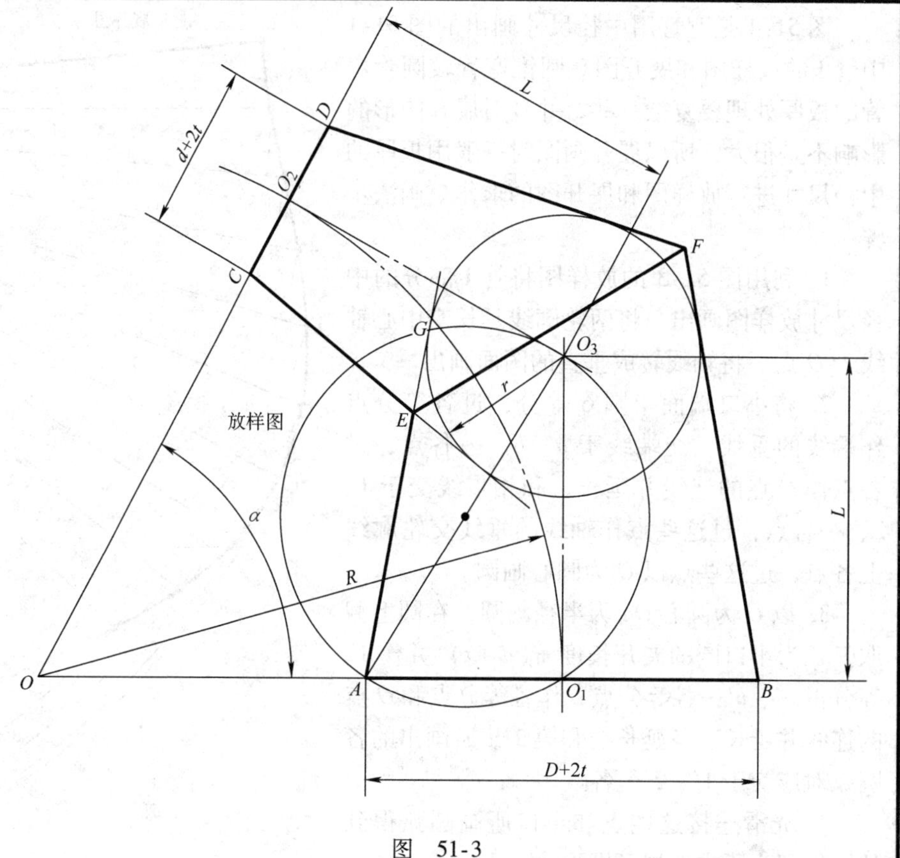

图 51-3

图 51-4 是弯管用中径尺寸画出的图 51-1 中管 I 的放样图和展开图。圆锥弯管较圆管弯管的板厚处理要复杂一些，并且对展开图形的影响不是很大，所以展开画图时一般用板厚的中径尺寸进行放样图和展开图的求作。画法步骤：

1. 利用图 51-3 的放样图将管 I 部分的中径尺寸放样图画出，将两轮廓线延长交中心轴线于 O 点。将轴线转成垂直的图面画出。

2. 将小口端面半圆 6 等分，过各等分点作端线的垂线，交端线于 a、b、…各点，过各点作 O 点的连线并延长，和相贯线交于 1、2、…各点，过这些点作轴线的垂线交轮廓线上各点，过这些点以 O 为圆心画圆。

3. 以 O 为圆心 Oa 为半径画圆，在圆上截取弧长为小口圆的展开长度 $\pi(d+t)$ 并作 12 等分得 a'、b'…各等分点，作各等分点和 O 点的连线并延长。各延长线和第 2 步所画出的各圆弧对应交于 $1'$、$2'$…各点。

4. 光滑连接这些点和小口所画圆弧得到的图形即为所求的展开图形。

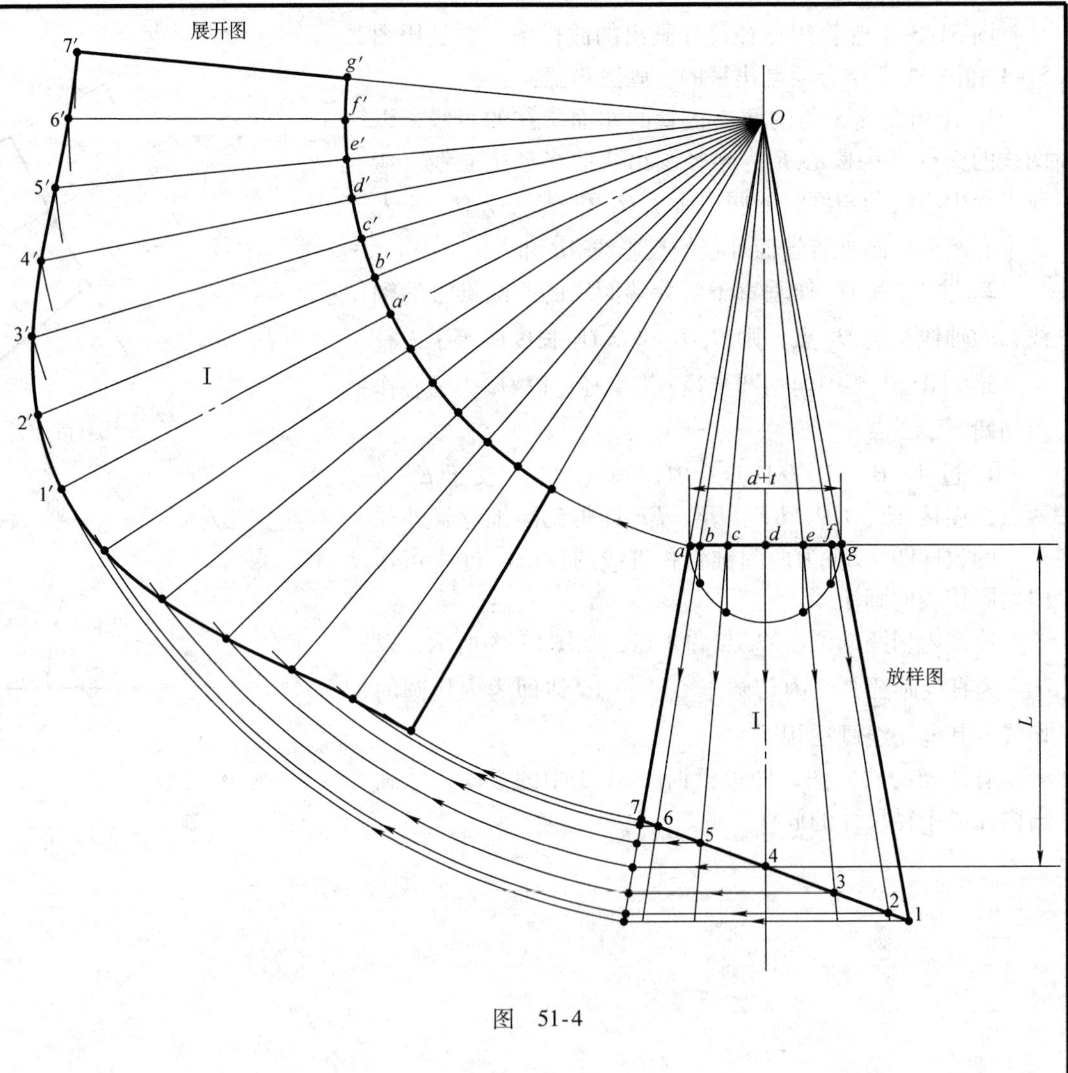

图 51-4

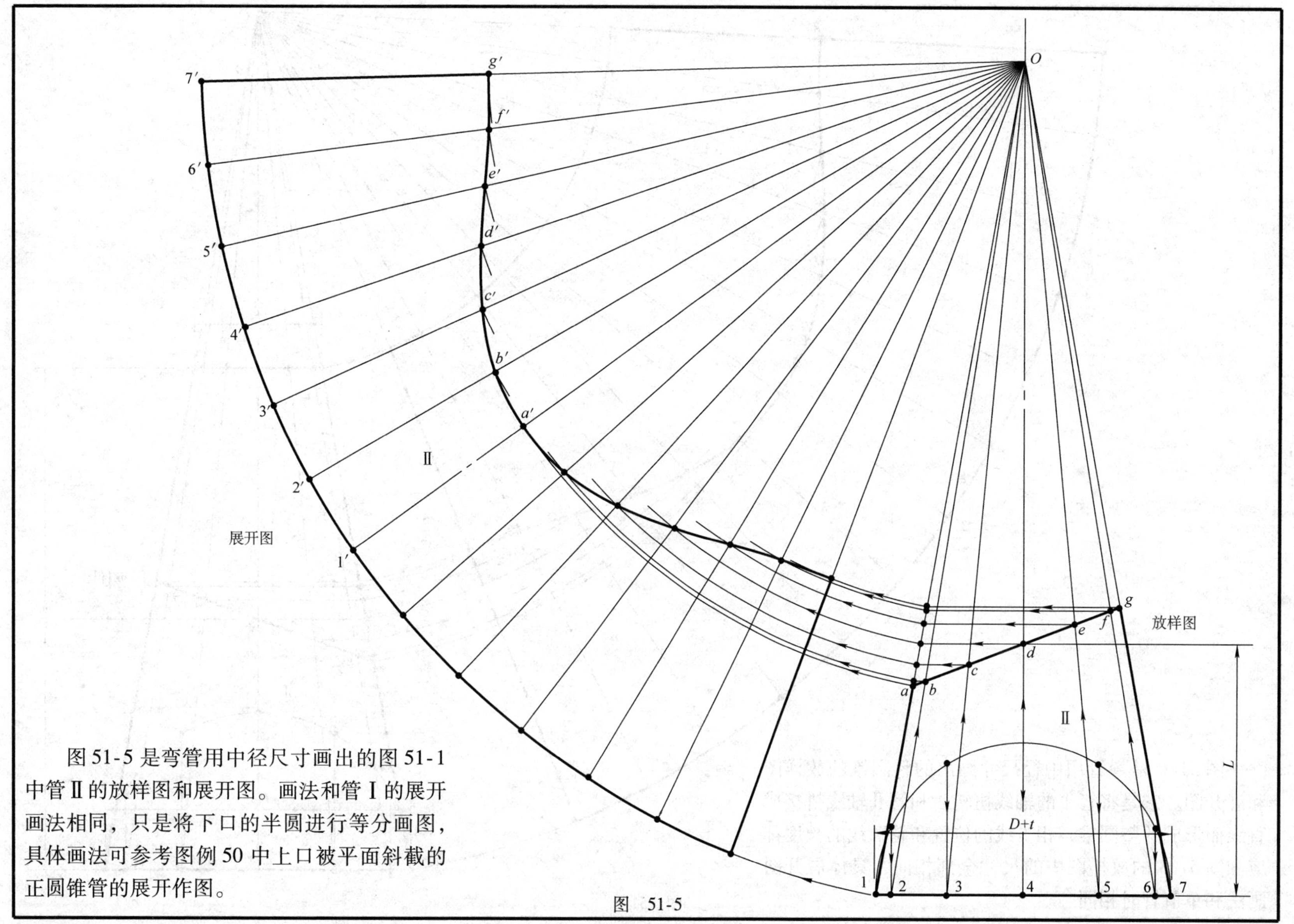

图 51-5 是弯管用中径尺寸画出的图 51-1 中管Ⅱ的放样图和展开图。画法和管Ⅰ的展开画法相同，只是将下口的半圆进行等分画图，具体画法可参考图例 50 中上口被平面斜截的正圆锥管的展开作图。

图　51-5

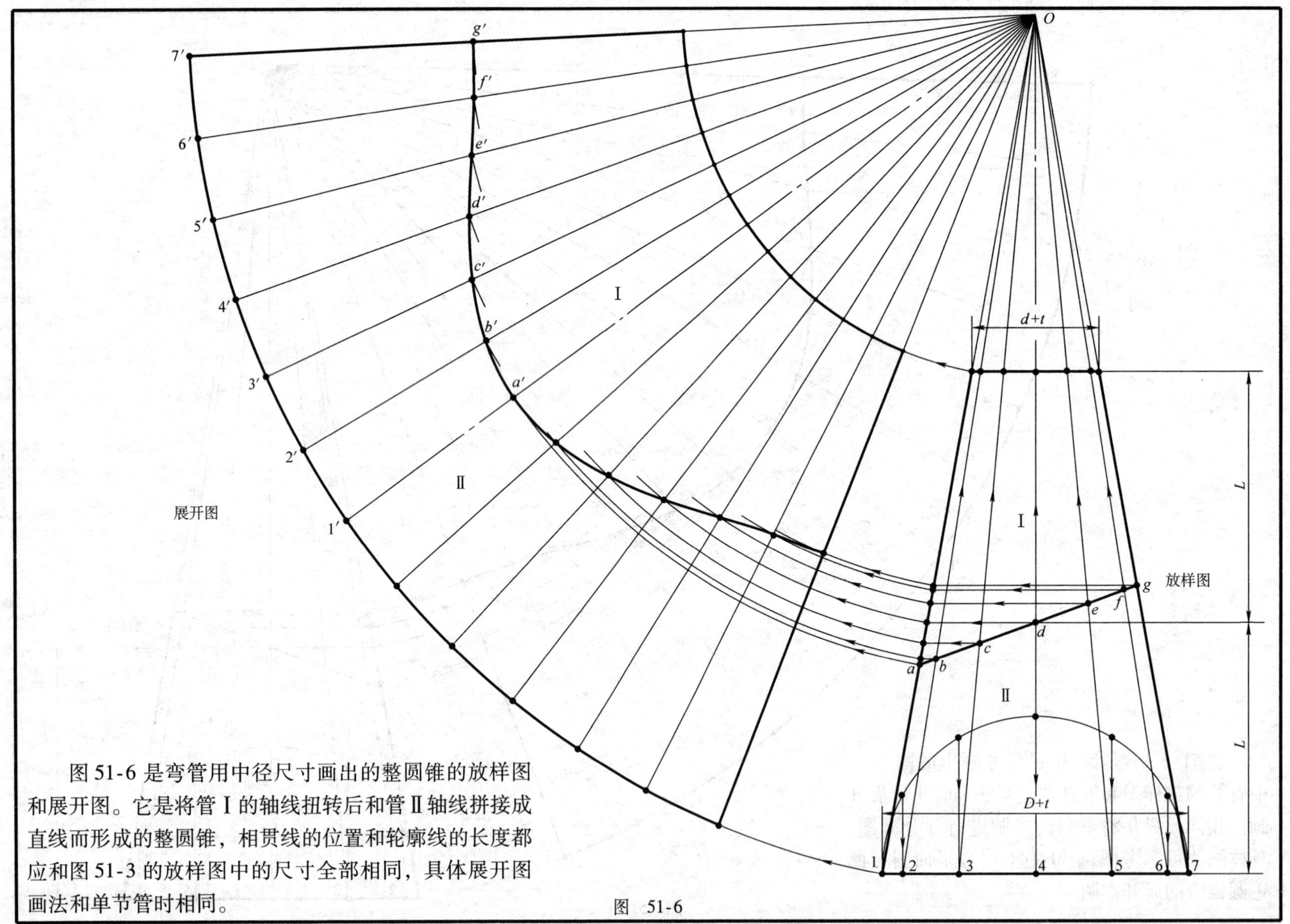

图 51-6 是弯管用中径尺寸画出的整圆锥的放样图和展开图。它是将管 I 的轴线扭转后和管 II 轴线拼接成直线而形成的整圆锥，相贯线的位置和轮廓线的长度都应和图 51-3 的放样图中的尺寸全部相同，具体展开图画法和单节管时相同。

图 51-6

图例 52　三节直角圆锥弯管

图 52-1 所示为三节直角圆锥弯管和它的正面视图。弯管两端面互成直角，弯曲中心线半径为 R，两端圆内径分别为 D 和 d，厚度为 t。

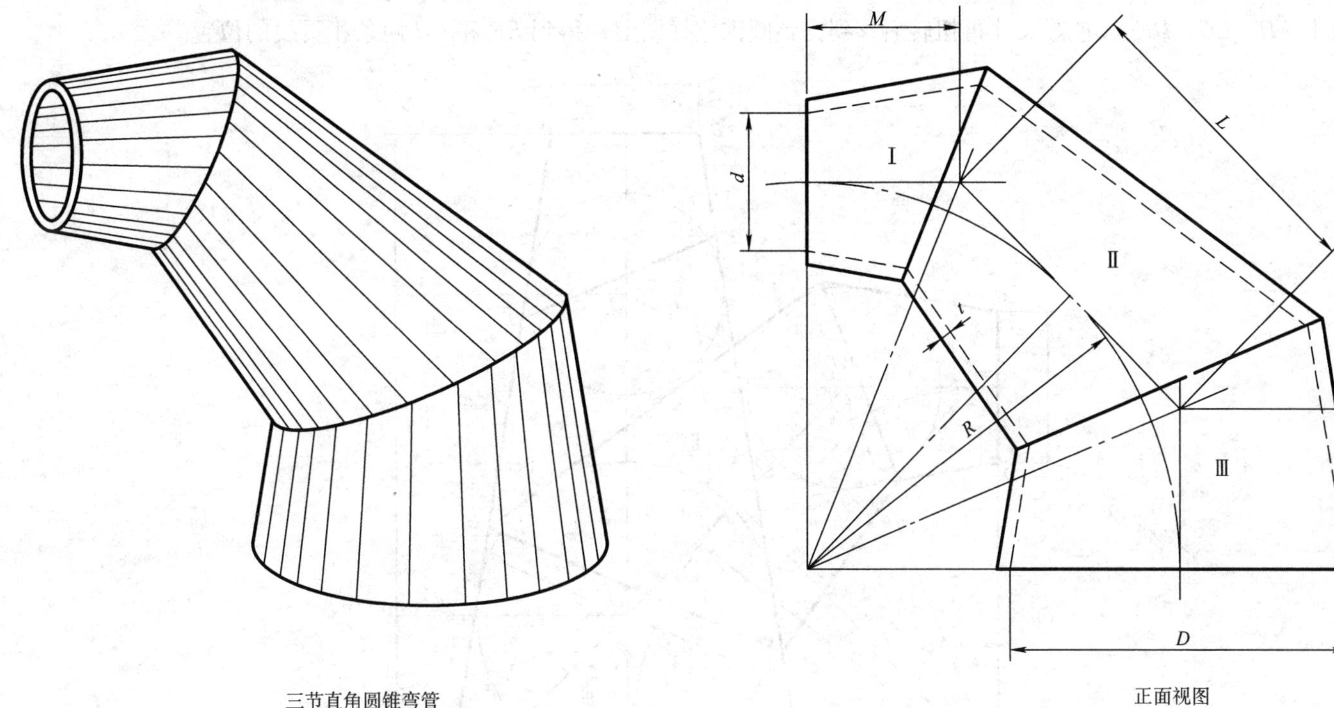

图　52-1

图 52-2 是三节直角圆锥弯管的放样图。画法步骤：

1. 先作完整圆锥的放样图，使中心线长度为 $L+2M$，两端面的中径尺寸为 $D+t$ 和 $d+t$。以 O_1 和 O_2 点为圆心画出圆锥的内切圆。

2. 管Ⅲ为两图的公用件，以 O 为顶点 R 为半径作出直角并 4 等分，过两端面的交点作端面的垂线和过中心交点作圆的切线相交于 O_1 和 O_2 点，过 A、B、C、D 点分别作 O_1 和 O_2 圆的切线，与 O_1 和 O_2 圆的公切线相交于 E、F、G、H 点，连接 EF 和 GH，两线即为弯管的两条相贯线。

3. 将轮廓线上 FH、EG、DF、CE 等尺寸再扭转后移到完整圆锥放样图上，得到 EF 和 GH 两条相贯线的位置。

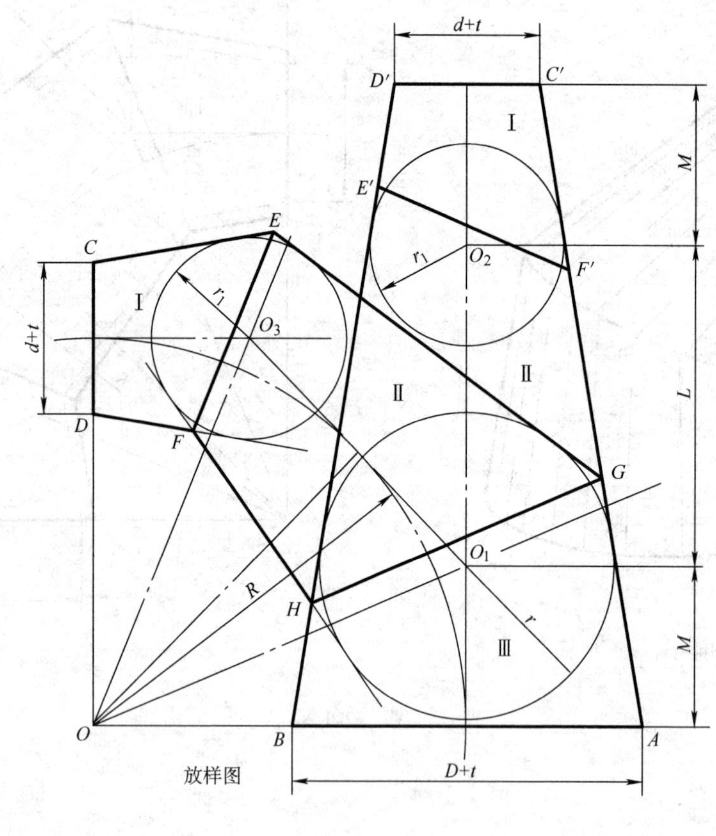

图 52-2

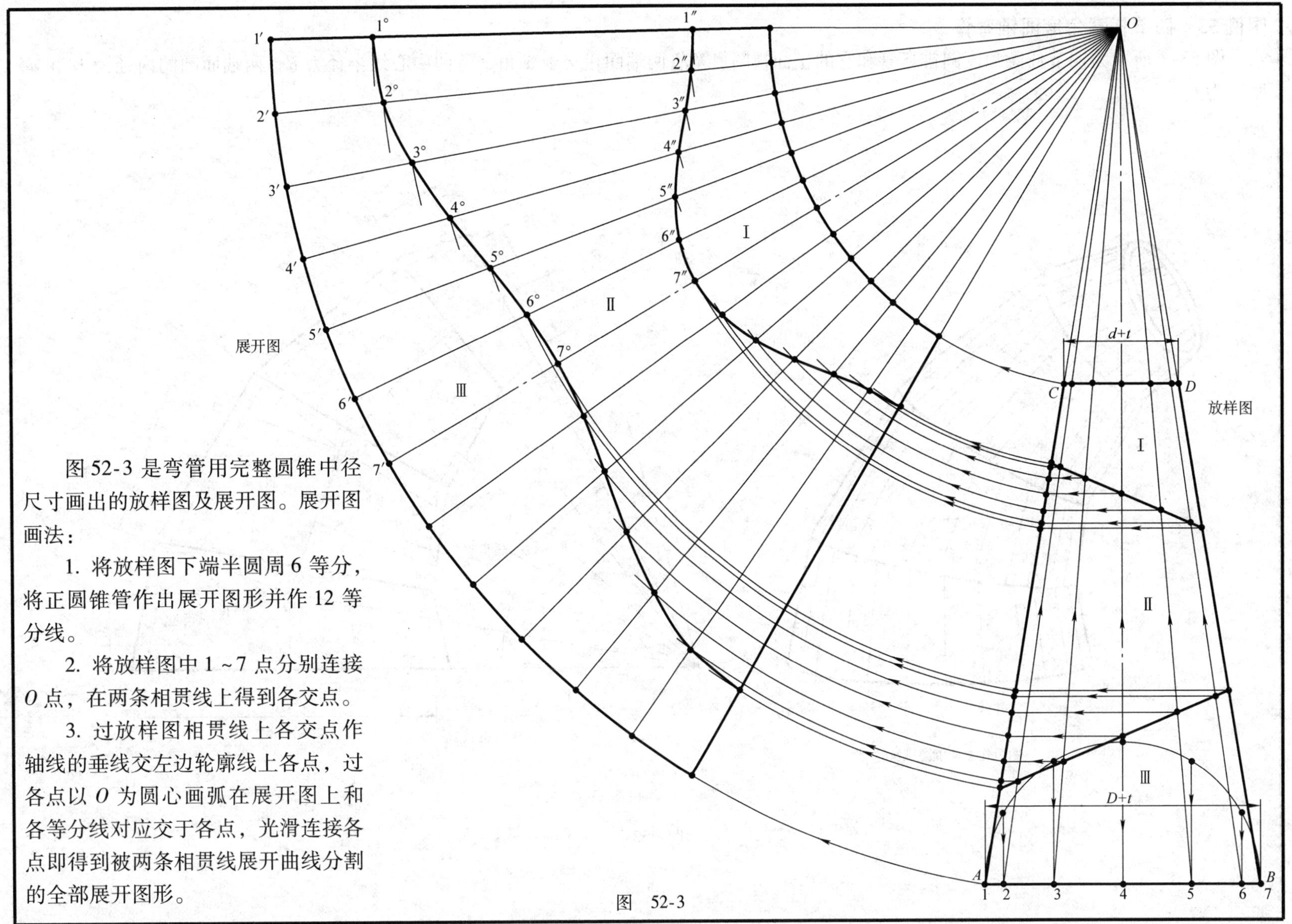

图 52-3 是弯管用完整圆锥中径尺寸画出的放样图及展开图。展开图画法：

1. 将放样图下端半圆周 6 等分，将正圆锥管作出展开图形并作 12 等分线。

2. 将放样图中 1 ~7 点分别连接 O 点，在两条相贯线上得到各交点。

3. 过放样图相贯线上各交点作轴线的垂线交左边轮廓线上各点，过各点以 O 为圆心画弧在展开图上和各等分线对应交于各点，光滑连接各点即得到被两条相贯线展开曲线分割的全部展开图形。

图　52-3

图例 53　四节任意角度圆锥弯管

图 53-1 所示为四节任意角度圆锥弯管和它的正面视图。弯管两端面相交于 α 角，弯曲中心线半径为 R，两端面圆的内径为 D 和 d，厚度为 t。

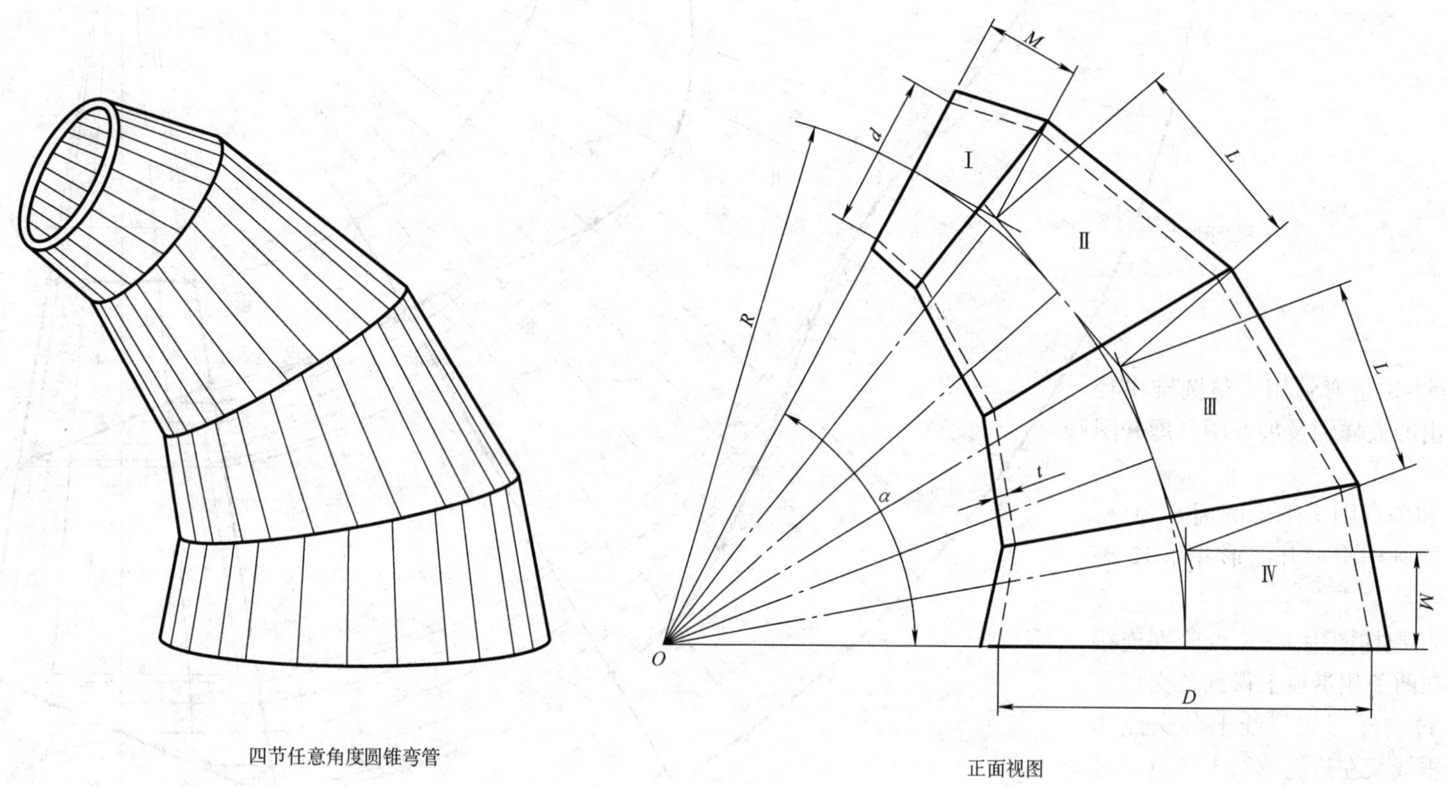

图　53-1

图 53-2 是用四节任意角度圆锥弯管的中径尺寸所画出的放样图。画法步骤:

1. 先作完整圆锥的放样图，在放样图中使中心轴线长度为 $O_1O_2=2L+2M$，两端面的中径尺寸为 $D+t$ 和 $d+t$。在画出的整体圆锥放样图中以各轴线交点 O_3、O_4 和 O_5 点为圆心画出圆锥的内切圆。

2. 再作圆锥弯管的投影视图，管Ⅳ为两图公用件，以 O 为顶点 R 为半径作出 α 角度并 6 等分。和图例 52 相同，利用完整圆锥放样图中的内切圆在角度线内作出圆锥弯管的投影视图，求出相贯线的具体位置和各节锥管轮廓线的长度尺寸。

3. 将投影视图中轮廓线上各节锥管尺寸旋转后移到完整圆锥放样图上，得到三条相贯线的具体位置。

具体画法可参见第一章几何作图和图例 52 的作图画法。

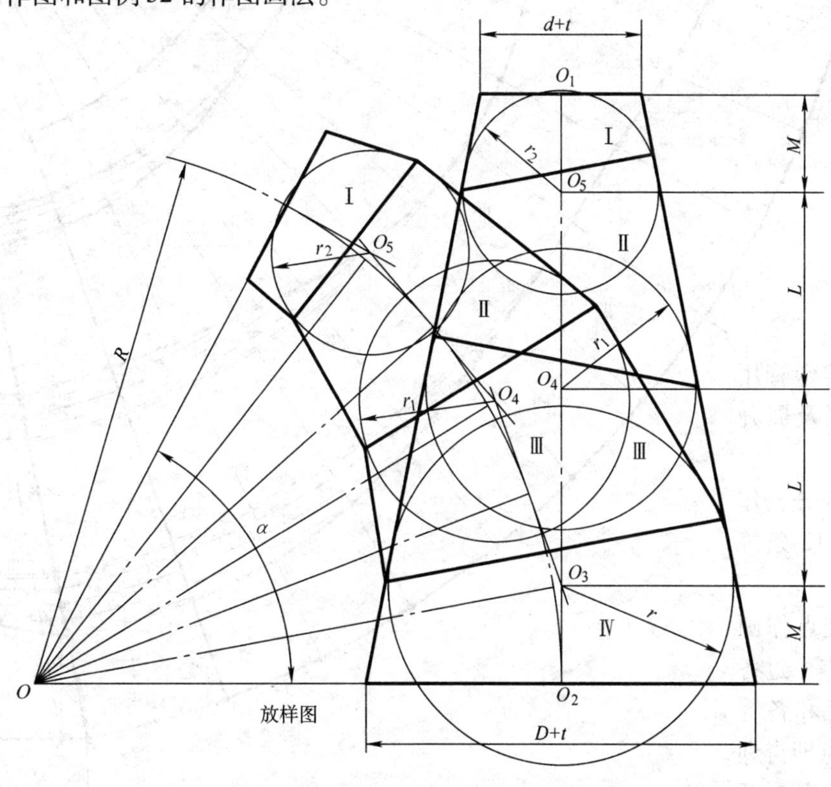

图 53-2

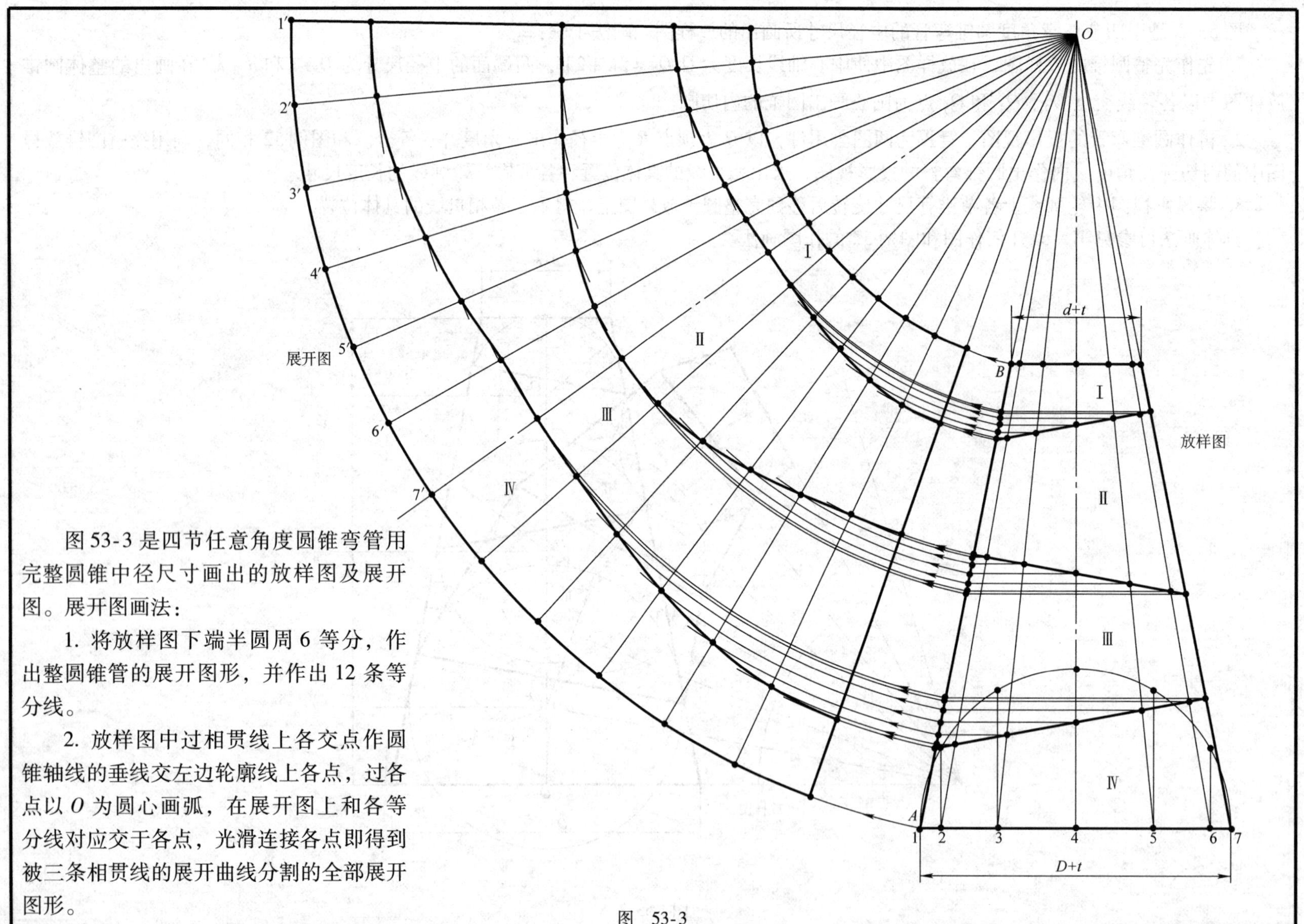

图 53-3 是四节任意角度圆锥弯管用完整圆锥中径尺寸画出的放样图及展开图。展开图画法：

1. 将放样图下端半圆周 6 等分，作出整圆锥管的展开图形，并作出 12 条等分线。

2. 放样图中过相贯线上各交点作圆锥轴线的垂线交左边轮廓线上各点，过各点以 O 为圆心画弧，在展开图上和各等分线对应交于各点，光滑连接各点即得到被三条相贯线的展开曲线分割的全部展开图形。

图 53-3

图例 54　斜圆锥管三通

图 54-1 所示为斜圆锥管三通和它的两面视图。此构件由两个对称的椭圆锥管侧交组成，由于两锥管下口具有公共的圆形底面，并且上口两端面是同直径在同一平面的两圆形，所以两斜圆锥对称，它们的相贯线是平面图形，在正面视图和平面视图中的投影都是直线，并且每个斜圆锥都是被平面截切掉一部分的不完整斜圆锥。

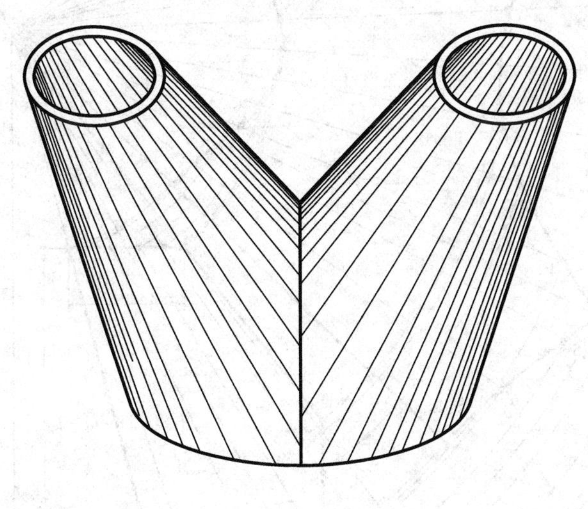

斜圆锥管三通

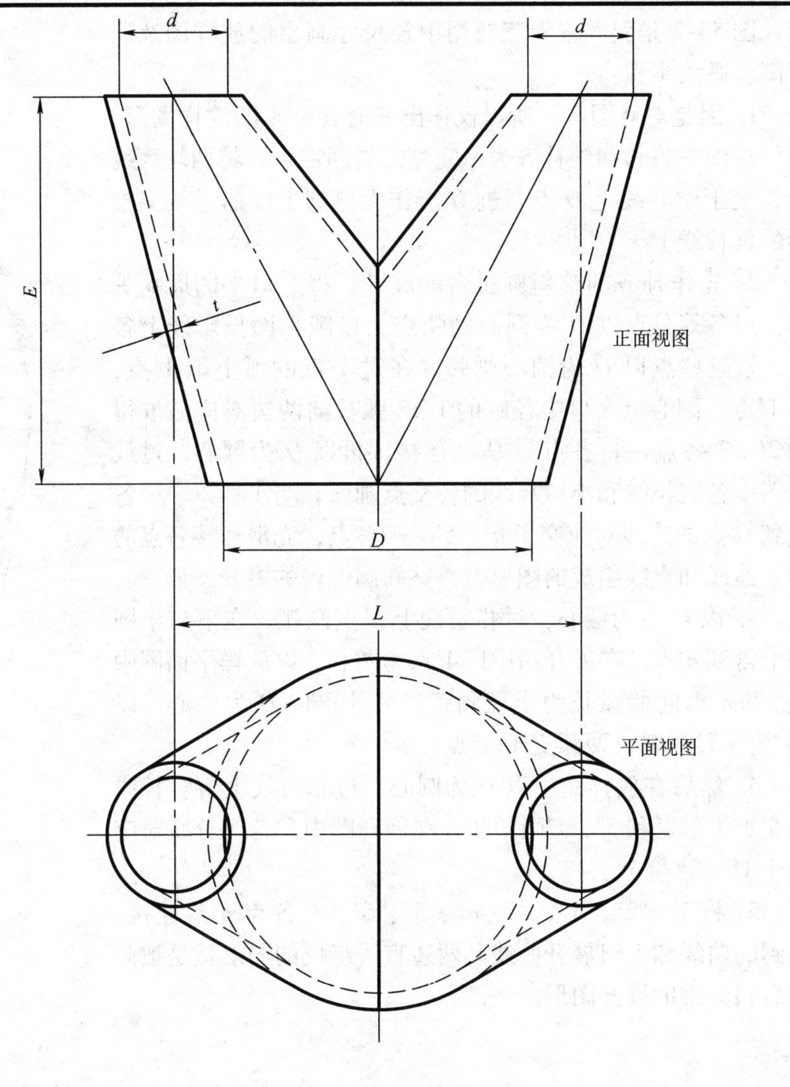

图　54-1

图 54-2 是斜圆锥管三通用中径尺寸画出的放样图及展开图。画法步骤：

1. 因是对称图形，所以仅作出三通管一半的放样图形，在放样图中将斜圆锥补齐为一完整的斜圆锥台，将两轮廓线延长交于中心线上 O 点。过 O 点作大口圆平面的垂线交投影的延长线上于 O' 点。

2. 先作补齐的整斜圆锥台的展开：将下口半圆周 6 等分，过各等分点以 O' 为圆心画弧交大口圆平面投影线上各点，过这些点以 O 为圆心画弧。在过 1 点的弧上取 1′点，以 1′点为圆心以大口中径圆的 1/12 弧长向两边对应截取得到 2′~7′各点，将各点与 O 点连接，再以 O 为圆心，过放样图中各实长线和小口端线的各交点画弧，与 1′、2′、…各点到 O 点的连线对应交于 a'、b'、…各点，光滑连接各点的两条曲线和直线组成的图形就是整斜圆锥台的展开图形。

3. 以 O'点为圆心，过相贯线上 a''点画弧，在下口半圆周上得到 a 点。在展开图中以 4′点为圆心，以放样平面图中 4 点和 a 点间的弧长为半径画弧，另外再以 O 为中心，以 Oa''为半径画弧，两弧交于 $a°$点。

4. 然后在放样图中以 O 为圆心，过相贯线上各实长线的交点 1″、2″和 3″、4″画圆弧，在展开图中和各等分线对应交于 1°、2°和 3°、4°。

5. 将 1°、2°、3°、4′、$a°$、5′、6′、7′各点光滑连接，得到的曲线和上口展开曲线和两边直线组成的图形就是被截切后斜圆锥的展开图形。

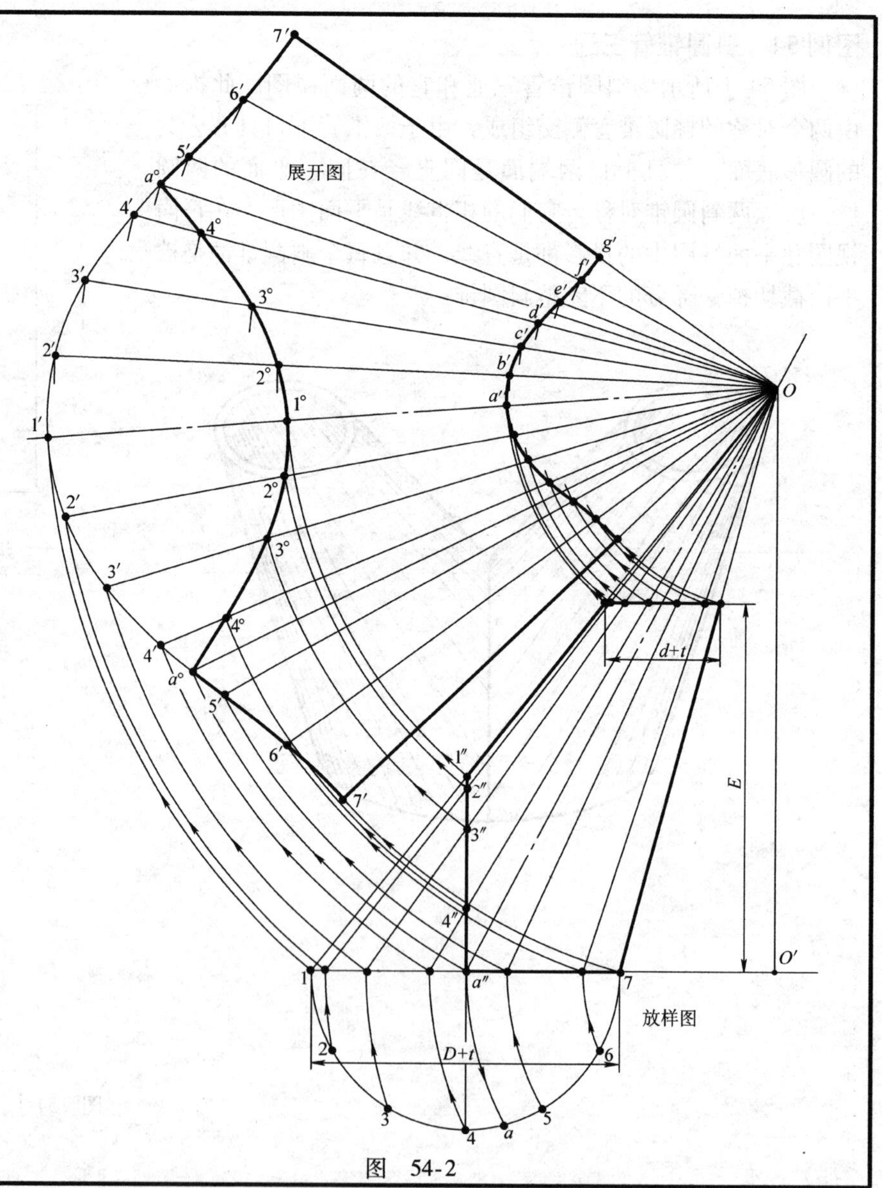

图 54-2

图例 55　斜交圆锥管三通

图 55-1 所示为斜交圆锥管三通和它的正面视图。三通管的两圆锥管轴线相交为 α 角，如设置两圆锥曲面公切于一球面时，两锥管相交的相贯线为两平面曲线，在正面视图中的投影为两条直线。图 55-2 是三通的放样图，画法步骤：

1. 先按视图尺寸画出正圆锥的投影图，轴线为 O_2O_3，两端面圆的直径为锥管的中径尺寸 $D+t$ 和 $d+t$。作斜圆锥的轴线 O_1O_4 和端面圆的投影 EF。

2. 以 O_1 为圆心作正圆锥的内切圆，交轮廓线上于 A'、B'点，过 E、F 点作内切圆的切线，交内切圆于 E'、F'两点，同时得到两轮廓线的交点 a 和 g。

3. 连接 $A'B'$和 $E'F'$得交点 d，连接 d 点和两轮廓线的交点，得直线 ad 和 dg 为两圆锥的相贯线。

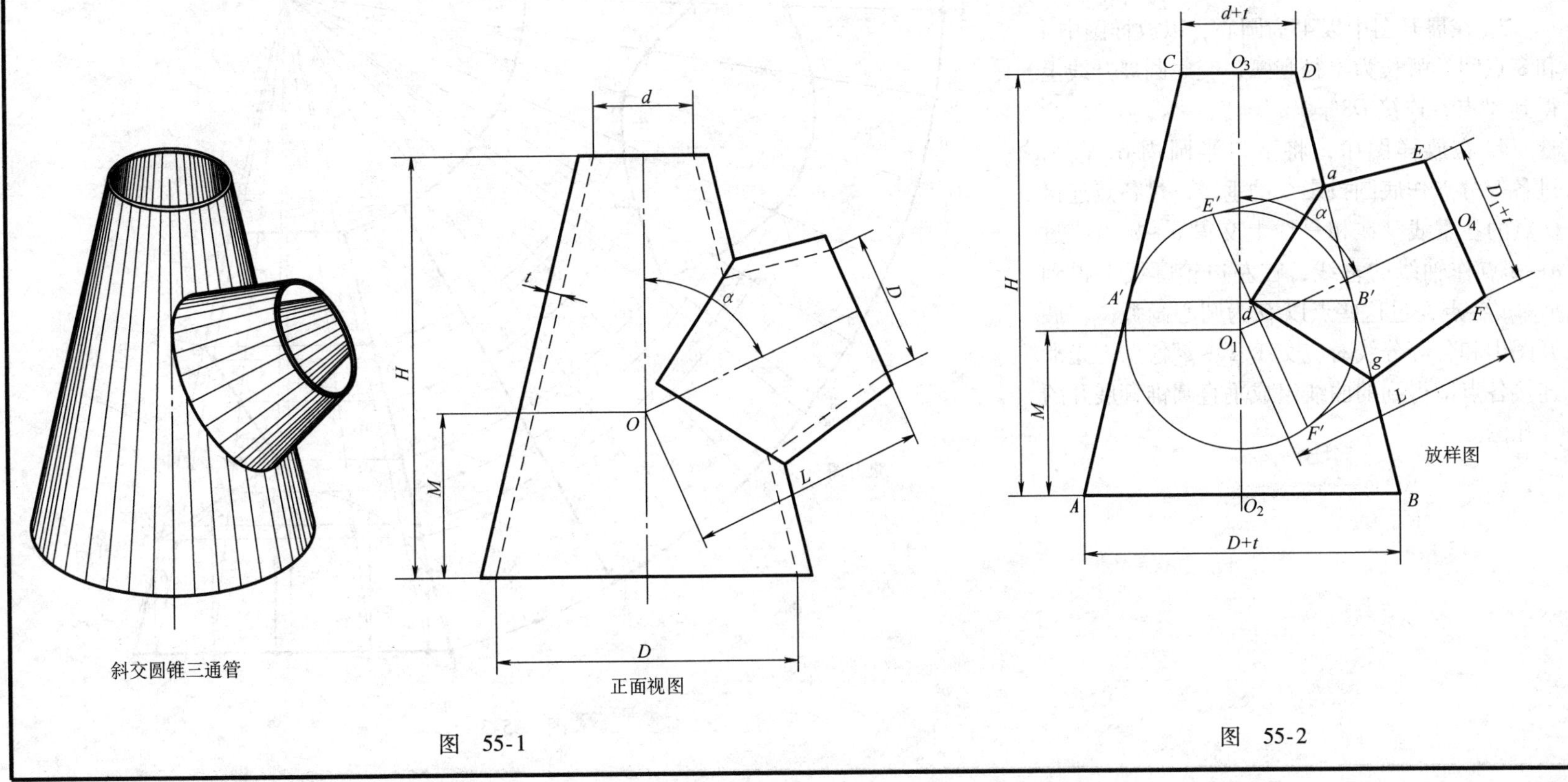

图　55-1

图　55-2

斜交圆锥管三通中垂直圆锥管的展开图如图 55-3 所示，图中两圆锥的相贯线为 ad 和 gd。画法步骤：

1. 放样图中将下端面半圆周 6 等分，先作出整圆锥管的展开图形，并在展开图中作出 12 条等分线。

2. 在放样图中连接 Od 并延长，交端面线于 8′点，过这点作端面的垂线交半圆周于 8 点。

3. 在展开图中以 4″为圆心，以放样图中 4 和 8 点间的弧长为半径画弧，交底圆展开线上得到 8″点，连接 $O8''$。

4. 在放样图中，将下口半圆周 6 等分，过各等分点作底圆投影线的垂线，过各点连接 O 点的各素线。在相贯线上交得 $a \sim g$ 点，过 $a \sim g$ 点作轴线的垂线，在左边轮廓线上得到 $a' \sim g'$各点，过这些点以 O 为圆心画弧，在展开图中和各等分线对应交于 $a'' \sim g''$各点，光滑连接各点即得到的曲线组成垂直圆锥管展开的开孔图。

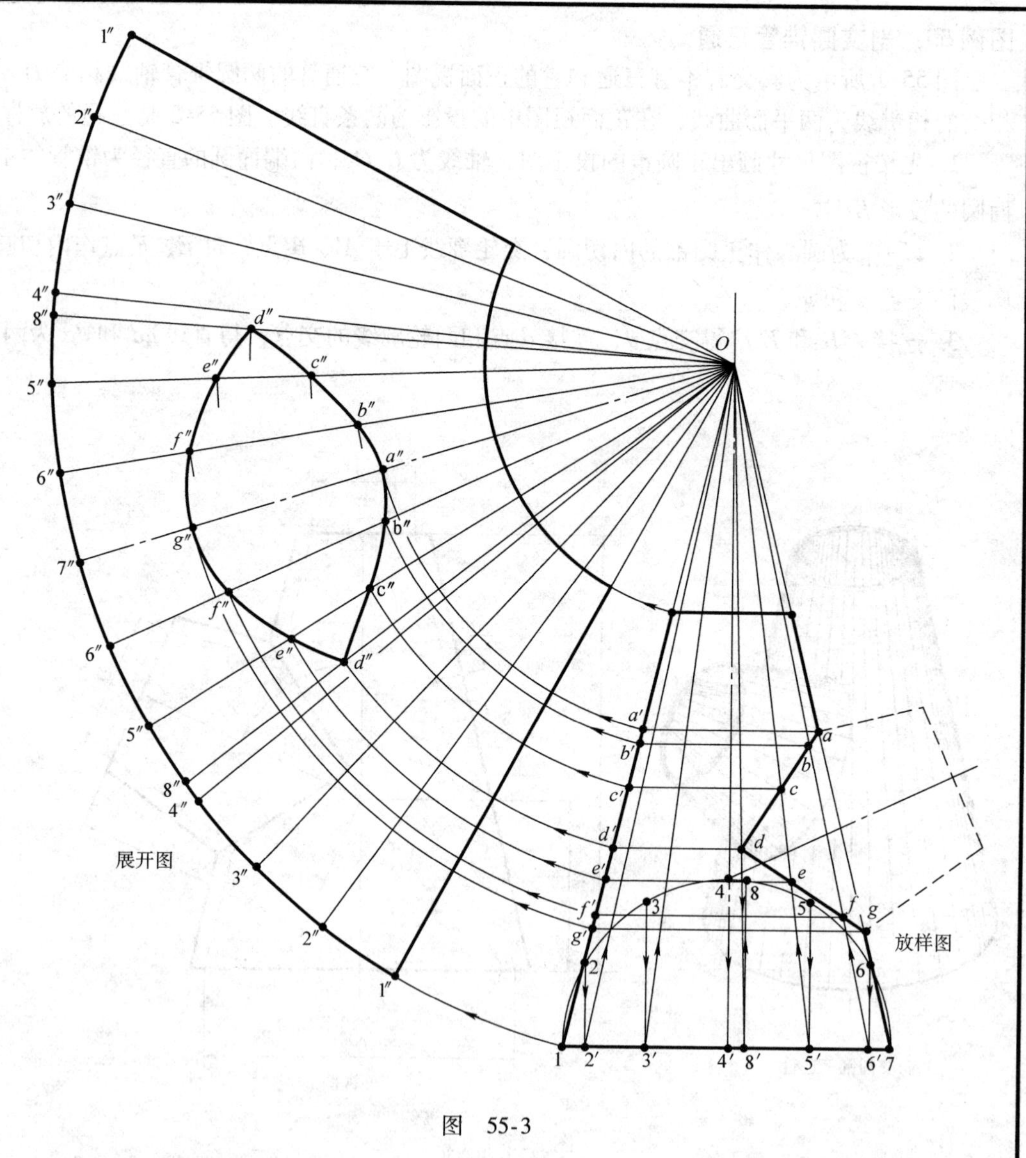

图 55-3

斜交圆锥管三通中斜插圆锥管的展开图如图 55-4 所示，图中两相贯线的投影为 ah 和 gh。画法步骤：

1. 放样图中将上端面半圆周 6 等分，向端面线作垂线相交于各点，将各点与 O' 点连接并延长，与相贯线交于 a、b、…各点。

2. 连接 hO' 交上端面线于一点，过这点作端面的垂线交半圆周于 H 点。

3. 作上端面的展开并 12 等分，在 C' 和 D' 等分间取出放样图中 C 和 D 等分间的弧长得到 H' 点，将各等分线延长。

4. 过相贯线上 a、b、…各点作轴线的垂线，在圆锥轮廓线的延长线上交于各点，过这些点以 O' 为圆心画弧，各弧在展开图中与各等分线对应交于 a'、b'、…各点，光滑连接各点即得到的曲线组成斜插圆锥管的展开图。

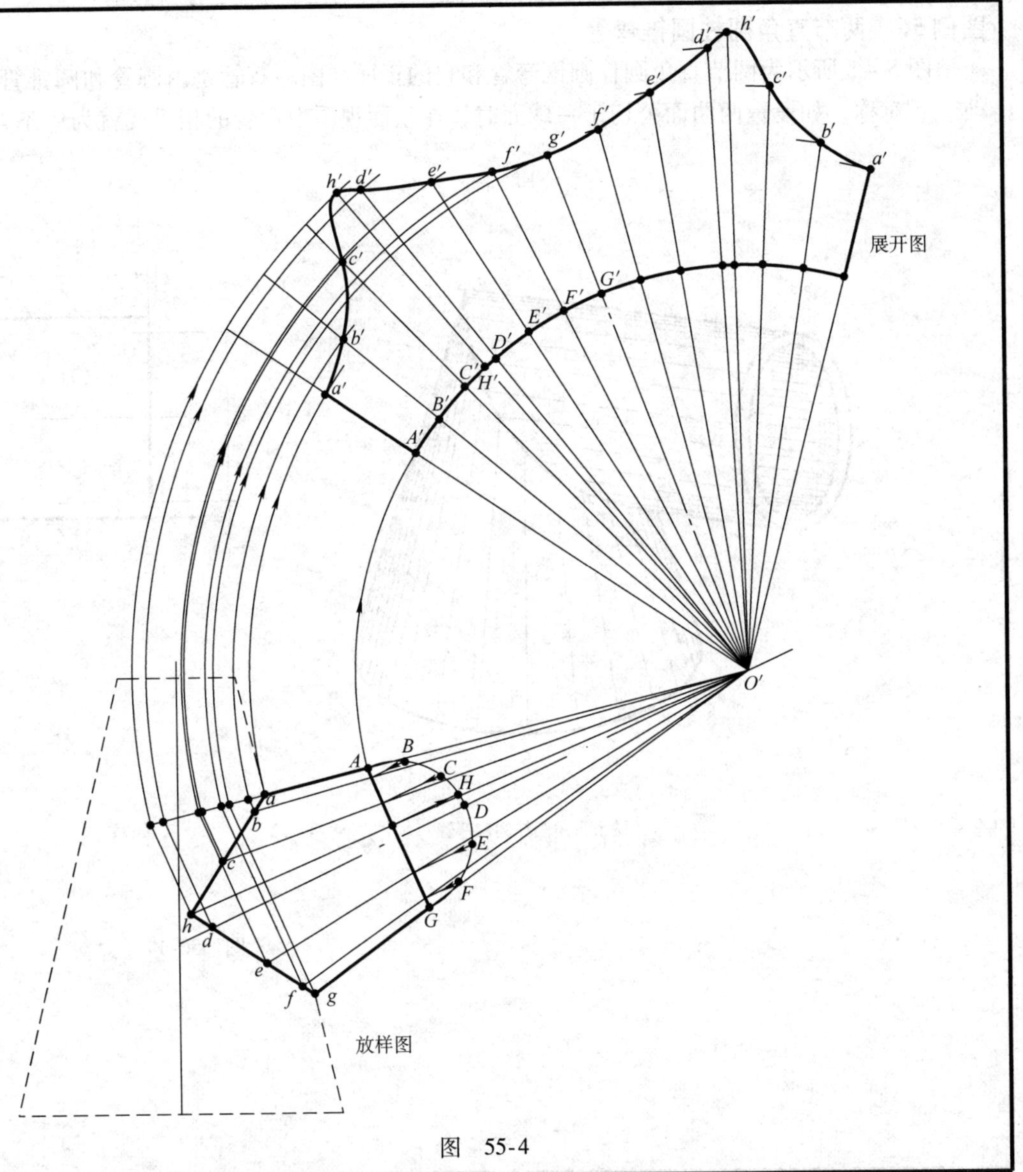

图 55-4

图例 56　两节直角圆柱圆锥弯管

图 56-1 所示为两节直角圆柱圆锥弯管和它的正面视图。弯管是由圆管和圆锥管组成，两轴线垂直相交并同时平行于投影面，形状前、后对称，如设置两曲面公切于一球面时，在正面视图中弯管的相贯线就为一条直线。

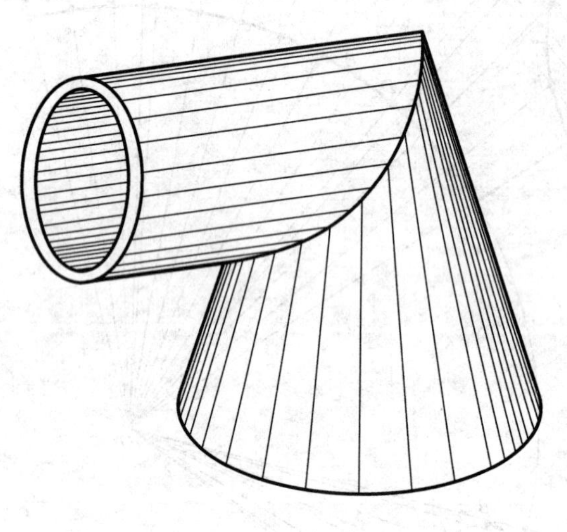

两节直角圆柱圆锥弯管

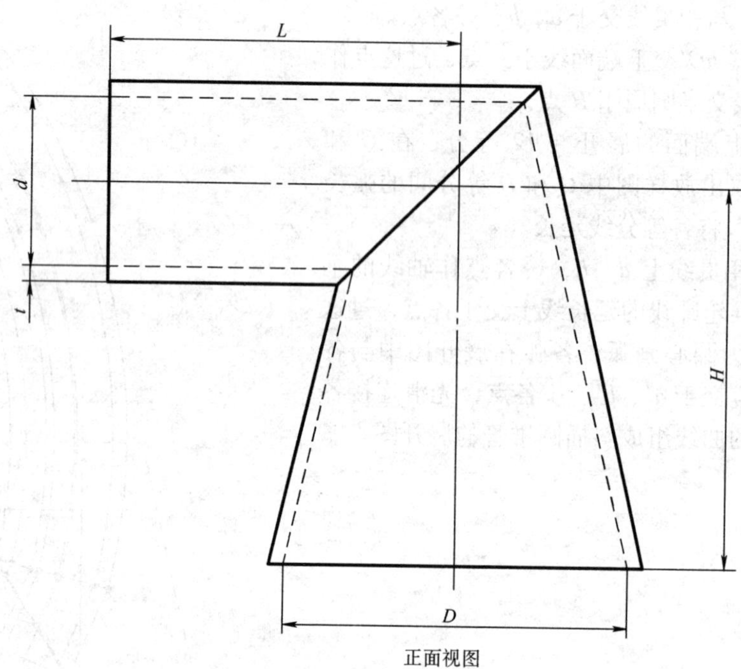

正面视图

图　56-1

图 56-2 是两节直角圆柱圆锥弯管用中径尺寸作出的放样图。画法步骤：

1. 作十字中心线交点为 O，在线上各取 L 和 H 长度，用中径尺寸作出两端面的投影 AB 和 ab。

2. 作出圆管轮廓线，以 O 为圆心作出圆管的内切圆。

3. 过 A 和 B 两点作内切圆的切线，和圆管轮廓线交于 1、7 两点，连接 17 为两曲面相交的相贯线。

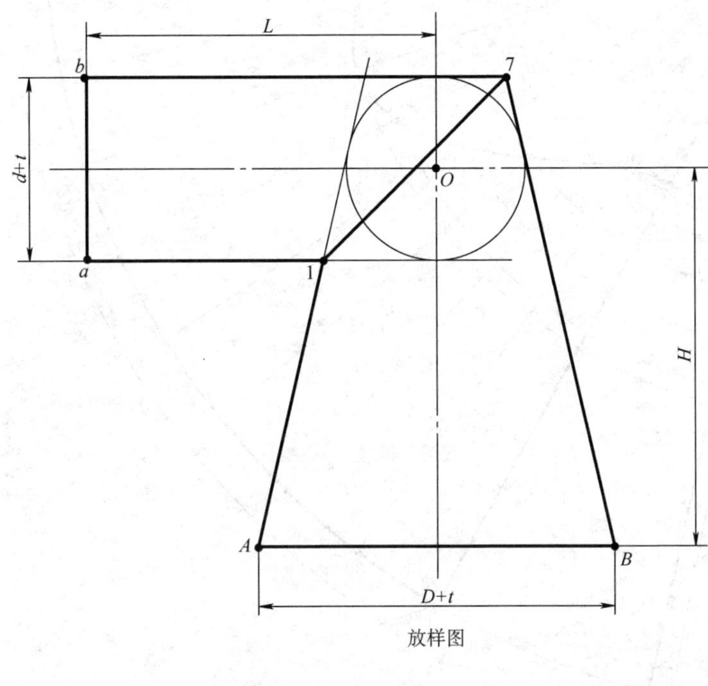

图　56-2

图 56-3 是利用图 56-2 的放样图尺寸，用平行线法作出的圆管展开图。具体画法可结合图形参阅图例 27。

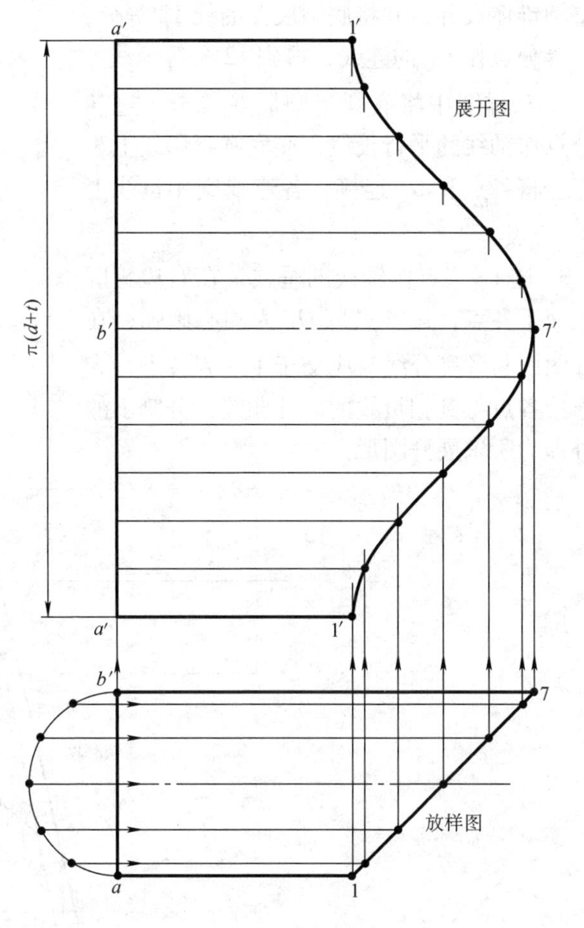

图　56-3

图 56-4 是利用图 56-2 的放样图尺寸，用放射线法作出的圆锥管展开图。画法步骤：

1. 将圆锥两轮廓线延长交于 O_1 点，将拼接整圆锥体展开，并将底圆展开曲线 12 等分，过各等分点作 O_1 的连线，得到 12 条等分线。

2. 放样图中将底圆半圆周 6 等分，过各等分点作轴线的平行投线，交底圆投影线上于各点。将各点和 O_1 连接，各连线交相贯线上于 1 ~7 点。

3. 过 1 ~7 点作轴线的垂线，在右边轮廓线上交于各点，过各点以 O_1 为圆心画弧，在展开图中与各等分线对应交于 1′ ~7′各点，光滑连接各点得到相贯线的展开曲线，分割出的部分即为所求展开图形。

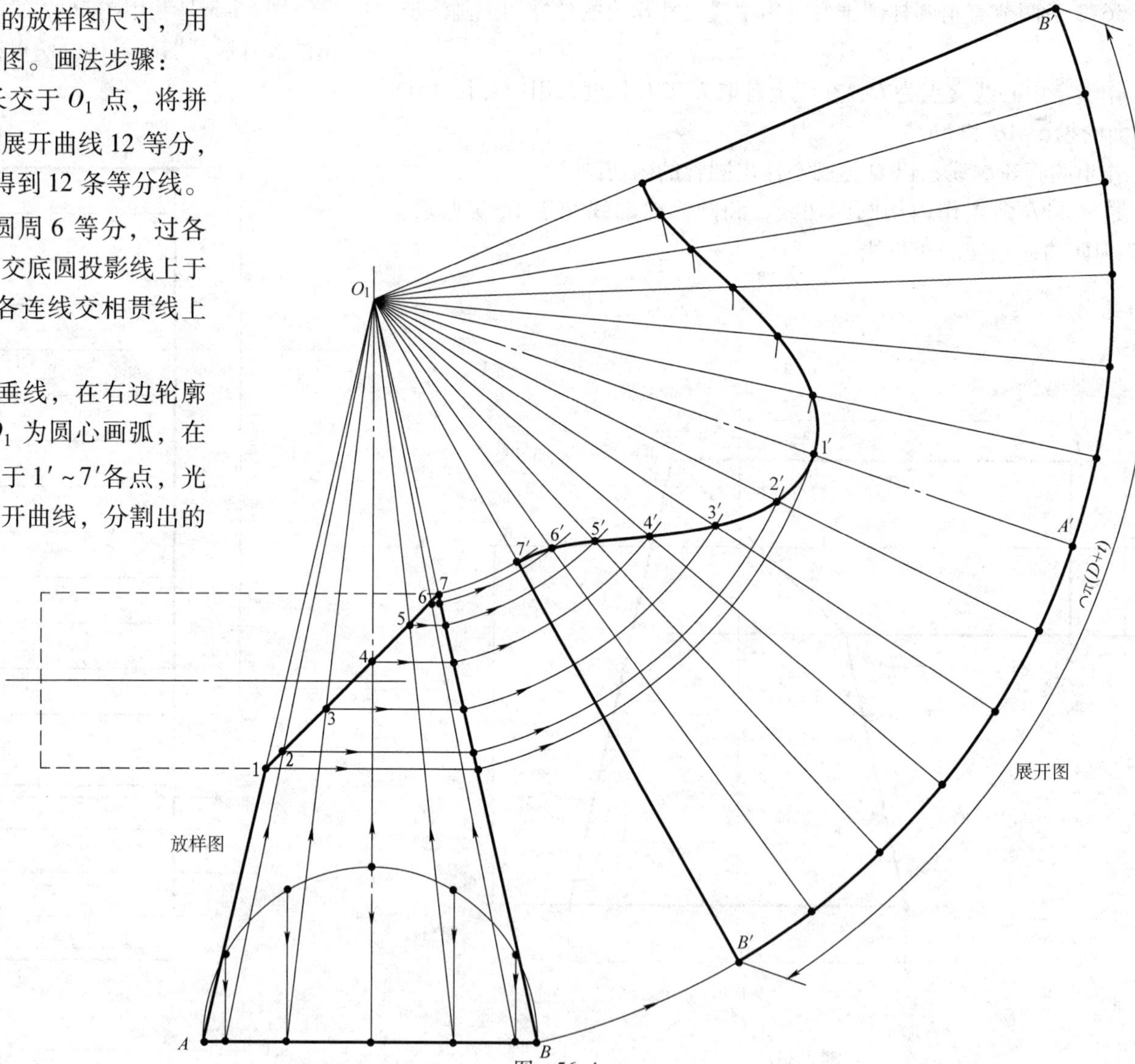

图 56-4

图例 57　两节任意角度圆柱圆锥弯管

图例 57-1 所示为两节任意角度圆柱圆锥弯管和它的正面视图。弯管是由圆管和圆锥组成，两轴线相交为 α 角度并同时平行于投影面，形状前、后对称，如设置两曲面公切于一球面时，在正面视图中弯管的相贯线就为一条直线。

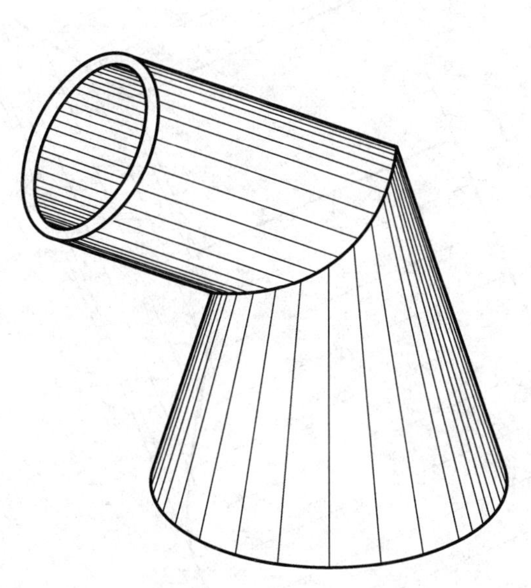

两节任意角度圆柱圆锥弯管

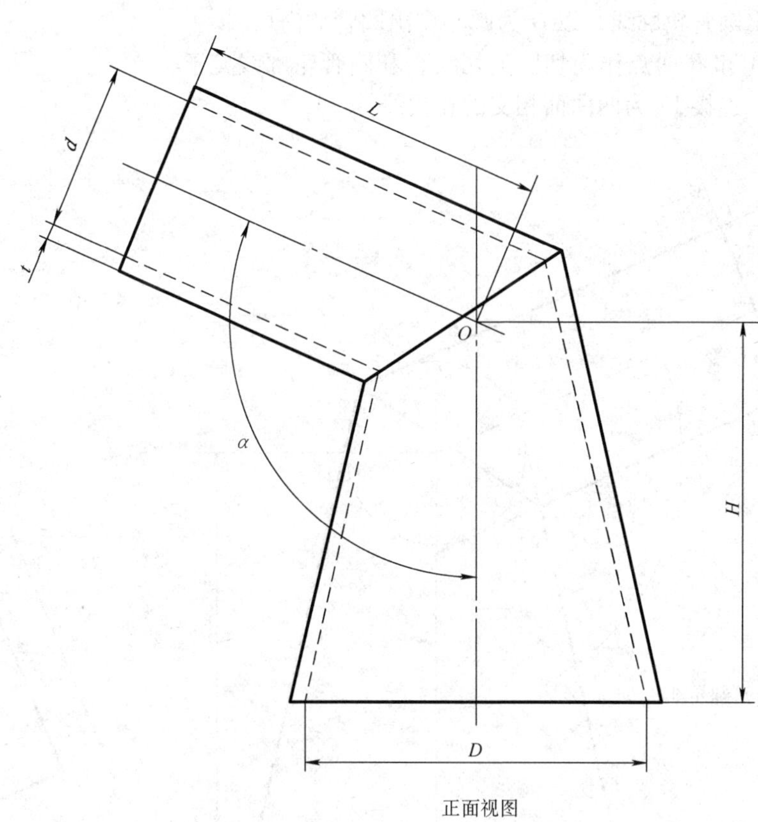

正面视图

图　57-1

图 57-2 是两节任意角度圆柱圆锥弯管用中径尺寸画出的放样图。画法步骤：

1. 作相交为 α 角度的两中心线，交点为 O，在线上各取 L 和 H 长度，用中径尺寸作出两端面的投影 AB 和 CD。

2. 作出圆管轮廓线，以 O 为圆心作出圆管的内切圆。

3. 过 A 和 B 两点作内切圆的切线，和圆管轮廓线交于 1、7 两点，连接 17 为两曲面相交的相贯线。

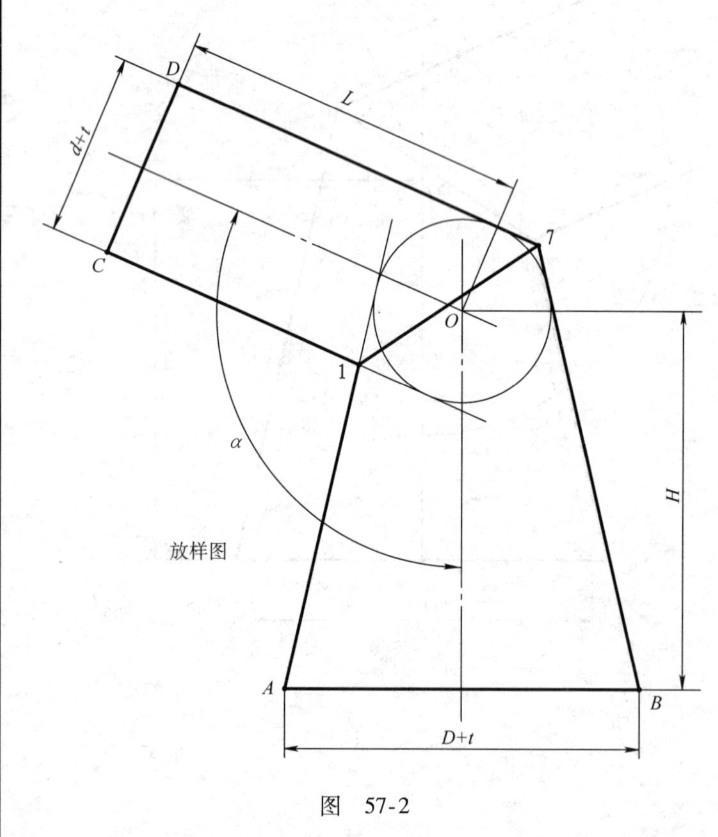

图 57-2

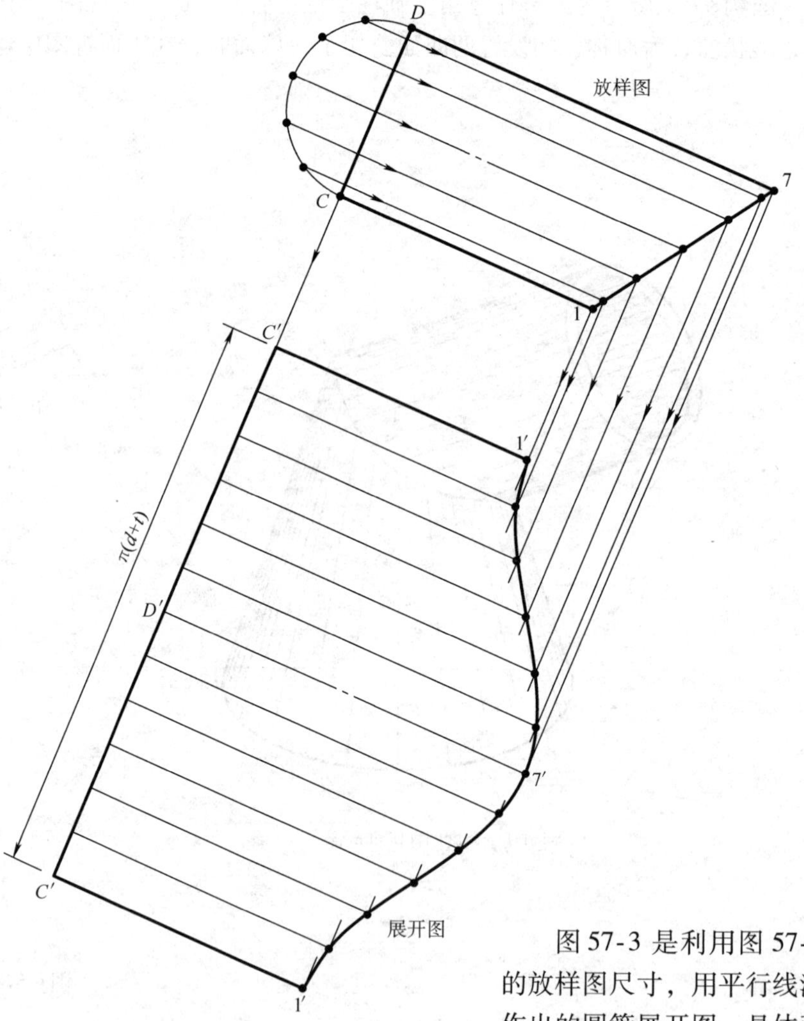

图 57-3

图 57-3 是利用图 57-2 的放样图尺寸，用平行线法作出的圆管展开图。具体画法可结合图形参阅图例 27。

图 57-4 是利用图 57-2 的放样图尺寸，用放射线法作出的圆锥管展开图。画法步骤：

1. 将圆锥两轮廓线延长交于 O_1 点，将拼接整圆锥体展开，并将底圆展开曲线 12 等分，过各等分点作 O_1 的连线，得到 12 条等分线。

2. 放样图中将底圆半圆周 6 等分，过各等分点作轴线的平行投线，交底圆投影线上于各点。将各点和 O_1 连接，各连线交相贯线上于 1 ~7 点。

3. 过 1 ~ 7 点作轴线的垂线，在右边轮廓线上交于各点，过各点以 O_1 为圆心画弧，在展开图中与各等分线对应交于 1′ ~7′各点，光滑连接各点得到相贯线的展开曲线，分割出的部分即为所求展开图形。

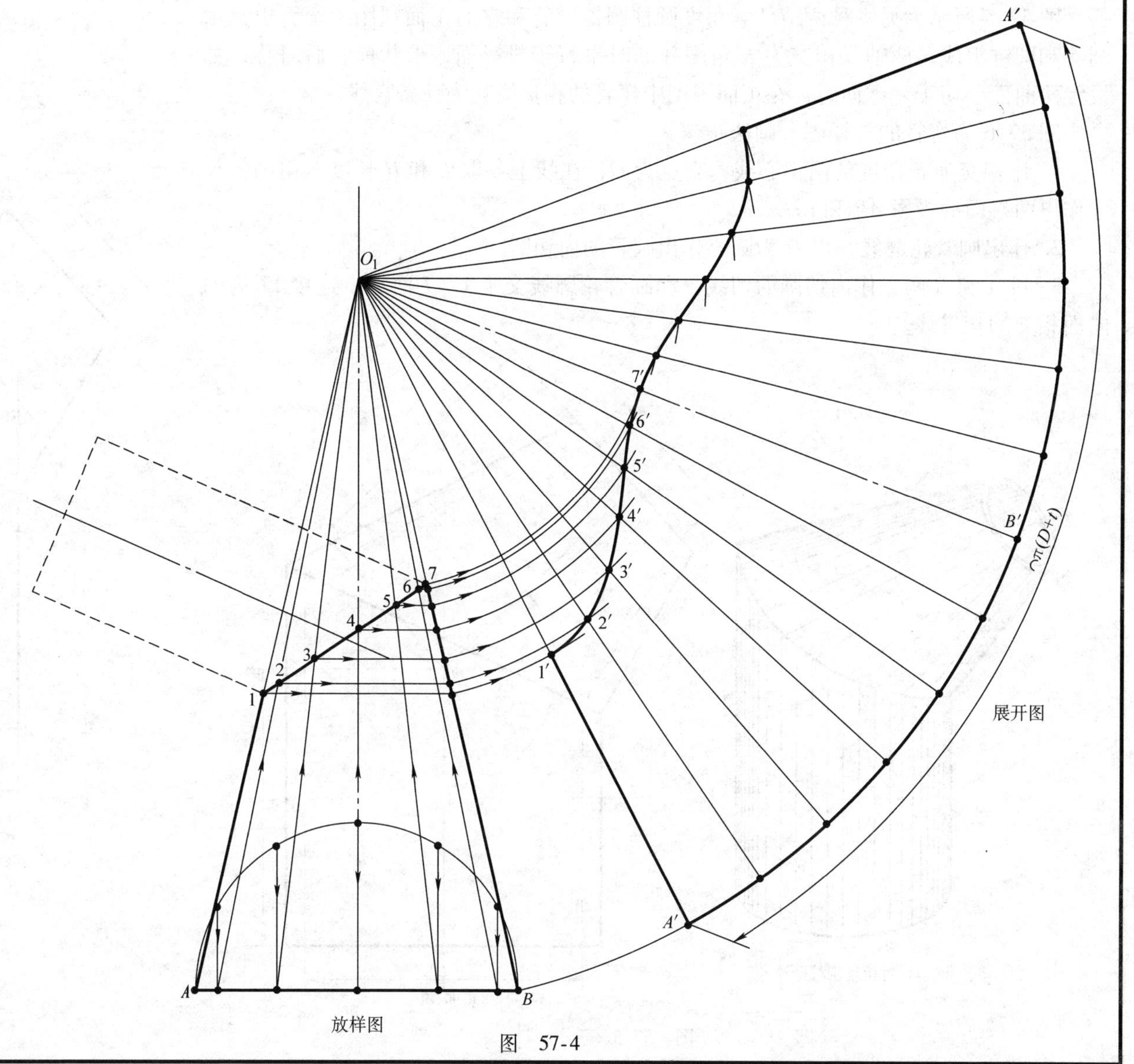

图　57-4

图 57-5 所示为另一种两节任意角度圆柱圆锥弯管和它的正面视图。弯管也是由圆管和圆锥组成，两轴线相交为 α 角度并同时平行于投影面，形状前、后对称，如设置两曲面公切于一球面时，在正面视图中弯管的相贯线就为一条直线。

图 57-6 为弯管的放样图。画法步骤：

1. 作相交为 α 角度的两中心线，交点为 O，在线上各取 L 和 H 长度，用中径尺寸作出两端面的投影 AB 和 CD。

2. 作出圆管轮廓线，以 O 为圆心作出圆管的内切圆。

3. 过 A 和 B 两点作内切圆的切线，和圆管轮廓线交于 1、7 两点，连接 17 为两曲面相交的相贯线。

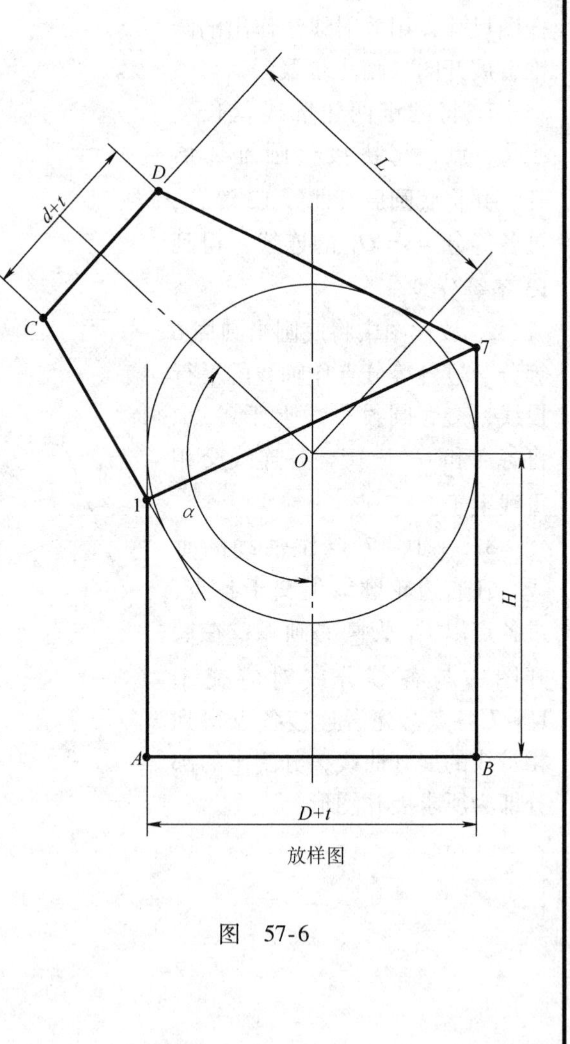

图 57-6

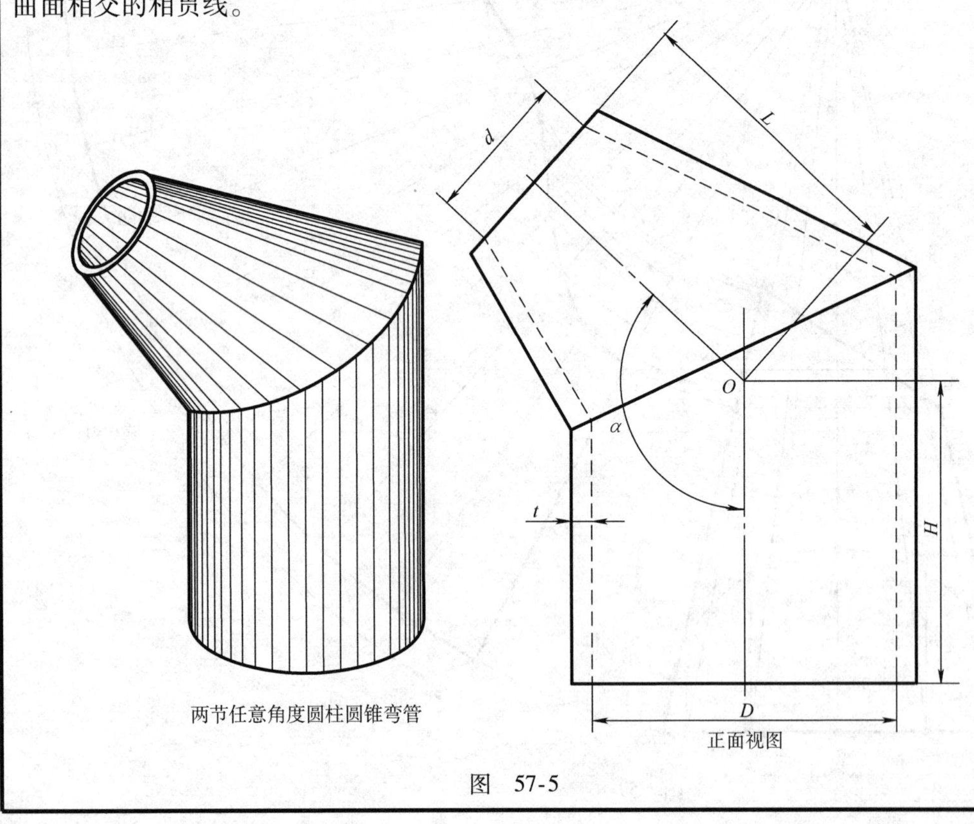

图 57-5

图 57-7 是利用图 57-6 的放样图尺寸，用平行线法作出圆管的展开图。画法步骤：

1. 在圆管端面投影线的延长线上截取线段 AA' 长度为圆管中径的展开长度 $\pi(D+t)$。将线段 12 等分，过各等分点作线段的垂线。

2. 将圆管端面投影线 AB 为直径的半圆周 6 等分，过各等分点向相贯线 EF 作轴线的平行线交于各点，过各点作轴线的垂线，和展开图中各等分线对应相交，光滑连接各交点得到相贯线的展开曲线和展开图形。

图 57-8 是利用图 57-6 的放样图尺寸，用放射线法作出圆锥的展开图。画法步骤：

1. 将圆锥上口投影 CD 为直径的半圆周 6 等分，过各等分点连接 O_1 点并延长，交下口投影线 EF 于各点，过各点以 O_1 为圆心画弧。

2. 以 O_1 为圆心 O_1D 为半径画弧，在弧上截取 $C'C'$弧长为 $\pi(d+t)$ 并作 12 等分，过各等分点连接 O_1 点并延长，和下口所画各圆弧对应相交，光滑连接各点即得到下口的展开曲线和展开图形。

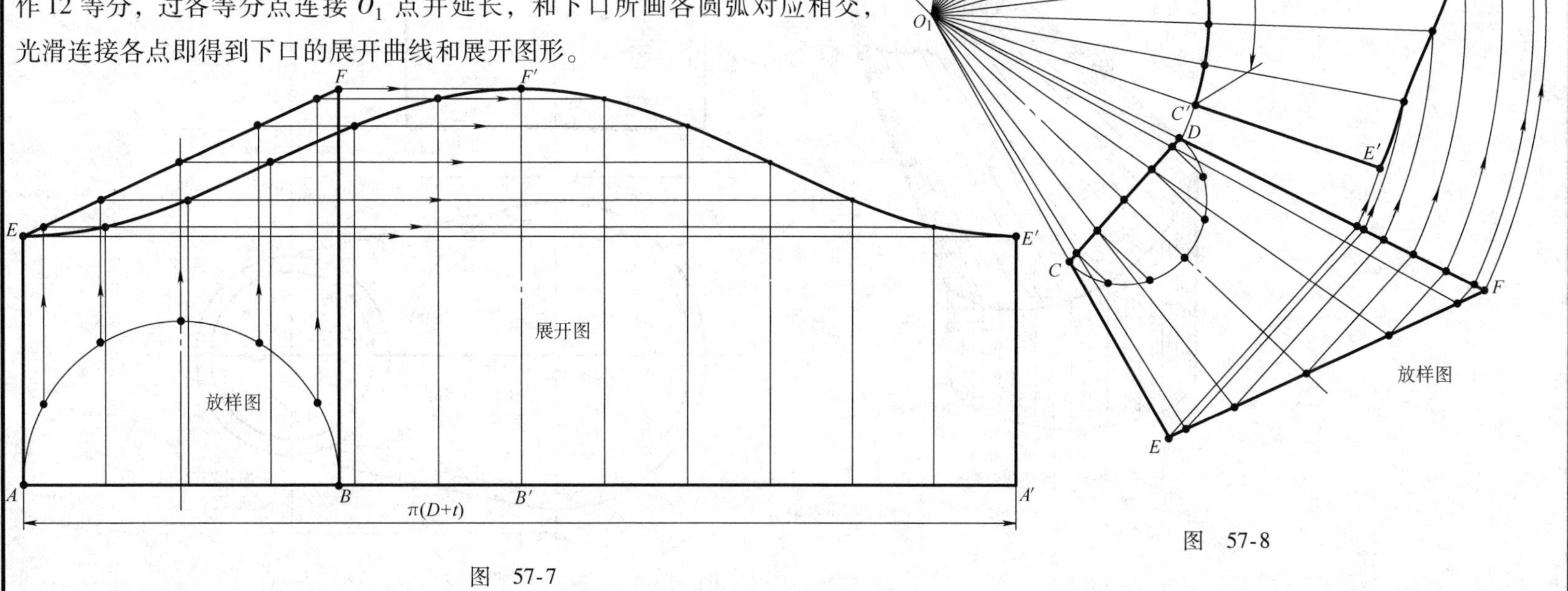

图 57-7

图 57-8

图例 58　三节平行口圆柱圆锥弯管

图例 58-1 所示为三节平行口圆柱圆锥弯管和它的两面视图。弯管是由两节圆管和一节圆锥管组成，两端圆管端面互相平行，因三条轴线在同一平面内，如设置相交两曲面公切于一球面时，正面视图中弯管的相贯线就为两条直线。中节的圆锥管应是被平面截切上下口后的正圆锥面。

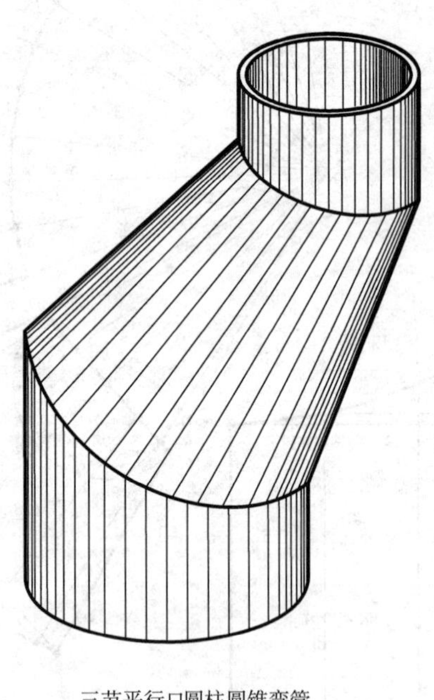

三节平行口圆柱圆锥弯管

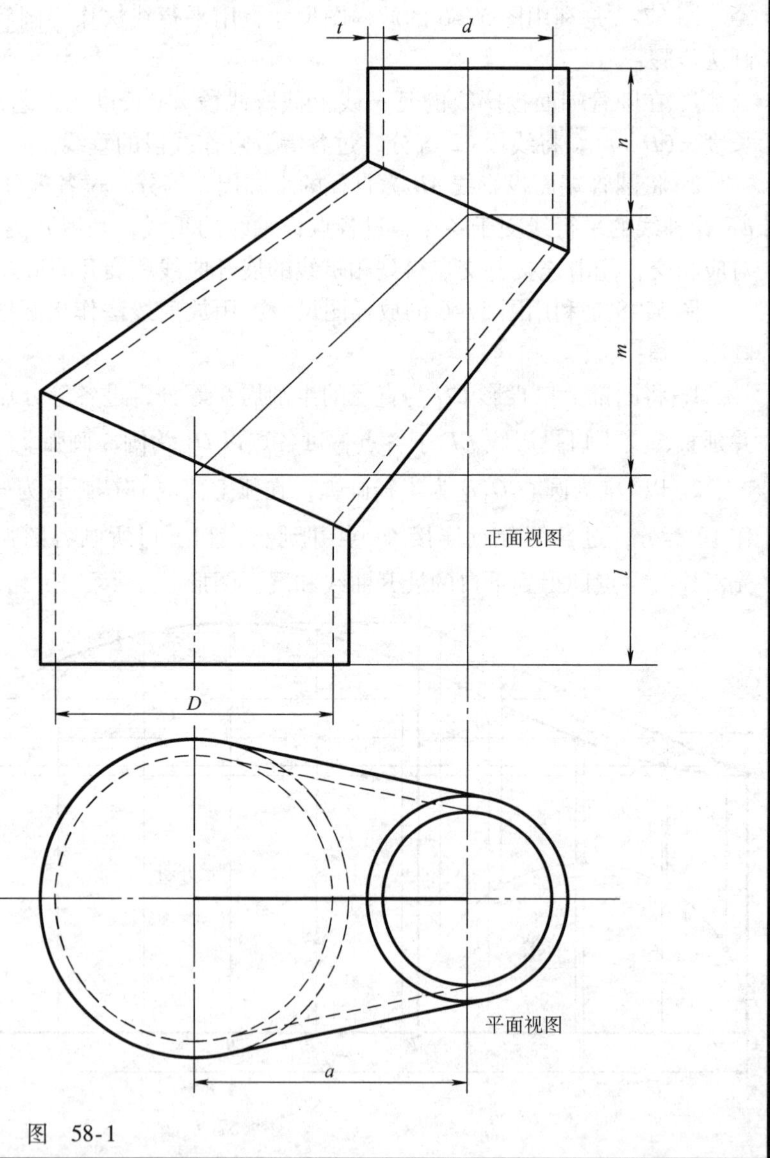

图　58-1

图 58-2 是三节平行口圆柱圆锥弯管的放样图。画法步骤：

1. 按视图的几何尺寸画出三条轴线 O_1O_3、O_2O_4、O_3O_4，用板厚的中径尺寸作出两端面的投影 AB 和 CD。

2. 作出两圆管轮廓线，以 O_3、O_4 为圆心作出两圆管的内切圆。

3. 作两内切圆的公切线，和圆管轮廓线交于 E、F 和 G、H 四点，连接 EF 和 GH 为相交两曲面相交的相贯线。

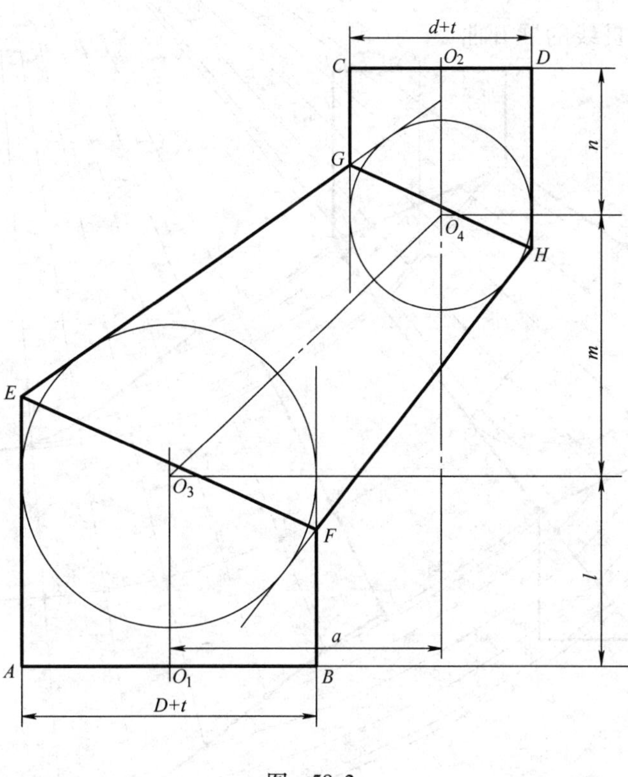

图　58-2

图 58-3 是利用图 58-2 的放样图尺寸，用放射线法作出的中节圆锥展开图。画法步骤：

1. 垂直于圆锥轴线，在适当位置设置辅助截平面 P，将截面圆 12 等分并展开。

2. 在展开图中过各等分点连接交点 O' 点，作出圆锥的各素线。

3. 利用各素线实长求出展开图中相贯线的展开曲线。具体画法可结合图形参阅图例 50。

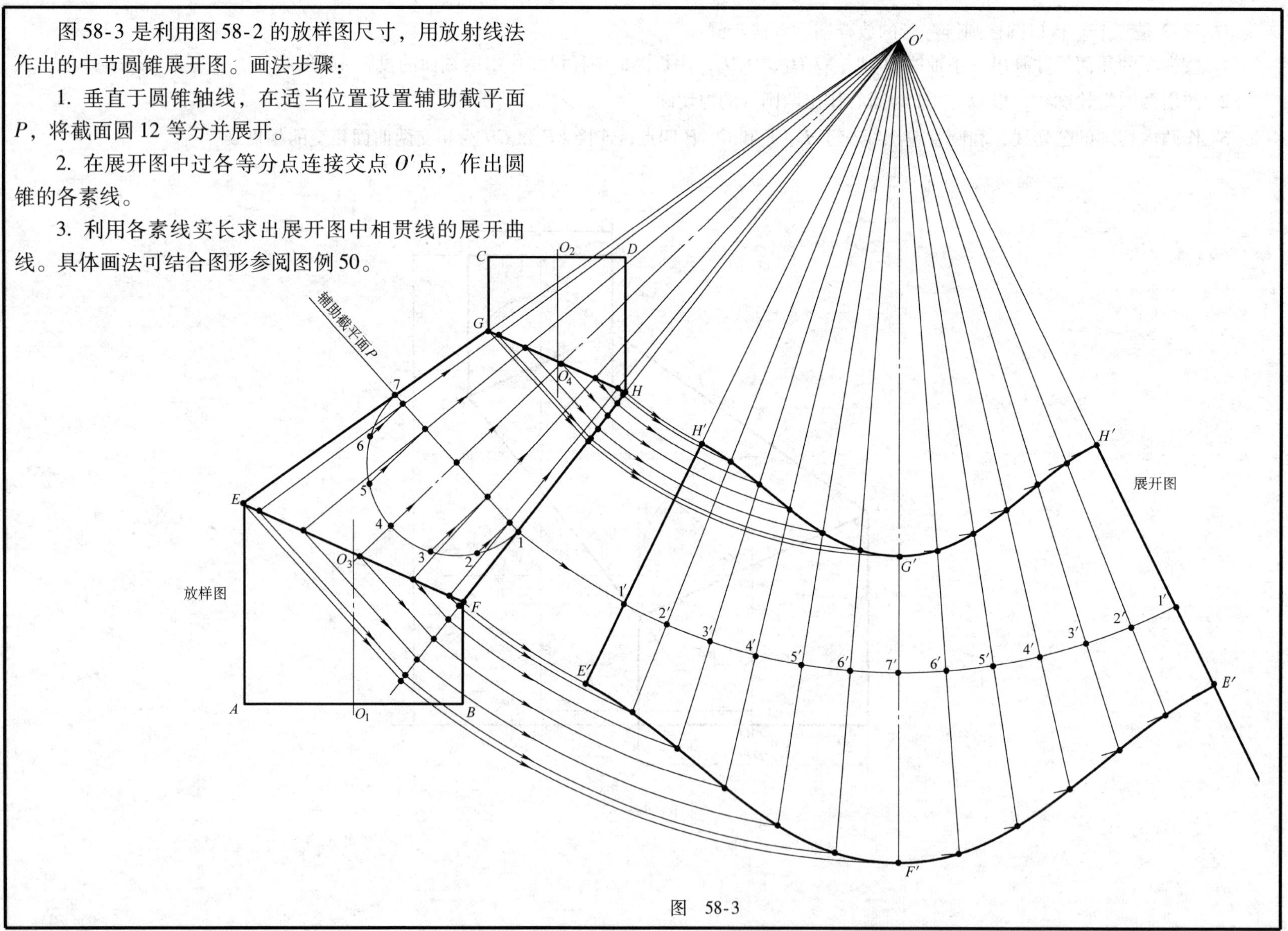

图 58-3

图 58-4 是利用图 58-2 的放样图尺寸，用平行线法作出的两端圆管的展开图。画法步骤：

1. 先将平口的端面线 AB 和 CD 延长，截取线段长度为板厚中径的展开尺寸 $\pi(D+t)$ 和 $\pi(d+t)$ 并 12 等分。
2. 将两圆管端面半圆周 6 等分后，求出各素线实长。
3. 利用各素线实长求出展开图中相贯线的展开曲线。具体画法可结合图形参阅图例 27。

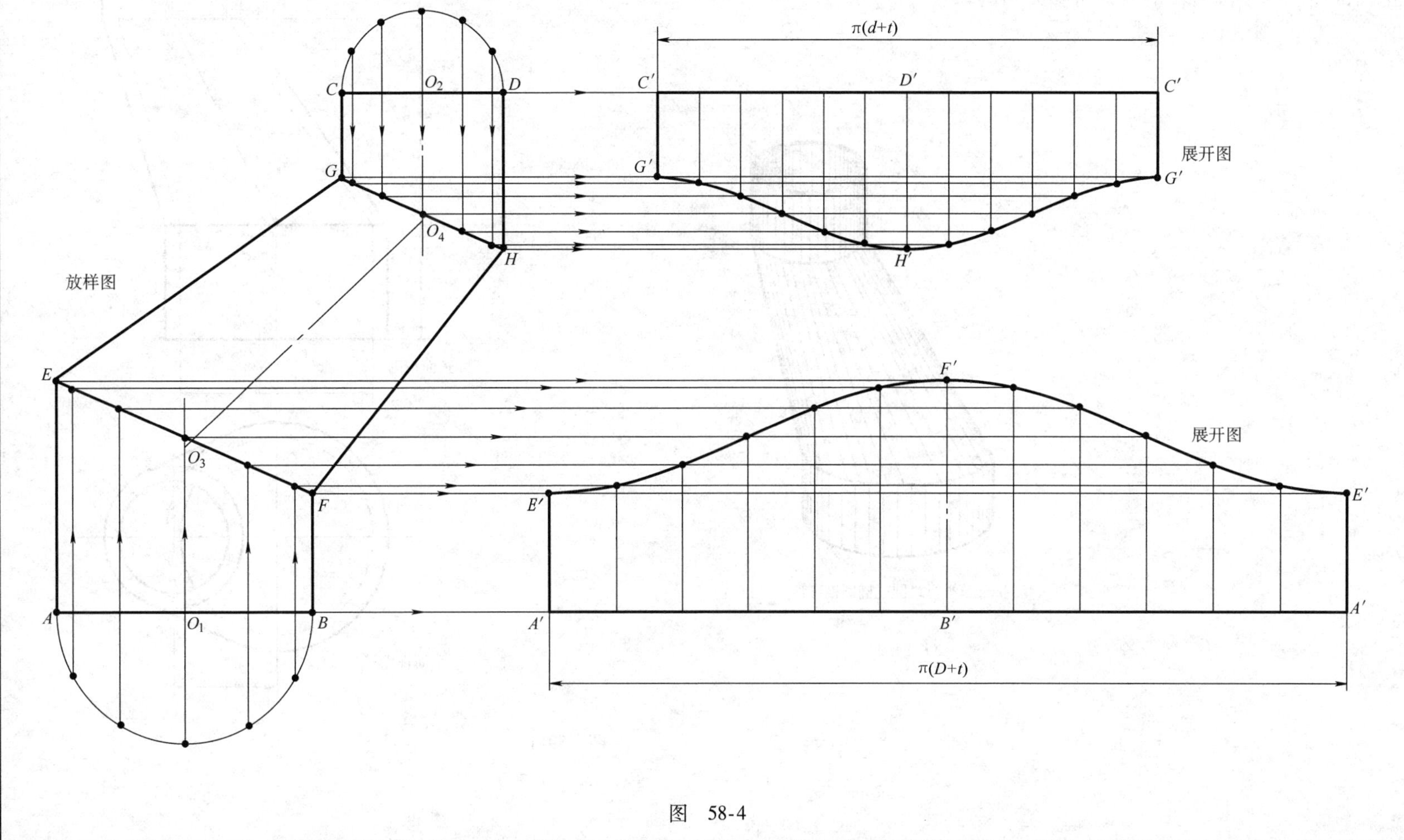

图　58-4

图例 59　三节平行口圆柱椭圆锥弯管

图例 59-1 所示为三节平行口圆柱圆锥弯管和它的两面视图。弯管是由两节圆管和一节椭圆锥管组成，两端圆管端面互相平行，三条轴线在同一平面内，和图例 58 不同的是锥管两端设置为平口圆形，使中节的圆锥管是椭圆锥面而不是正圆锥面。两端圆管段的展开可参阅图例 25。

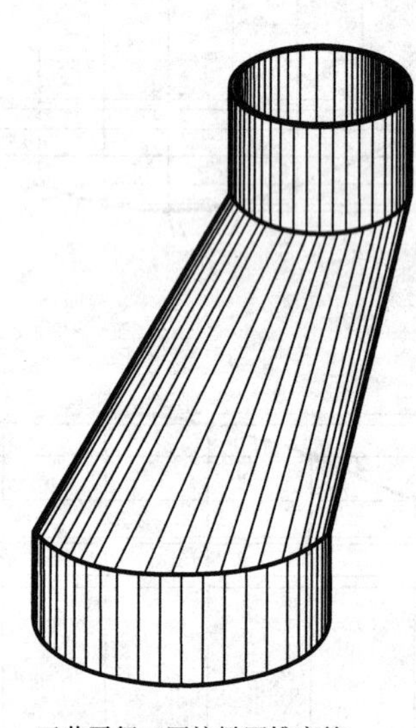

三节平行口圆柱椭圆锥弯管

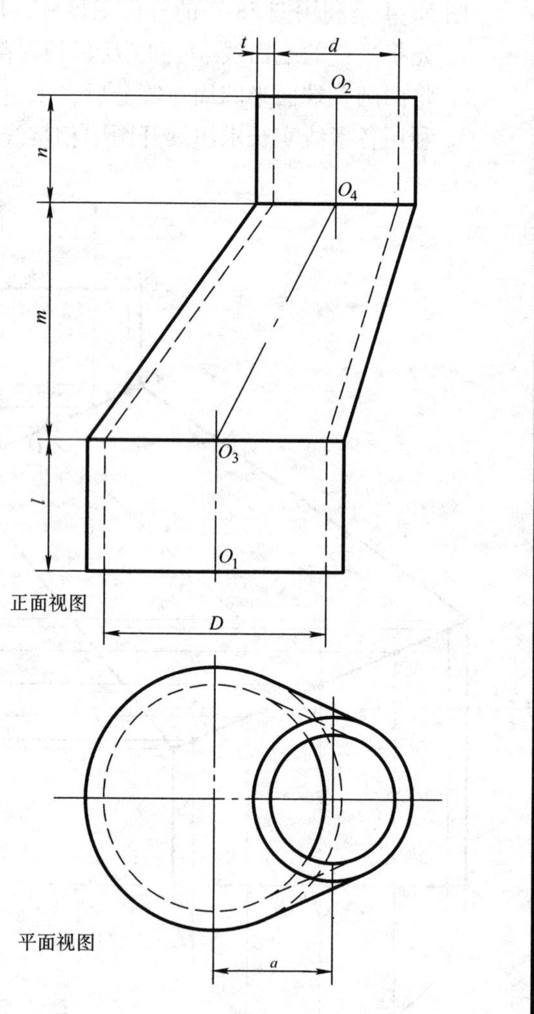

图　59-1

图 59-2 是三节平行口圆柱椭圆锥弯管中节椭圆锥管的放样图及展开图。画法步骤：

1. 按视图的几何尺寸画出锥管的轴线 O_3O_4，用中径尺寸作出椭圆锥管两端面的投影，连接端点作出椭圆锥的轮廓线并延长交于 O 点。

2. 求出各素线实长和圆周的等分实长，作出每等分的实形拼接出全部展开图形。具体画法可结合图形参阅图例 45。

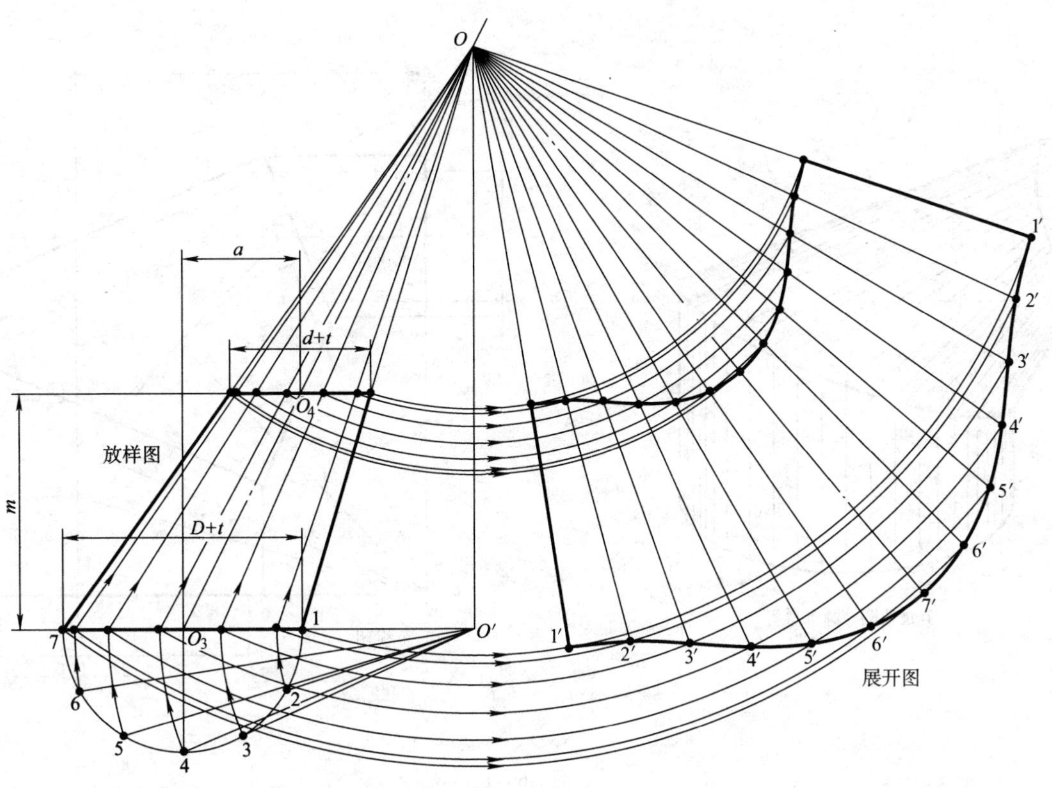

图 59-2

图例 60　三节直角圆柱圆锥弯管

图例 60-1 所示为三节直角圆柱圆锥弯管和它的两面视图。弯管是由两节圆管和一节圆锥管组成，两端圆管端面互相垂直，因三条轴线在同一平面内，如设置相交两曲面公切于一球面时，正面视图中弯管的相贯线就为两条直线。中节的圆锥管应是被平面截切上下口后的正圆锥面。

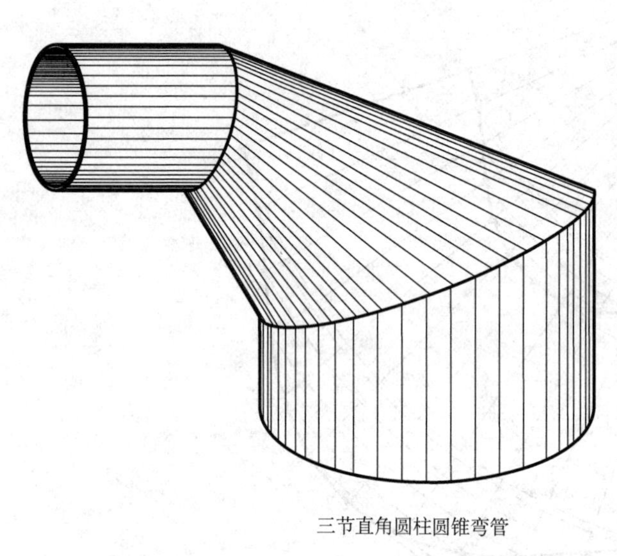

三节直角圆柱圆锥弯管

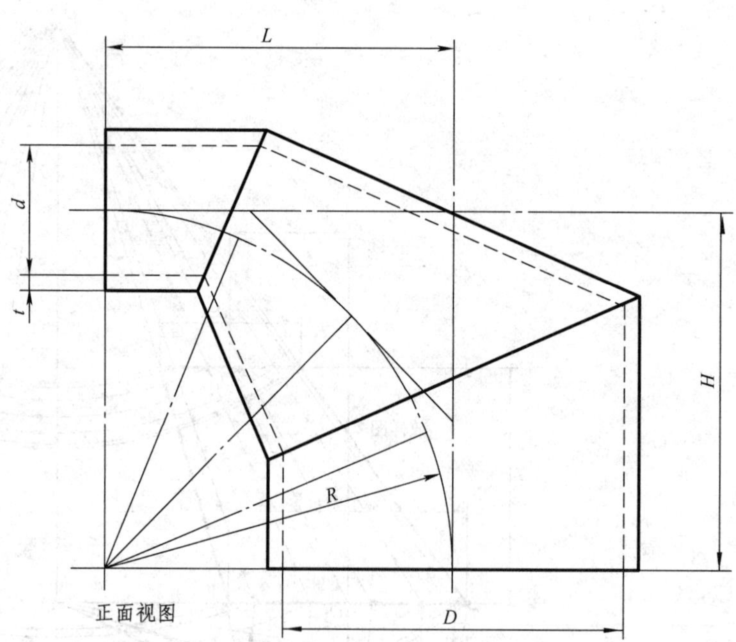

正面视图

图　60-1

图 60-2 是三节直角圆柱圆锥弯管的放样图，画法步骤：

1. 按视图的几何尺寸画出三条轴线 O_1O_3、O_2O_4、O_3O_4，用板厚的中径尺寸作出两圆管端面的投影 *AB* 和 *CD*。

2. 作出两圆管轮廓线，以 O_3、O_4 为圆心作出两圆管的内切圆。

3. 作两内切圆的公切线，延长后和两圆管轮廓线分别交于 *E*、*F* 和 *G*、*H* 四点，连接 *EF* 和 *GH* 为相交两曲面各自相交的相贯线。

图 60-3 是三节直角圆柱圆锥弯管上节圆管的展开图，具体画法可结合图形参阅图例 27。

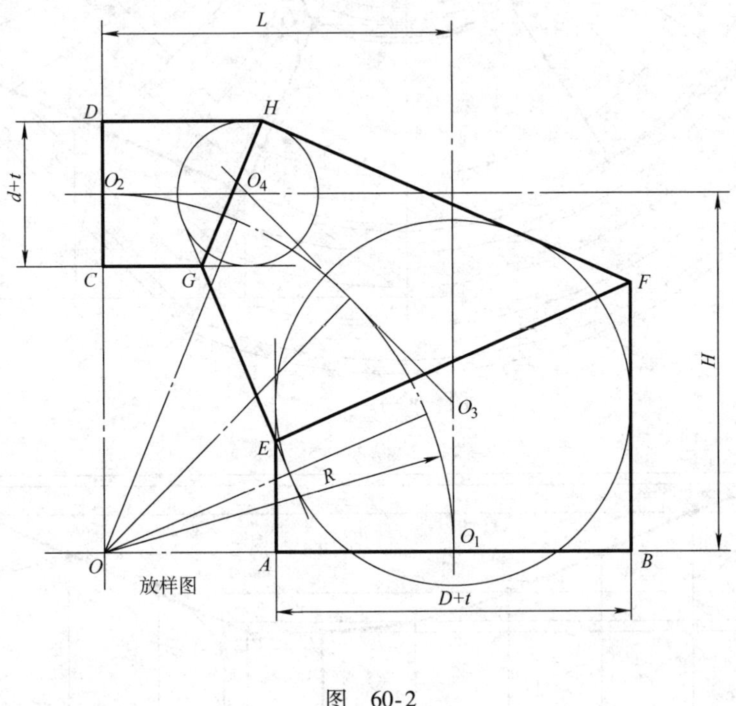

图 60-2

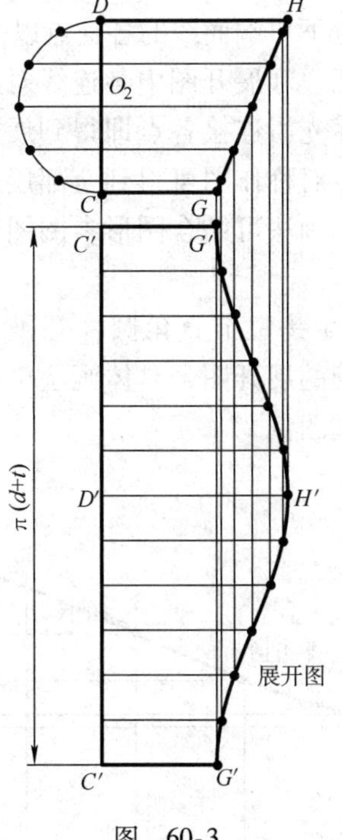

图 60-3

图 60-4 是三节直角圆柱圆锥弯管中节锥管的展开图，画法步骤：

1. 放样图中垂直于圆锥轴线，在适当位置设置辅助截平面 P，将截面圆的半圆周 6 等分，过各等分点连接 O'点并延长。

2. 展开截面圆的半圆周并 6 等分，过各等分点连接 O'。放样图中过各连线和上下口端面线的各交点以 O' 为圆心画弧，和展开图中各连线对应相交，顺序光滑连接各点即得到展开图的一半，对称作图可得到全部展开图形。具体画法可结合图形参阅图例 50。

图 60-5 是三节直角圆柱圆锥弯管下节圆管的展开图，具体画法可结合图形参阅图例 27。

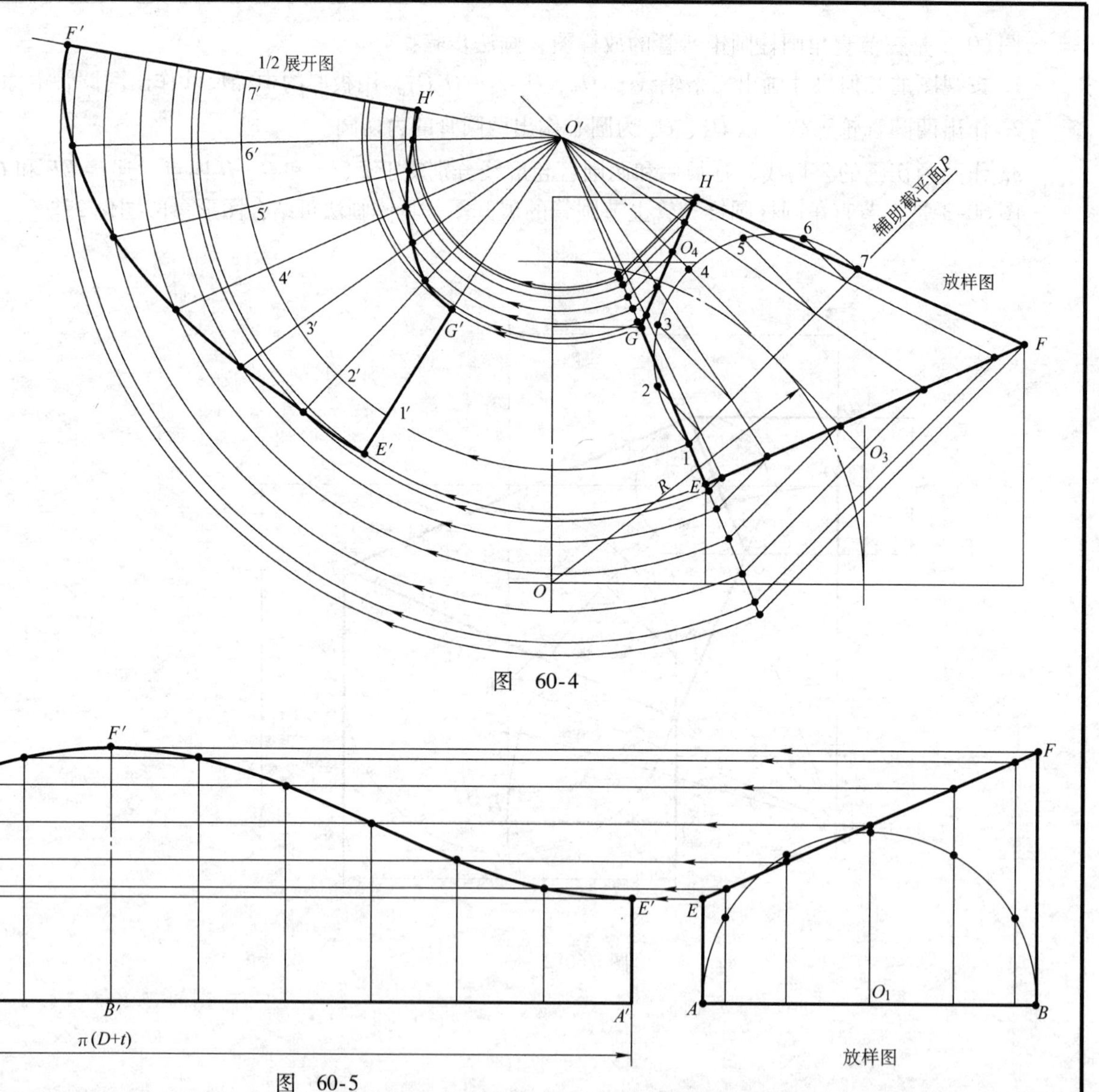

图 60-4

图 60-5

图例 61　正交圆柱圆锥管三通

图 61-1 所示为正交圆柱圆锥管三通和它的两面视图。它由轴线互相垂直的圆管和圆锥管组成。如设置两曲面是公切于一个球面时两曲面间的相贯线为平面曲线，在正面视图中投影为直线。

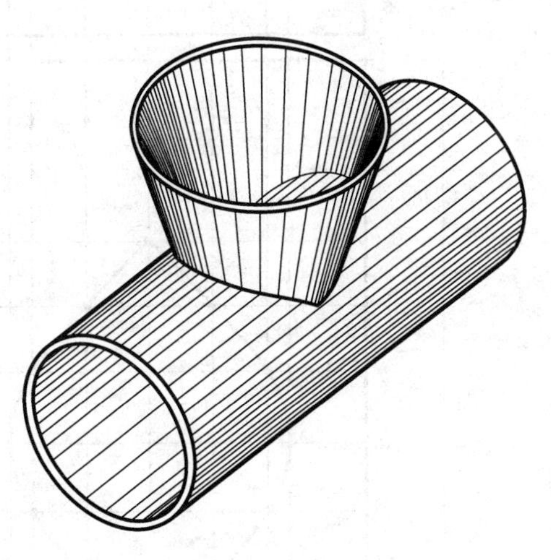

正交圆柱圆锥管三通

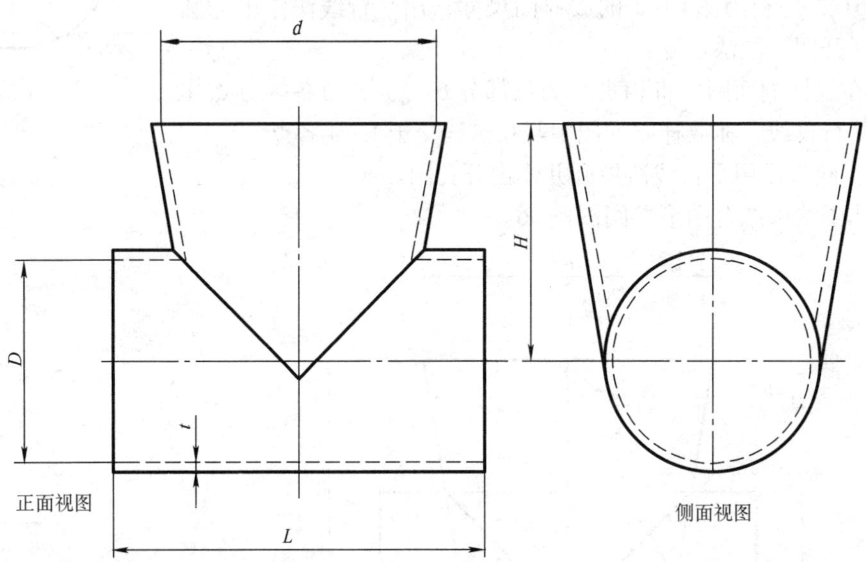

图　61-1

图 61-2 是正交圆柱圆锥管三通的放样图，画法步骤：

1. 作十字中心线，画出圆管中径尺寸的轮廓线，以 O 为圆心画出圆管的内切圆。

2. 画出圆锥管的端面投影线 AB，过 A 和 B 点作内切圆的切线，交圆管的轮廓线上于 E 和 F 点，交内切圆上于 C 和 D 点。

3. 连接 CD，和圆锥中心线交于 O'点，连接 EO'和 FO'两条直线为所求的相贯线。

图 61-3 是利用图 61-2 的放样图尺寸，用平行线法作出的圆管开孔展开图，画法步骤：

1. 在放样侧面图中将相贯线圆弧部分 6 等分，过各等分点作轴线的平行投线，在放样立面图中与相贯线交于 1 ~4 各点。

2. 将圆管段用平行线法展开并作出开孔图。

具体画法可结合图形参阅图例 36。

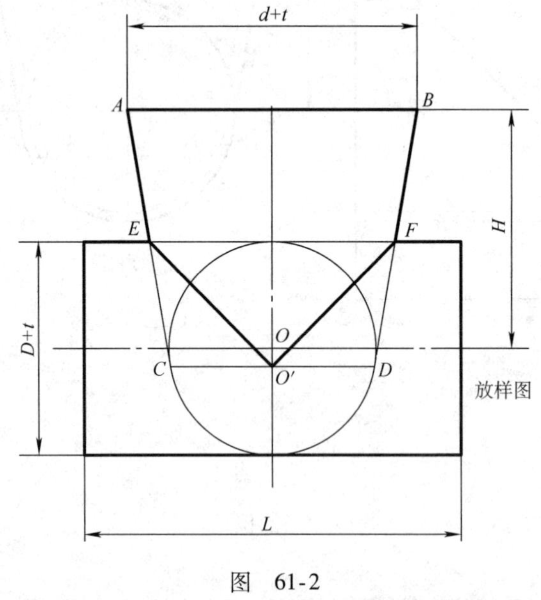

图 61-2

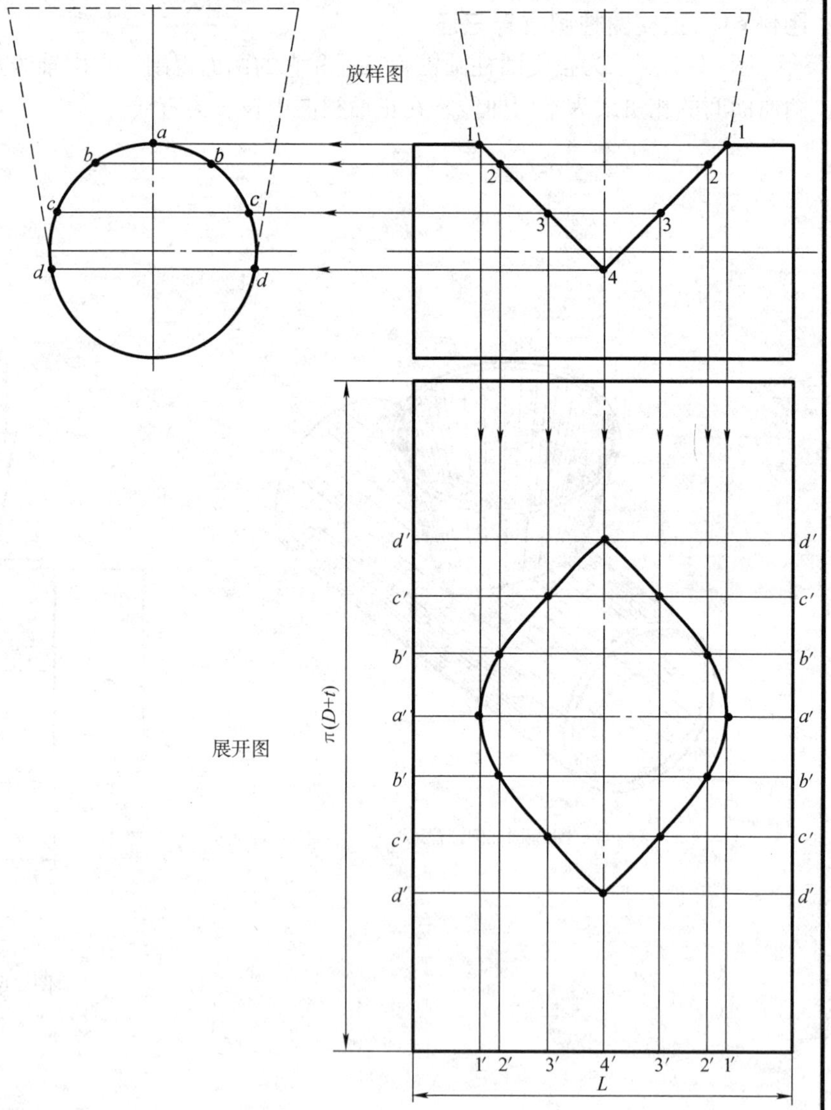

放样图

a b b c c d d

1 1 2 2 3 3 4

展开图

π(D+t)

d′ c′ b′ a′ b′ c′ d′

1′ 2′ 3′ 4′ 3′ 2′ 1′

L

图 61-3

图 61-4 是利用图 61-2 的放样图尺寸，用放射线法作出的圆锥管的展开图，画法步骤：

1. 在放样立面图中延长锥管轮廓线交中心线于 O 点，以 O 为圆心以 OB 为半径画弧，在弧上截取弧长度为 $\pi(d+t)$ 并作 12 等分，将各等分点与 O 点相连。

2. 将锥管端面半圆周 6 等分，过各等分点作端面投影的垂线和端线交于各点，将这些点与 O 点相连，和相贯线相交于 1、2、3、4 点，过各点作锥管轴线的垂线，在轮廓线的延长线上交于各点。

3. 过这些点以 O 为圆心画弧，在放样图上和 12 条连线对应交于 1″、2″、3″、4″各点，光滑连接各点即得到相贯线的展开曲线和展开图形。

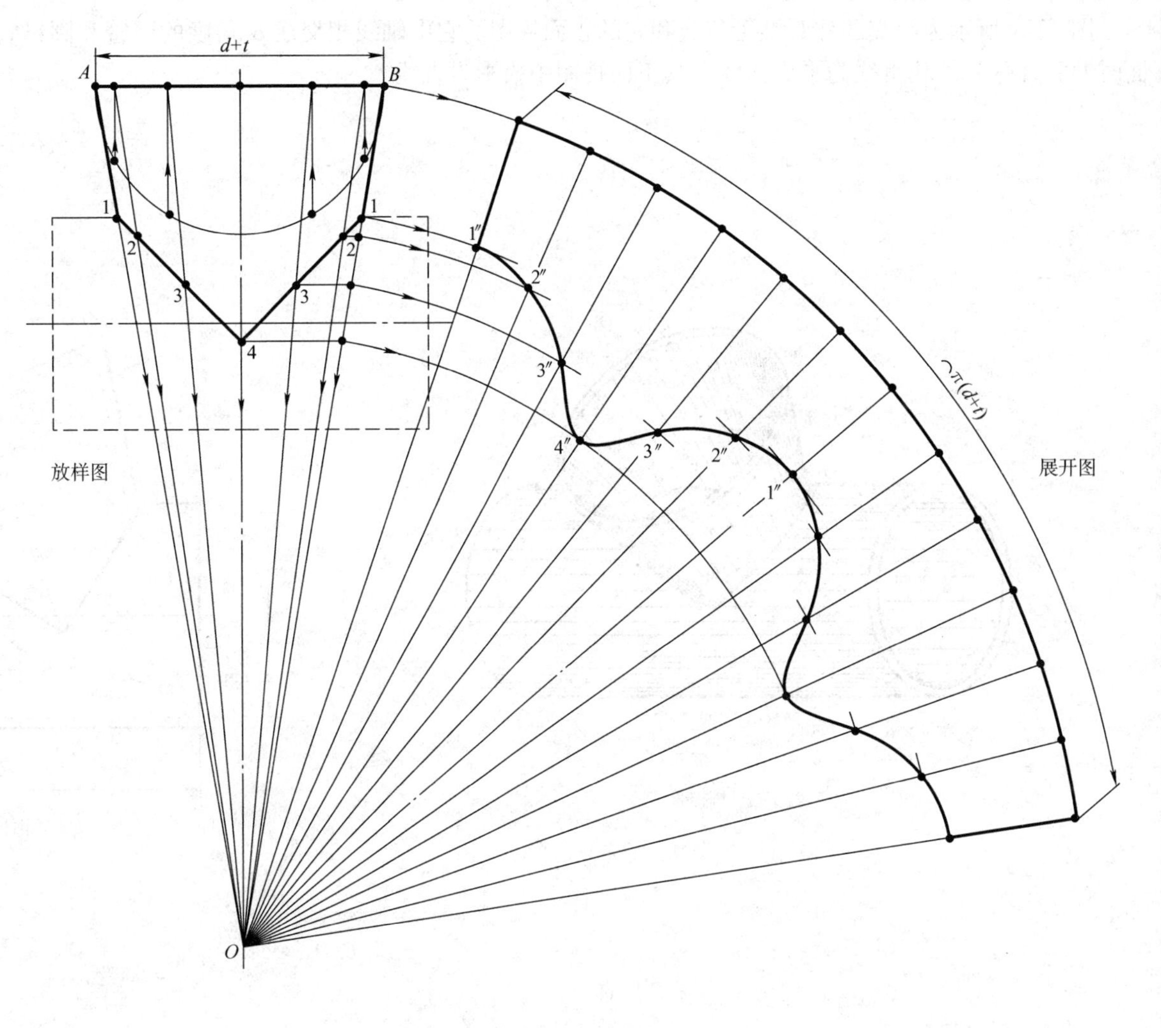

图　61-4

图例 62　斜交圆柱圆锥管三通

图 62-1 所示为斜交圆柱圆锥管三通和它的正面视图。它由轴线相交成 α 角度的圆管和圆锥管组成。如设置两曲面是公切于一个球面时两管外壁间的相贯线为平面曲线，其正面视图中投影为直线。

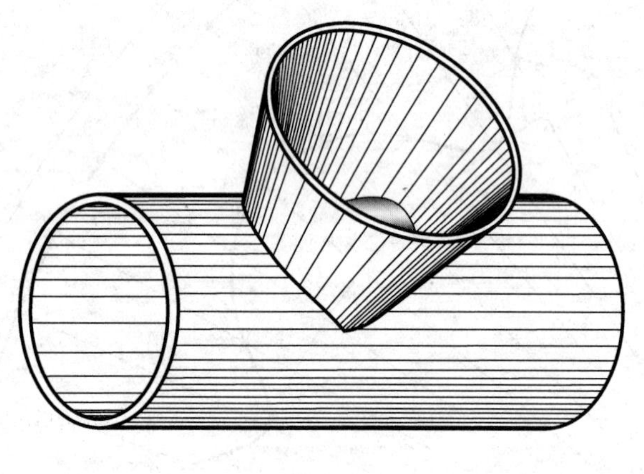

斜交圆柱圆锥管三通

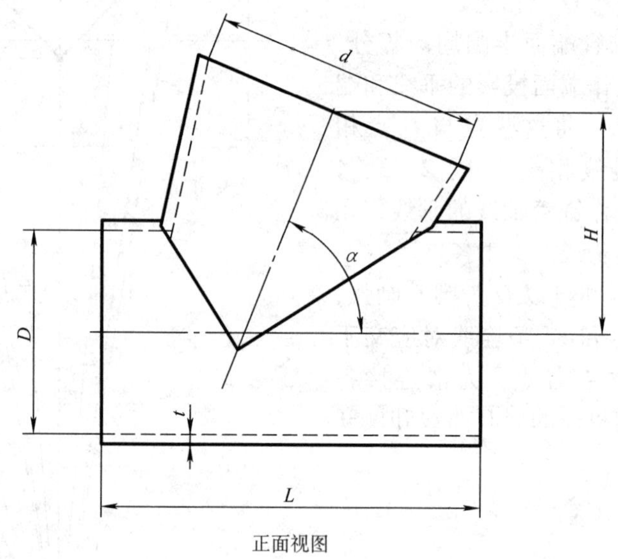

正面视图

图　62-1

图 62-2 是斜交圆柱圆锥管三通的放样图，画法步骤：

1. 作相交为 α 角度的两中心线，画出圆管中径尺寸的轮廓线，以 O 为圆心画出圆管的内切圆。

2. 画出圆锥管的端面投射线 AB，过 A 和 B 点作内切圆的切线，交圆管的轮廓线上于 E 和 F 点，交内切圆上于 C 和 D 点。

3. 连接 CD，和圆锥中心线交于 O'点，连接 EO' 和 FO'两条直线为所求的相贯线。

图 62-3 是利用图 62-2 的放样图尺寸，用平行线法作出的圆管展开图，具体画法可结合图形参阅图例 61。

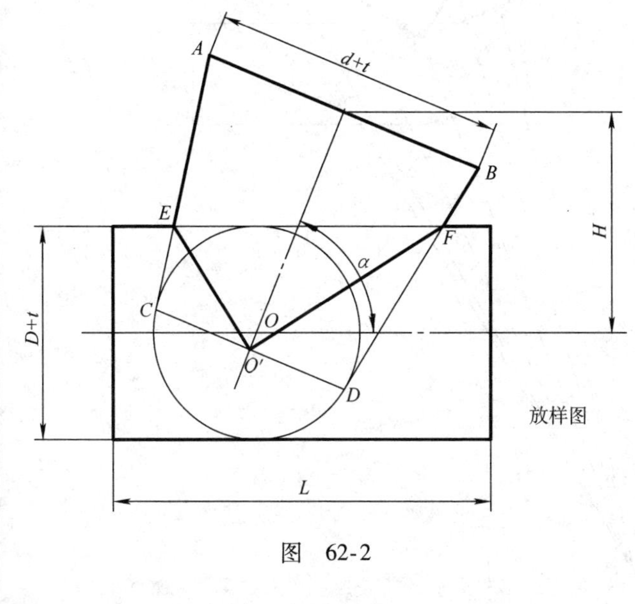

图 62-2

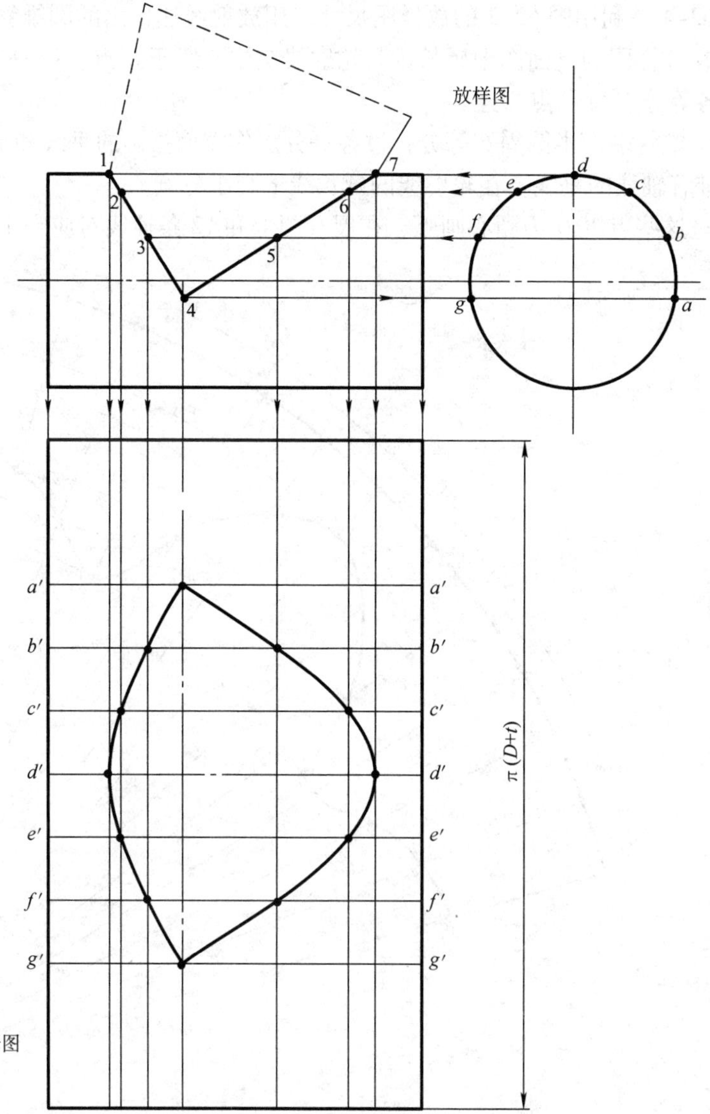

放样图

展开图

图 62-3

图 62-4 是利用图 62-2 的放样图尺寸，用放射线法作出的圆锥管的展开图，画法步骤如下：

1. 在放样图的立面图中延长锥管轮廓线交中心线于 O 点，以 O 为圆心以 OB 为半径画弧，在弧上截取弧长度为 $\pi(d+t)$ 并作 12 等分，将各等分点与 O 点相连。

2. 将锥管端面半圆周 6 等分，过各等分点作端面投影的垂线和端线交于各点，将这些点与 O 点相连，和相贯线相交于 1 ~ 7 点，过各点作锥管轴线的垂线，在轮廓线的延长线上交于各点。

3. 过这些点以 O 为圆心画弧，在展开图上和 12 条连线对应交于 1′ ~ 7′各点，光滑连接各点即得到相贯线的展开曲线和展开图形。

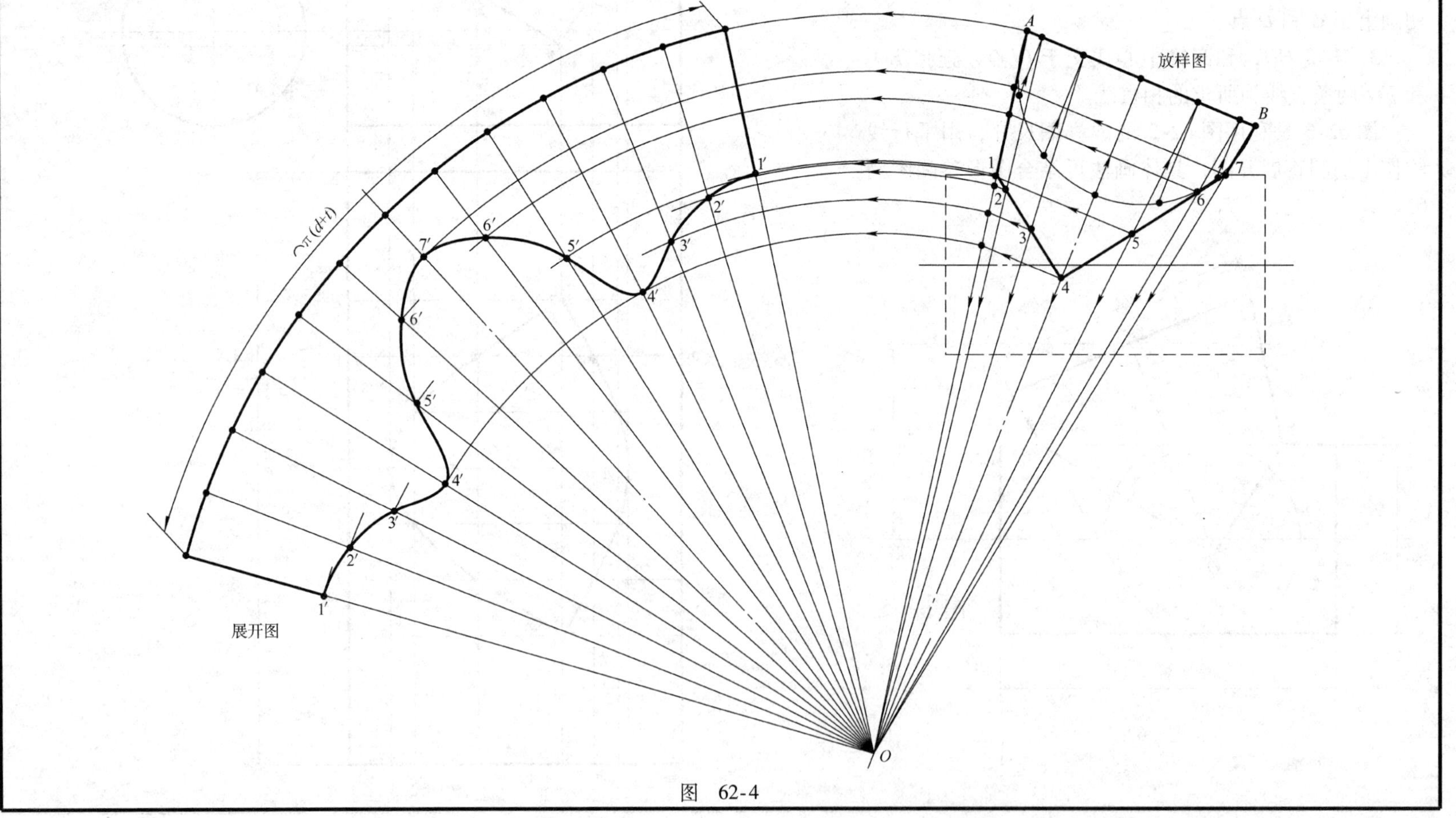

图 62-4

图例 63　等分角圆柱圆锥管三通

图 63-1 所示为等分角圆柱圆锥管三通和它的正面视图。它由三条轴线两两相交成 120°角度的圆柱管和圆锥管组成。上节圆柱管端面圆内直径为 D，下面两节圆锥管相同，端面圆内直径均为 d，如设置各曲面是公切于一个球面时，任意两管间的相贯线为平面曲线，其正面视图中投影为直线。

图 63-2 是三通管的放样图，画法步骤：

1. 作相交于 O 点的 120°角的三条中心线，画出圆柱管中径尺寸的轮廓线，以 O 为圆心画出圆柱管的内切圆。

2. 画出圆锥管的端面投影线 CD 和 $C'D'$，过两端面的四个端点作内切圆的切线，交圆柱管的轮廓线上于 E 和 F 点，两圆锥轮廓线交于 G 点。

3. 连接 EO、FO、GO 三条直线为所求的相贯线。

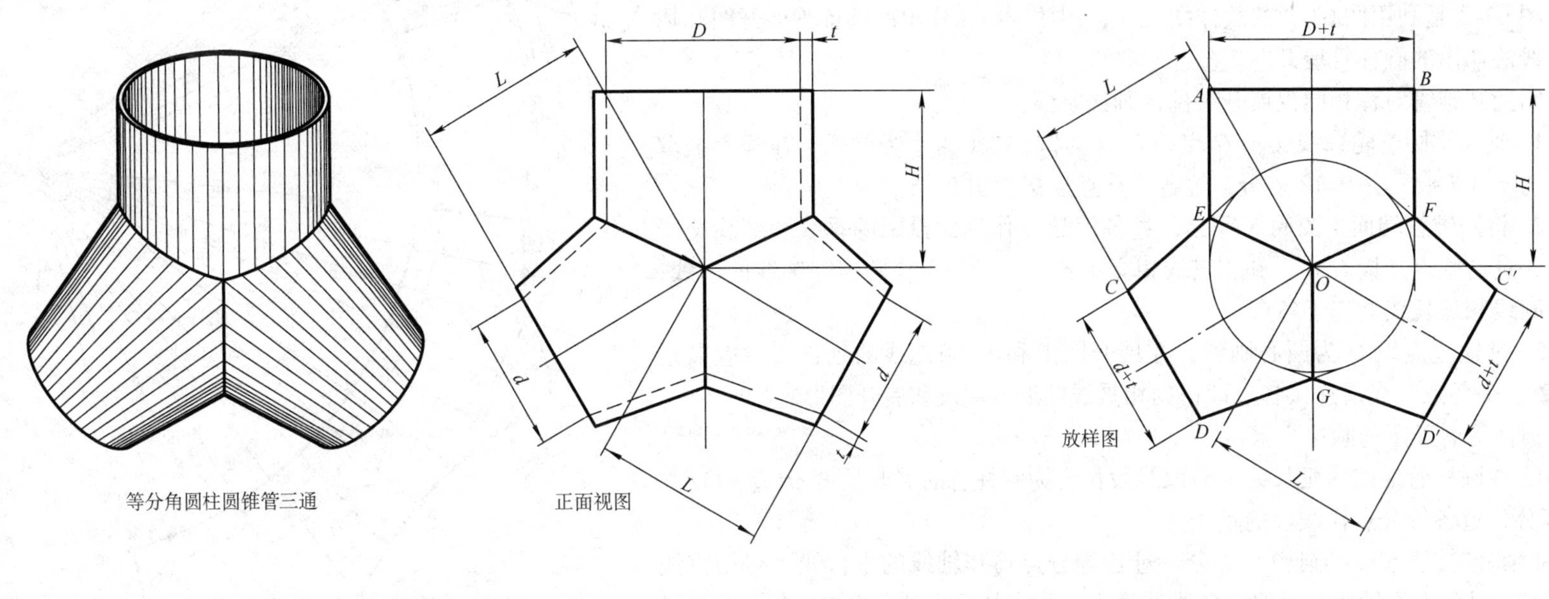

等分角圆柱圆锥管三通　　正面视图

图　63-1

图　63-2

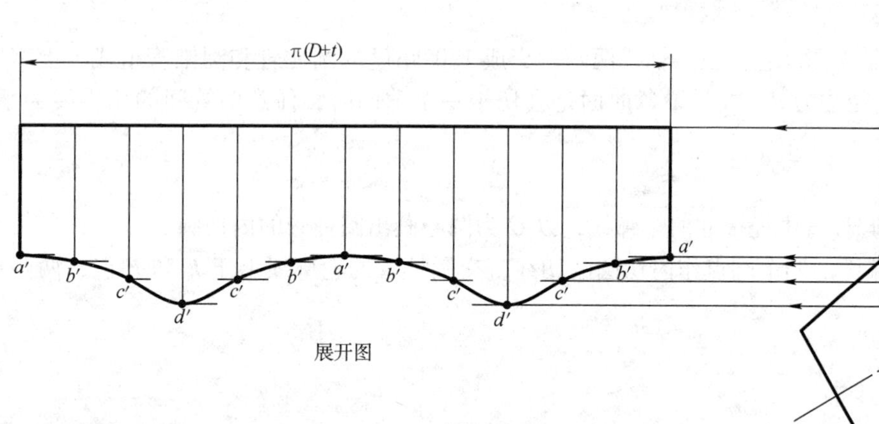

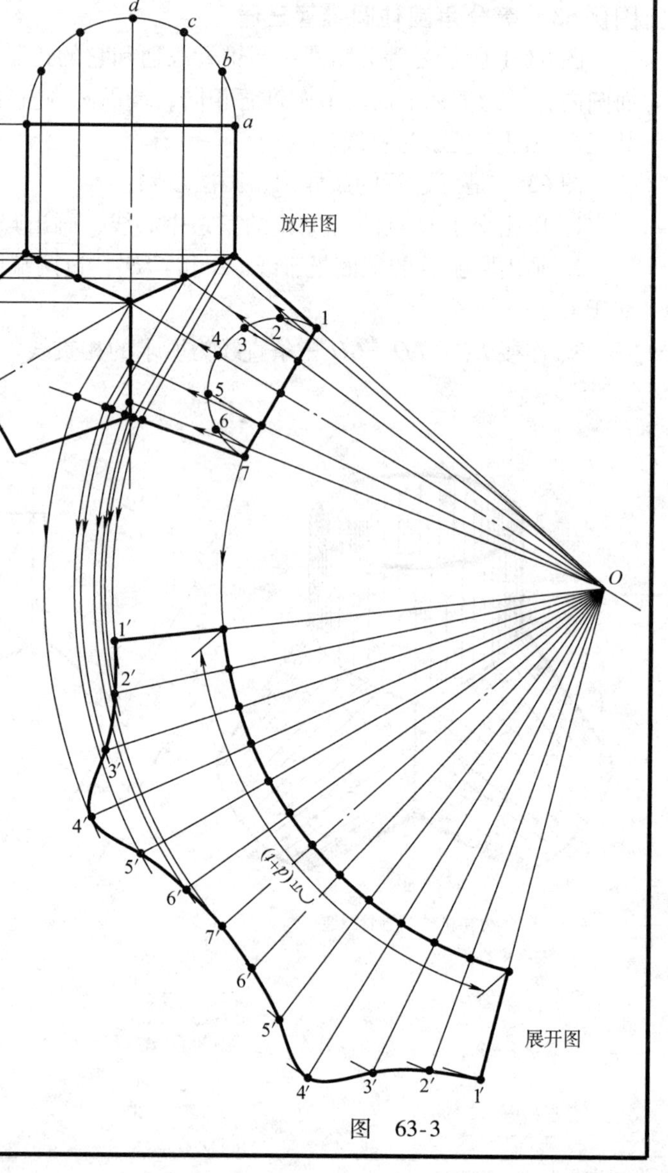

图　63-3

图 63-3 是利用图 63-2 的放样图尺寸，用放射线法作出的圆锥管展开图和用平行线法作出的圆柱管展开图。

因两圆锥管对称相同仅展开一件，画法步骤：

1. 延长锥圆管轮廓线交于 O 点，以 O 为圆心 $O1$ 为半径画弧，在弧上截取弧长为 π（$d+t$）并作 12 等分，过各等分点连接 O 并延长。

2. 将圆锥管端面半圆周 6 等分，过各等分点作端面投影的垂线和端线交于各点，过这些点连接 O 点，和相贯线相交于各点，过各点作圆锥管轴线的垂线，在轮廓线和延长线上交于各点。

3. 过这些点以 O 为圆心画弧，在展开图上和 12 条连线的延长线对应交于 1″、2″、…各点，光滑连接各点即得到相贯线的展开曲线和展开图形。

圆柱管展开图的画法步骤：

1. 在圆柱管端线的延长线上截取线段长度为圆柱管的展开长度 π($D+t$) 并 12 等分，过各等分点作线段的垂线。

2. 将圆柱管端面半圆周 6 等分，过各等分点再作轴线的平行线，交相贯线上各点，过各点作轴线的垂线，各线和第一步所作各垂线对应相交于各点，光滑连接各点即得到相贯线的展开曲线和圆柱管的展开图形。

第五章　三角形法展开放样技巧

三角形法展开是将构件表面一律近似地分解成平面三角形，求出三边的实长，用三边实长求作三角形实形，然后将所有三角形实形拼接出构件的全部展开图形。这种方法作图较简单，但在实长的求作时因线条较多，有时也很繁杂。所以要对构件的形体形状进行分析后，对锥面应尽量采用放射线法，对柱面尽量采用平行线法，两种方法都不能展开时可采用三角形法展开。

可以看出，三角形法展开的应用比较广泛，一般用平行线法和放射线法解决不了的展开问题几乎都可以采用三角形法作出展开图形，当构件由可展的切线曲面和不可展的直纹曲面构成时，通常用三角形法绘制展开图，就是在曲面上设置一系列素线，相邻两素线将曲面分割成四边形曲面，用对角线再将其分割成两个三角形，近似地看成是三角形平面，求出三边实长后画出三角形实形，按原来排列顺序将它们的实形拼画在一起，即是曲面的展开图。

三角形法展开也多用于平板构件，平板构件的放样和展开时，在没有特殊要求时一般按构件的内壁尺寸绘制放样图和展开图，如要求较高时应按构件的实际进行板厚处理。平板构件的展开作图一般不太复杂，但在构件表面形状的分析时常易发生错误，一般在展开前对构件表面的形状分析时应注意以下几点：

1. 根据构件的多面视图分析其各表面是否构成棱锥面和棱柱面，还是其他形状的形体。在分辨构件的形状时还应辨别构件的每一个表面是平面还是折面。

所有棱线延长后相交于一点的构件应是棱锥面构件，所有棱线同时平行于一个平面的构件应是棱柱面。

三角形表面肯定是平面，但表面是超过三条边的多边形时，就要检查多边形的各边是否在同一平面内，如不在同一平面内，就要将多边形分解成三角形或在同平面的多边形，用三角形法进行展开。

多边形表面是否在同一平面，一般要检查它的对边或对角线在同面视图中是否平行或是相交。如对边平行或对角线相交的四边形肯定是平面图形。如对边不平行而对角线又不能交于一点时，该图形肯定不是平面而是折面图形，应分解成三角形平面后进行求实长展开。

2. 根据形体来决定它的展开方法。一般应尽可能地采用平行线法和放射线法，因这两种方法在平板构件中作图都比较简单，这两种方法都无法采用时，可采用三角形法展开。

3. 为使展开图能折叠成构件的准确形状，需要时可求作出相邻两表面间夹角的实际角度，以便于用样板检查夹角的角度是否正确，求作的方法一般是用正截面法和换面法，正截面法是同时利用放样图和展开图求取夹角的一种方法，换面法就是作出垂直于所求夹角两平面和交线的一个平面来表示出夹角的真实大小，一般要经过两次以上的换面作图。因实角的求作一般作图较繁杂，所以可能时尽量利用端口的直角和角度来检查两平面间的夹角。

三角形法作展开图的基本步骤：

1. 首先画出放样图，和前两章的展开方法一样，放样图也应是经过结构放样处理后的没有材料厚度的单线条图形。
2. 将构件表面分割成若干个小三角形。求出各小三角形三边的实长。
3. 用所有小三角形的实长依次作出小三角形的实形，按原来排列顺序将它们的实形拼画在一起，即得到所求展开图形。

这是用三角形法作展开图的基本步骤，在具体展开中每个构件的展开步骤不一定完全相同。本章中用十余个图例来加深对三角形法展开放样和排板下料的具体操作方法的理解。

图例 64　矩形锥管

图 64-1 所示为矩形锥管和它的两面视图。此图例与图例 47 不同，它的上下口可以是方形或矩形，但各棱线延长后不能在轴线上交于一点，所以不可归于棱锥体构件用放射线法展开。矩形锥管由四个平面组成，但每个平面在两面视图中也不反映实形。对于非棱锥、棱柱管的展开一般将各平面分割成三角形平面，用三角形法展开。

图 64-2 是用锥管的内壁尺寸画出的放样图和实长线求作图。因锥管的前后、左右对称，所以仅作两件的展开，图形画法如下：

1. 在放样平面图中，连接 AE 和 BF，将两平面分成四个三角形平面，棱线和 AE、BF 为 e、f、g 三线的投影长度。

2. 在放样立面图中延长两端面线，在延长线上取 O 点作延长线的垂线，用直角三角形法求出三条线的实长 e'、f'和 g'。

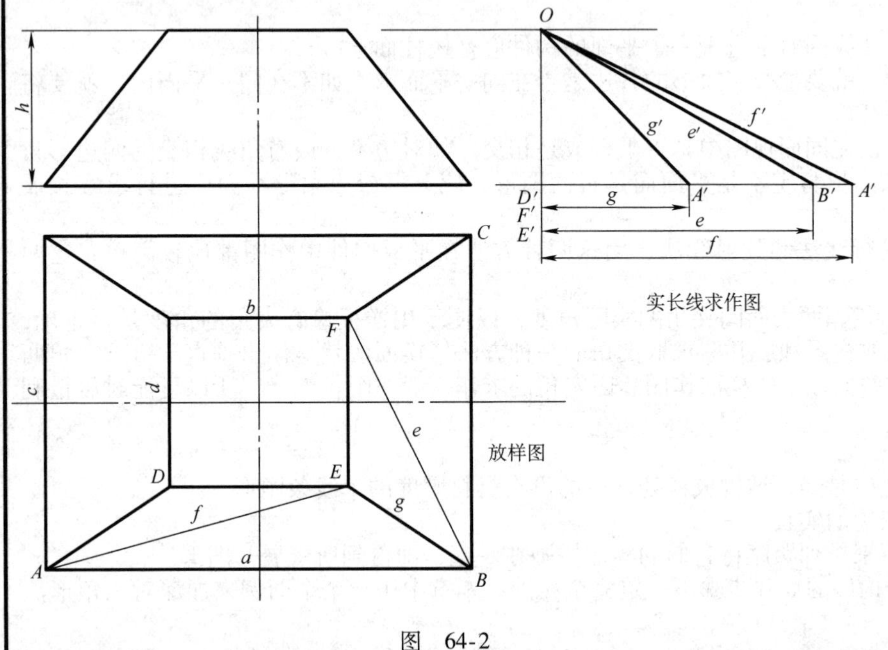

图　64-2

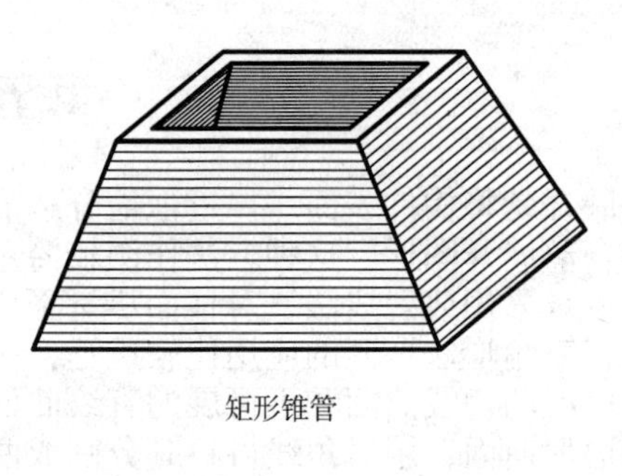
矩形锥管

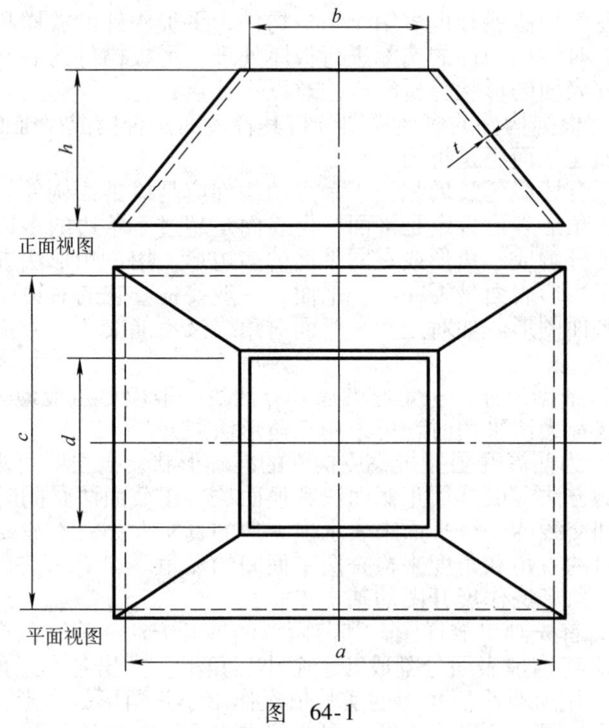

图　64-1

图 64-3 是矩形锥管的展开图。因锥管的前后、左右对称，所以仅作相邻两面的展开实形，具体画法如下：

1. 放样平面图中各端口边长反映实长，用 c、e'、g' 作出第一个三角形。

2. 用已知三边长度求作三角形的方法依次画出所有的三角形，即得到两面的实形。

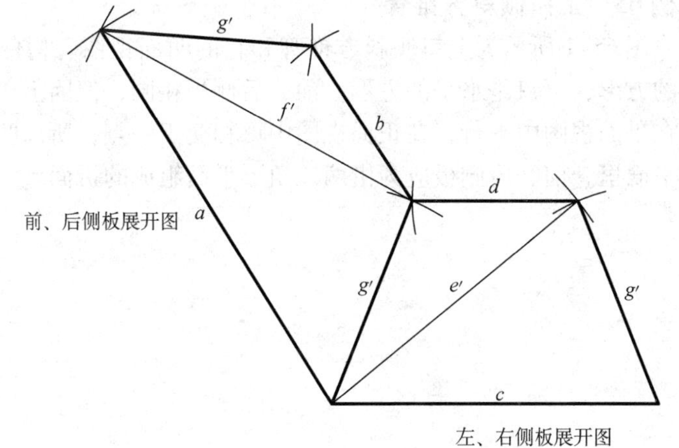

图　64-3

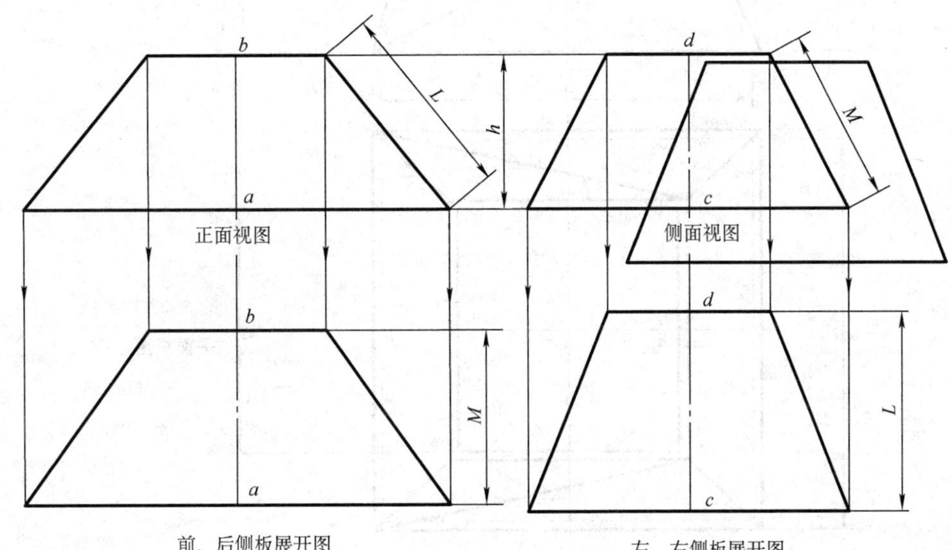

图　64-4

图 64-4 所示为矩形锥管的另外一种展开方法。即先用内壁尺寸画出放样图，用锥管上、下口的边长作展开梯形的上、下底边，而用相邻面的棱线投影长度 L 和 M 为高的梯形即为矩形锥管的展开图形。

图例 65　上口倾斜方锥管

图 65-1 所示为上口倾斜方锥管和它的两面视图。构件上口是倾斜的方形，下口是水平的方形。前、后侧板相同，但因上、下口两边线在平面视图中平行，在正面视图中可相交于一点，所以两线不在同一平面里，前、后侧板应为由两三角形平面组成的折面。

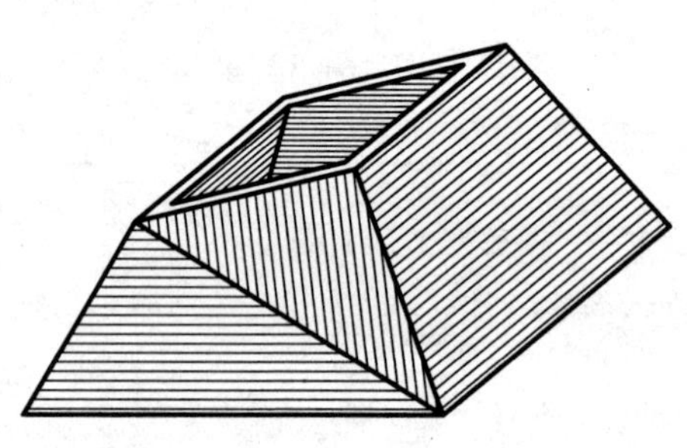

上口倾斜方锥管

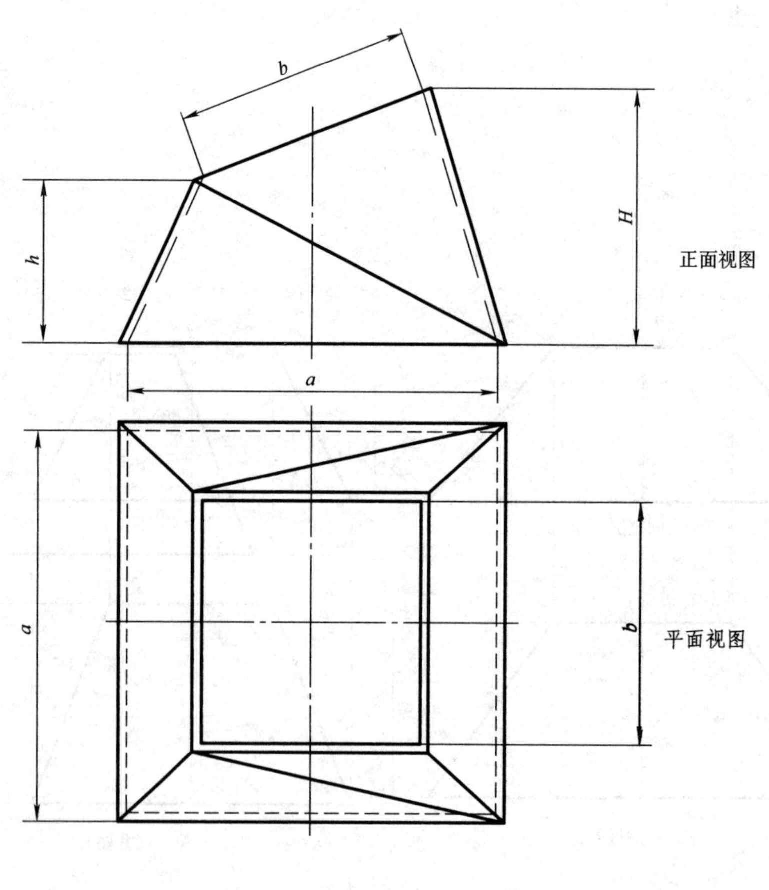

图　65-1

图 65-2 是上口倾斜方锥管的放样图及展开图。全部用内壁尺寸画出放样图，用三角形法作出它们的展开图：

1. 在放样平面图中，将左、右侧板的投影各分成两个三角形，其中 $m_1 \sim m_5$ 各线均不反映实长，在放样立面图中用直角三角形法求出各线的实长 $M_1 \sim M_5$。在放样立面图中，上下口的投影反映实长。

2. 用已知三边长度求作三角形的方法依次作出各个三角形实形，即得到锥管的全部展开图形。

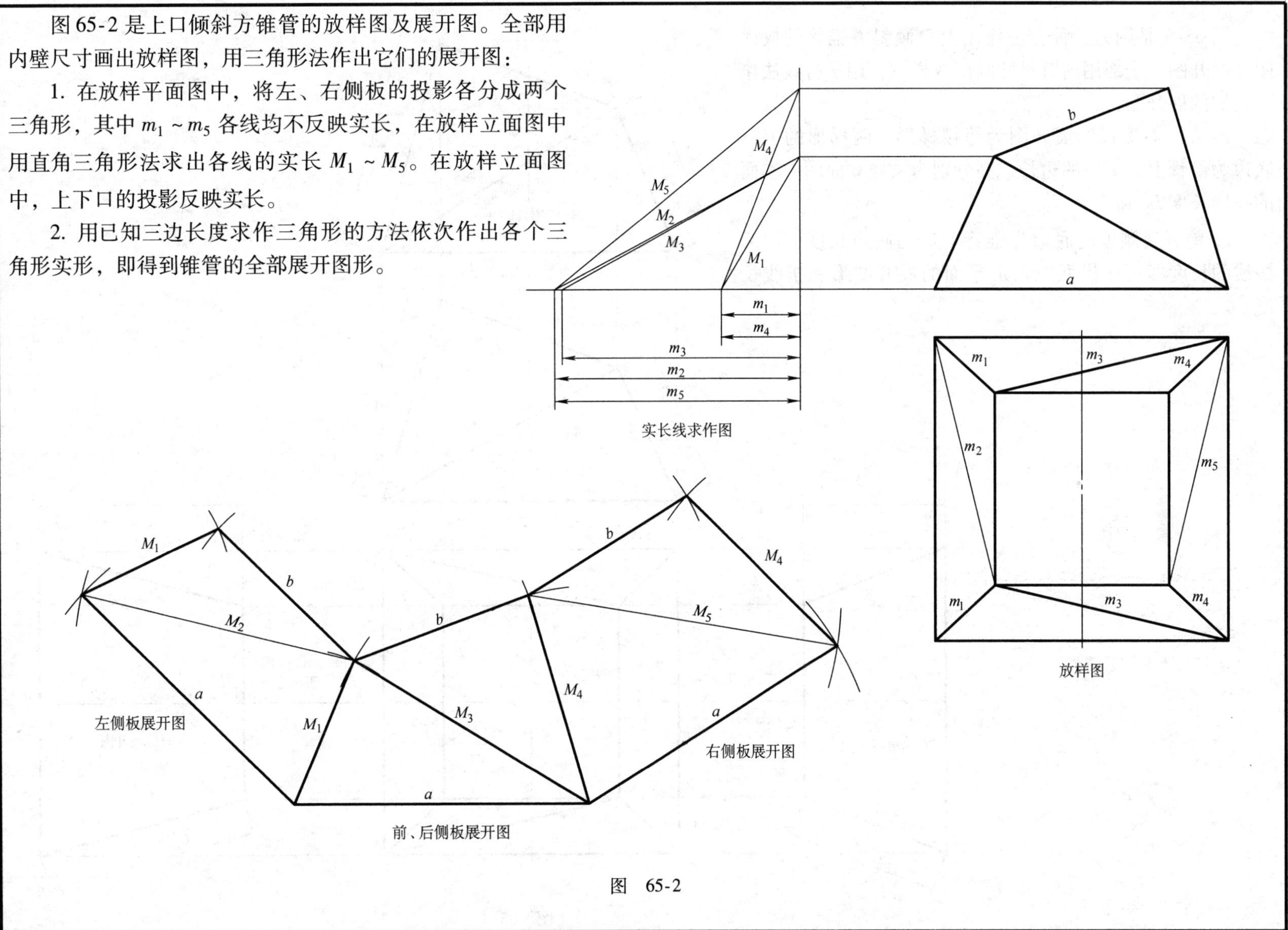

图 65-2

图 65-3 是用另一种方法作出上口倾斜方锥管的放样图及展开图。全部用内壁尺寸画出放样图，用平行线法作出它们的展开图：

1. 左、右侧板的展开图为等腰梯形，两梯形的上下底边为锥管上、下口的边长，高分别为放样立面图中本面的投影长度 L_1 和 L_2。

2. 前、后侧板的底边为锥管下口的底边长度，用两棱线的长度即可作出两三角形平面的展开图形和折线长度。

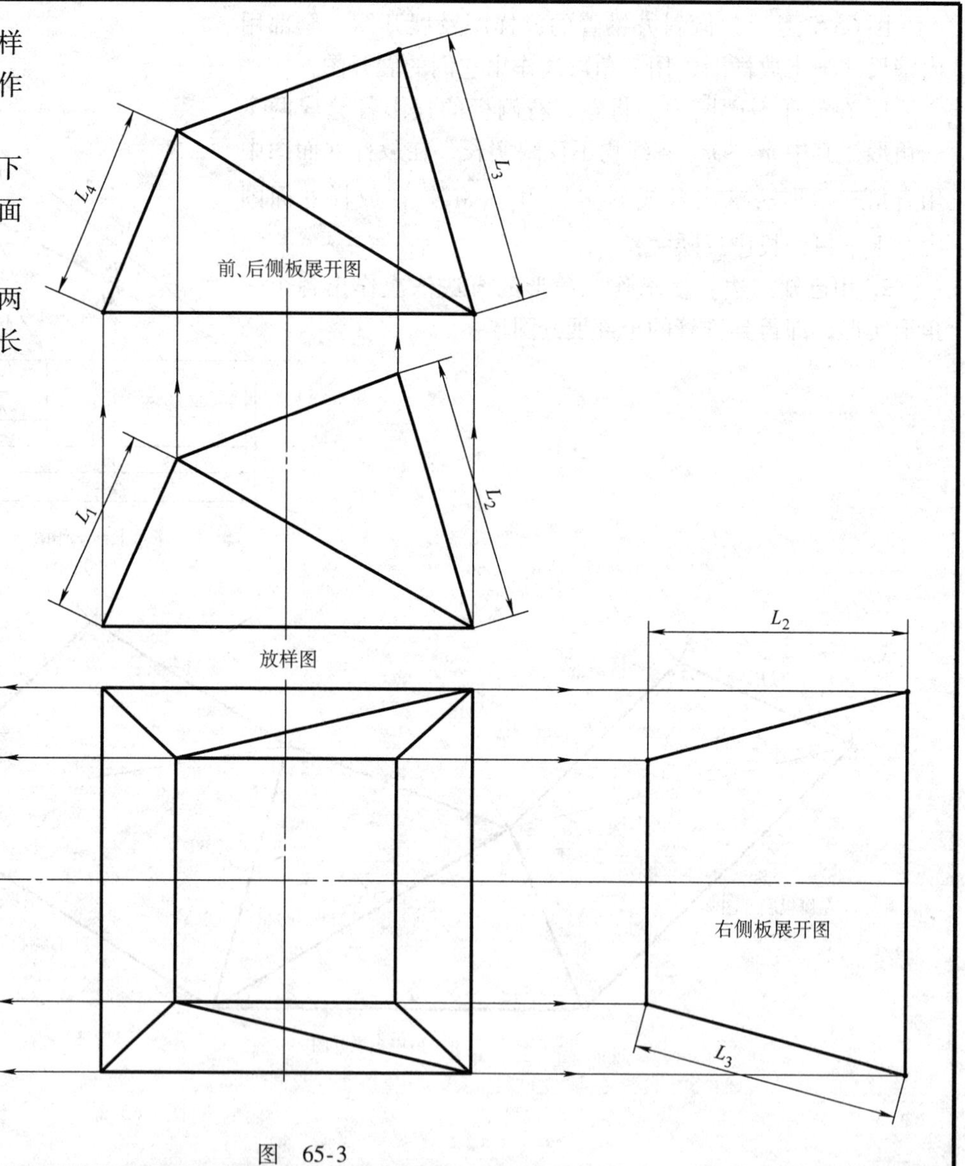

图　65-3

前、后面板是相同的两三角形平面组成的折面，为了折板时检查夹角，应求出夹角的实角。图 65-4 是锥管前面板两块三角形平面夹角的求作图，用前侧板的放样图来画出：

1. 作垂直于放样立面图并且平行于折线 $B'D'$ 的投影面变换图Ⅰ。在图中作出折线 bd 和两三角形平面的投影。

2. 再作和折线 bd 垂直的投影面变换图Ⅱ。在图中折线 bd 积聚于一点 d'，两平面积聚成两条直线 $a'd'$ 和 $c'd'$，两直线的夹角 α 即为两平面的夹角。

可以看出前面板是由向内凹的两三角形平面组成，如连接 AC 来分割就应是向外凸的两平面组成。

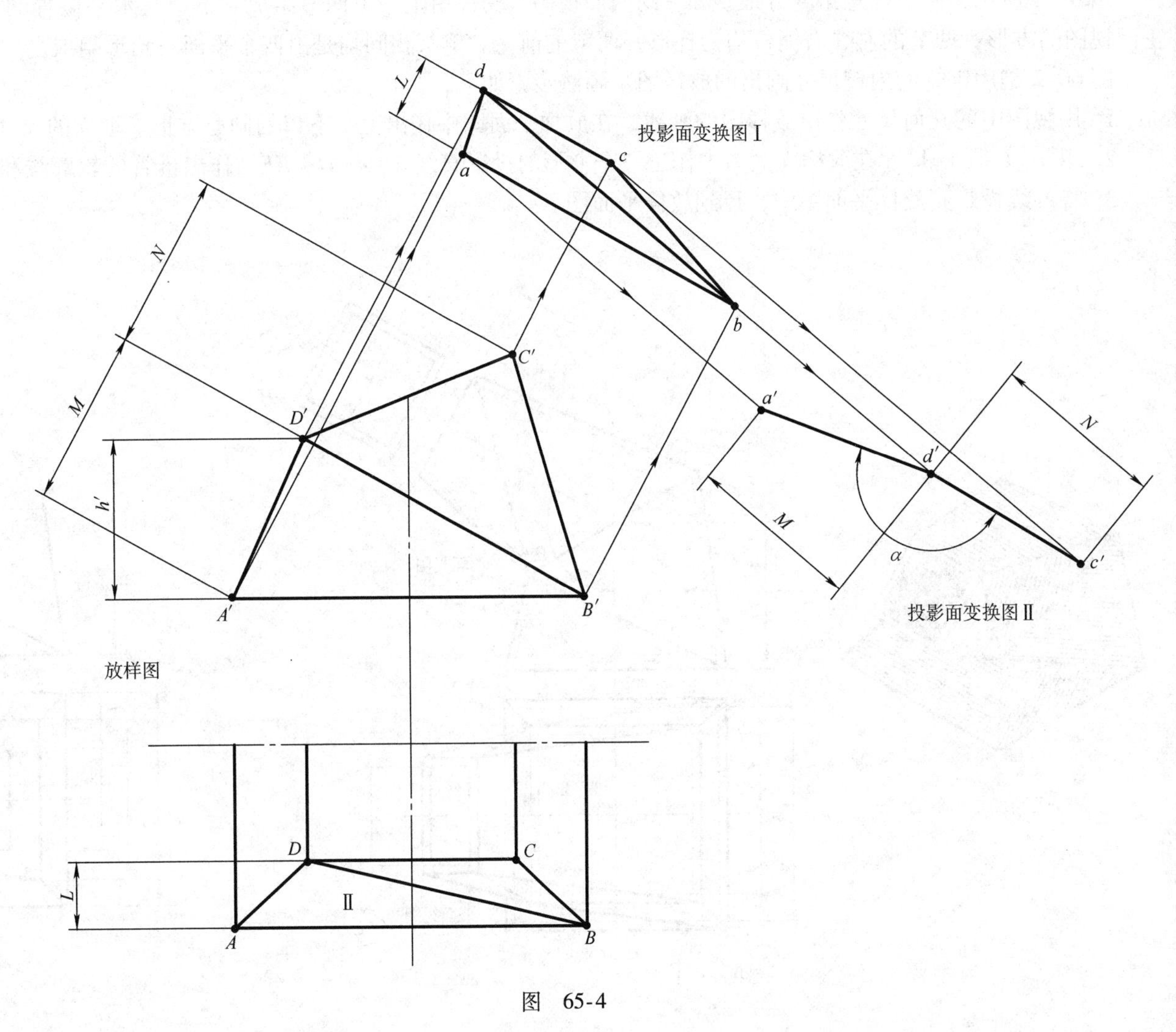

图 65-4

图例 66　两节任意角度方锥管弯头

图 66-1 所示为两节任意角度方锥管和它的两面视图。构件由上、下两节组成。下口是水平位置的方形，上口是倾斜位置并垂直于正面视图的方形，两节的左、右侧板均为梯形，两节的前、后侧板相同均是由四个平面三角形组成。

图 66-2 是用锥管的内壁尺寸画出的放样图。画法步骤如下：

1. 用视图中的几何尺寸作出放样图的轴线，在放样平面图中作出上、下口的同心方形。取 b 的尺寸为两节锥管相贯线的方形边长。
2. 用 a、b、c 的尺寸在放样立面图中作出三个方形的投影直线 AB、CD、EF。作出锥管的轮廓线和折线，得到放样立面图。
3. 将各线投影到放样平面图中，得到放样平面图。

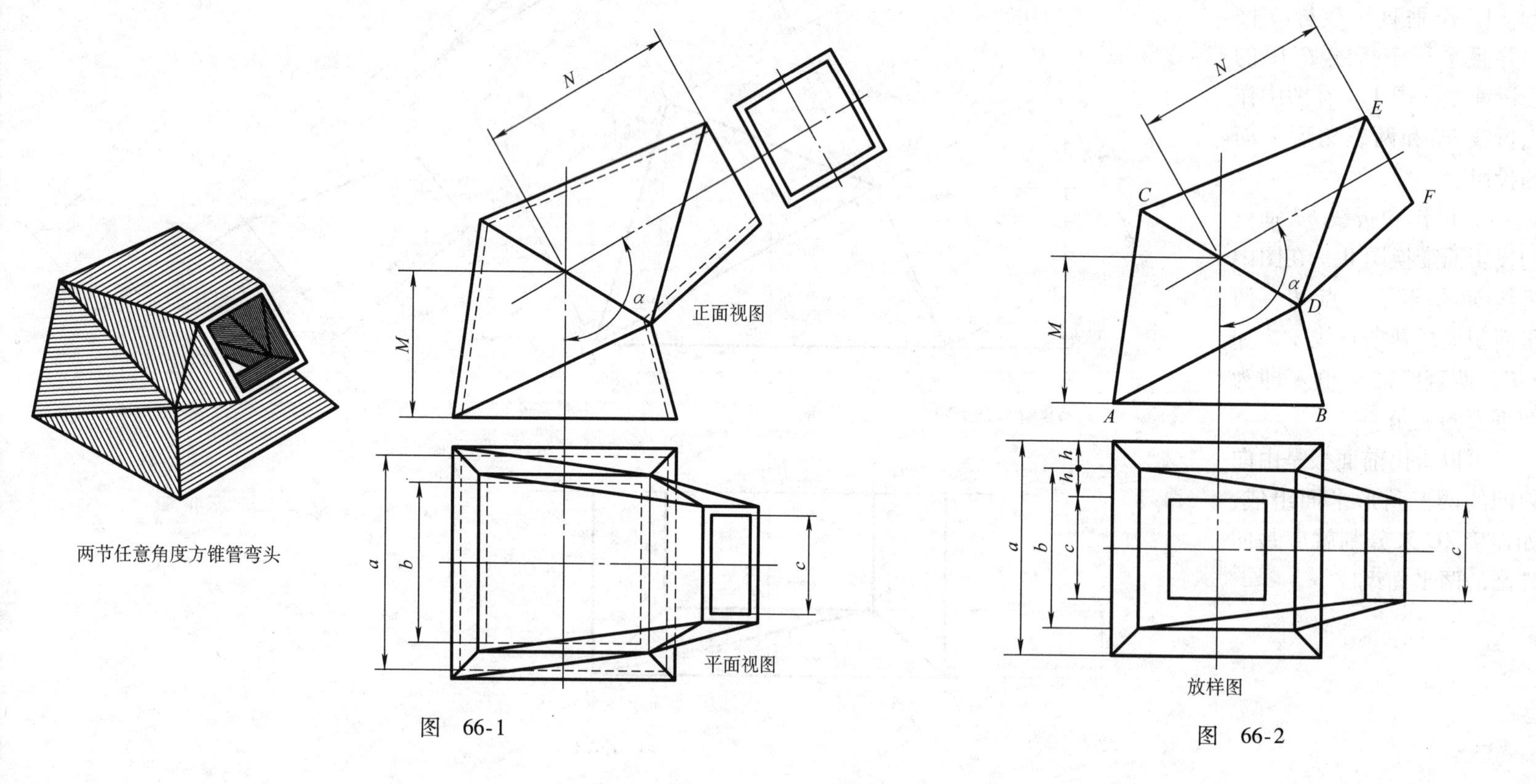

图　66-1

图　66-2

图 66-3 是利用图 66-2 的放样图尺寸作出的展开图。展开步骤如下：

1. 用平行线法作出两侧面板的展开图，图形是用放样立面图中轮廓线长度作高，各口边长为底边的等腰梯形。

2. 在放样立面图中，用支线法求出上、下节中前、后侧板折线的实长 e 和 f，用各口边长、各棱线实长和折线实长，用三角形法作出前、后侧板的展开图。

3. 在前、后侧板的实形图中过各三角形平面的顶点作折线的垂线，得到 R_1 ~ R_6 各线的长度，在放样立面图中用这些实长求出各折面的实角 α_1、α_2 和 α_3，可见折角角度求作图。

各图的具体画法可参阅图例 64 和图例 65。

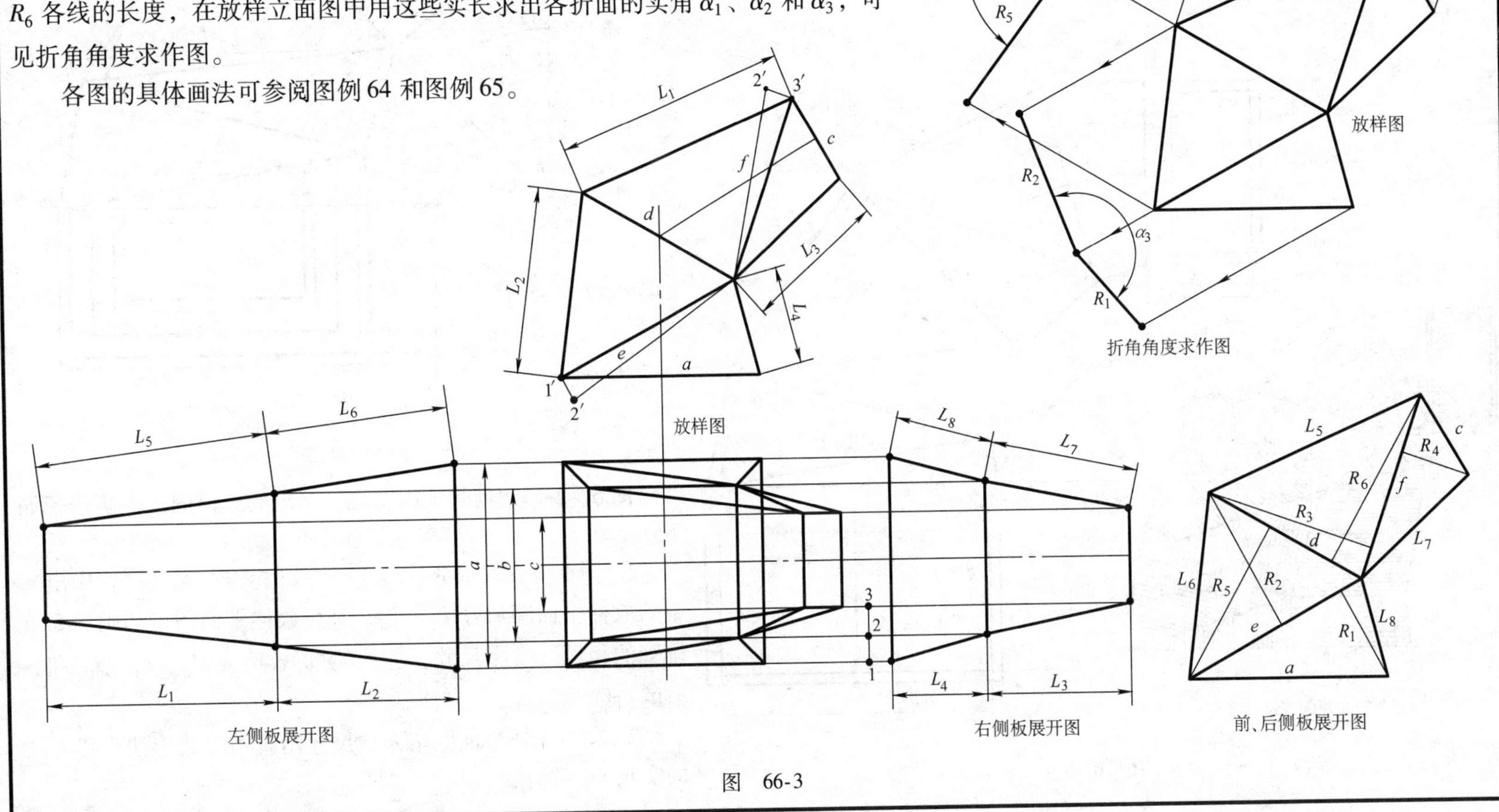

图 66-3

图例 67 四节直角渐缩方锥管弯头

图 67-1 所示为四节直角渐缩方锥管和它的正面视图。构件由四节方锥管组成。下口是水平位置的大方形，上口是垂直位置的小方形，两节的左、右侧面板均为梯形，两节的前、后侧板相同，均是由八个平面三角形组成，中间的两节是全节，两端的两节是半节。

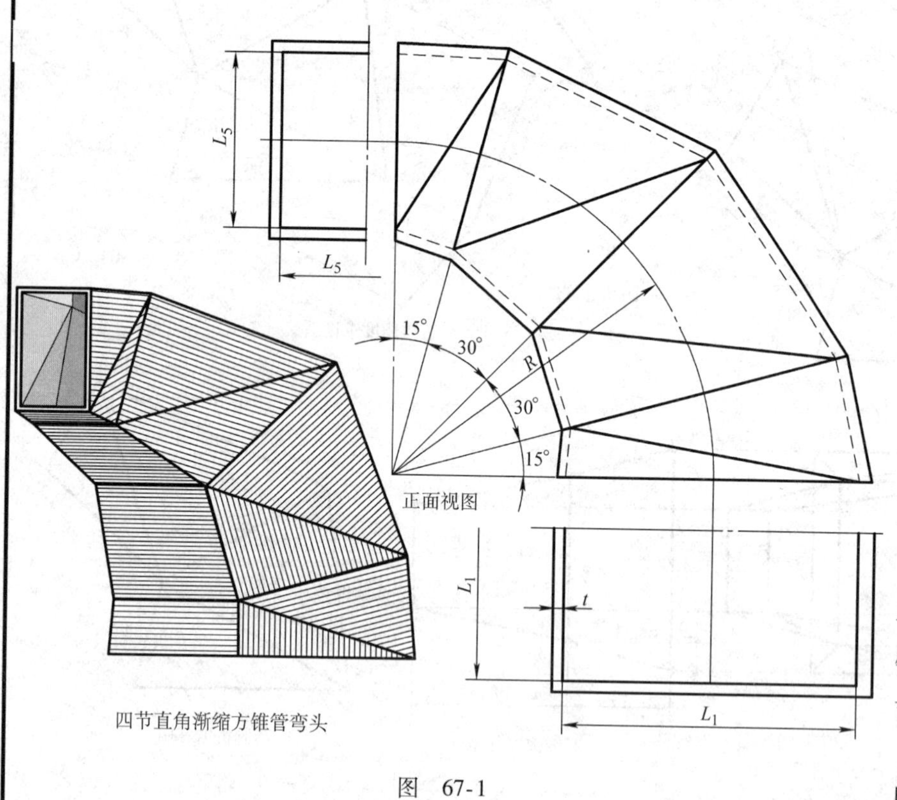

图 67-1

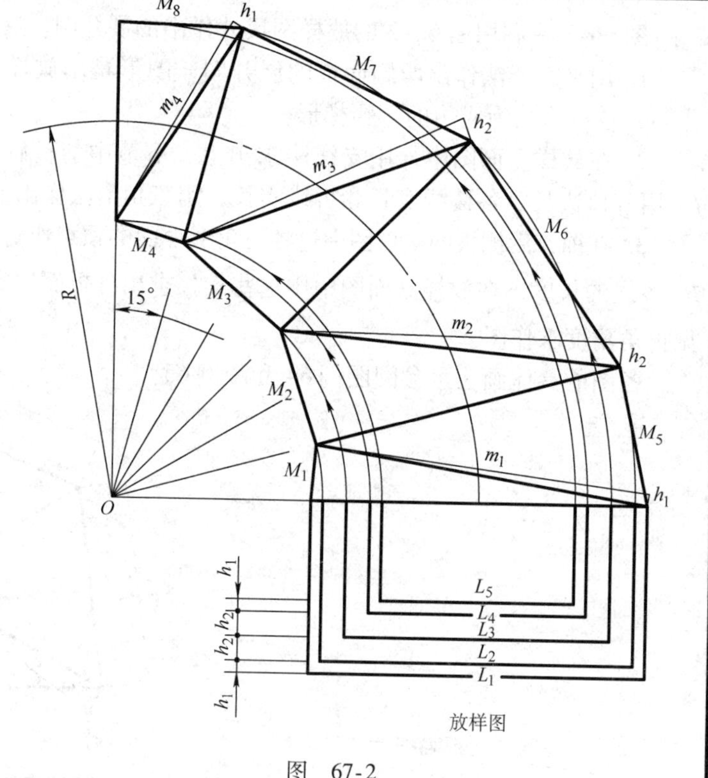

图 67-2

图 67-2 是用锥管的内壁尺寸画出的放样图，画法步骤如下：

1. 将直角分 6 等分，将 5 个方口旋转在大口位置作出一半的放样平面图尺寸 L_1 ~ L_5，利用放样平面图尺寸画出 5 节锥管的相贯线投影尺寸，连接轮廓线 M_1 ~ M_8、L_1 ~ L_5 和各节的折线。

2. 利用放样平面图中 h 的尺寸用直角三角形法求出折线的实长 m_1 ~ m_4。

图 67-3 是四节直角渐缩方锥管的展开图。展开步骤如下：

1. 利用各口边长是实长，作出左、右侧板的展开图，图形是用放样立面图中对应轮廓线投影长度尺寸作高，各口边长为底边的等腰梯形。

2. 左、右侧板展开图中梯形各腰的长度 $R_1 \sim R_8$ 为棱线实长。利用各口边长的实长、各棱线实长和折线实长，用三角形法作出前、后侧板的展开图。相邻两面间夹角求作的画法可参阅前几图例。

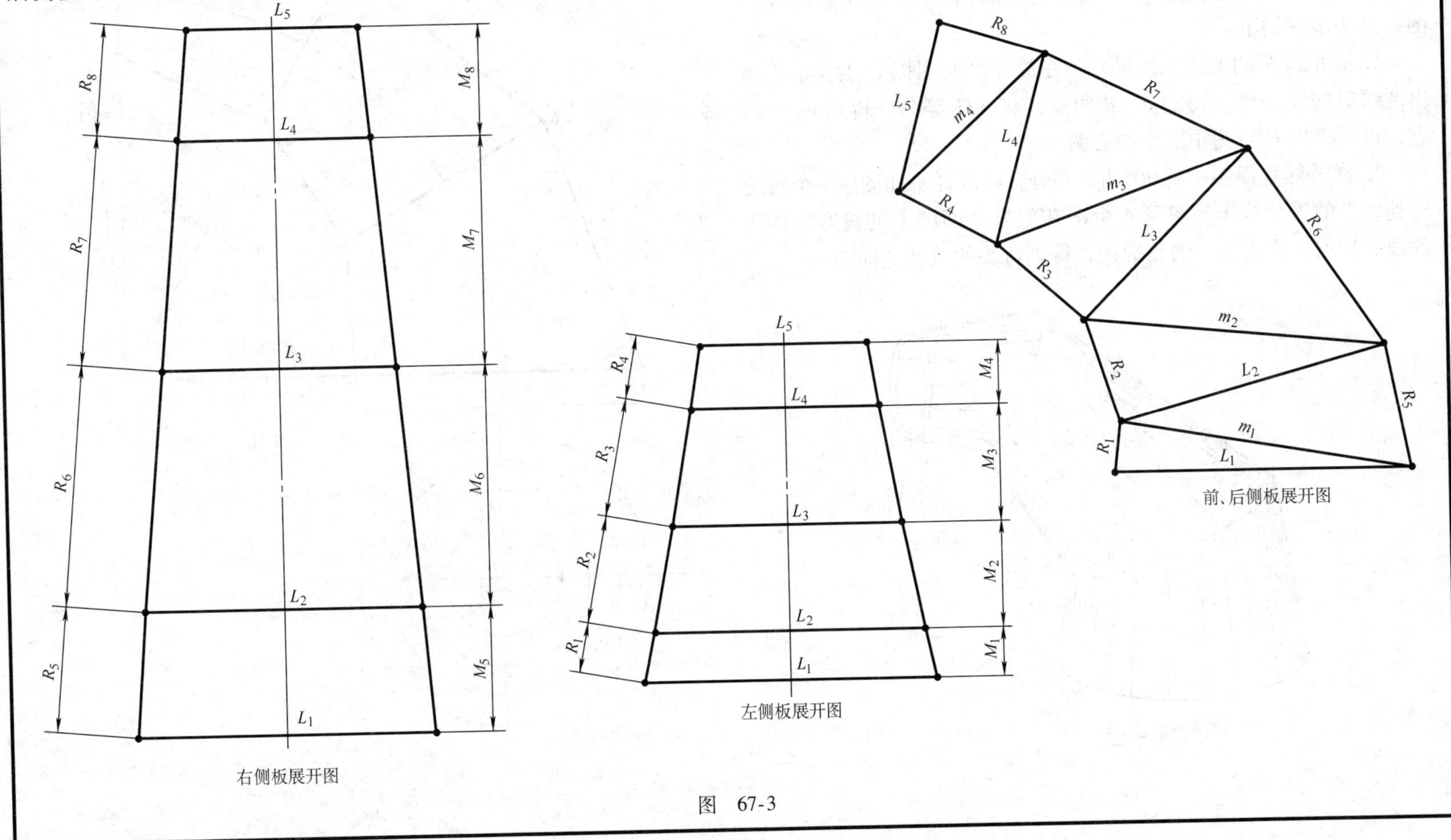

图 67-3

图例 68　三节直角渐缩圆管弯头

图 68-1 所示为三节直角渐缩圆管弯头。已知弯头两端圆口的内壁直径为 d 和 D，板厚为 t，弯头半径为 R，每节的中心角为 30°。根据这些尺寸，本图例设置的弯头与图例 52 的三节直角圆锥弯管不同，各节既不是正圆锥，也不是斜圆锥，只能用三角形法展开。本图例用两圆口中径尺寸直接画出图 68-2 所示的放样图。画法步骤如下：

1. 画出弯头的轴线几何尺寸，在放样平面图以 O 点为中心画出两端口的同心圆，得到 a、d 两点，将 ad3 等分，得到 b、c 两点，过两点以 O 点为中心作同心圆。

2. 在放样立面图中将 90°角 3 等分，将放样平面图中 4 个圆旋转到各自的等分线上，得到 4 个圆在放样立面图上的投影。连接各线的端点，作出各节的轮廓线，得到弯头的放样立面图。

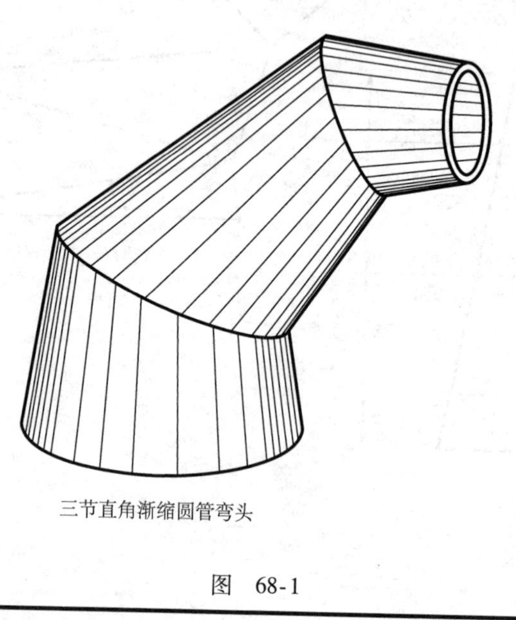
三节直角渐缩圆管弯头

图　68-1

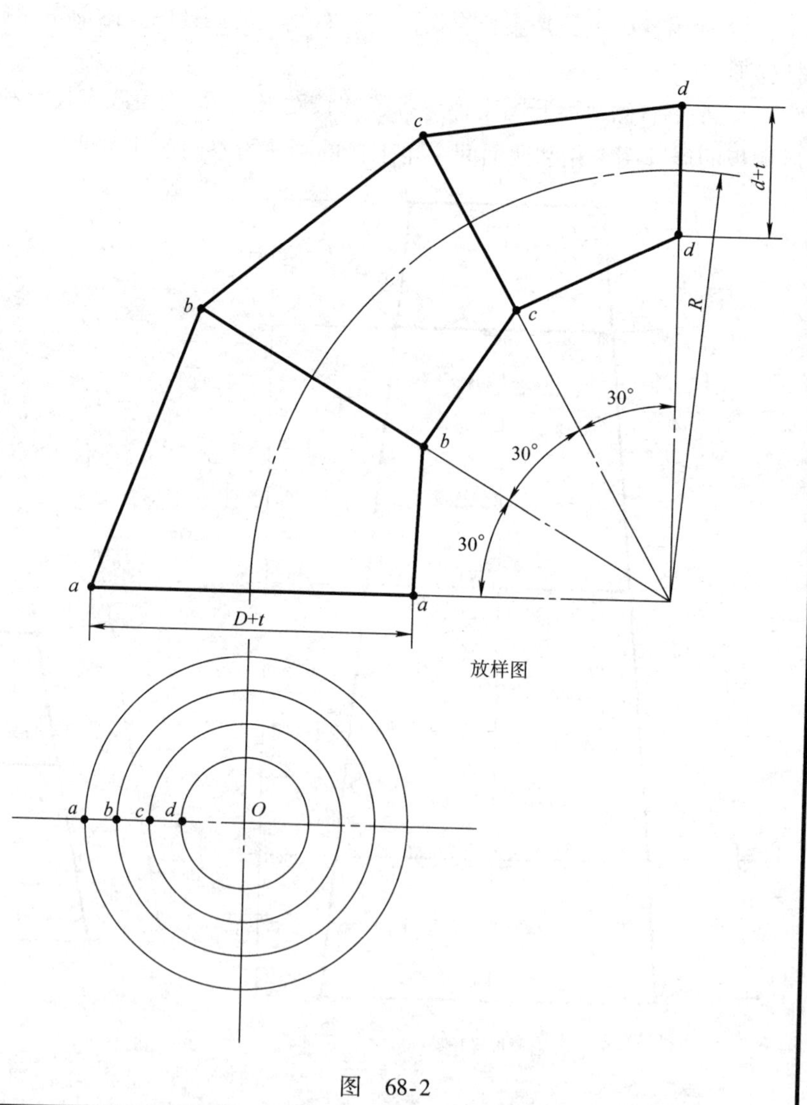

图　68-2

图 68-3 是弯头大口第一节的放样图及展开图。另两节展开方法相同，因构件的前、后面对称，仅作前面一半的展开，画法步骤如下：

1. 放样立面图中将上下口的半圆周 6 等分，连接对应等分点，将表面分割成 6 个四边形，连接对角线将表面分割成 12 个三角形。将分割线投影到放样平面图中。利用各线在放样平面图中的投影长度和放样立面图中的投影高度，用直角三角形法求出各线的实长。

2. 放样立面图中两轮廓线 $a1$ 和 $g7$ 反映实长，两圆的等分弧长 L_1 和 L_2 为实长，将所有实长线用三角形法依次画出各三角形实形，即得到弯头第一节的展开图形。

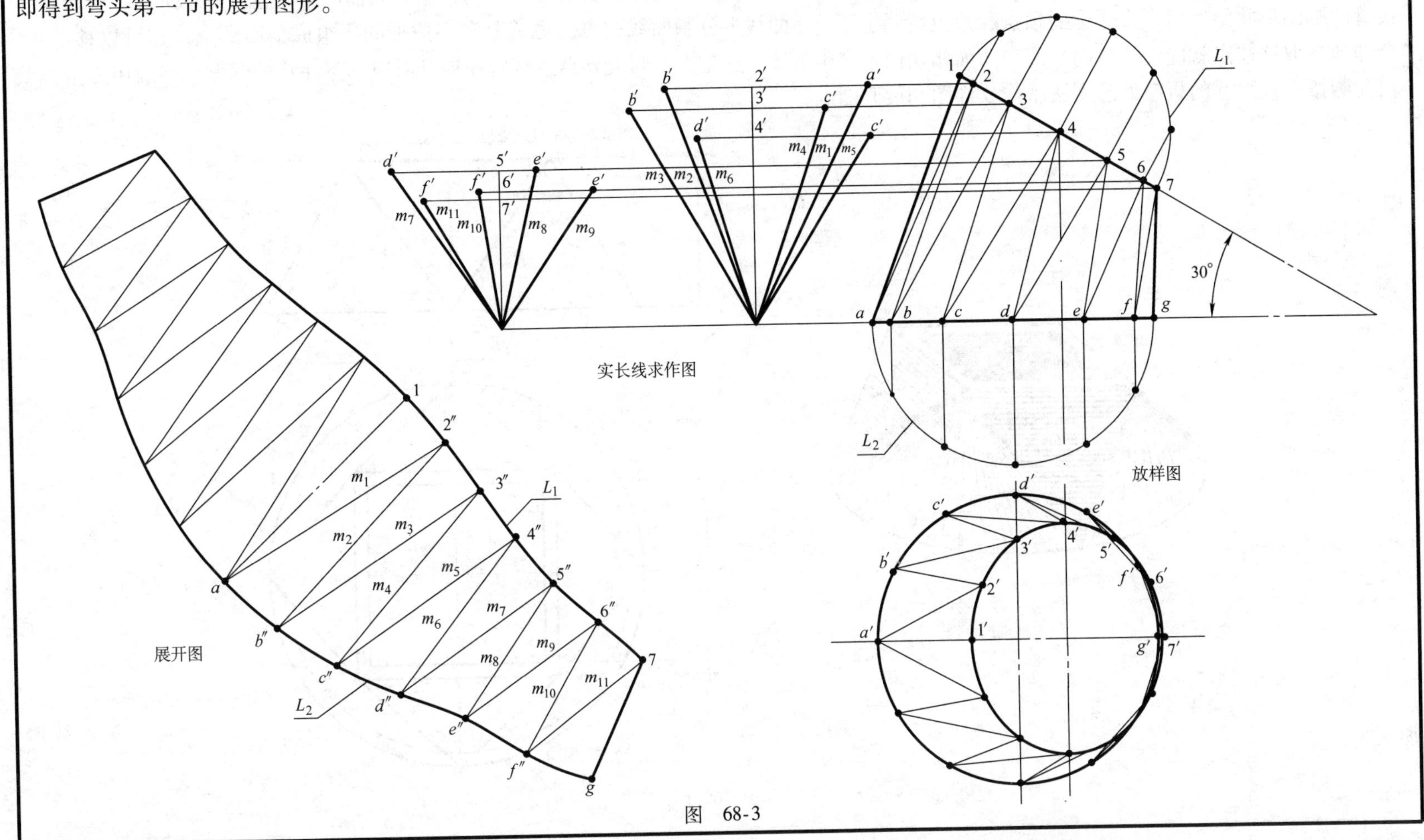

图 68-3

图例 69　天方地圆连接管

图 69-1 所示为天方地圆连接管和它的两面视图。构件上口是水平位置的方形，下口是和上口平行的圆形，是两图形中心点连线垂直于两图形平面的方－圆类过渡连接管。连接管前后、左右对称。

方－圆类连接管一端口是直线组成的多边形，另一端口是由封闭曲线构成的圆形等。连接管形状多是由多边形的边和曲线上的点组成平面以及多边形的顶点和曲线上的一段弧确定的曲面构成的。连接管的形状要求各相邻的平面和曲面能圆滑过渡即尽可能相切。当连接管两端的形状给定后，多边形的顶点和边也就固定了，而曲线上分割曲线的点，也就是和多边形的边组成平面的点却是可以移动的。合理地选取这些点就能使构件的平面和曲面相切而不产生折棱。这是方－圆类异形连接管在展开时应尽量注意的问题。一般用方按内壁尺寸圆按中径尺寸的板厚处理方法来作放样图和展开图。

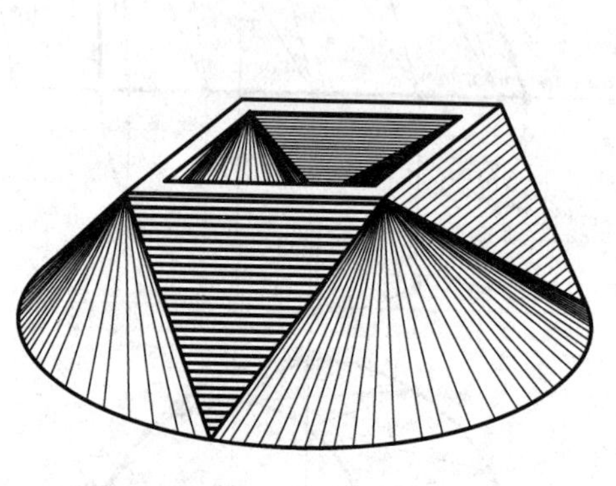

天方地圆连接管

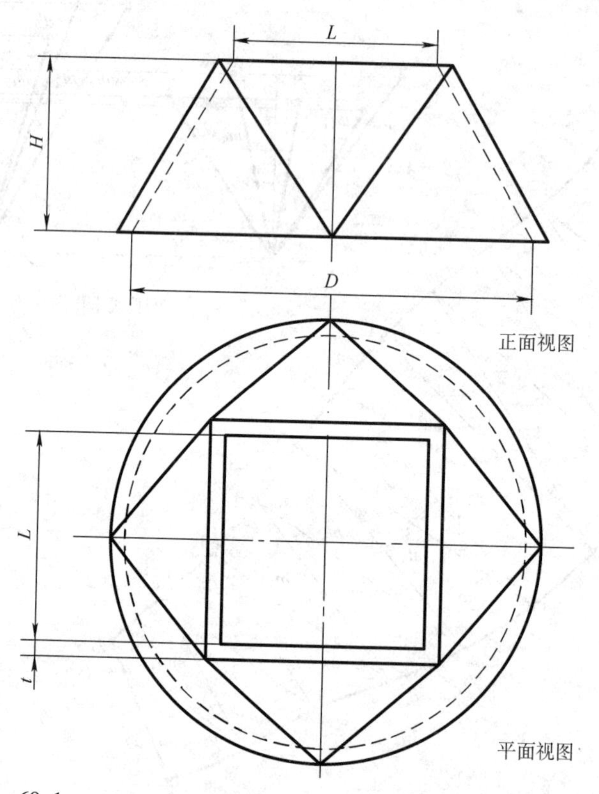

图　69-1

图 69-2 是天方地圆连接管的放样图及展开图。放样图中方口用内壁尺寸，圆用中径尺寸画出。连接管按圆和中心线的交点与对应的方口的顶点分割，形成四个三角形平面和四个椭圆曲面交替组成，因四部分完全相同，所以仅求 1/4 部分的实长。展开步骤如下：

1. 在放样平面图中将下口圆周 12 等分，在 1/4 圆内连接各等分点和各对应方口的顶点，用直角三角形法求出各连线的实长 L_1 和 L_2，放样立面图中的轮廓线 L_3 即反映 $O1$ 线的实长。

2. 平面部分用三角形法，曲面部分用放射线法作出展开图形。先用三角形法作三角形平面 $a'd'1'$，再以 a' 和 d' 为圆心以 L_1 和 L_2 为半径画弧，用放射线法作出 1/4 的椭圆曲面，依次画出全部的展开图形，接口位置放在 $O1$ 线。

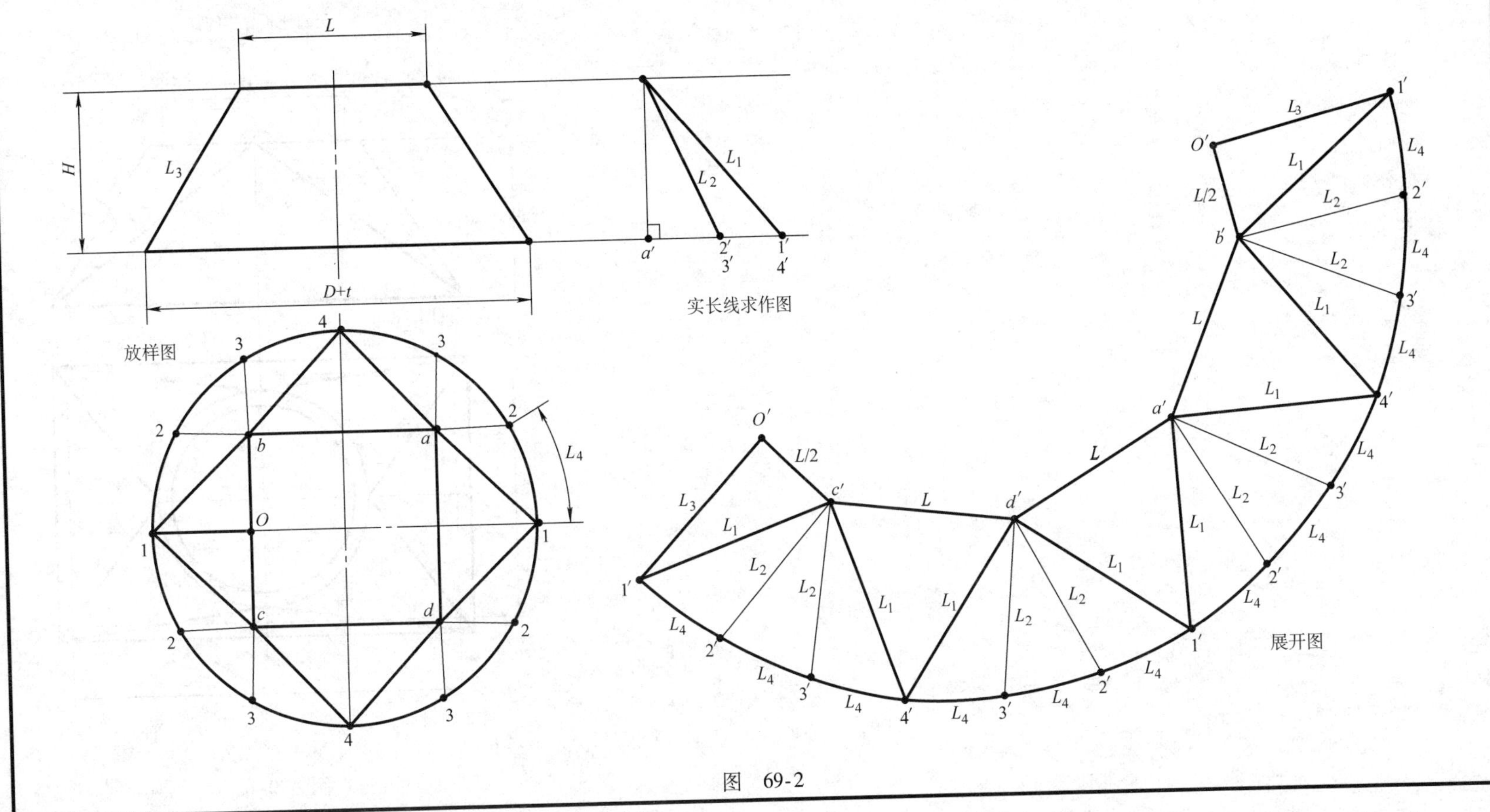

图 69-2

图例 70　天圆地长方连接管

图 70-1 所示为天圆地长方连接管和它的两面视图。构件上口是水平位置的圆形，下口是和上口平行的长方形，是两图形中心点的连线垂直于两图形平面的方 - 圆类过渡连接管。连接管也是按四个三角形平面和四个椭圆曲面分割后交替组成，因四部分完全相同，所以仅求 1/4 部分的实长。连接管前后、左右对称。

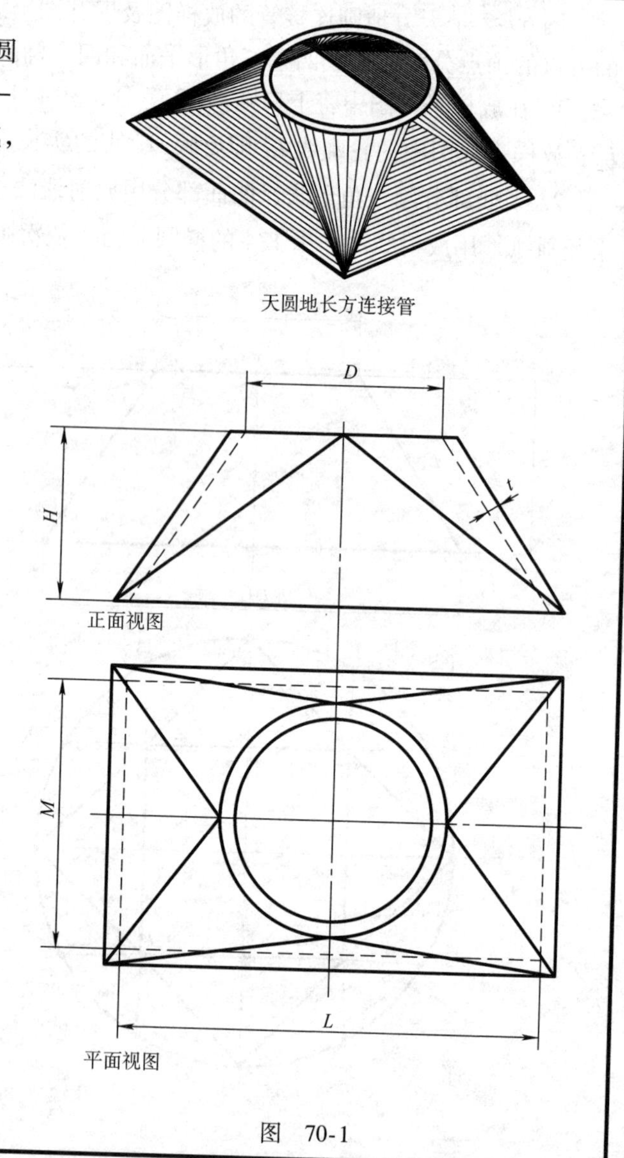

图　70-1

图 70-2 是连接管的放样图和实长线求作图。

1. 方口用内壁尺寸，圆用中径尺寸画出放样图。

2. 用 $a1 \sim a4$ 各线在放样平面图中的投影长度和放样立面图中的高度，用直角三角形法求出各线的实长。

图 70-3 是天圆地长方连接管的展开图。如图所示，平面部分用三角形法，曲面部分用放射线法作出展开图形。画法步骤如下：

先用三角形法作三角形平面 $b'c'7'$，用放射线法作出 1/4 的椭圆曲面，依次画出全部的展开图形，接口位置放在 L_5 线，轮廓线 L_5 在放样立面图中反映实长。

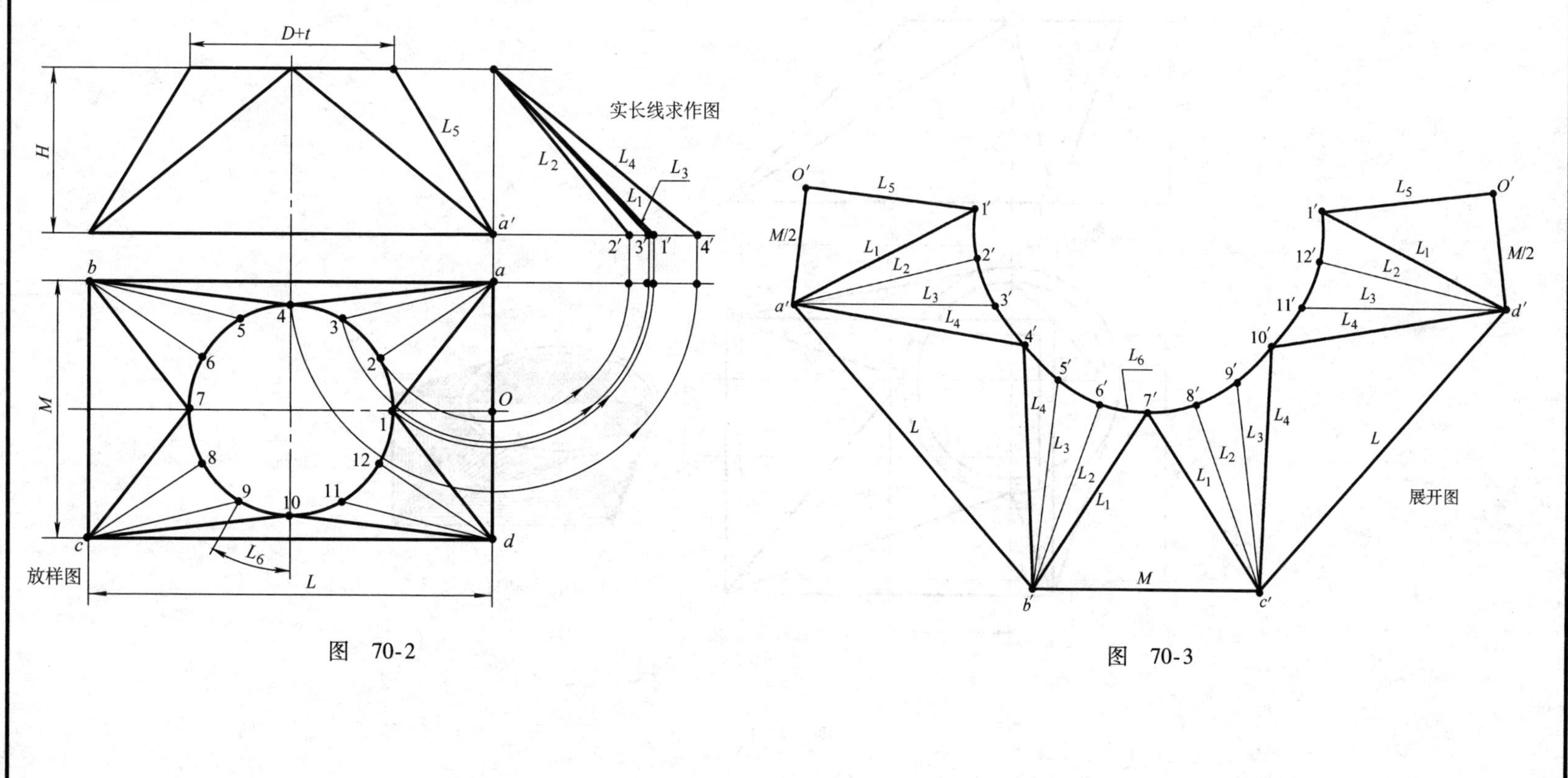

图 70-2　　图 70-3

图例 71　圆顶矩形底偏心连接管

图 71-1 是圆顶矩形底偏心连接管的两面视图。构件上、下口是水平位置平行的圆形和长方形，是过两图形的中心点的垂线为两条平行线的方－圆类过渡连接管。连接管也是按四个三角形平面和四个椭圆曲面分割后交替组成，但连接管前后和左右均不对称。

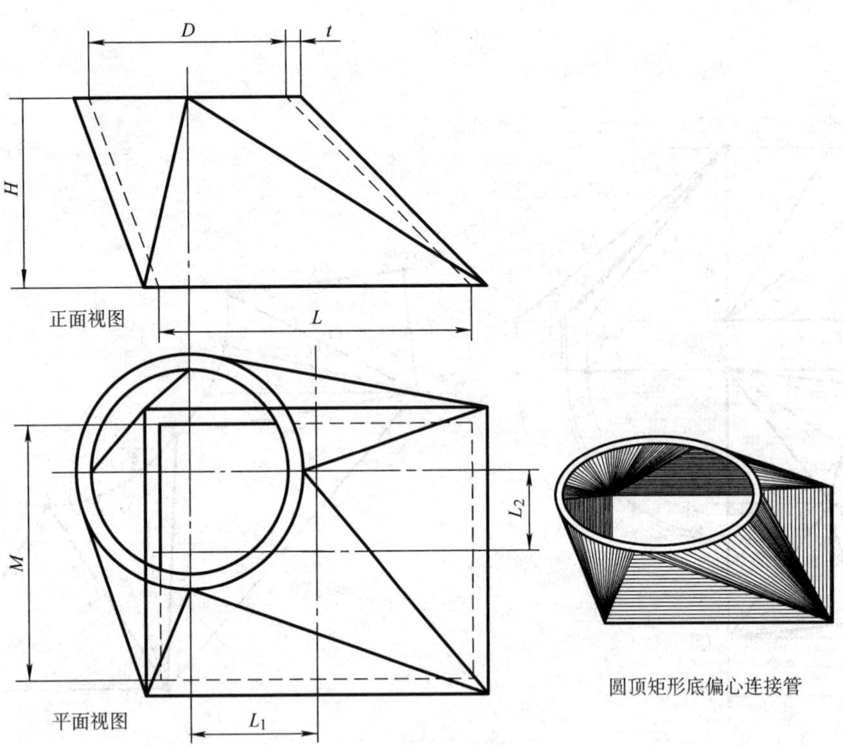

图　71-1

图 71-2 是圆顶矩形底偏心连接管的放样图及展开图。放样图中方口用内壁尺寸，圆用中径尺寸画出。展开画法步骤如下：

1. 实长线求作：将上口圆作 12 等分，按圆的十字中心线分割的四部分的等分点和下口的四个顶点连接，得到四个椭圆曲面的各素线和四个三角形平面。在放样立面图中用各素线的投影高度和放样平面图中各素线的投影长度，用直角三角形法求出各素线的实长。

2. 展开图画法：用求出的实长先用三角形法画出三角形平面 $b'c'7'$。以 b' 和 c' 为圆心以各素线实长为半径画弧，用放射线法画出相邻两椭圆锥面的展开图形，依次用各实长画出全部展开图，接口位置放在 $O1$ 线上。

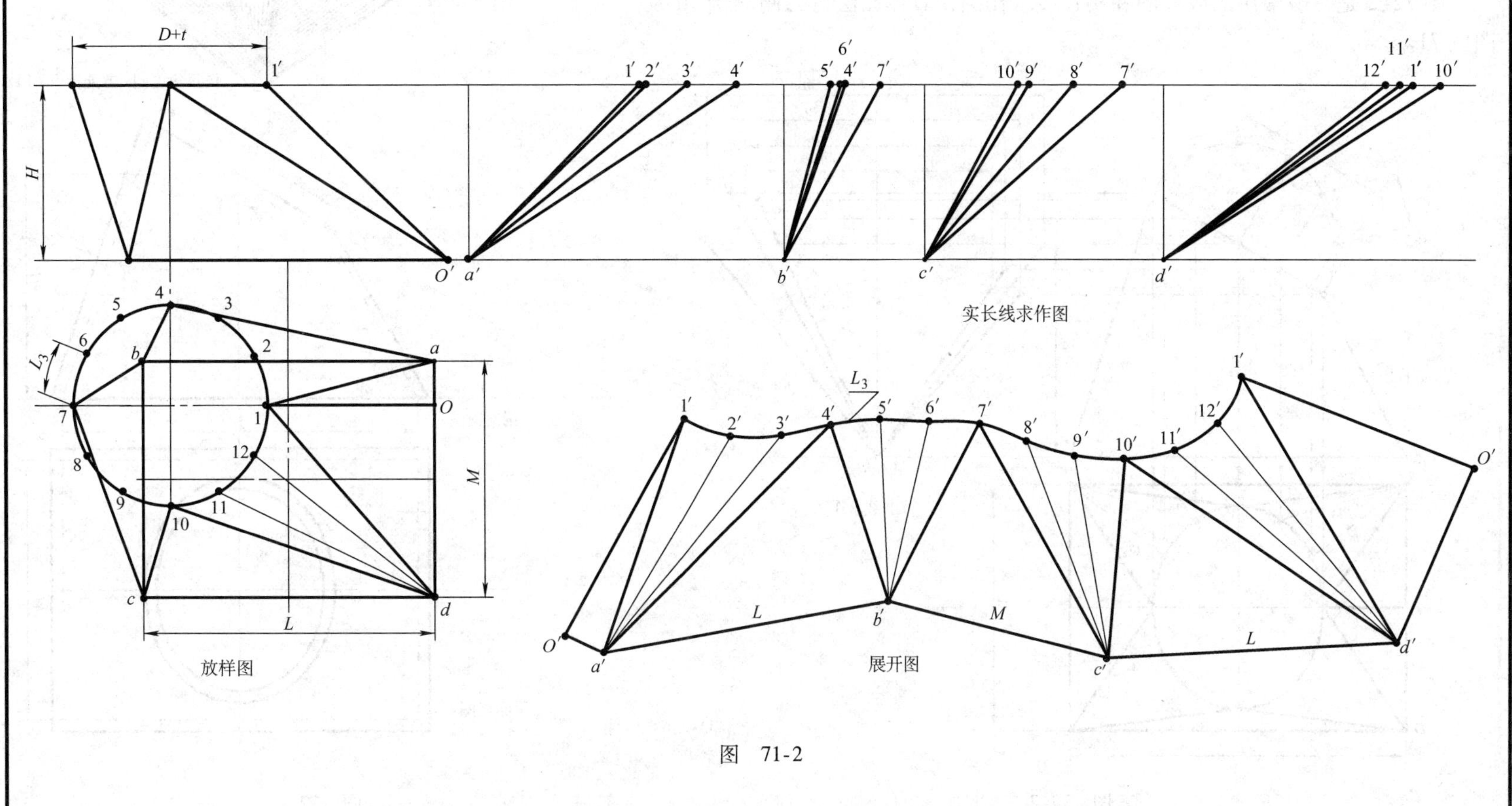

图 71-2

图例 72　任意角度圆－方连接管（Ⅰ）

图 72-1 所示为任意角度圆－方连接管和它的两面视图。连接管上口是任意角度斜置的圆，下口是水平位置的矩形。连接管由四个三角形平面和四个椭圆曲锥面交替围成，前、后面对称。连接管平面和曲面部分的分界线是可以变动的，本图例用两种方法选择分界线进行放样展开。用圆的中径尺寸和矩形的内壁尺寸画出放样图。

图 72-2 是一般常用的放样图和实长线求作图，具体画法可参阅图例 70 及图例 71。

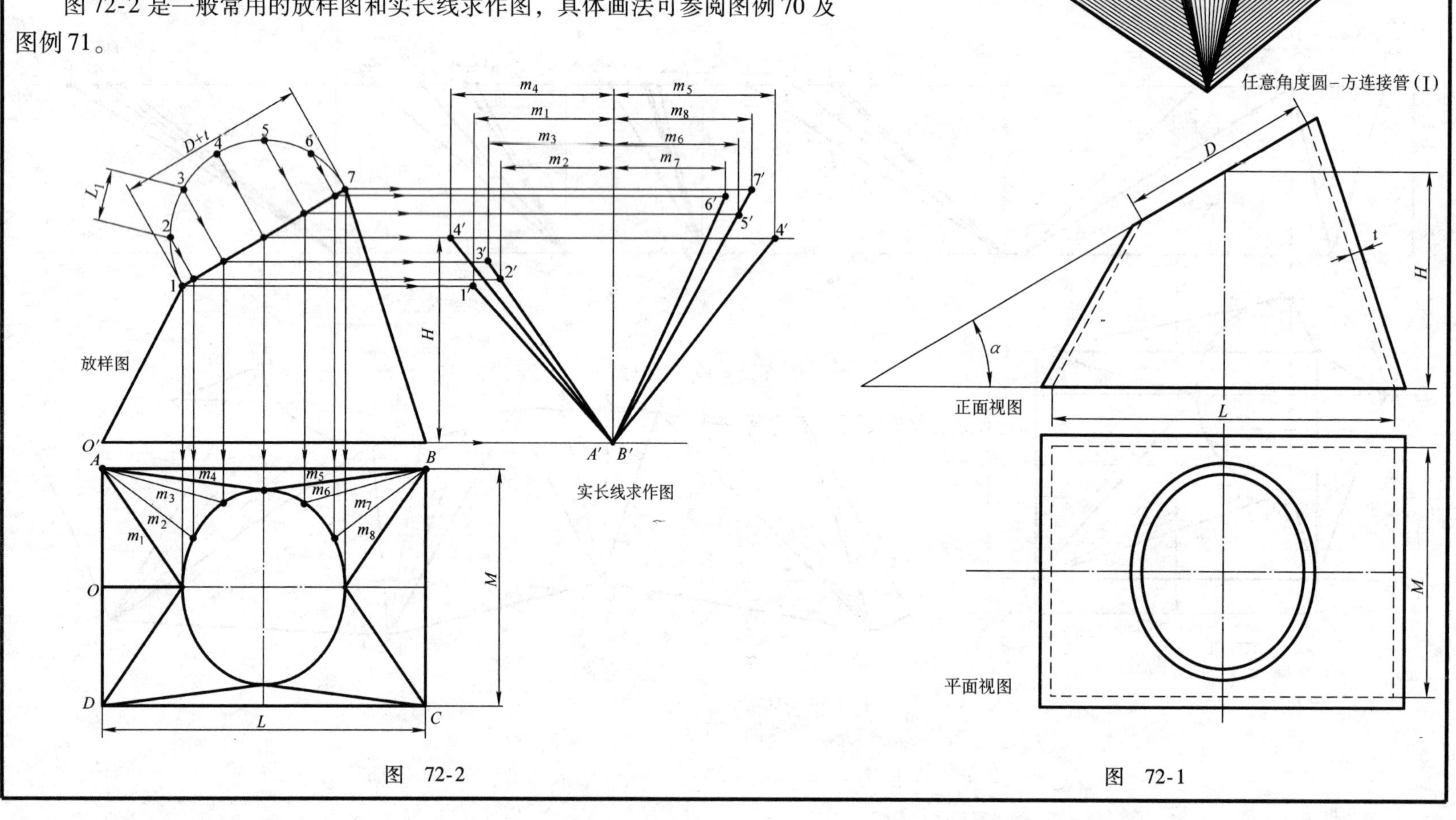

图　72-2

图　72-1

图 72-3 是任意角度圆－方连接管用放射线法和三角形法作出的展开图。放样立面图中 $O'1$ 线反映实长，用图 72-2 中求出的各素线实长和圆周等分后每段弧的长度，以及矩形各边的已知长度，用放射线法和三角形法依次画出各椭圆锥面和三角形平面的展开图形。这样的放样展开方法没有考虑平面和曲面的相切，易产生折棱。对这类两端面不平行的过渡接头，使两面相切的方法是在圆上选择圆弧分割点：方口边线和圆平面平行时，过圆心作边线的垂线，在圆上的交点为分割点；方口边线和圆平面相交时，作出两端面的交线和圆所在的平面，过边线和平面的交点作圆的切线，圆上的切点为分割点。过分割点设置的分界线可使两面相切，光滑过渡而没有折棱。

图 72-4 是此例选择分割点的作图方法：在放样立面图中过两面的交点 O 作 $O1$ 线的垂线，在垂线上以 O 点为中心 $A'B'$ 等于边长 M，过 A' 点作圆的切线，切点 4 为 AB 和 CD 两边的平面与椭圆锥面在圆上的分割点。1 和 7 点为 AD 和 BC 两边的平面与椭圆锥面在圆上的分割点。

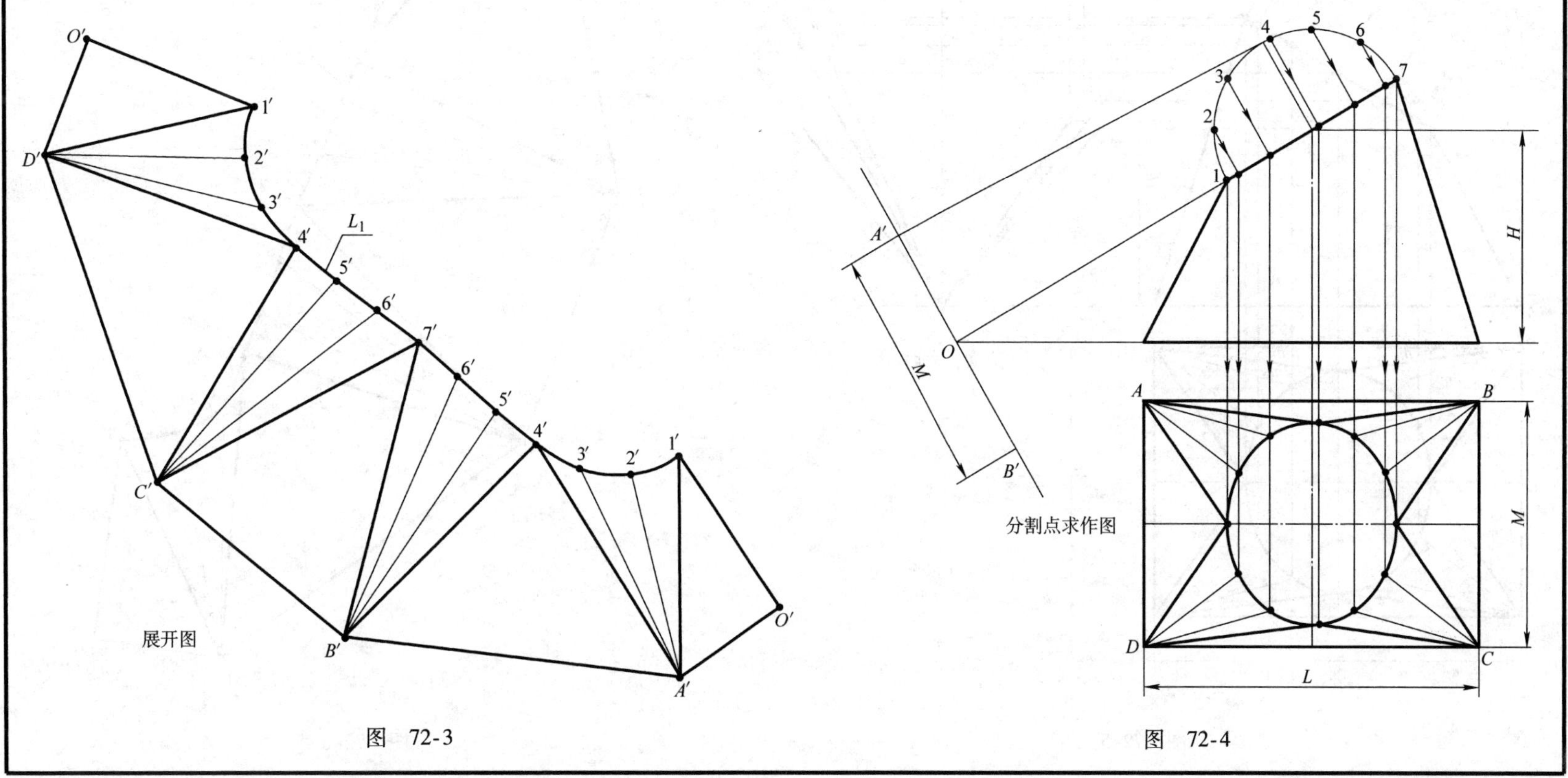

图 72-3　　图 72-4

图 72-5 是连接管的放样图。除 4 点的位置有变动外，其他点仍用原来的等分点，用同样的方法求出各素线的实长。

图 72-6 是连接管的展开图。展开时在 4 点的两边弧长应用对应的 L_2 和 L_3 的弧长，其他展开方法全部相同。这样的展开方法因平面和曲面相切，所以两面的过渡没有折棱，可以光滑过渡。

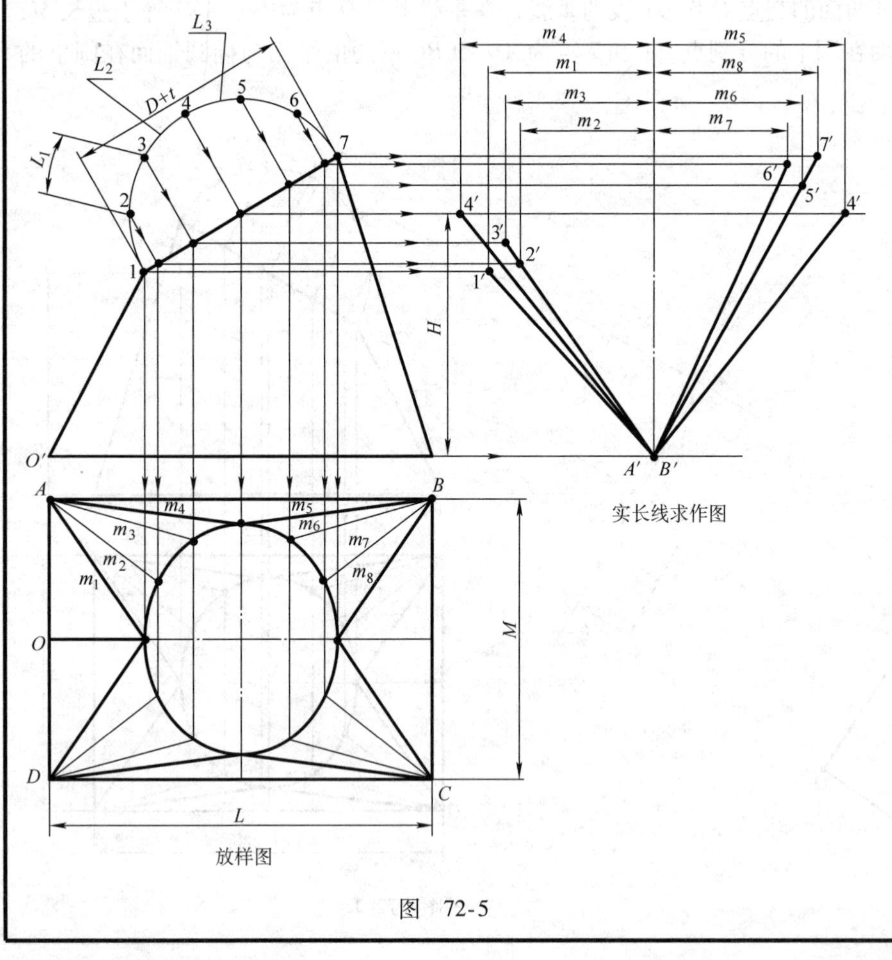

图 72-5

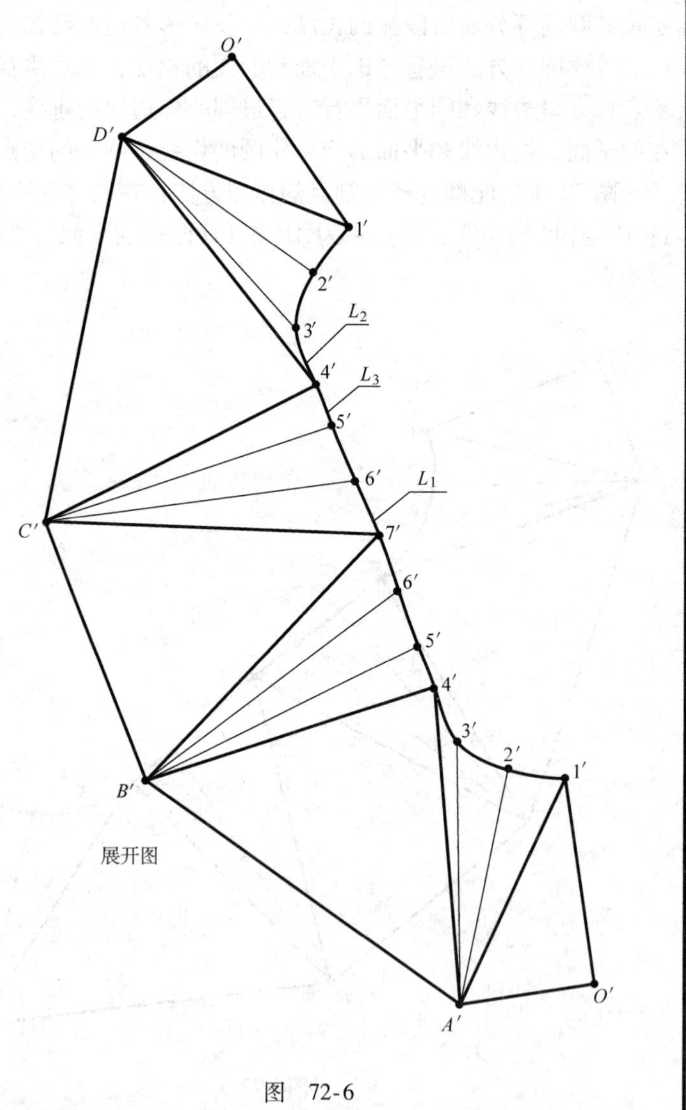

图 72-6

图例73　任意角度圆－方连接管（Ⅱ）

图73-1所示为任意角度圆－方连接管和它的两面视图。接头上口是水平位置的圆，下口是任意角度斜置的矩形。接头由四个三角形平面和四个椭圆锥面交替围成，前后面对称。为了平面和曲面的光滑过渡无折棱，先求出平面和曲面在圆上的分割点来分割两面，使两面相切，再设置素线求出实长后用放射线法和三角形法进行展开。

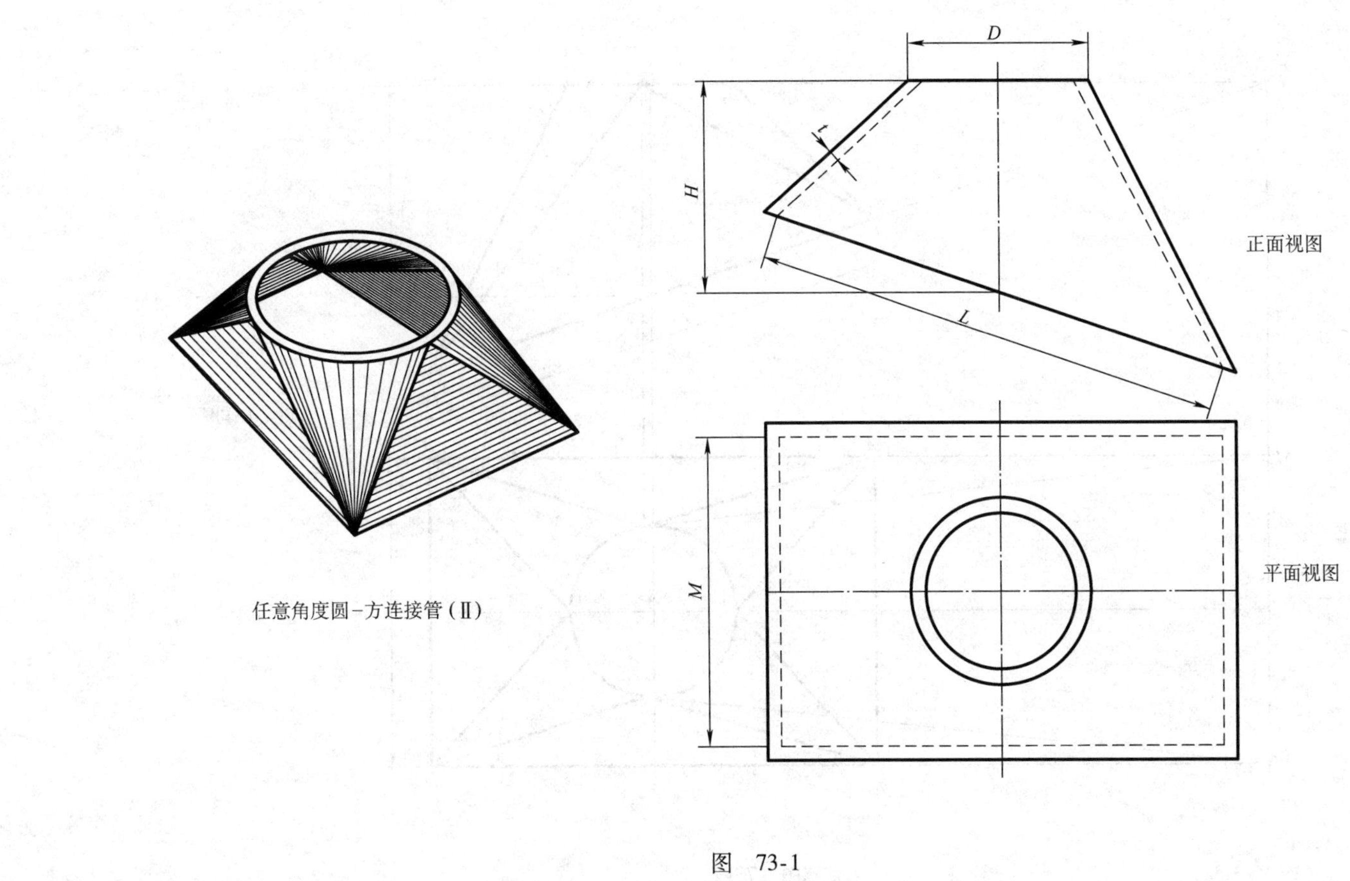

图　73-1

图 73-2 是任意角度圆－方连接管的分割点求作图。用圆的中径尺寸和方口的内壁尺寸画出放样图，图中 *AD* 和 *BC* 两边因和圆平面平行，所以 1、7 两点为分割点。*AB* 和 *CD* 两边与圆平面相交，需要求出圆上的分割点，作法是在放样立面图中延长两端面投影线交于 *E* 点，过 *E* 点作圆面的垂线，在放样平面图中和两边线的延长线交于 *M* 和 *N* 两点，过两点作圆的切线，切点 4 为平面和曲面在圆上的分割点。4 个分割点对应连接矩形顶点得到各平面和相邻曲面间的分界线。

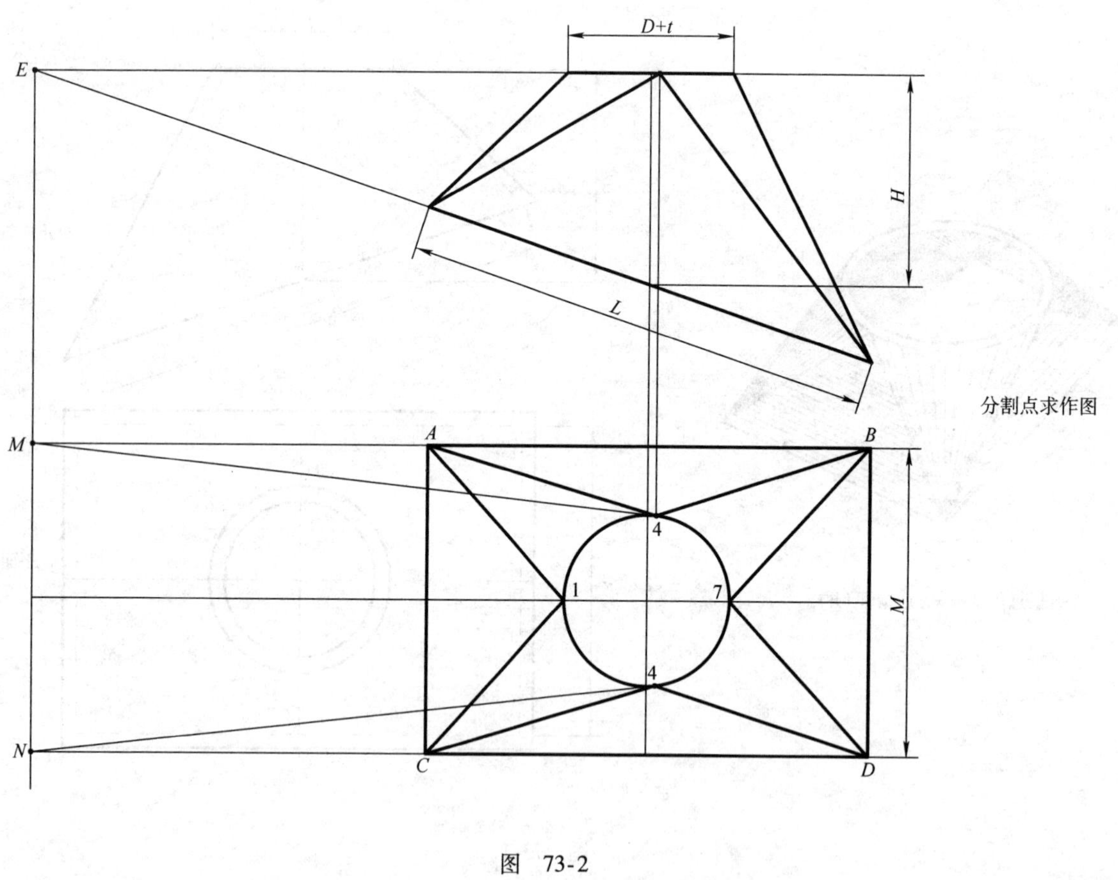

图　73-2

图 73-3 是任意角度圆－方连接管的放样图和实长线求作图。因是对称图形，可求一半的实长。将后面部分半圆周的两段弧长各自3 等分得到 L_1 和 L_2。各等分点对应连接顶点得到椭圆锥面各素线和三角形平面的边线在放样平面图中的投影，用各投影长度在放样立面图中用直角三角形法求出各线的实长。

图 73-4 是连接管用放射线法和三角形法作出的展开图。接口放在 $O1$ 线的位置，放样立面图中 $O'1'$线反映 $O1$ 线的实长，用图73-3 中求出的各素线实长和圆周等分后每段弧的长度以及矩形各边的已知长度，用放射线法和三角形法依次画出各椭圆锥面和三角形平面的展开图形。

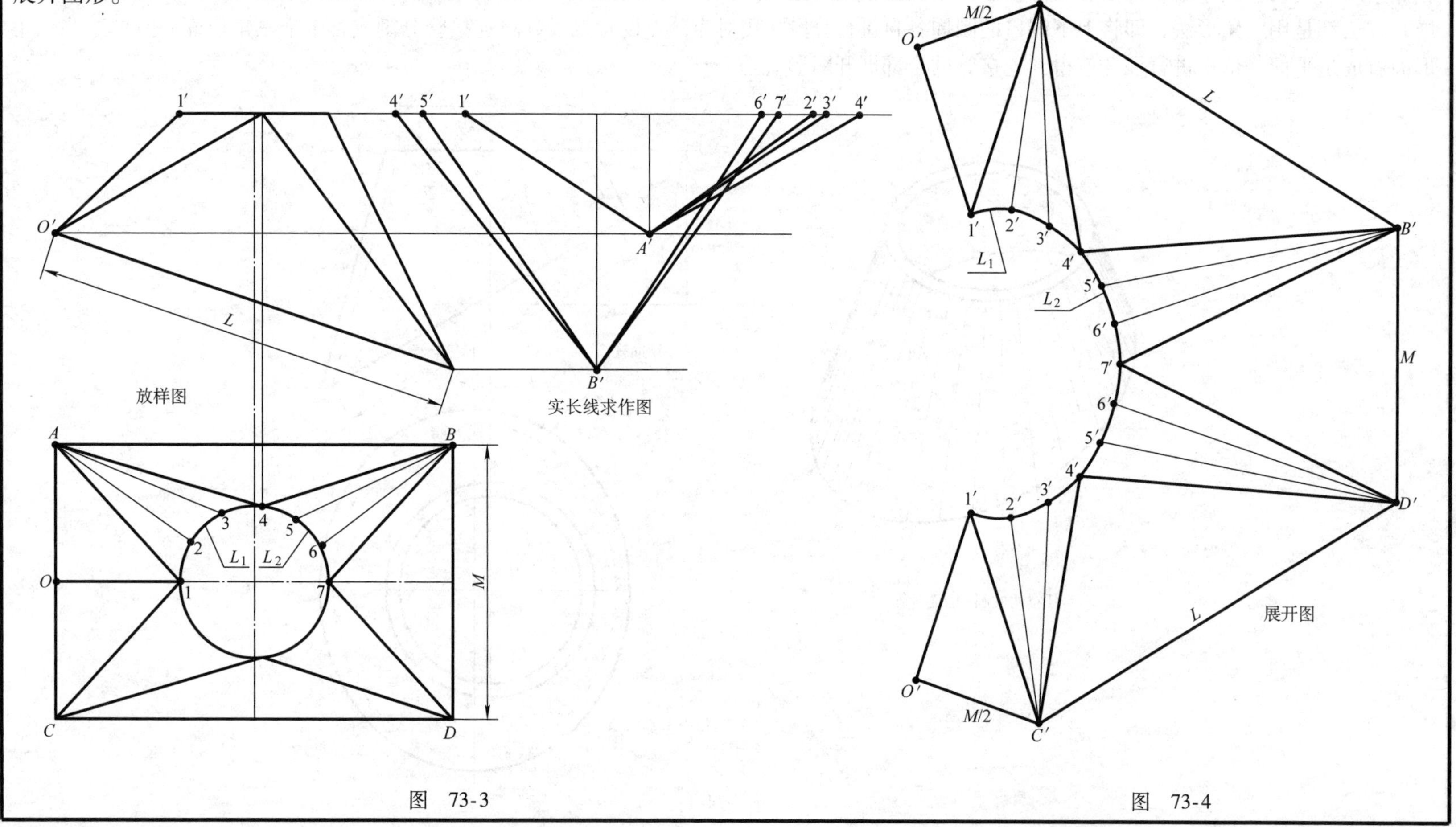

图 73-3

图 73-4

图例 74　任意角度圆－圆连接管

图 74-1 所示为任意角度圆－圆连接管和它的两面视图。接头上口是水平的圆，下口是任意角度倾斜位置的异径圆。这种两端口圆面不平行时的过渡连接管，其本身的形状可以是可展的切线曲面，也可以是不可展的直纹曲面，具体是什么曲面，是由素线的设置方法来决定的，本图例用两种设置方法来设置素线并进行展开。直纹面有可展直纹面和不可展直纹面，可展就是指该曲面可以铺平到一个平面上而不发生皱折或破裂。可展直纹面是任何两素线是在同一平面内，即是平行或相交直线，如锥面和柱面。而不可展直纹面是任何两相邻素线是交叉直线，如螺旋面和用等分圆弧来设置素线的这类连接管。无论是用等分圆周还是按切线曲面来设置素线，这类连接管的展开方法都是用三角形法，即将上下端口的圆周各自进行分段，用对应分点设置素线并将连接管分割成若干个三角形面并且把这些三角形面看成是平面，依次进行展开就得到连接管的全部展开图形。

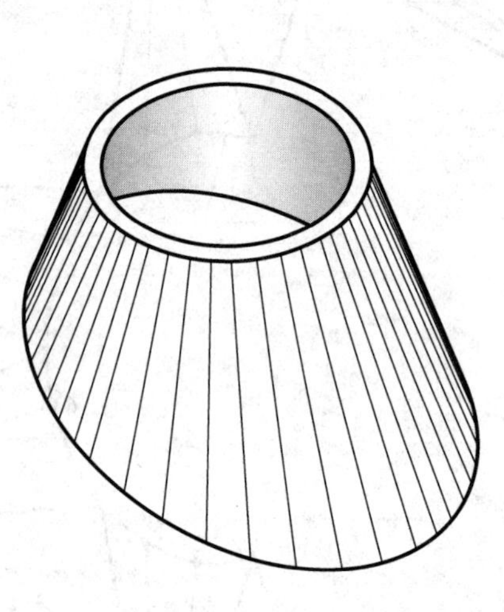

任意角度圆－圆连接管

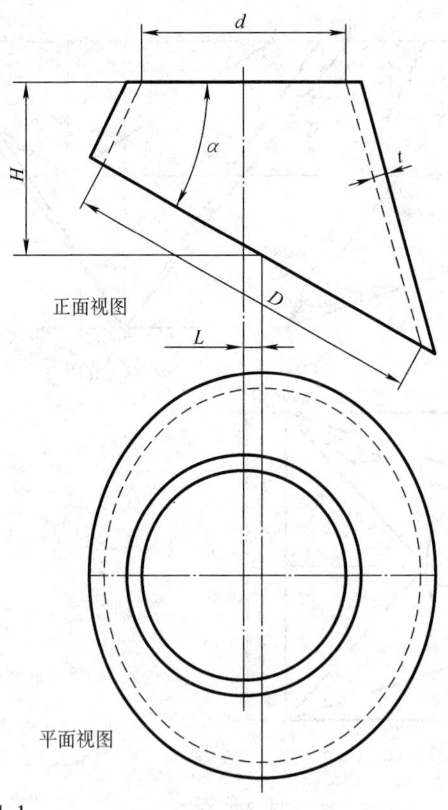

图　74-1

图 74-2 是任意角度圆 - 圆连接管用等分圆周的方法来设置素线进行展开的放样图及展开图。其接头的形状是不可展的直纹曲面，画法步骤如下：

1. 用上下端口圆的中径尺寸和视图中其他尺寸画出的放样立面图，因连接管前后对称，所以将上下端口的半圆周各自 6 等分并过等分点作端线的垂线，各自交端线上为 $a \sim g$ 点和 1 ~7 点，各对应点连线 $a1$、$b2$、…、$g7$ 即为设置的素线，各相邻素线的对角连线 $b1$、$c2$、…、$g6$ 和等分的圆弧将接头表面分割成若干三角形面。作出放样平面图中上下口的投影和各素线及连线的投影。

2. 用直角三角形法求出各素线和连线的实长，轮廓线 $a1$ 和 $g7$ 反映实长，L_1、L_2 为上下端口圆周各自等分后的每等分实长。

3. 用所有实长，按三角形法依次作出每个三角形面的展开，即得到接头一半的展开图，对称作图即得到全部展开图形。

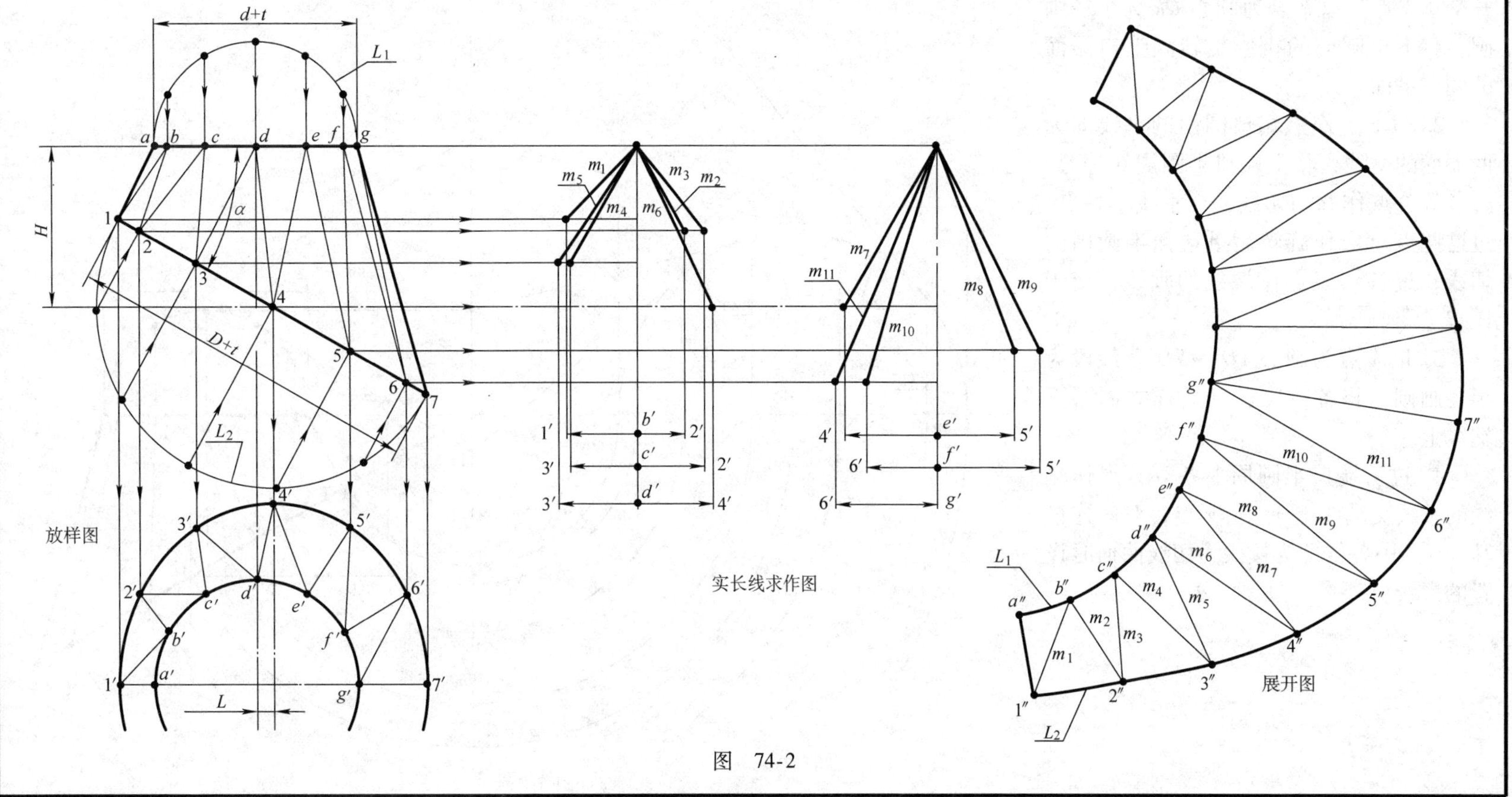

图 74-2

切线曲面的定义是：一动平面保持和两曲导线相切，这动平面每个位置与曲导线的两个切点间连线的轨迹就是切线曲面。

图 74-3 所示为切线曲面的素线设置方法，画法步骤如下：

1. 作出放样立面图，将两端口线延长交于 k 点，以 k 点为圆心 Ok 为半径画圆，将下口圆面的投影旋转到上口圆面的同一平面。

2. 过 k 点作上端口圆面的垂线即为两端面的交线，将上端口半圆周 6 等分，过各等分点作圆的切线，交垂线于各点，过这些点对应作旋转后下端面半圆周的切线，过各切线点作端线的垂线，交于 1 ~7 点。

3. 以 k 点为圆心 $1O'$ ~$7O'$各线段为半径画圆，将各点旋转到放样立面图下端线上。

4. 过上端口半圆周上各等分点作端线的垂线交端线上于 a ~ g 点，对应连接 $2b$、$3c$、…各线即为接头为切线曲面时设置的素线。

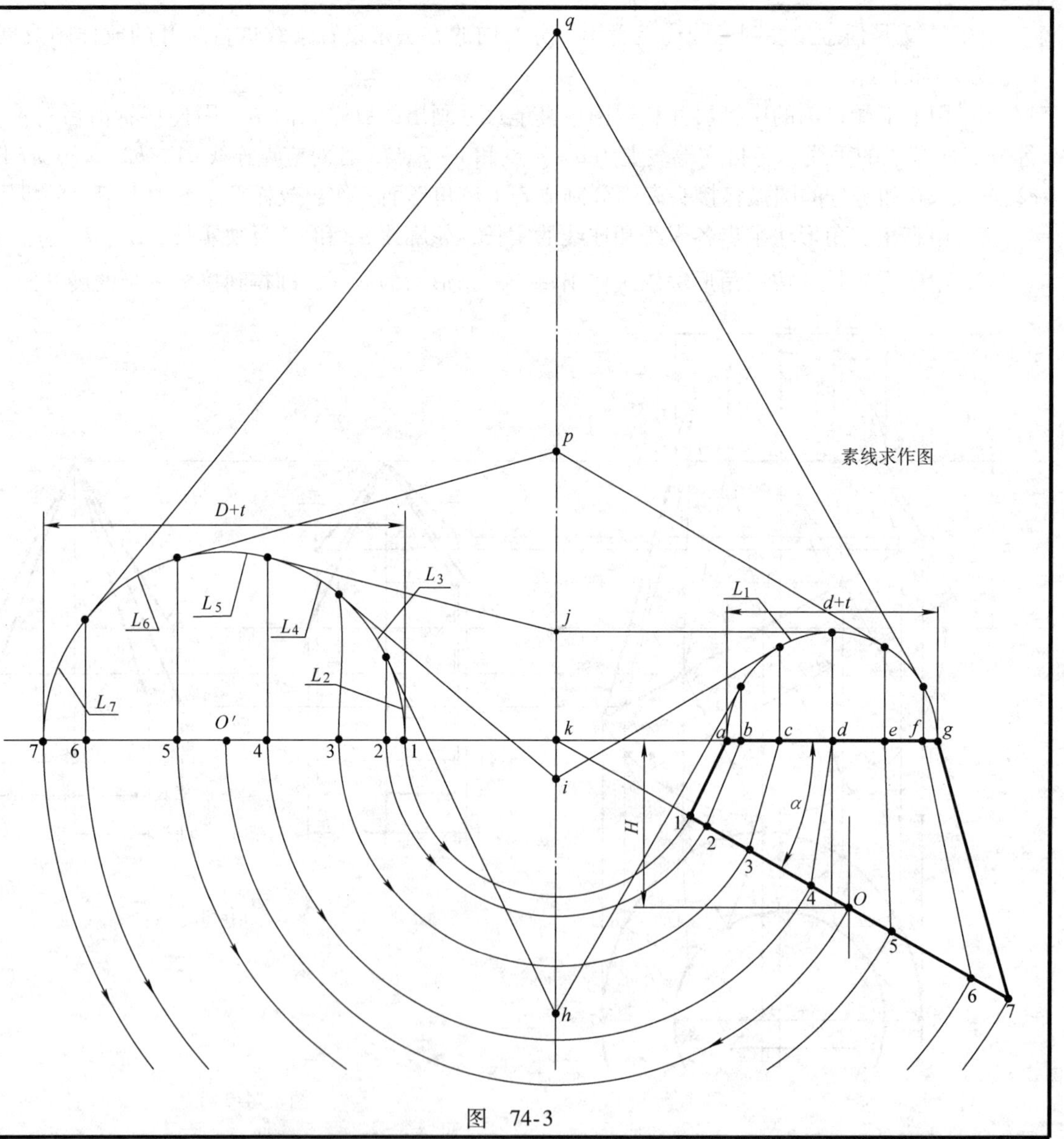

图 74-3

图 74-4 是按可展的切线曲面素线设置后进行展开的放样图及展开图。画法步骤如下：

1. 在放样立面图的 $a1$、$b2$、…、$g7$ 等已设置的素线中，将各相邻素线的对角连线得到 $b1$、$c2$、…、$g6$，各连线和等分的圆弧将连接管表面分割成若干三角形面。作出放样平面图中上下口的投影和各素线及连线的投影。

2. 用各线在放样立面图中的高度和放样平面图中的长度为直角边，用直角三角形法求出各素线和连线的实长，轮廓线 $a1$ 和 $g7$ 反映实长，图 74-3 中 L_1 为上端口等分后的每等分弧实长，$L_2 \sim L_7$ 为下端口圆周被切点分段后的各段弧实长。

3. 用所有实长，按三角形法依次作出每个三角形面的展开即得到连接管一半的展开图，对称作图即得到全部展开图形。

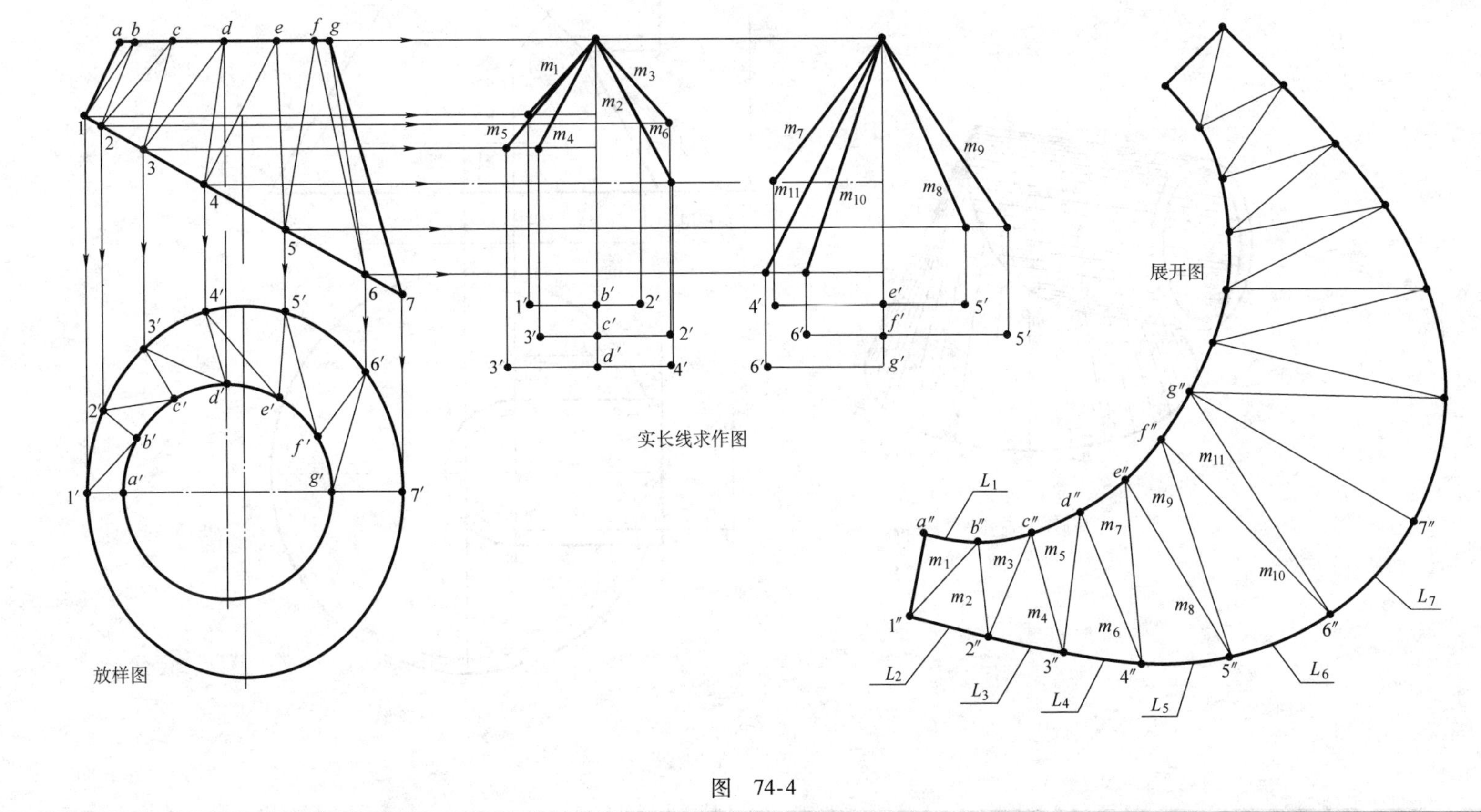

图　74-4

图例 75　两节异形端口弯管

图 75-1 所示为两节异形端口弯管和它的两面视图。弯管上节是圆管，下节是直纹曲面的异形连接管，两节间的相贯线是一椭圆，弯头前、后面对称。本图例下节按切线曲面设置素线后用三角形法展开。放样图没有作接触点的板厚处理，仍是用两圆的中径尺寸和其他已知尺寸画出放样图并进行展开。

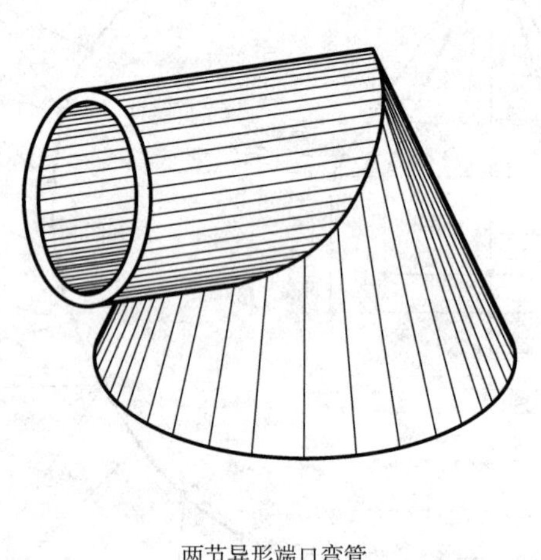

两节异形端口弯管

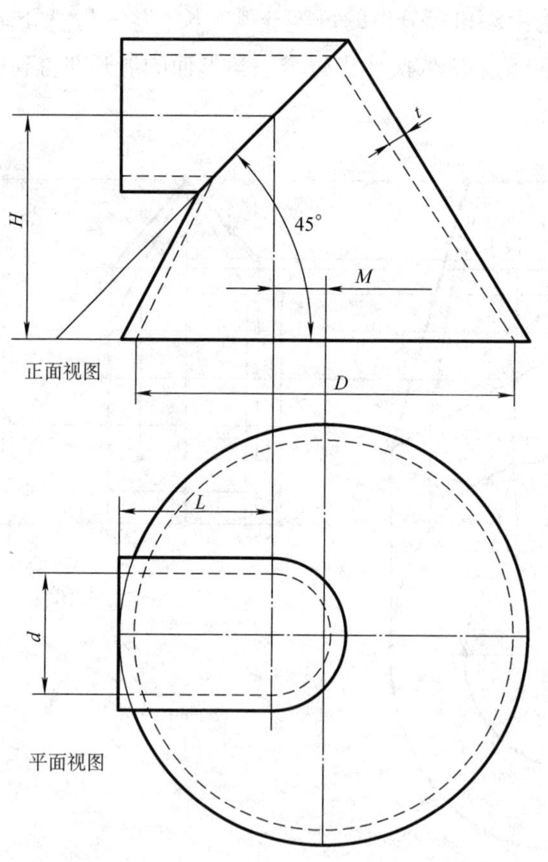

图　75-1

图 75-2 是两节异形端口弯管的上节圆管用平行线法作出的放样图及展开图，具体画法可参阅第三章。

图 75-3 是下节异形连接管的放样图和素线设置求作图。在放样平面图中将上口圆周 12 等分，在半圆周内过各等分点 1′～7′作圆的切线，交上下口端面的交线 k 上于 k_1～k_5 各点，过各点作下口圆的切线，切点为 a'～g'，将各点投影到放样立面图中并对应连接 $b2$～$f6$ 得到异形连接管各素线和它们在放样平面图中的投影。

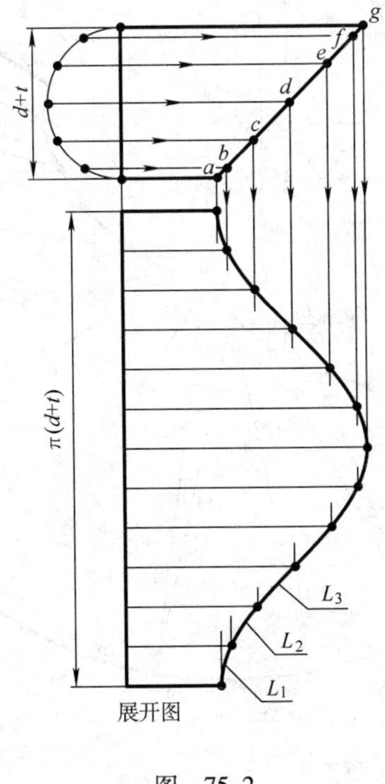

图　75-2

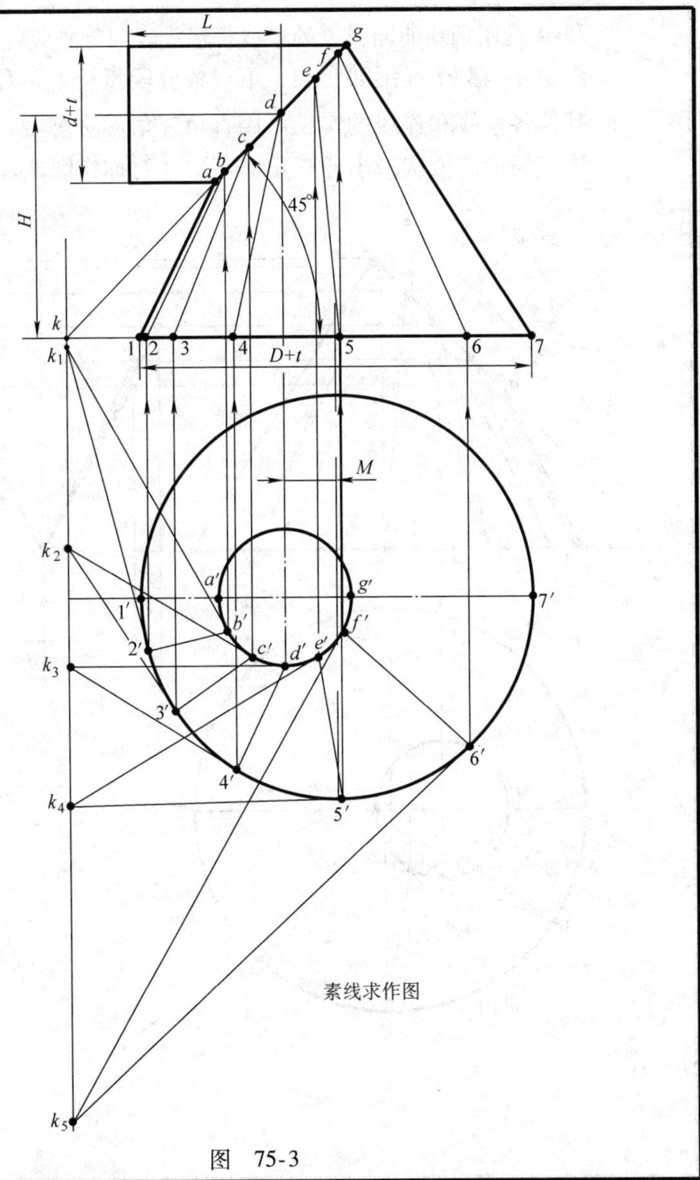

图　75-3

图 75-4 是用切线曲面设置的素线将接头表面分割成若干三角形平面后作出的放样图及展开图。放样图中相贯线的平面投影是圆形。

1. 图中 $a1$ 和 $g7$ 线反映实长，下口各分段弧长 $L_4 \sim L_9$ 反映实长，上口各段弧长 $L_1 \sim L_3$ 在上端口半椭圆周中反映实长。
2. 其他各素线和连线的实长可用直角三角形法求出。
3. 用三角形法依次画出各三角形实形并对称作图即得到全部展开图形。

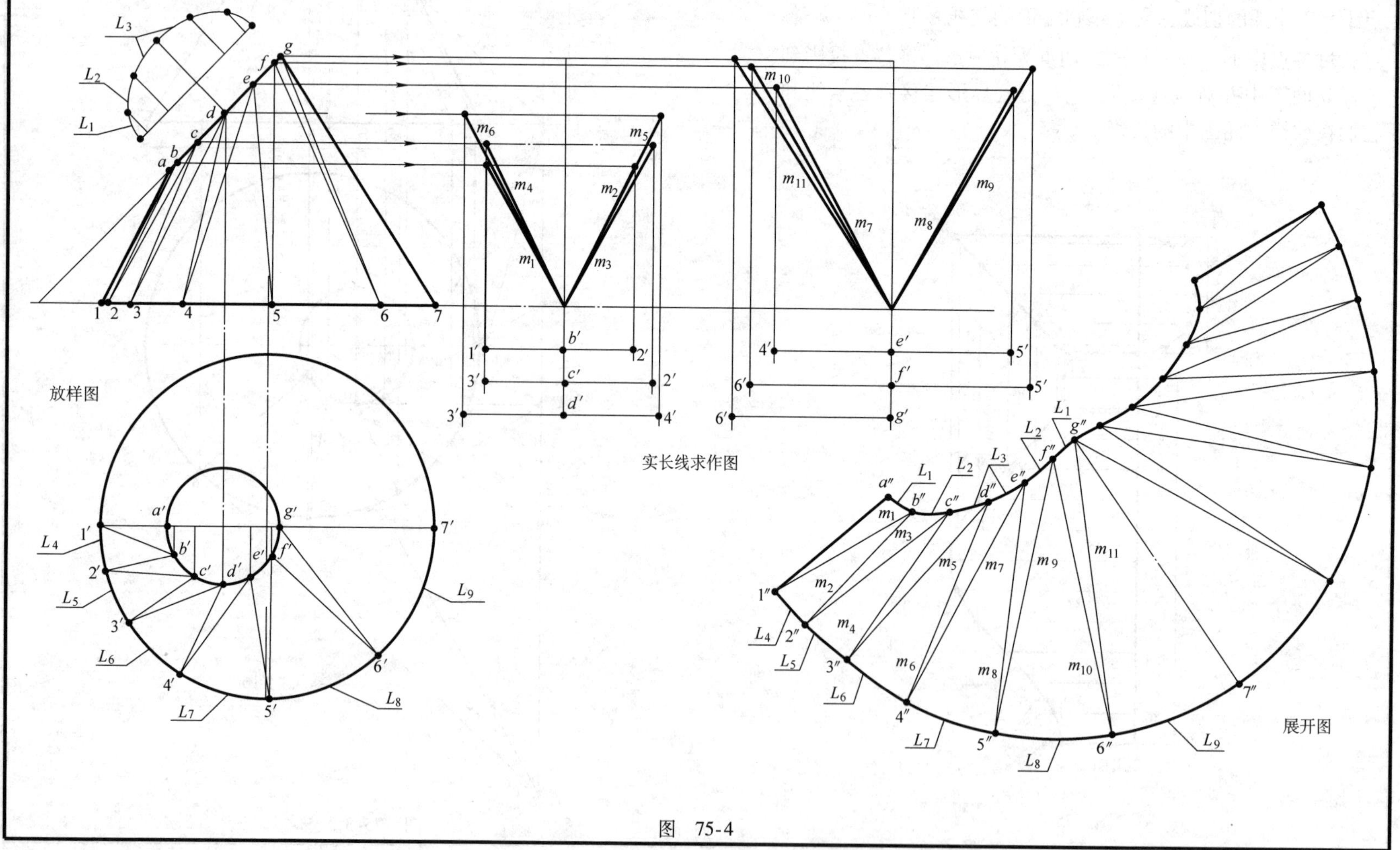

图 75-4

第六章　相贯线的作图法与应用技巧

相贯线是相交形体表面的公共线，所以也是相交形体的分界线，同时相贯线在空间总是封闭的，这是相贯线的基本特性。当相贯线是空间曲线时，相贯体展开时就必须先作出相贯线，以确定相交形体的分界线，再分别作展开图。由此可见，精确地作出相贯线，是相贯体展开时必须解决的问题。相贯线的作法有平行平面法、素线平面法和辅助球面法等。为使图面清晰，本章部分图例直接用放样图进行展开作图。

图例76　平行平面法作相贯线

图76-1所示为两个不等直径垂直相交的圆管。用两圆管轴线所在的平面将它一切两半，这样两个圆管各得一个长方形的截面。如图76-2所示，在这两个长方形的截面上有两个交点1，这两个交点是两个圆管表面上的共有点。如图76-3所示，如果用一系列相互平行的平面去切它，就能找到一系列的共有点，如将这些共有点连接起来，即为相贯体上的相贯线。这种用平行平面作为辅助截面找出共有点和相贯线的方法，称为平行平面法。

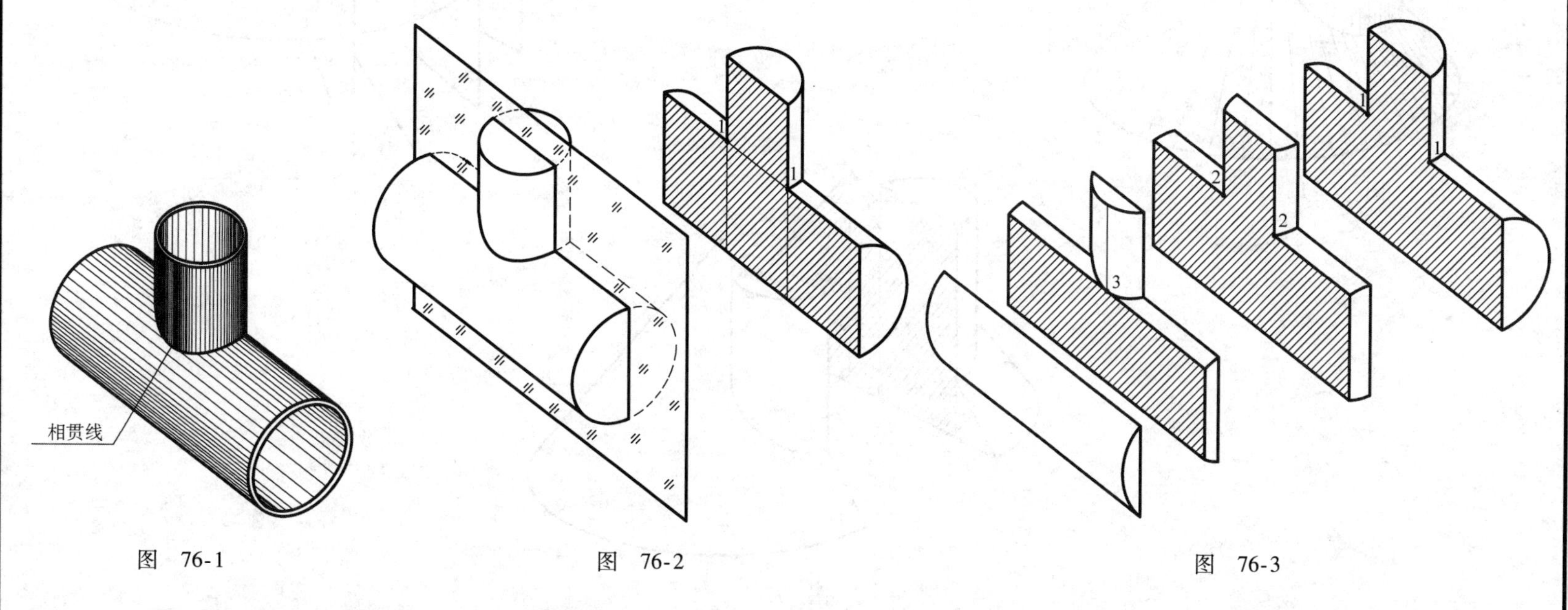

图　76-1　　图　76-2　　图　76-3

图例77　素线平面法作相贯线

图77-1所示为一个圆锥面与一个圆柱面在轴线平行的情况下相贯的相贯体。同样用两轴线所在的平面将它一切两半，可以看出圆柱体的截面是一个长方形，圆锥体的截面是一个三角形。如图77-2所示，在这两个截面上边有两个交点1和5，这两个交点也就是圆柱体表面和圆锥体表面的共有点。同理，按图77-3所示用一系列的素线平面去切它，就能够得到一系列的共有点2、3、4等，将这些点连接起来，即为所求的相贯线。这种用素线平面作为辅助平面找出共有点和相贯线的方法，称为素线平面法。

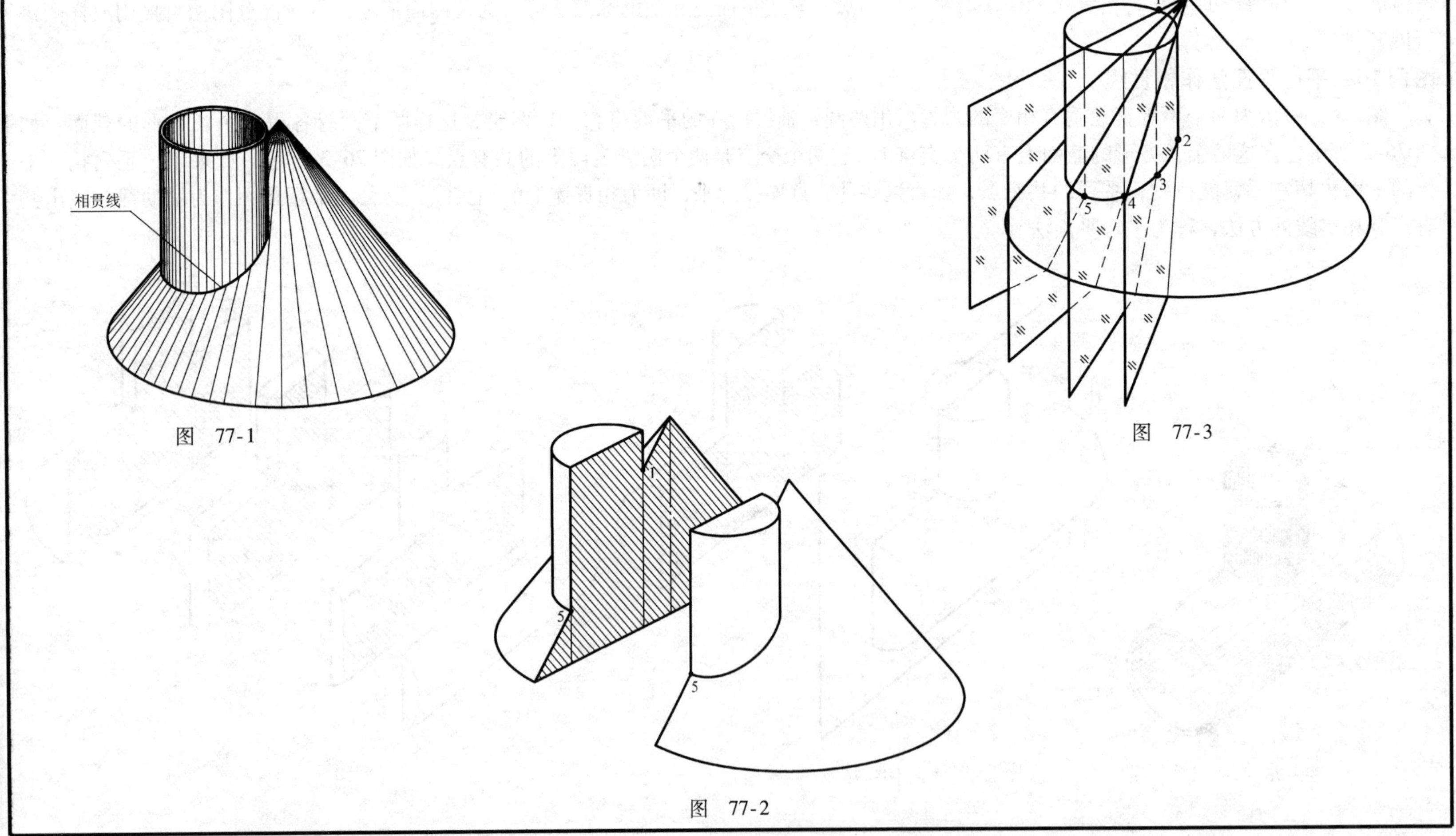

图　77-1

图　77-3

图　77-2

图例 78　辅助球面法作相贯线

图例 76 和图例 77 所作相贯线应用的辅助截面都是平面，本图例所要选择的辅助截面却是球面，所以称为辅助球面法作相贯线。

球面法作相贯线有它一定的应用范围，只有具备以下三个条件才可以使用：

1. 两相交立体都是回转曲面。
2. 两回转曲面的轴线必须相交。
3. 两回转曲面的轴线必须同时平行于一个基本投影面。

图 78-1 所示为正圆锥和圆柱构成的相贯体。其锥体和柱体的轴线交于 O 点，两轴线同时平行于一个投影面，符合球面法作相贯线的三个条件，所以可以采用球面法作相贯线。画法步骤：

1. 如图 78-2 所示，以两相贯体轴线 O 为圆心，选择适当的半径画一个圆，这个圆就是辅助球面的正面投影。这个辅助球面与圆锥体的交线是两个圆，两个圆在正面视图中的投影是 AB 和 CD 两条直线，而辅助球面与圆柱体的交线也是一个圆，这个圆在正面视图中的投影是直线 EF，三个圆又相交于 2、5 两点。这两点是球面上两点，也是圆锥和圆柱上的共有点，所以也是相贯线上的两点。

2. 如图 78-3 所示，采用上述方法放大或缩小辅助球面的半径，作出若干个辅助球面，就可以得到若干个共有点 3、4 等。两立体轮廓线的交点 1 和 6 肯定是相贯线上的特殊点，将所有共有点光滑地连接起来即为所求的相贯线。

图例 76、图例 77 和图例 78 是相贯线求作的三种基本方法，下面用一些图例来理解相贯体的展开方法和应用技巧。

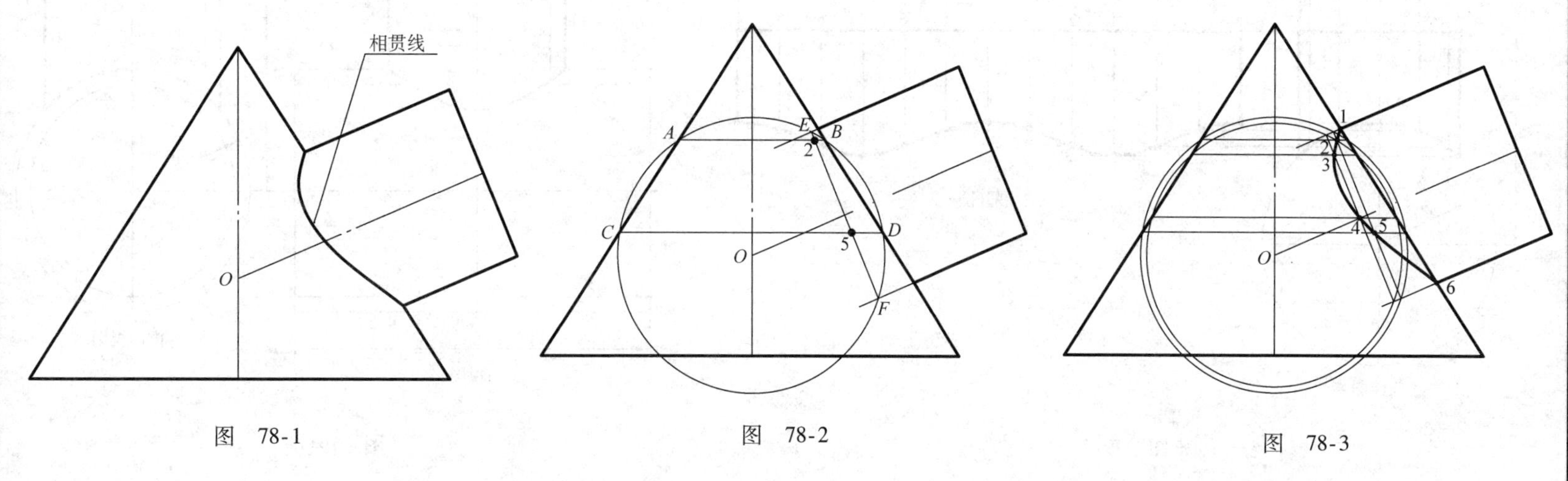

图　78-1　　图　78-2　　图　78-3

图例 79　正交异径圆管三通

图 79-1 所示为正交异径圆管三通和它的两面视图。支管的轴线高度为 H，内径为 D，厚度为 t，主管外半径为 R，支管和主管的轴线垂直相交，相贯线为空间曲线。相贯线在正面视图中的投影是曲线，在侧面视图中的投影为圆弧，放样图中支管的直径用圆管的内径，高度仍为 H，主管的直径用圆管的外径，半径仍为 R。支管和主管均用平行线法展开。

图 79-2 是支管的放样图及展开图，放样图用侧面视图作出，展开图画法步骤：

1. 在侧面视图的放样图中，先将管端半圆 6 等分，过各等分点作垂线交相贯线圆弧上各点。

2. 在支管端面投影的延长线上取线段为支管中径的展开值 $\pi(D+t)$，将线段 12 等分点，过各等分点作垂线和相贯线圆弧上各点的水平投线对应交于各点，光滑连接各点即得到相贯线的展开曲线和支管的展开图。

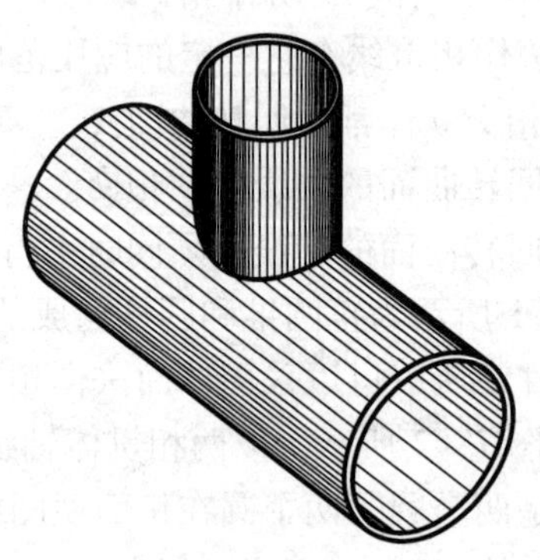

正交异径圆管三通

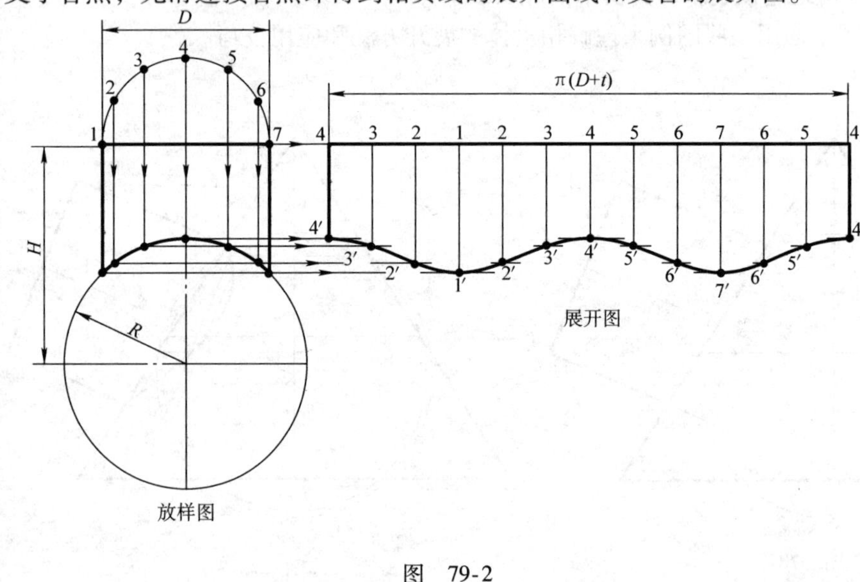

图　79-2

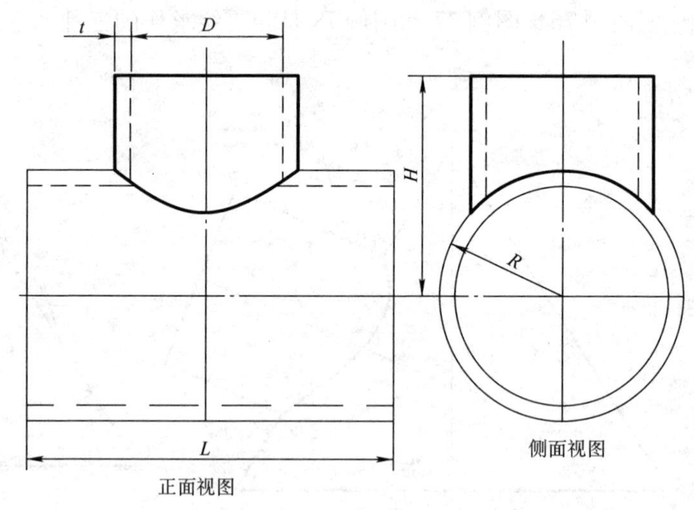

图　79-1

图 79-3 是主管的放样图及展开图。放样图用两面视图作出，主管展开图的画法步骤：

1. 过放样侧面图中相贯线圆弧上各点向放样立面图作水平投线，和 6 等分半圆周各点的垂直投线对应交于各点，光滑连接各点即得到放样立面图上的相贯线。

2. 作出主管段的展开图形为一长方形。

3. 在展开图中利用放样侧面图中相贯线各分点间的弧长和放样立面图中相贯线上各分点间的平行距离作出主管外壁的开孔图。

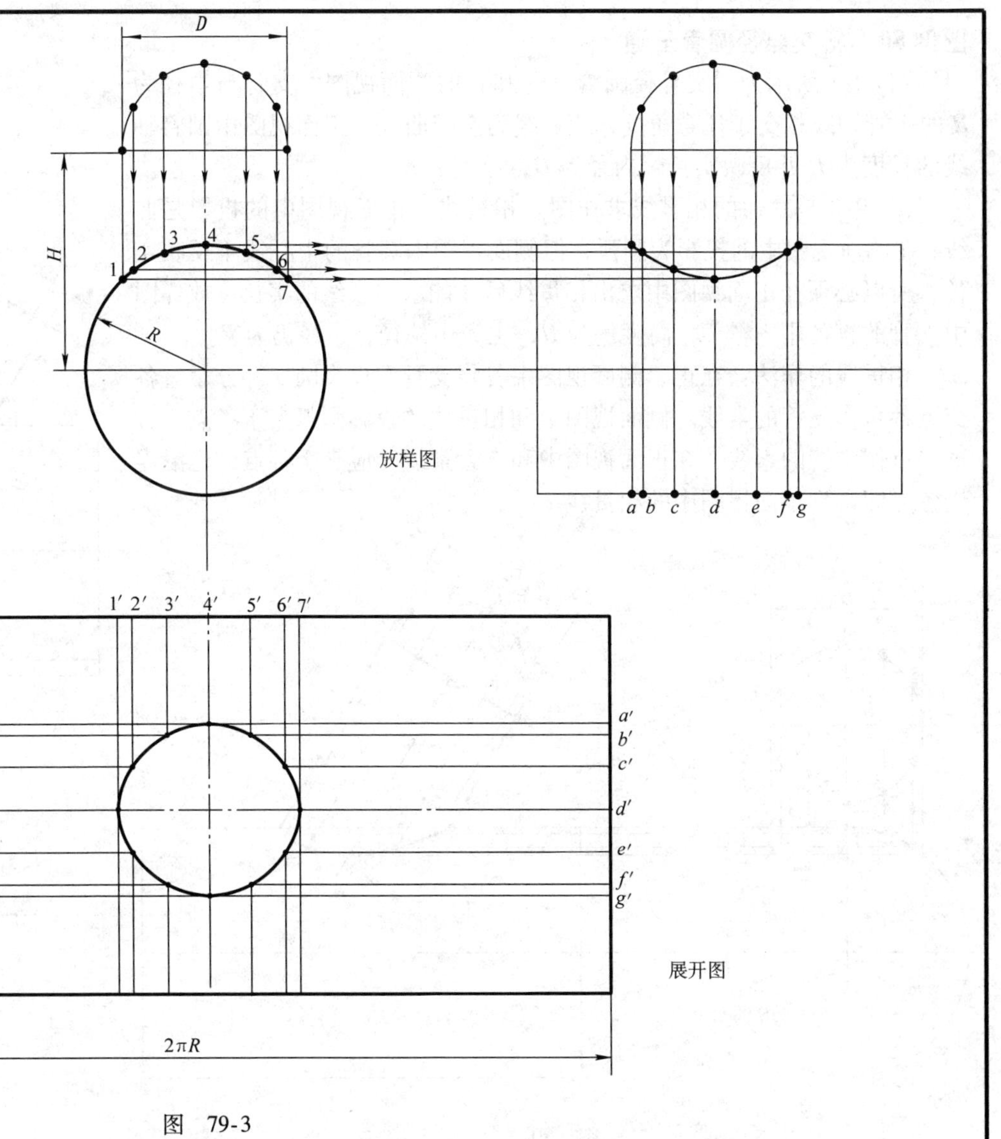

图　79-3

图例 80　斜交异径圆管三通

图 80-1 所示为斜交异径圆管三通和它的两面视图。支管与半径为 R 的主管轴线相交于任意角度，相贯线为空间曲线。正面视图中圆管轴线的长度为 H 并反映实长，内径为 D，厚度为 t。

图 80-2 是三通的相贯线求作图。相贯线在正面视图中的投影是曲线，在侧面视图中的投影为圆弧，但侧面视图中圆管的中心线不反映实长，所以必须在正面视图中求出相贯线后才能求出素线的实长。放样图中支管的直径用内径 D，高度仍为 H，主管用外径，半径仍为 R。

相贯线的作法：在正、侧面视图中各将支管端口半圆 6 等分，过各交点各自作支管的素线。侧面视图中和相贯线的投影圆弧交于各点，过这些点作主管的素线，在正面视图中和支管素线对应交于各点，光滑连接各点即得到正面视图中的相贯线。

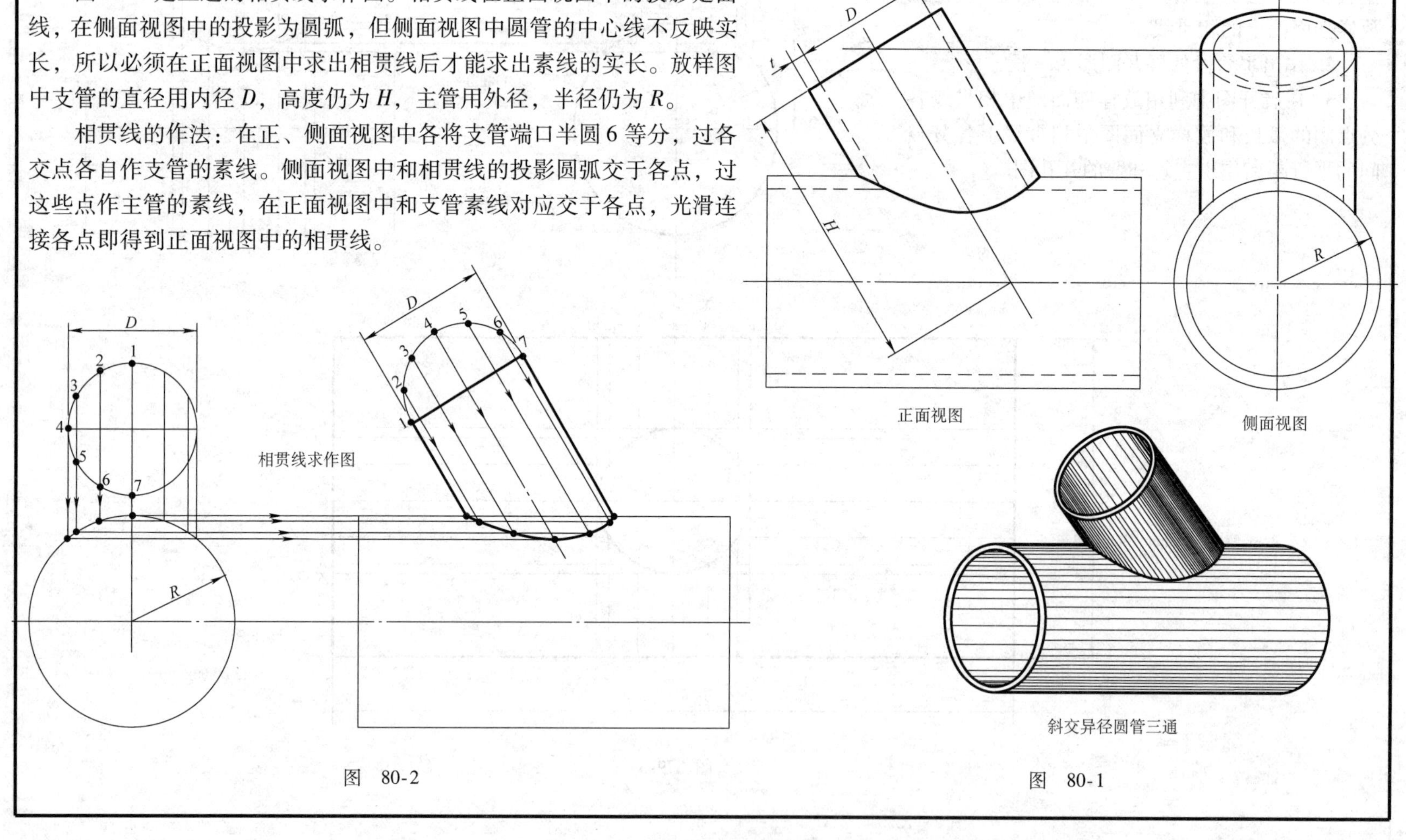

图　80-2

图　80-1

图 80-3 是斜交异径三通支管的放样图及展开图。利用图 80-2 中相贯线的投影，就可以确定圆管素线的长度进行展开，本图例仅作支管的展开。主管的展开可参阅图例 79。

展开图画法：在管端面投影的延长线上取线段为支管中径的展开值 $\pi(D+t)$，将线段 12 等分，过各等分点作延长线的垂线和相贯线上过各素线交点作管端的平行投线对应交于各点，光滑连接各点即得到支管的展开图。

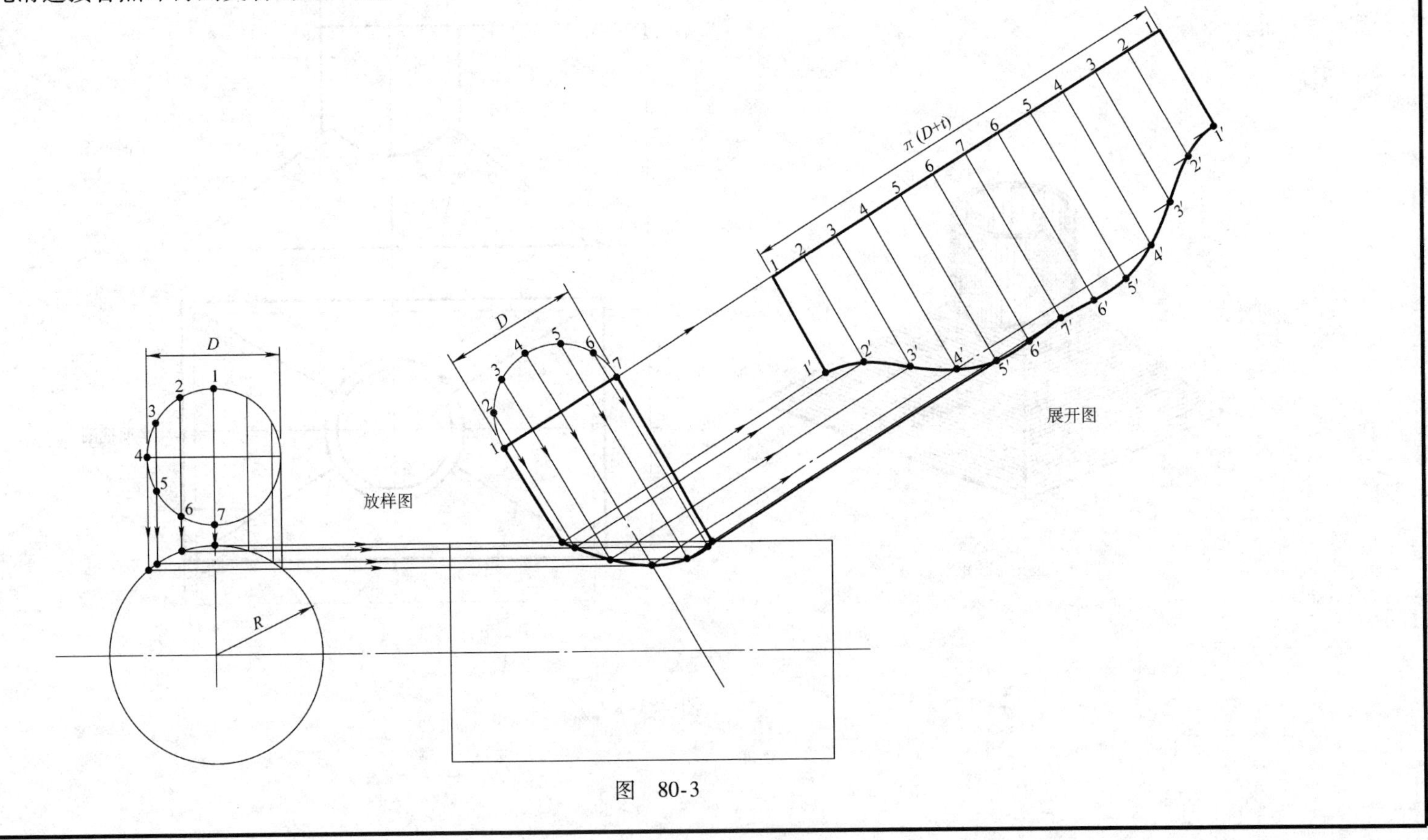

图　80-3

图例 81　圆管正插矩形棱锥管

图 81-1 所示为圆管正插矩形棱锥管和它的两面视图。接头上部是圆管，下部是矩形棱锥管，前后和左右面对称，此构件虽是圆管和棱锥的组合件，但在圆方过渡连接管中由于下料和加工制造都较方便，所以此图例常被采用。本图例圆管用平行线法展开，棱锥如设置为正棱锥，既可用平行线法展开，也可用放射线法展开，本图例将棱锥设置为正矩形棱锥，全部用平行线法进行放样展开。

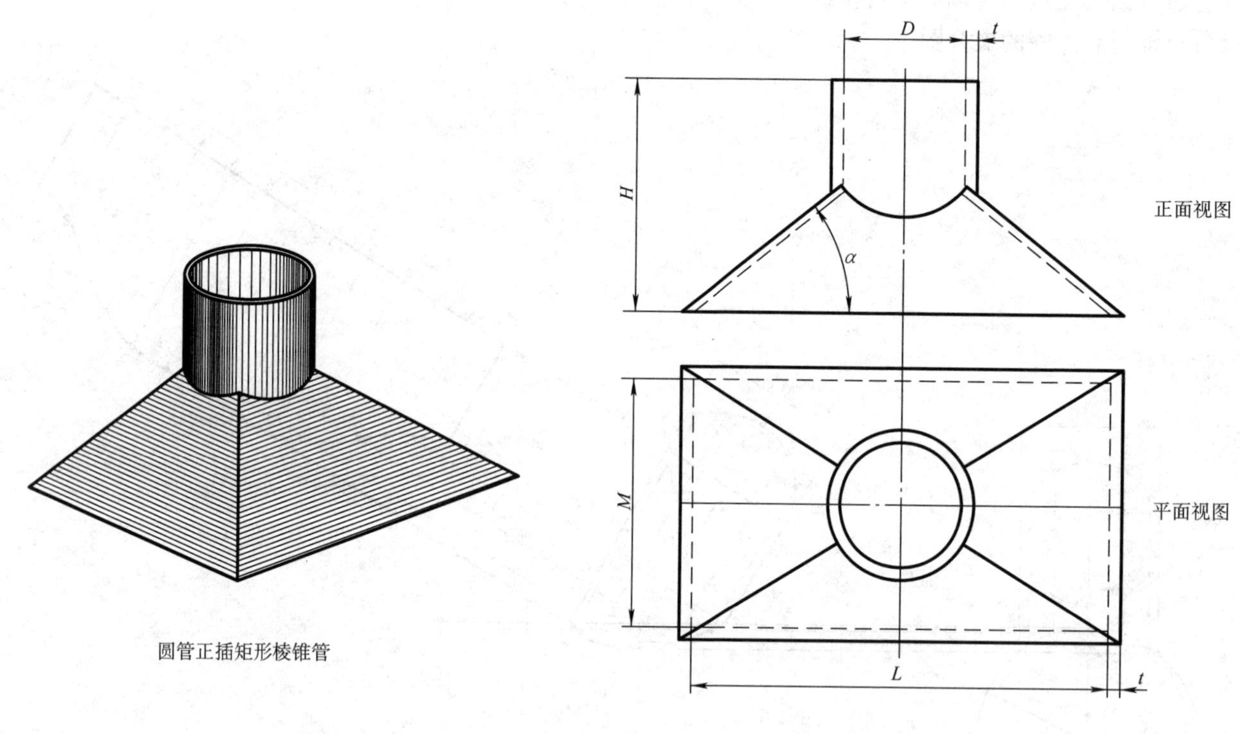

图　81-1

图 81-2 是圆管正插矩形棱锥管的放样图和相贯线求作图。在不严格要求板厚处理时，放样图中圆管和棱锥均用内壁尺寸画出，因构件由两形体组成，一般应先求出相贯线再进行展开。

1. 先画出放样立面图和平面投影中两形体的轮廓线，再画出放样侧面图和平面投影的轮廓线。

2. 连接棱锥顶 OO'，在两个放样平面图中将被棱线分割的两个弧段各自 4 等分和 2 等分得 1 ~7 点，过各点向上投线交到棱线上，各面用另一面投影图中轮廓线上的交点求出相贯线上其他点并光滑连接，即得到两面的相贯线投影。

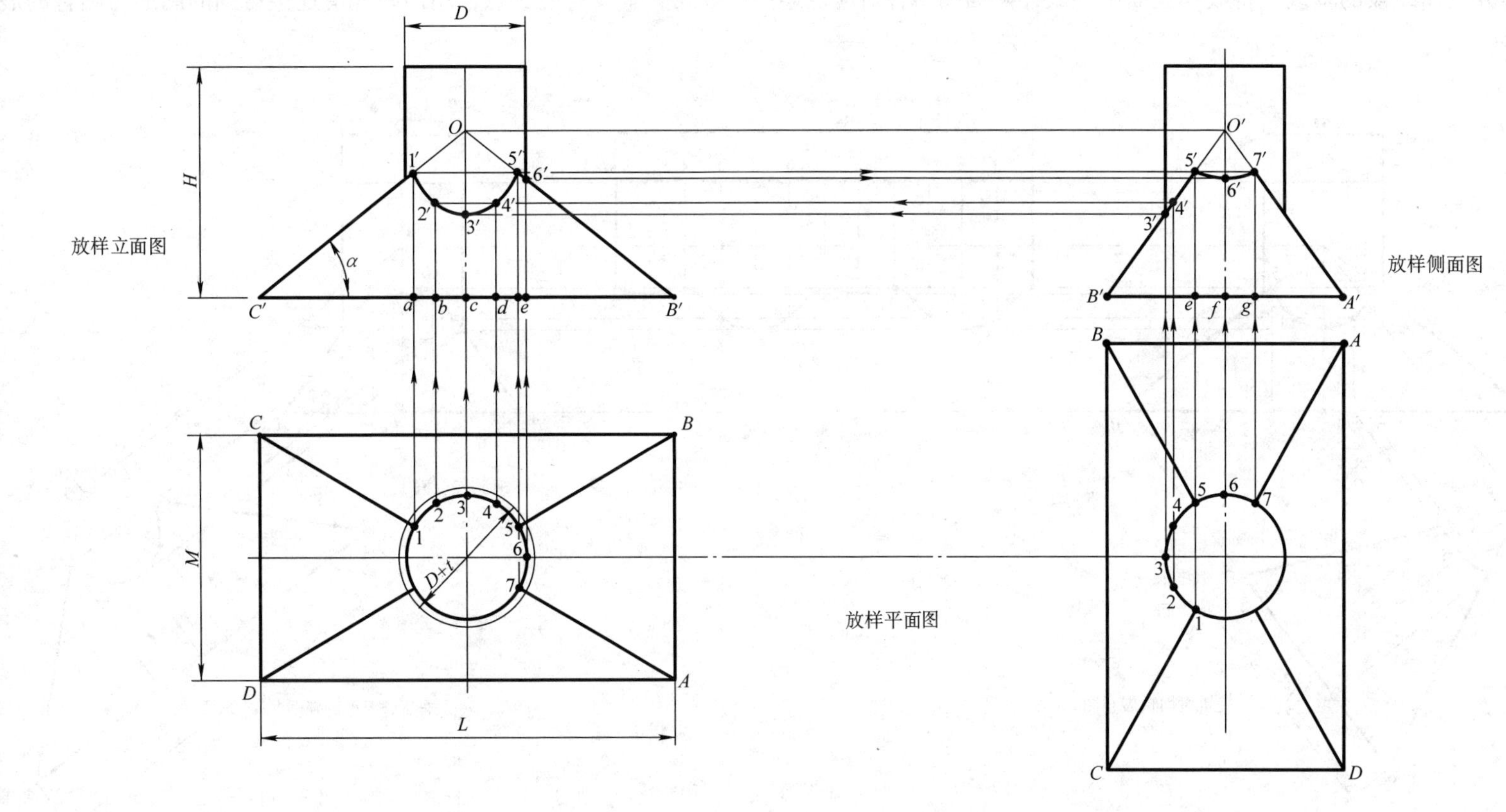

图　81-2

图 81-3 是用平行线法画出的圆管和棱锥的放样图及展开图。画法步骤：

1. 在放样立面图中过各交点作线段 OB'的垂线，在过 B'点的垂线上取 f'点作 OB'线的平行线和过 O 点的垂线交于 O_1 点，以 f'点为中心取线段 AB 长度为 M，连接 AO_1 和 BO_1，用放样侧面图中 e、f、g 三点的距离作底边 AB 的垂线，对应得交点 5°、6°和 7°，用光滑连接三点的曲线得到的图形为棱锥侧面板的展开图。同理，可画出前后面板的展开图。

2. 在圆管端口的延长线上取线段长度为圆管中径的展开长度 $\pi(D+t)$，并按照图 81-2 中放样平面图中中径的等分弧长进行等分，过各等分点作线段的垂线。将放样立面图和放样侧面图中各对应点连接，各线和垂线对应交点，用曲线光滑连接得到的图形为圆管的展开图形。

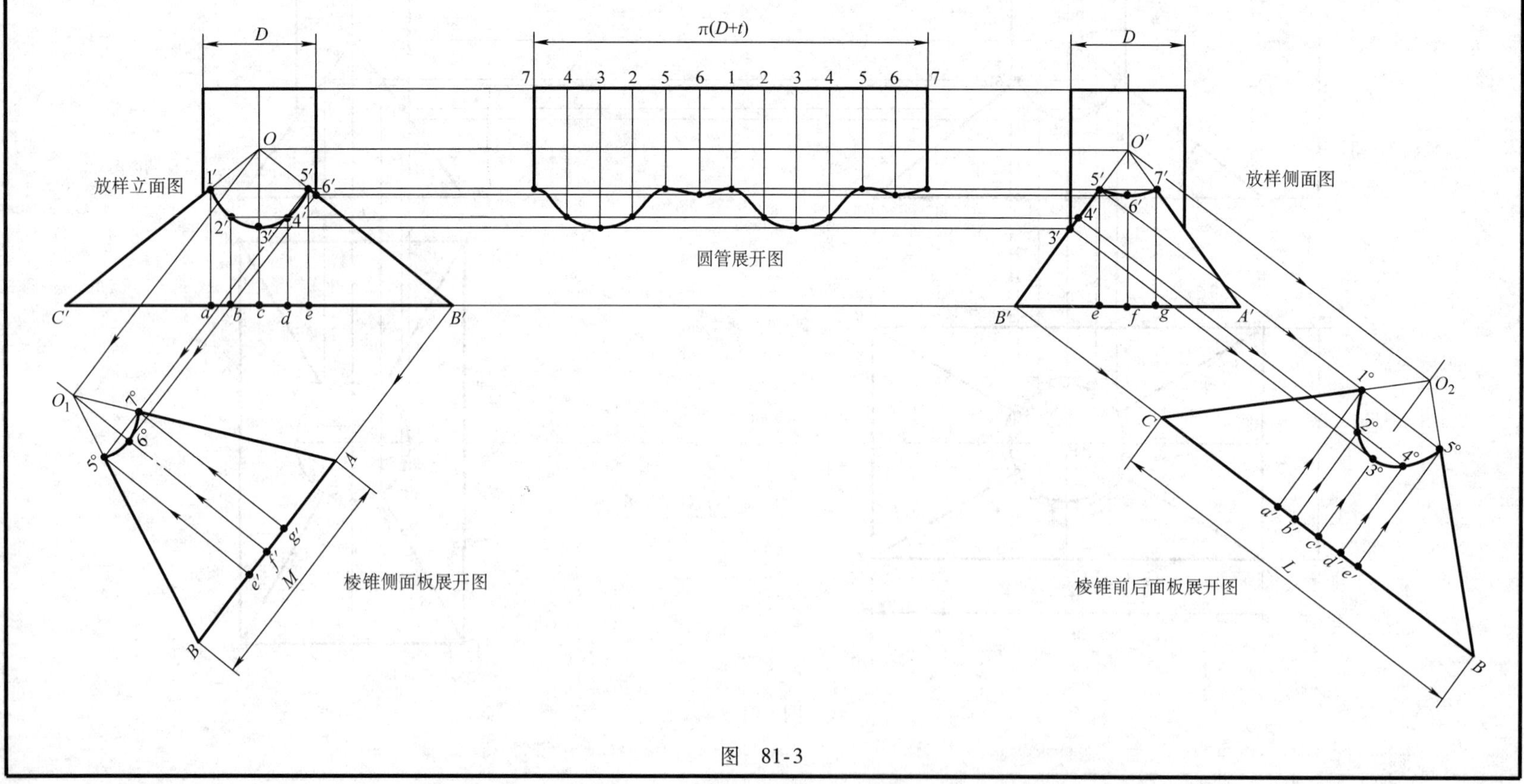

图 81-3

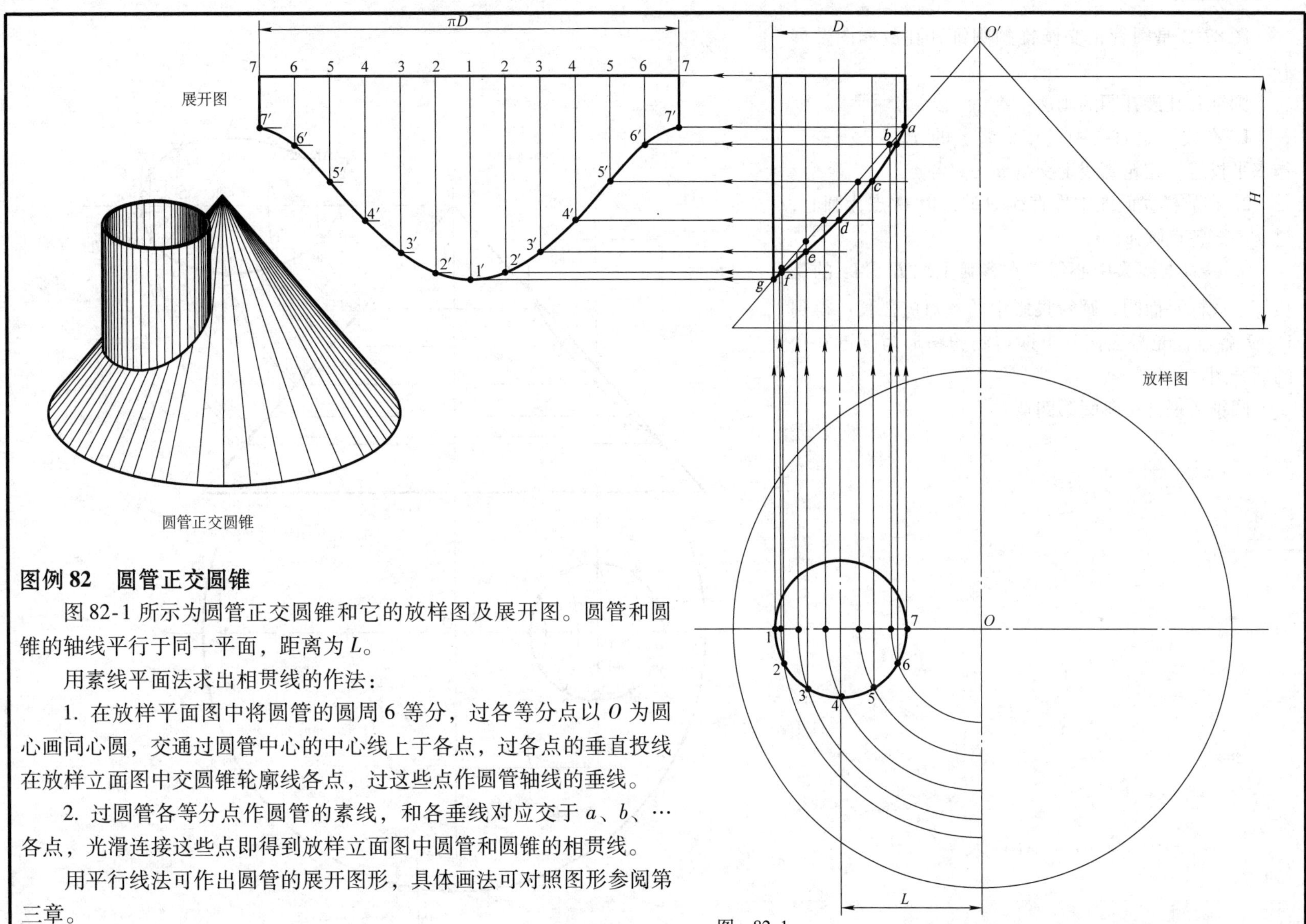

图例 82　圆管正交圆锥

图 82-1 所示为圆管正交圆锥和它的放样图及展开图。圆管和圆锥的轴线平行于同一平面，距离为 L。

用素线平面法求出相贯线的作法：

1. 在放样平面图中将圆管的圆周 6 等分，过各等分点以 O 为圆心画同心圆，交通过圆管中心的中心线上于各点，过各点的垂直投线在放样立面图中交圆锥轮廓线各点，过这些点作圆管轴线的垂线。

2. 过圆管各等分点作圆管的素线，和各垂线对应交于 a、b、…各点，光滑连接这些点即得到放样立面图中圆管和圆锥的相贯线。

用平行线法可作出圆管的展开图形，具体画法可对照图形参阅第三章。

图　82-1

图 82-2 是圆管正交圆锥的圆锥开孔放样图及展开图。

圆锥开孔展开图的画法：

1. 在放样立面图中过相贯线上的 a、b、…各点作水平投线，在轮廓线上交得 a' ~ g'各点。

2. 在放样立面图中作直线 $O'1'$，以 O'点为圆心，过 a' ~ g'各点画弧。

3. 以 $O'1'$线为中心线，在各弧上取 L_1 ~ L_5 的弧长等于放样平面图中圆管投影中的各对应弧长，得到 $1'$ ~ $7'$各点，光滑连接各点即得到的图形为圆锥开孔的展开图。

圆锥的展开可参阅第四章。

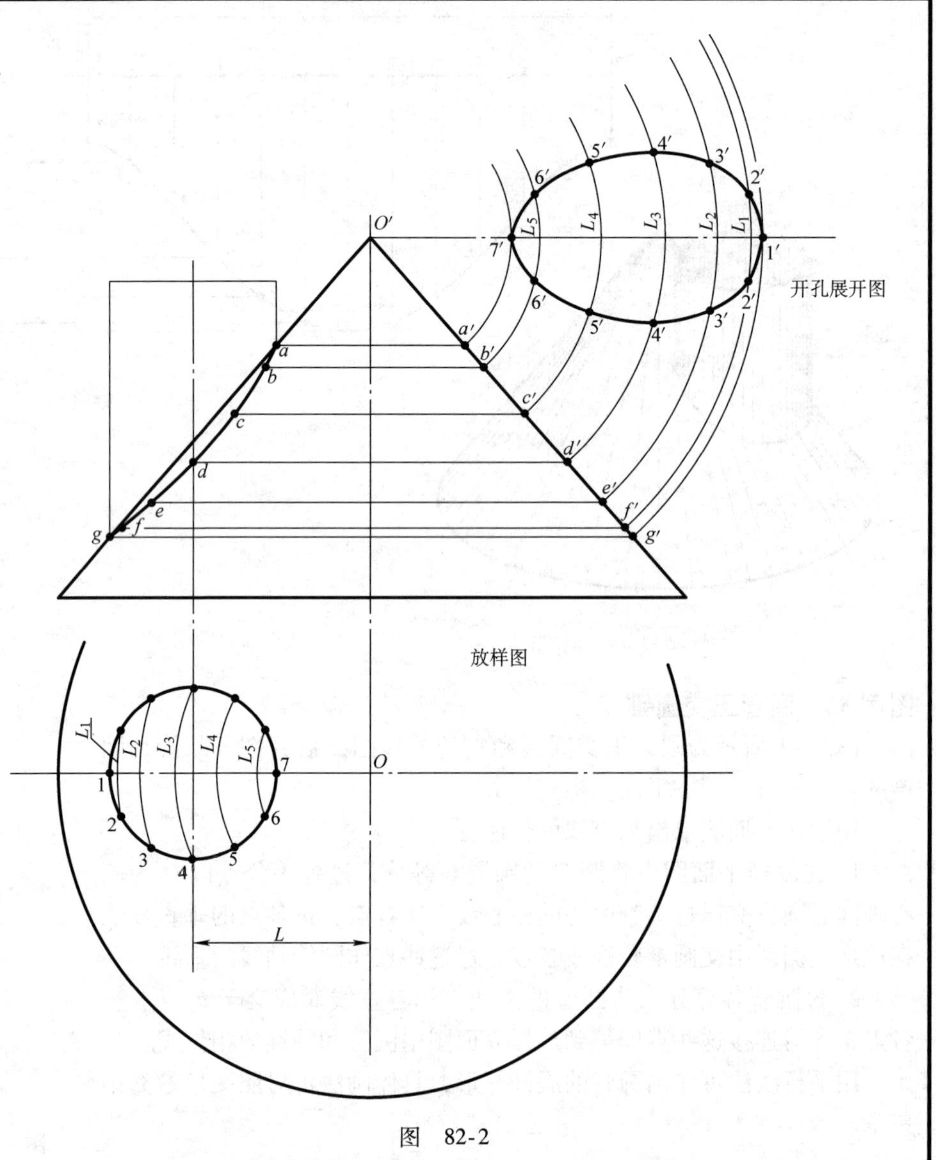

图 82-2

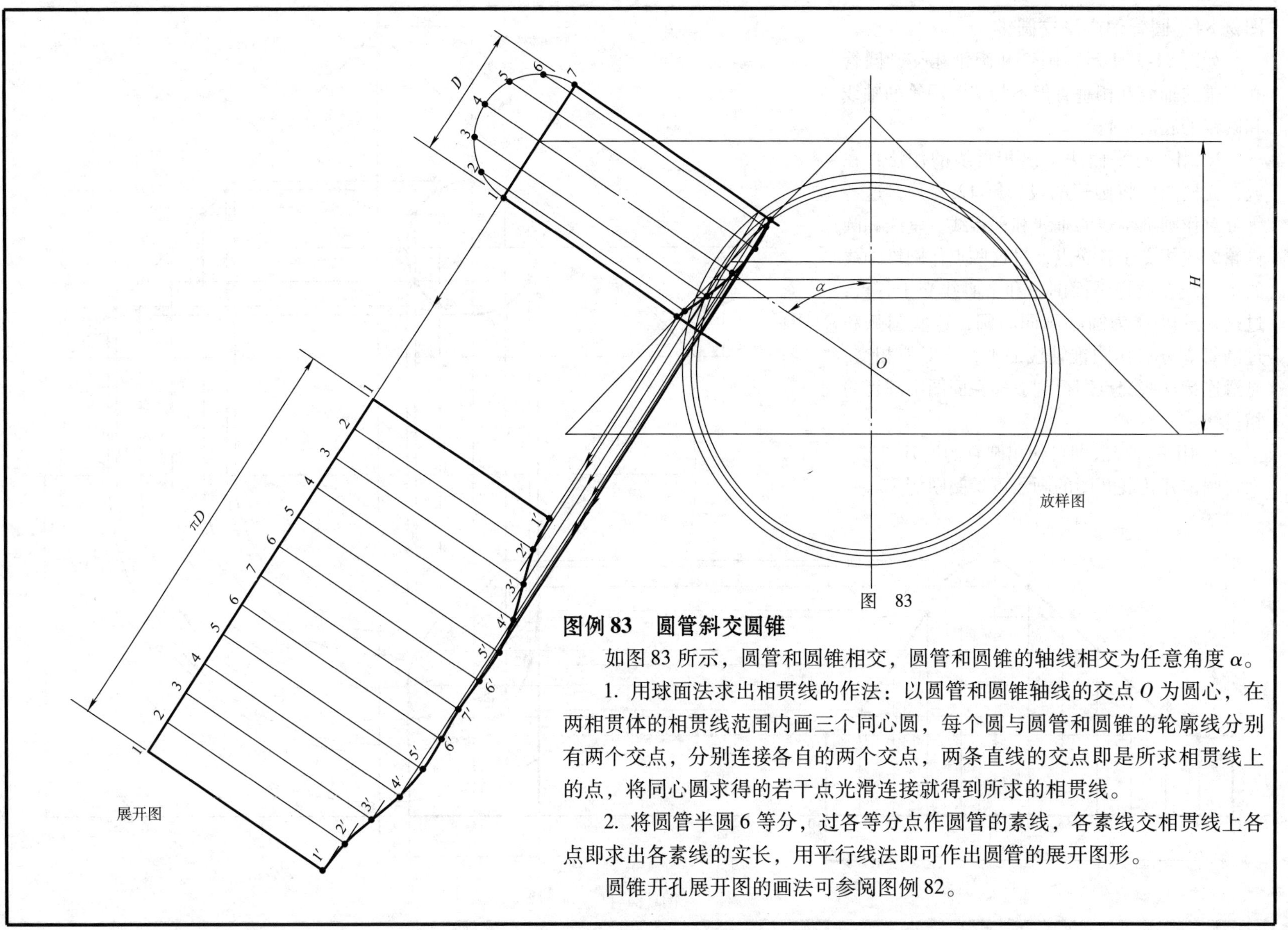

图 83

图例 83 圆管斜交圆锥

如图 83 所示，圆管和圆锥相交，圆管和圆锥的轴线相交为任意角度 α。

1. 用球面法求出相贯线的作法：以圆管和圆锥轴线的交点 O 为圆心，在两相贯体的相贯线范围内画三个同心圆，每个圆与圆管和圆锥的轮廓线分别有两个交点，分别连接各自的两个交点，两条直线的交点即是所求相贯线上的点，将同心圆求得的若干点光滑连接就得到所求的相贯线。

2. 将圆管半圆 6 等分，过各等分点作圆管的素线，各素线交相贯线上各点即求出各素线的实长，用平行线法即可作出圆管的展开图形。

圆锥开孔展开图的画法可参阅图例 82。

图例 84　圆管偏心平交圆锥

如图 84-1 所示，圆管和圆锥相交，圆管和圆锥的轴线互相垂直但不相交，圆管的轴线和圆锥的底面平行。

1. 用平行平面法求出相贯线的作法：在放样立面图中将圆管的投影圆 12 等分，过各等分点作圆锥轴线的垂线和平行线，垂线和圆锥轮廓线相交于各交点，过这些点作圆锥轴线的平行线在放样平面图中和中心线交于各点，过这些点以 O 为圆心画同心圆，这些圆弧和过圆管等分点作圆锥轴线的平行线对应相交，光滑连接这些交点即得到放样平面图中圆管的相贯线。

2. 用平行线法即可作出圆管的展开图形。

圆锥开孔展开图的画法可参阅图例 82。

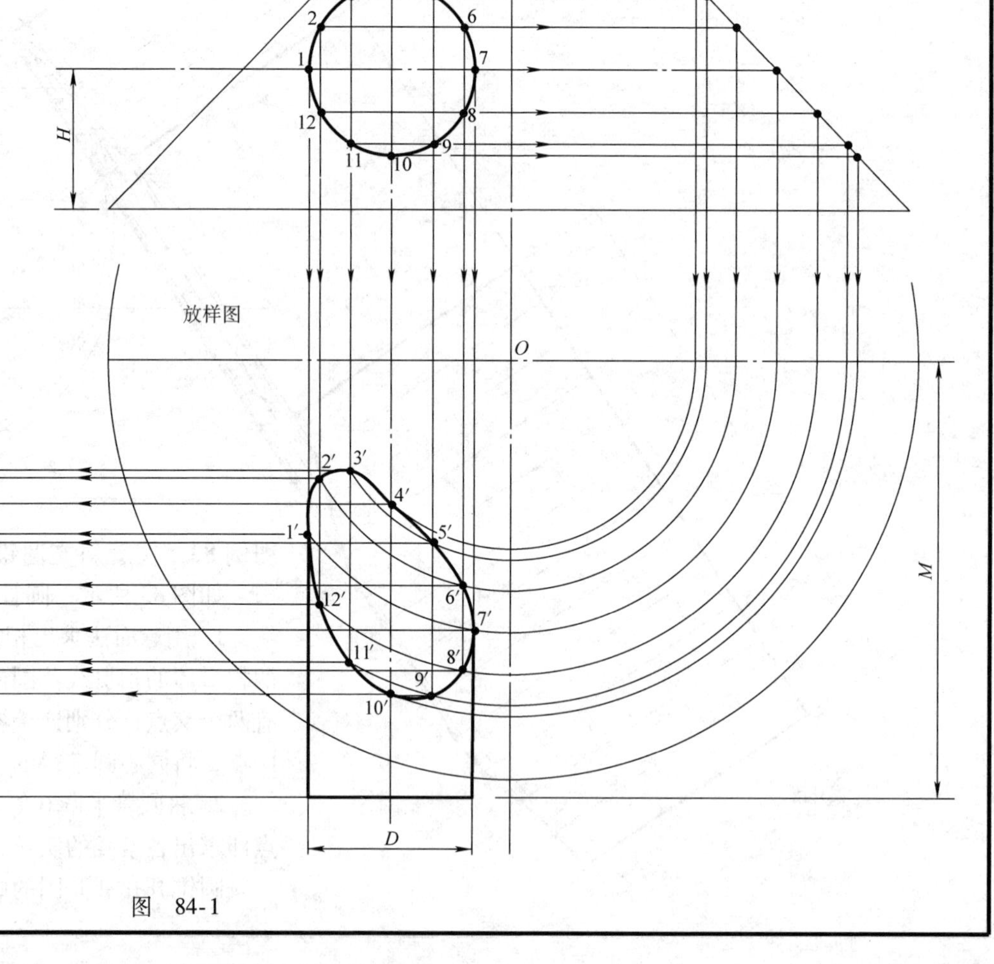

图　84-1

将图 84-1 中的放样侧面图画出。如图 84-2 所示，它的放样平面图中相贯线投影和图 84-1 中是相同的图形。将放样平面图中相贯线上的各点上投，用平行平面法同样可求出放样侧面图中的相贯线投影。

如图 84-3 和图 84-4 所示，两个视图中的相贯线用平行线法都可画出圆管同样的展开图形。

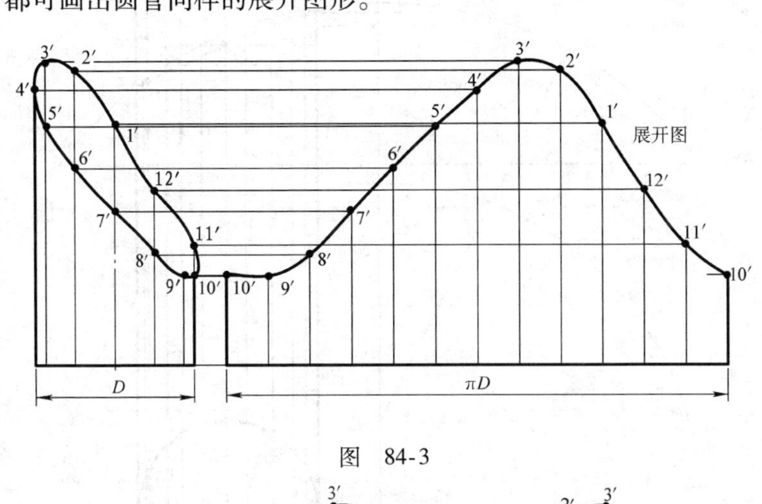

图 84-3

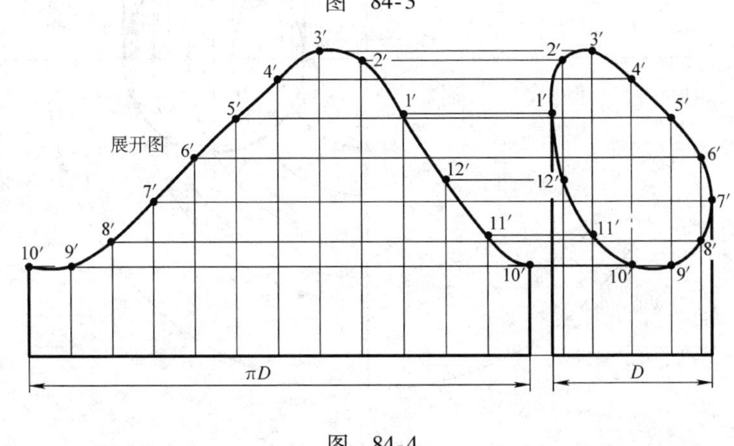

图 84-4

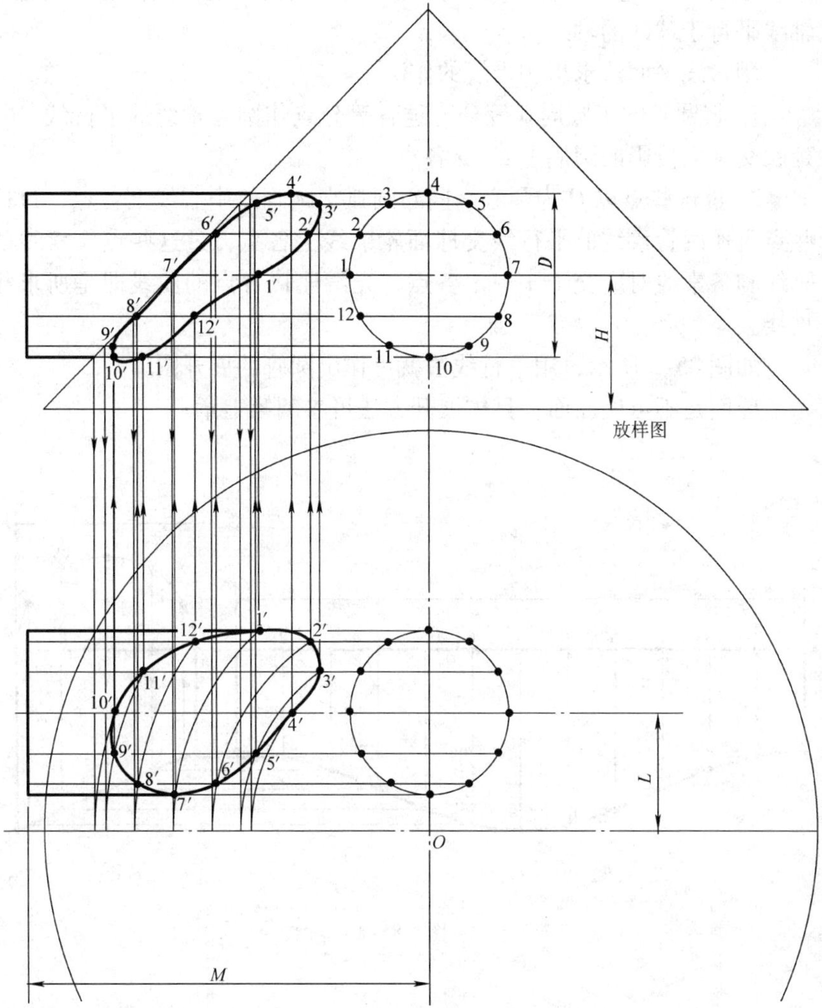

放样图

图 84-2

图例 85　圆管正交球面

如图 85-1 所示，直径为 D 的圆管被半径为 R 的球面截切，圆管的轴线平行于球缺的轴线。

用素线平面法求出相贯线的作法：

1. 将圆管的半圆周 6 等分，过各等分点作圆管素线的平行线，并延长交平面投影的圆周上 $a \sim g$ 各点。

2. 过这些点以 O 为圆心画同心圆弧交圆管的中心线上各点，过这些点再作圆管素线的平行线交球面轮廓线上各点，过这些点作素线的垂线和各素线对应交于 $a' \sim g'$ 各点，光滑连接各点的曲线即是所求相贯线。

如图 85-2 所示，用平行线法就可作出圆管的展开图。

球面是不可展曲面，具体展开方法可参阅第七章。

图　85-2

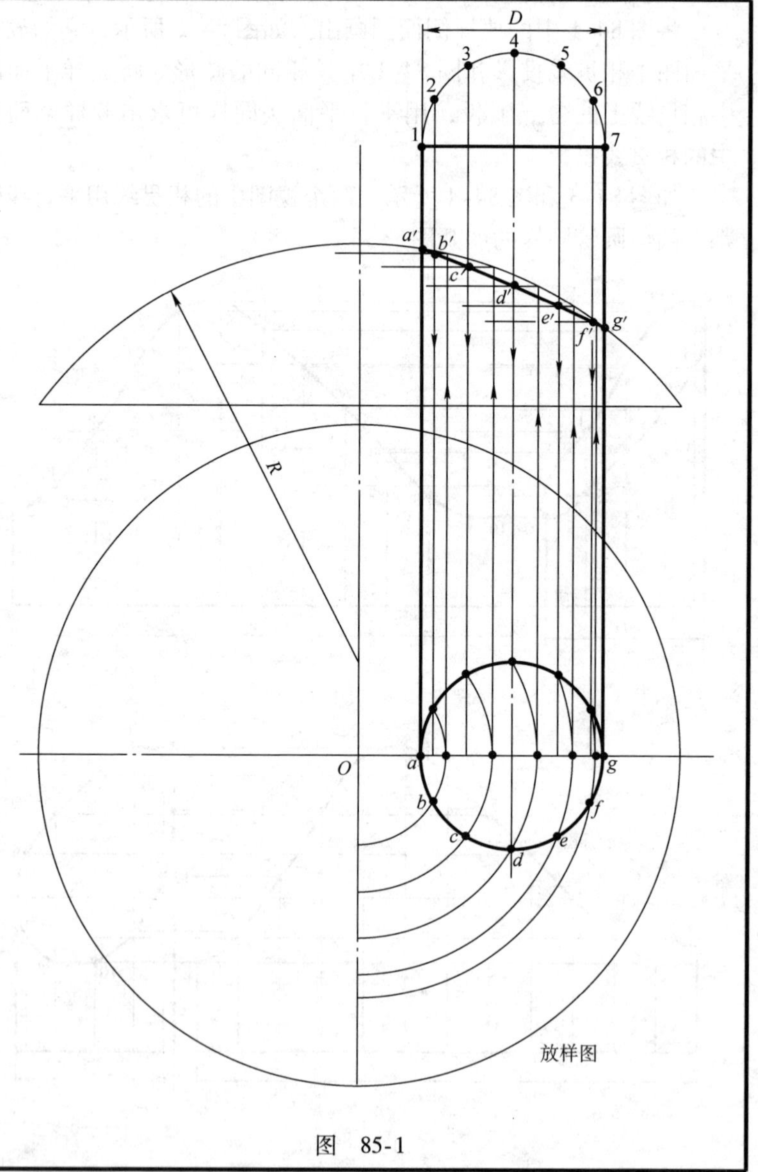

图　85-1

图例 86　圆管平交球面

如图 86-1 所示，直径为 D 的圆管被半径为 R 的球面截切，圆管的轴线垂直于球缺的轴线。

用平行平面法求出相贯线的作法：

1. 放样立面图中将圆管的半圆周 6 等分，过各等分点作圆管素线的平行线交球面轮廓线上各点。

2. 过轮廓线上这些点作圆管素线的垂线交平面图中心线上 $a \sim g$ 各点，过这些点以 O 为圆心画同心圆。

3. 以 O 为圆心，以 D 为直径画圆并 12 等分，过各等分点作中心线的平行线和同心圆线对应交于各点，光滑连接各点即为相贯线的平面投影。

4. 过各点作圆管素线的垂线和各素线对应交于各点，光滑连接各点的曲线即是所求相贯线。

如图 86-2 所示，用平行线法就可作出圆管的展开图。

球面是不可展曲面，具体展开方法可参阅第七章。

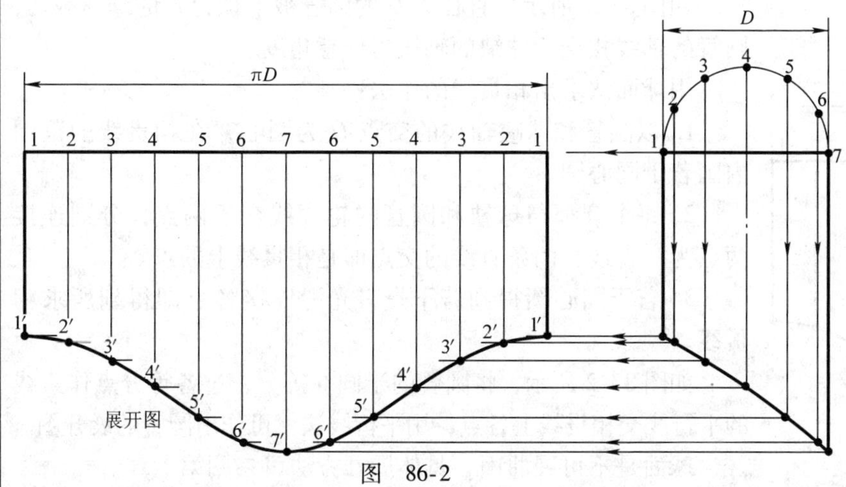

图　86-2

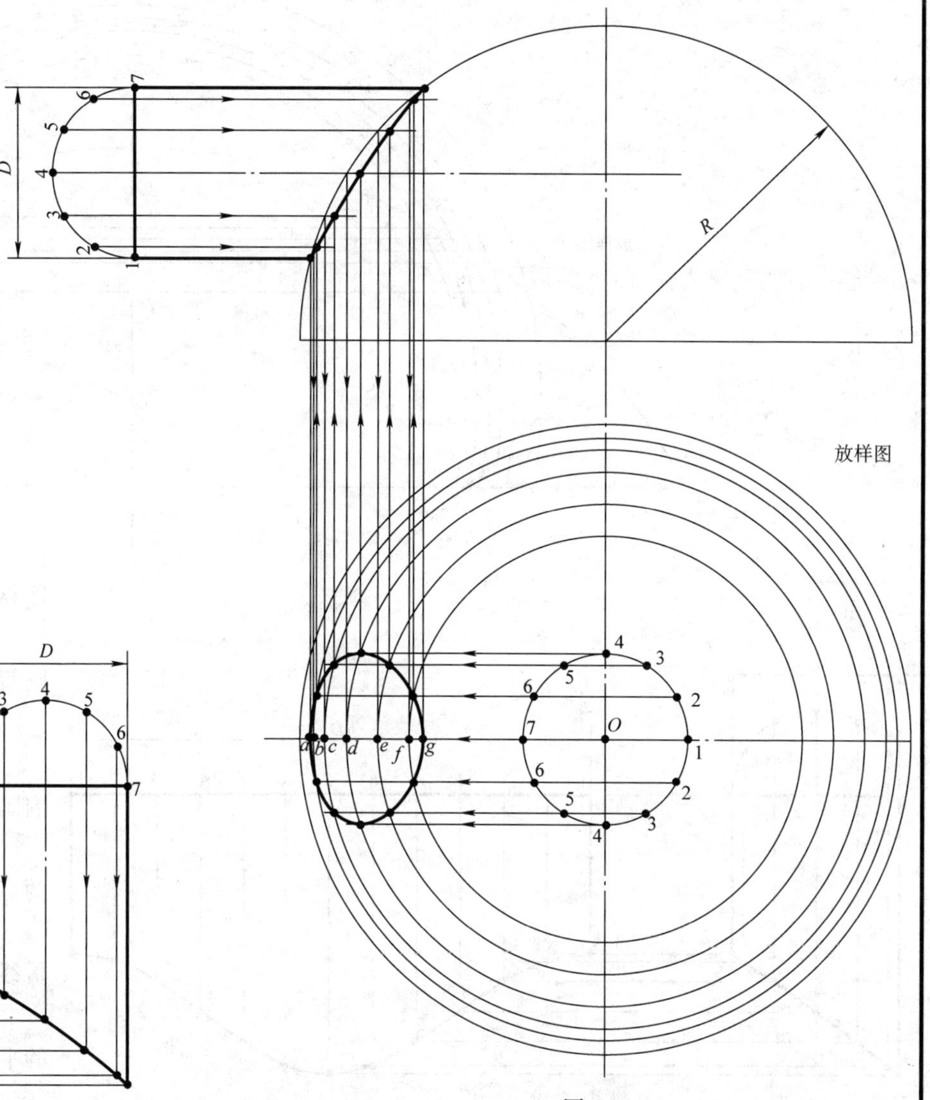

图　86-1

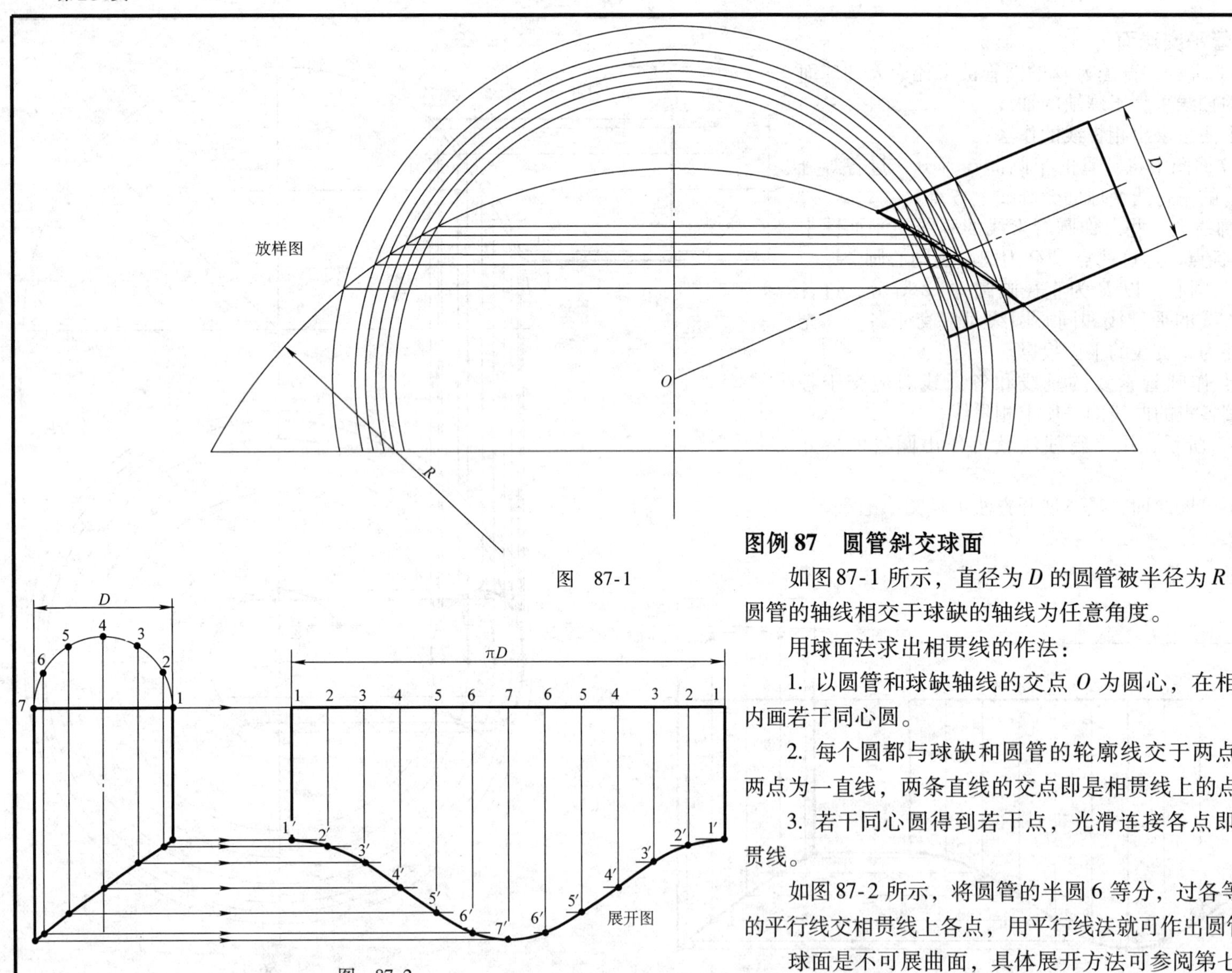

图 87-1

图 87-2

图例 87　圆管斜交球面

如图 87-1 所示，直径为 D 的圆管被半径为 R 的球面截切，圆管的轴线相交于球缺的轴线为任意角度。

用球面法求出相贯线的作法：

1. 以圆管和球缺轴线的交点 O 为圆心，在相贯线的范围内画若干同心圆。

2. 每个圆都与球缺和圆管的轮廓线交于两点，分别连接两点为一直线，两条直线的交点即是相贯线上的点。

3. 若干同心圆得到若干点，光滑连接各点即得到所求相贯线。

如图 87-2 所示，将圆管的半圆 6 等分，过各等分点作素线的平行线交相贯线上各点，用平行线法就可作出圆管的展开图。

球面是不可展曲面，具体展开方法可参阅第七章。

图例 88　圆管偏心平交球面

如图 88 所示，圆管和球面相交，圆管和半球的轴线互相垂直但不相交。

用平行平面法求出相贯线的作法：

1. 将放样立面图中圆管的轮廓线 12 等分，分别过各等分点作垂直线和水平线。

2. 水平线和球轮廓线交于各点，过这些点作垂直线交放样平面图中心线上 $a \sim g$ 各点。

3. 放样平面图中再过 $a \sim g$ 各点，以 O 为圆心画同心圆，和放样立面图中过各等分点的垂线对应交于各点，光滑连接各点即得到圆管和球面的相贯线。

如图所示，用平行线法作图即可得到圆管的展开图形。

球面是不可展曲面，具体展开方法可参阅第七章。

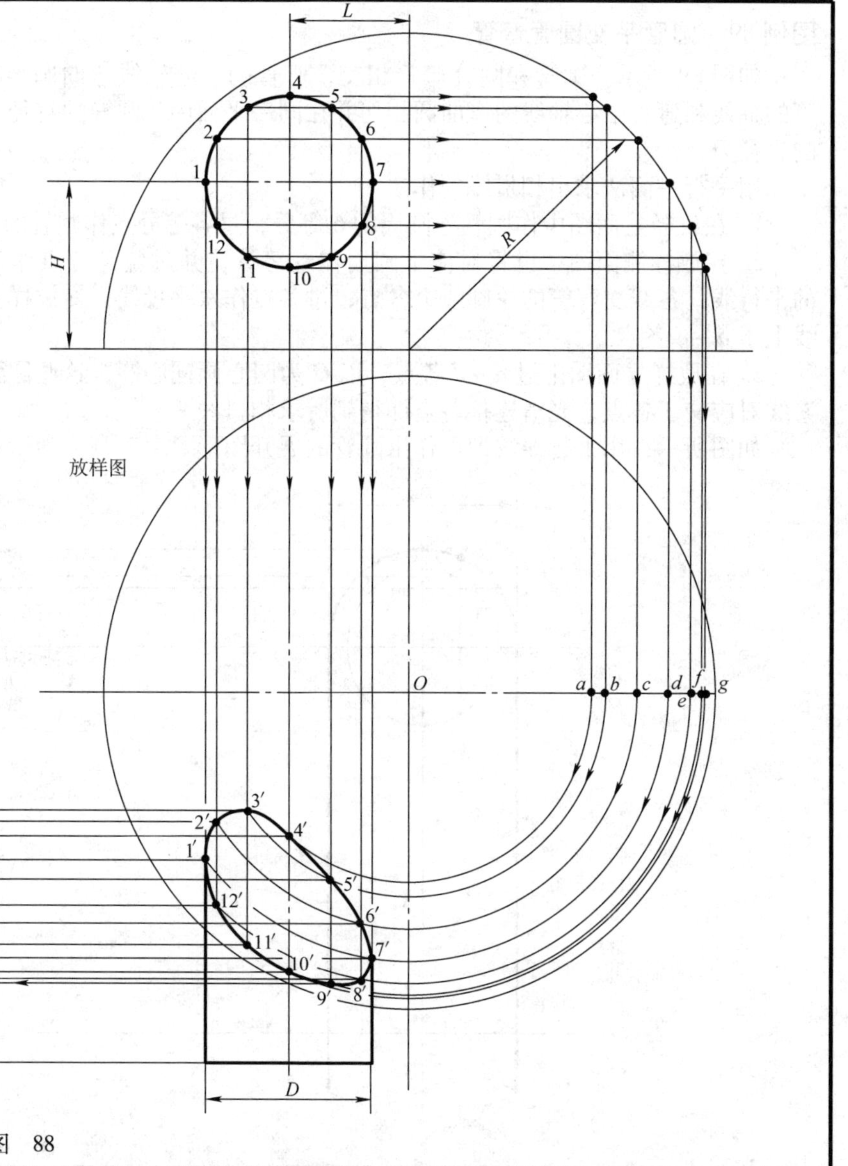

图　88

图例 89　圆管平交圆管弯管

如图 89 所示，圆管和圆柱弯管相交，弯管的中心轴线弯曲圆半径为 R，圆管的轴线和弯管中心轴线的弯曲圆相切并在同一平面内，圆管的直径 d 小于弯管的直径 D。

用平行平面法求出相贯线的作法：

1. 在放样立面图中作圆管半圆周的 6 等分，过各等分点作圆管的素线。

2. 在放样侧面图中也将对应半圆周作 6 等分，并过各等分点作弯曲圆平面的平行线，各线交弯管的轮廓线上各点，过各点作水平投线，交放样立面图中心线上于 $a \sim d$ 各点。

3. 在放样立面图中过 $a \sim d$ 各点，以 O 为圆心画同心圆，这些圆弧和圆管各素线对应交于各点，光滑连接各点即得到所求相贯线。

如图所示，用平行线法即可作出圆管的展开图形。

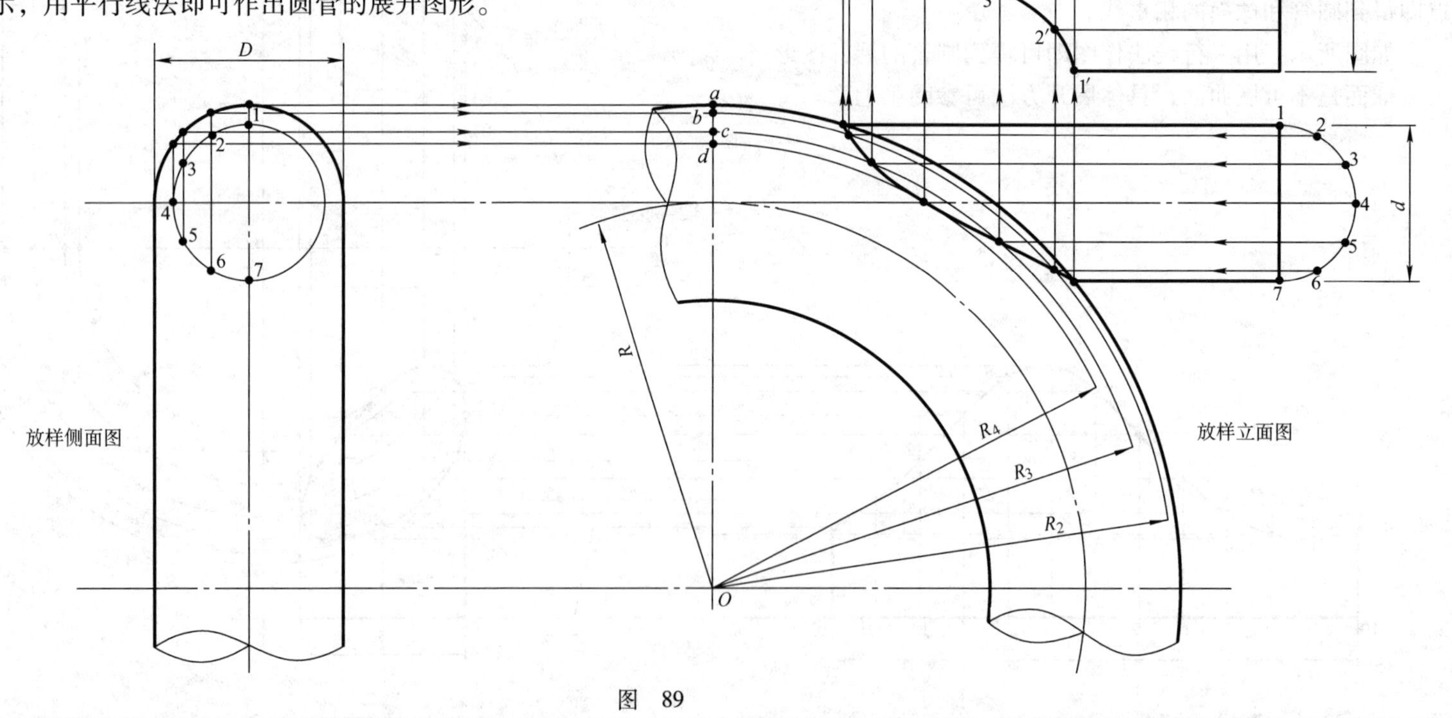

图　89

第七章　不可展曲面构件的近似展开

不可展曲面构件是指由螺旋面、曲线回转面和不可展直纹面等不可展曲面组成的构件，不可展是指这些表面在展开成平面时要产生皱折或有撕裂的现象。对于这些构件的展开，一般是将它们分割成尽量小的小块，然后近似地看作是一种可展面，用相应的展开方法进行展开。在施工中同时采用坯料在加工成形后，再二次下料切割的方法来补救，坯料的二次加工余量一般在 10～20mm 之间。有些构件在加工时不同方向的尺寸变化也不同，展开时则需要加入一些经验作法来修正展开误差。还有一些构件可用经验展开法和计算法近似地展开。因需二次下料切割，所以展开放样时一般不考虑材料的厚度，可用中性层尺寸直接作图。

图例 90　球缺封头的近似展开

图 90 所示为球缺封头和它的放样图。球缺封头是曲线回转面构件，是不可展的双曲面，近似展开图形为一圆形。它的展开一般是先用坯料加工成形后再二次下料。展开下料尺寸应根据加工方法的不同在实践中确定。

本例用经验展开法：在放样图中将球缺封头的弦高 3 等分，得 a、b、c、d 四点，封头热加工成形时，坯料的展开半径可取 Bc 的长度；冷加工成形时，坯料的展开半径可取 Bd 的长度。

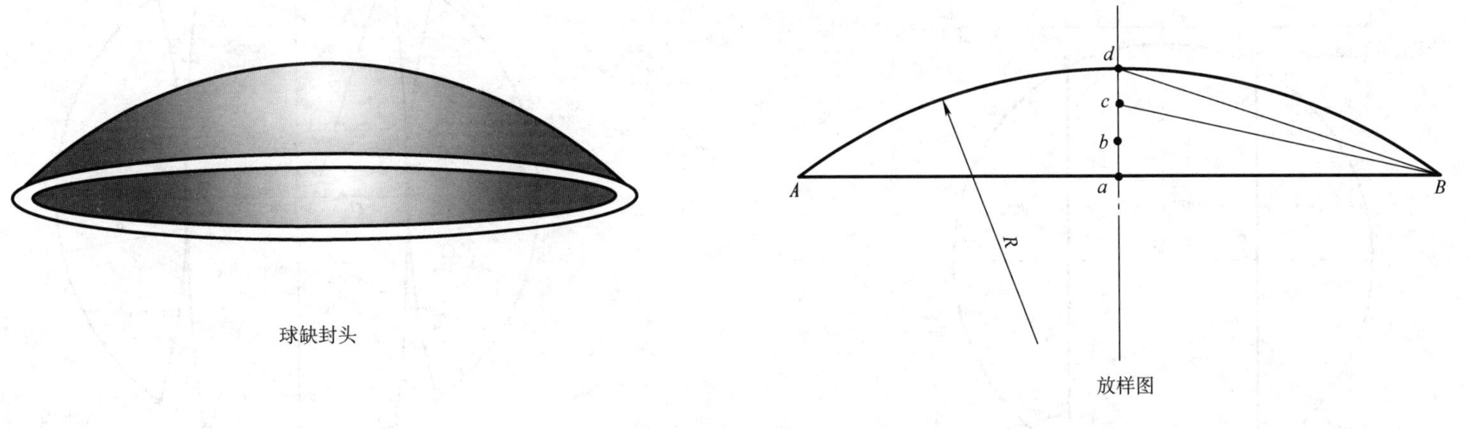

图　90

图例 91　分片球缺封头的近似展开

图 91 所示为分片球缺封头和它的放样图及展开图。本例一般多用于直径较大的设备或容器的封头中，由于材料或加工条件的限制需要分片下料，加工成形后再组拼成球缺。本图例用等曲线法作分片中各板片的近似展开，展开画法步骤：

1. 在放样立面图中根据材料的板宽或加工条件的情况来确定弧线上 E 点和 F 点的具体位置，并应使两点以中心轴线对称，并将两接口位置投影到放样平面图中。过 B 点作圆弧的切线，交轴线上于 O 点。

2. 在展开图中作十字中心线，以 O'为中心，取 AB 和 CD 的长度都等于放样立面图中两端点 A、B 间的弧长。放样立面图中过 B 点作圆的切线交中心线上于 O 点，得到展开半径值 R_1。以 A、B、C、D 四点为圆心，以 R_1 为半径画弧交中心线上得 O_1 ~ O_4 四点。

3. 分别以 O_1 ~ O_4 四点为圆心，以 R_1 为半径画弧，在各弧上对应截取放样平面图中各弧段的弧长，得到 a、b、c、d 八点。

4. 过 a、E、b 三点作圆弧，得到片Ⅰ的展开图，再作出其他三条圆弧即可得到另两片的展开图。

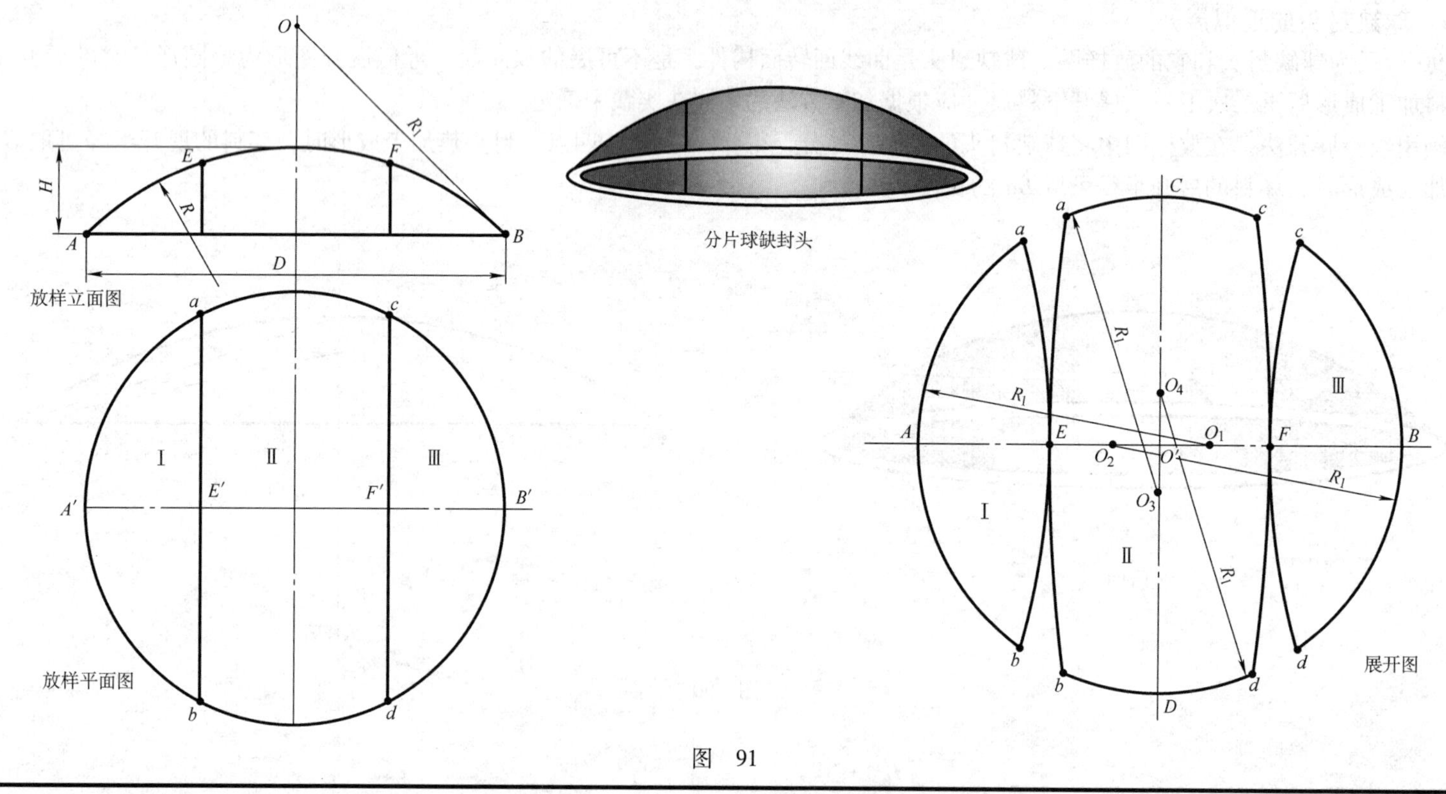

图　91

图例 92　分瓣球缺封头的近似展开

图 92-1 所示为分瓣球缺封头和它的两面视图。本图例的展开方法适用于大型储罐球面顶盖的分瓣展开。本图例用等曲线法作分瓣中每瓣片的近似展开，中心板的展开可见图例 90，瓣片如搭接安装时应加出搭接量，本图例为对接分瓣。施工中一般是根据材料的板宽或加工安装条件的情况来确定整球面分瓣的瓣数。本图例分 8 瓣，因 8 瓣相同，所以仅作一瓣的展开即可。图 92-2 是其中一瓣片的放样图和展开图（放大比例画出），具体画法步骤：

1. 放样立面图中将球瓣投影弧线作 4 等分得 $A \sim E$ 各点，过各点作垂线与过 O 点的中心线交于各点，过各点以 O 为圆心画弧，在 1/8 的等分线上交得 $a \sim e$ 各点，得到 $L_1 \sim L_5$ 各段弧长。

2. 在展开图中取线段 AE 长度为放样立面图中对应弧长并作同样等分，过 A 点以 R_1 为半径，以 O_1 为圆心画弧，同理过其他各点画弧，在各弧上对应取放样平面图中 $L_1 \sim L_5$ 各弧的长度得到 $a \sim e$ 各点，用曲线光滑连接各点即得到展开图形。

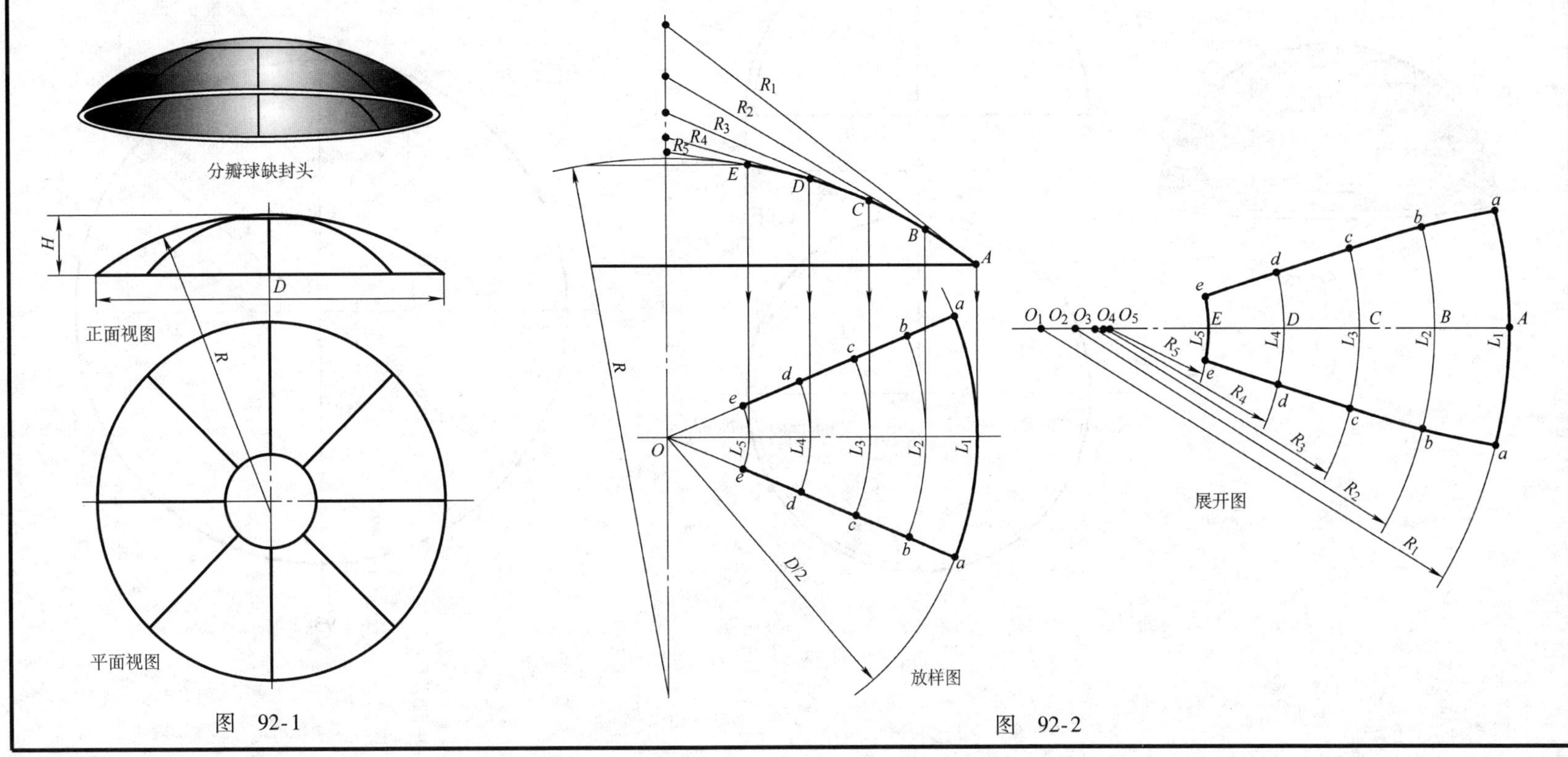

图　92-1

图　92-2

图例 93　半球封头的近似展开

图 93-1 所示为半球封头和它的两面视图。半球封头是曲线回转面构件，是不可展的双曲面，近似展开图形为一圆形。半球的展开可以采用等体积法、等面积法或等曲线法近似展开。

图 93-2 是半球用等面积法作出的计算展开图。展开直径的计算公式：$d=\sqrt{2D^2}$ + 加工余量（10 ~ 20mm）。

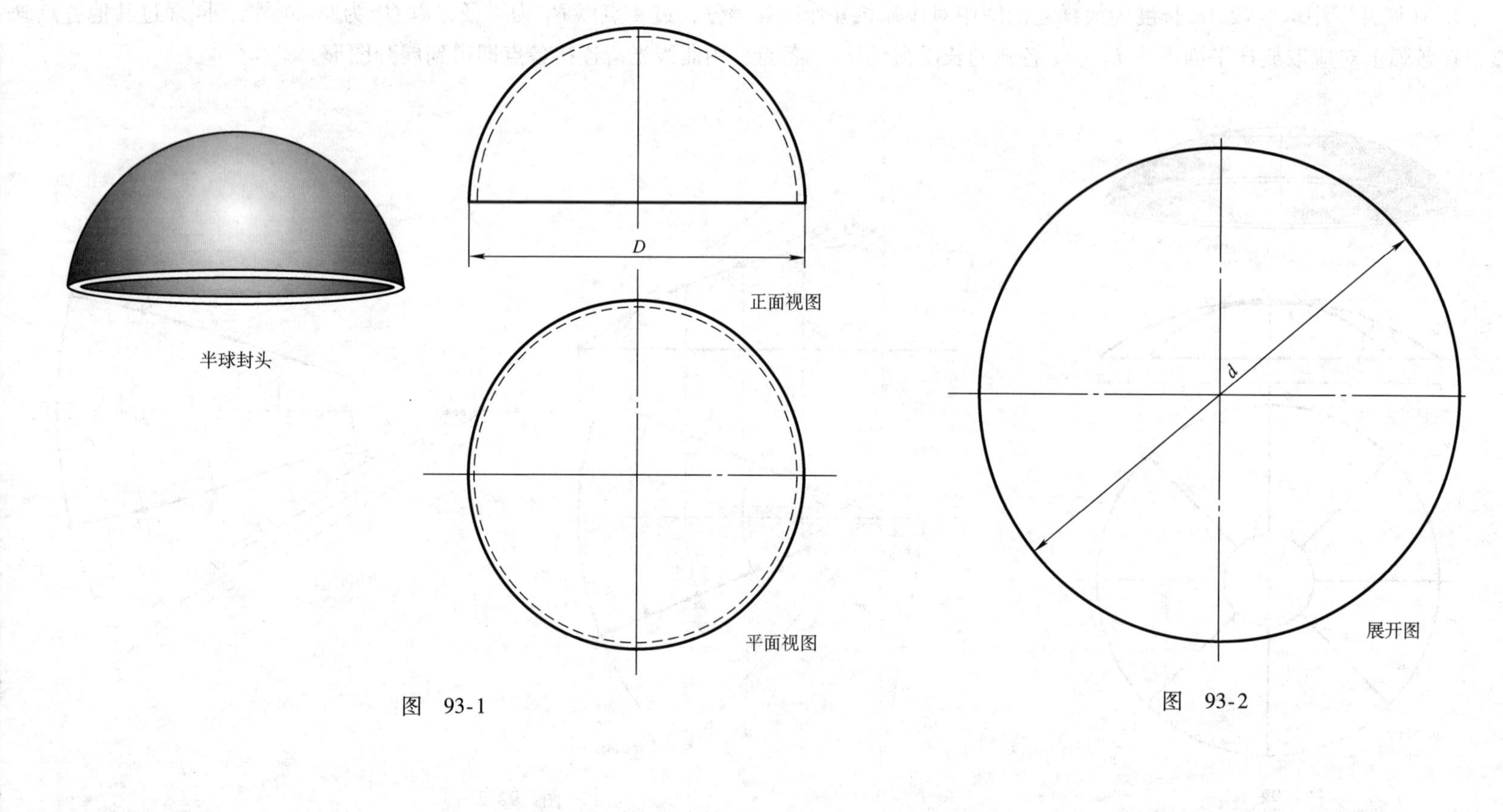

图　93-1

图　93-2

图例 94　分瓣半球球带的近似展开

图 94-1 所示为分瓣半球球带和它的两面视图。本图例的展开方法适用于较大型设备的半球封头或球容器温带和热带的分瓣展开。本图例用等曲线法作分瓣中每瓣片的近似展开，实践经验在展开画法中需要进行补料修正，以保证展开尺寸尽可能的逼近实形。本图例将球带分 8 瓣，图 94-2 是球带的分瓣放样图及展开图（放大比例画出），具体画法步骤：

1. 将放样立面图中球瓣径向弧长 4 等分得 $A \sim E$ 各点，过各点作垂线，交放样平面图中中心线上于 $a \sim e$ 各点，以 O' 为圆心过各点画弧，在一球瓣的范围内得到 $L_1 \sim L_5$ 等各纬向弧长。

2. 球带分瓣的展开图：在直线上取线段 OA 长度等于放样立面图中弧段 OA 的长度，并按径向弧段 AE 的等分弧长等分 AE 线段，以 O 为圆心，分别过各等分点画弧，在各弧上截取放样平面图中对应纬向的弧长 $L_1 \sim L_5$，得到 $a \sim e$ 各点。光滑连接两曲线。

3. 补料的作法：连接 a、a 点，过 A 点作 aa 的平行线，两线间距离为 $2m$，过两线中点作两线的平行线，交曲线的延长线上于 a'点，曲线连接 $a'Aa'$，得到的两个三角形 aAa' 部分为补料，各曲线围成的图形为展开图。

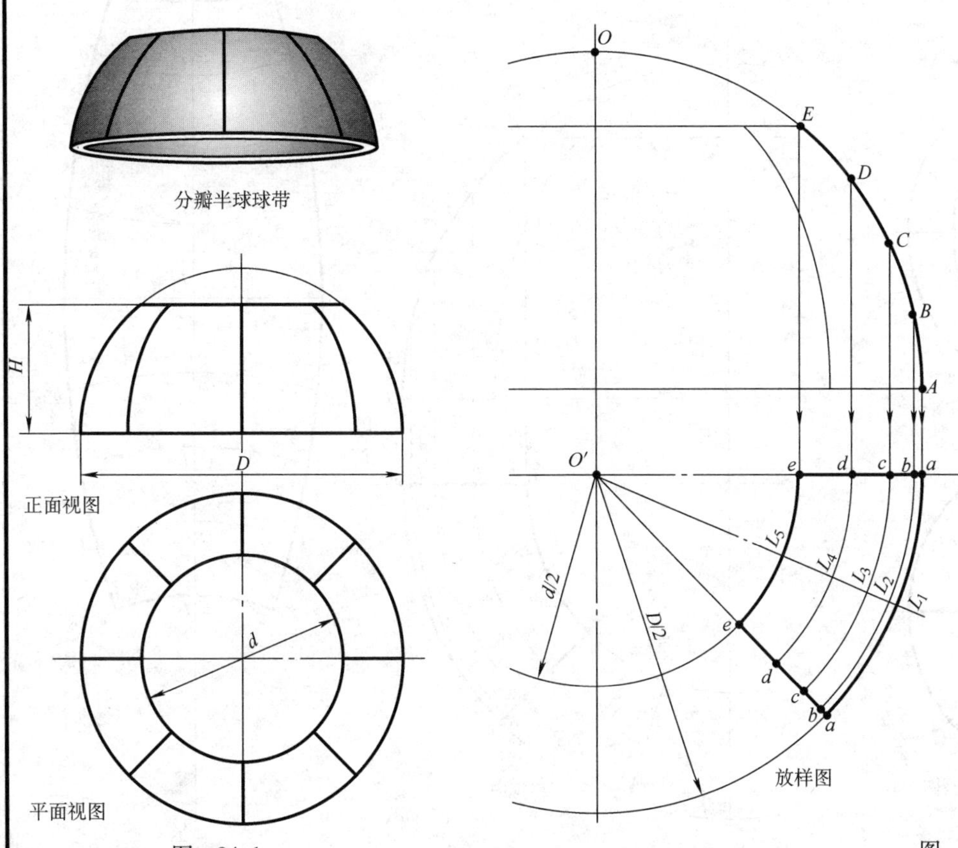

图　94-1

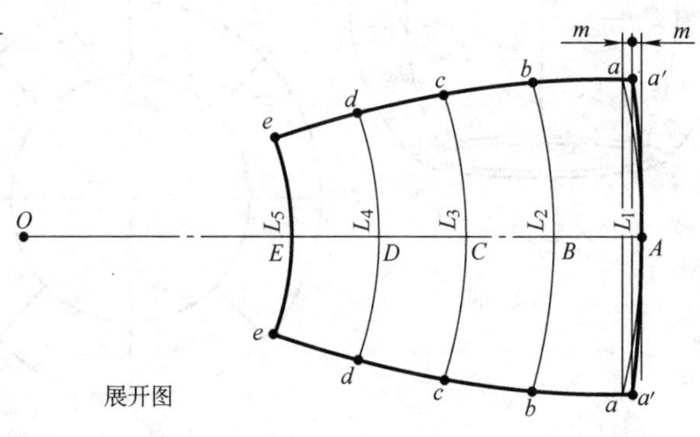

图　94-2

图例 95 瓜皮瓣球带的近似展开

图 95-1 所示为瓜皮瓣球带和它的两面视图。本图例一般多用于中小型球罐的施工中，一般是单片成形后在现场安装。本图例球带分 8 瓣，用等曲线法作分瓣中每瓣片的近似展开。图 95-2 是瓜皮瓣球带的放样图及展开图（放大比例），具体画法步骤和图例 94 相同，仍是求出每瓣片径向和纬向的弧长后利用两方向的实长摊平作出近似展开图形，但不需要进行补料，而是把 *aa* 线作成直线并对称作图，即得到瓜皮瓣球带的展开图形。

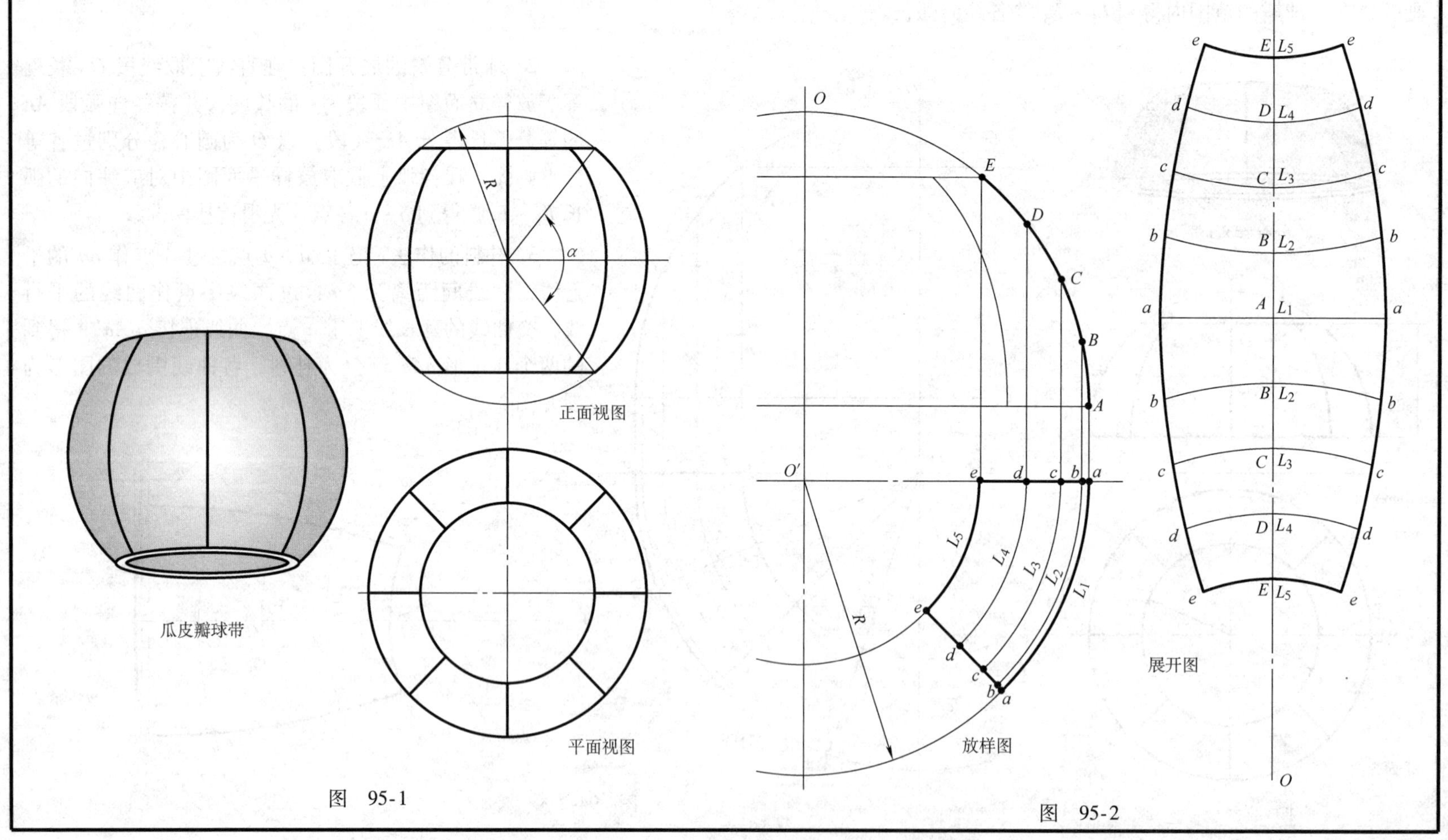

图 95-1

图 95-2

图例 96　椭圆形封头的近似展开

图 96-1 所示为椭圆形封头和它的正面视图。椭圆形封头的表面是椭圆曲线回转面，椭圆曲线要求必须是标准椭圆，而且椭圆长轴长度应为短轴的 4 倍。由于加工方法的不同，展开直径也有差别，旋压成形时展开直径较小，加工厂家一般都有各种尺寸封头的下料直径表。图 96-2 是椭圆形封头的计算展开图。冲压成形时展开坯料直径的经验计算式：$D=1.2(D_g+t)+2h$。

椭圆形封头

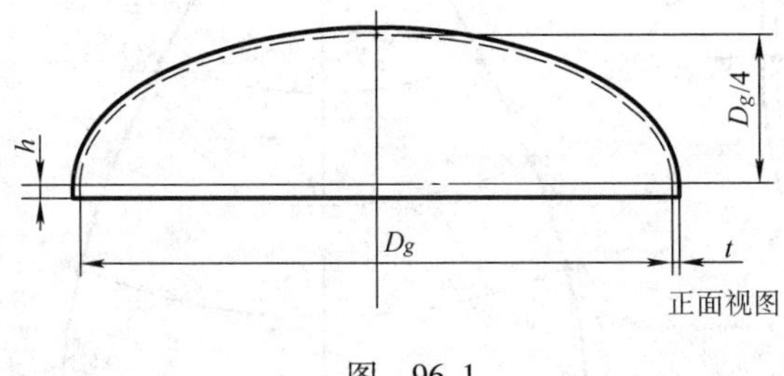

正面视图

图　96-1

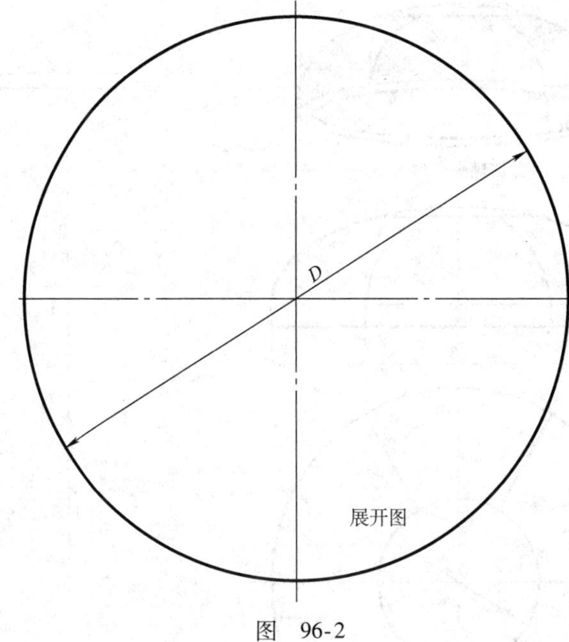

展开图

图　96-2

图例 97　分瓣椭圆形封头的近似展开

图 97-1 所示为分瓣椭圆形封头和它的两面视图。本图例多用于直径较大的椭圆形封头，因加工条件的限制而分瓣展开。展开方法和球面的展开方法相同，也是将径向和纬向的弧长求出后摊平作近似展开。中心板直径 D 要小于封头直径 D_g 的 1/2，本图例分为 6 瓣展开。

图 97-2 是封头的放样图及展开图（放大比例画出）。放样时标准椭圆曲线的画法可参阅第一章，具体画法步骤和球面展开时球带分瓣的展开方法相同。但补料时有所不同，补料的作图法：在最大的圆弧上过 A 点作 aa 连线的平行线，两平行线间距离为 $2m$，过 a 点径向取距离 m，纬向取距离 $m/2$ 得到 a''点，过 a''和 A 点三点画圆弧，将两径向曲线过 b 点圆滑过渡到 a''点，即完成封头分瓣展开图形的补料画线。

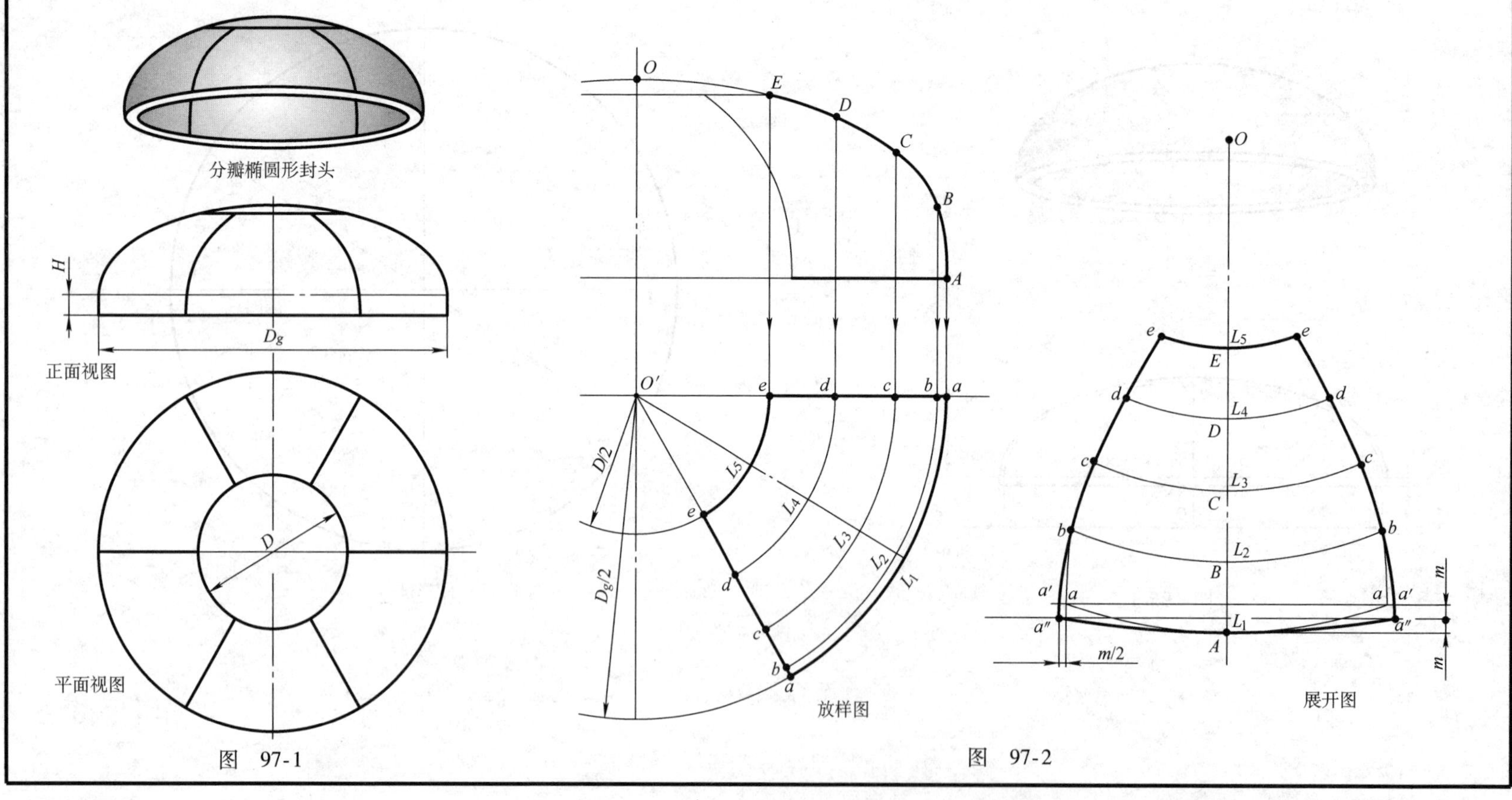

图　97-1

图　97-2

图例 98　碟形封头的近似展开

图 98-1 是不带直边碟形封头的正面视图，图 98-2 是带直边碟形封头的正面视图。它与椭圆形封头不同，它的回转曲线是用四心画法作出的近似椭圆。图 98-3 所示为其圆形的展开坯料，展开直径 D 为封头断面外径曲线的展开长度，加工余量可根据板厚来加减。

不带直边碟形封头展开坯料直径 D 的计算式：$D=0.017453\alpha R+\pi r+$加工余量（10～20mm）。

带直边碟形封头展开坯料直径 D 的计算式：$D=0.017453\alpha R+\pi r+2h+$加工余量（10～20mm）。

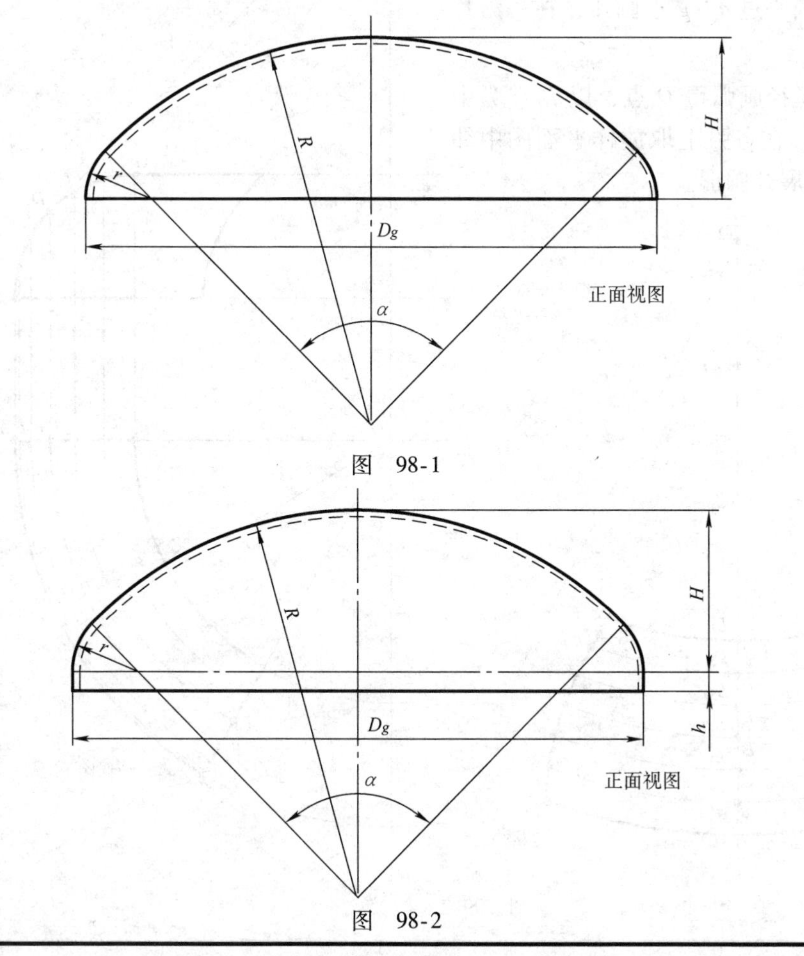

图　98-1

图　98-2

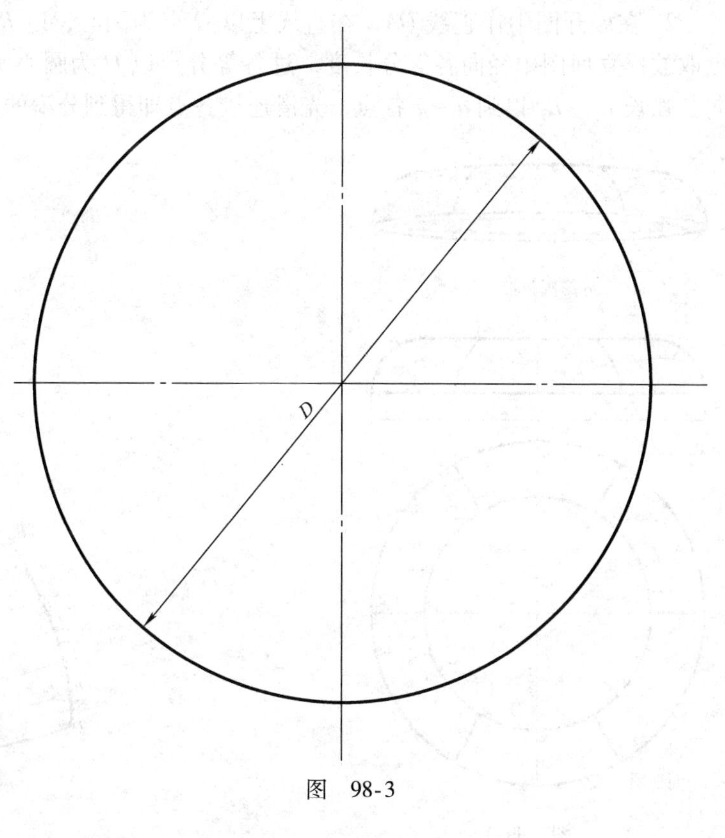

图　98-3

图例 99　分瓣圆弧带的近似展开

图 99-1 所示为分瓣圆弧带和它的两面视图。圆弧带一般为直径较大容器的变径过渡段。本例用等曲线法作分瓣中每瓣片的近似展开，本图例分 6 瓣。图 99-2 是它的放样图及展开图（放大比例画出），具体画法步骤：

1. 将放样立面图中弧带径向弧长作 6 等分，过中点 D 作圆弧的切线交轴线于 O 点得长度为 R。过各等分点作垂线交放样平面图中心线上于 $a \sim g$ 点，以 O'为圆心过 $a \sim g$ 点画弧，在一瓣片的范围内得到 $L_1 \sim L_7$ 各弧长。

2. 在展开图中作直线 OA，在直线上以 O 点为圆心，以 R 为半径画弧得 D 点，以 D 点为中点取放样立面图中径向各等分长度，过各等分点以 O 为圆心画弧，在各弧上取放样平面图中纬向各弧长 $L_1 \sim L_7$ 得到 $a \sim g$ 各点，光滑连接各点即得到分瓣的近似展开图形。

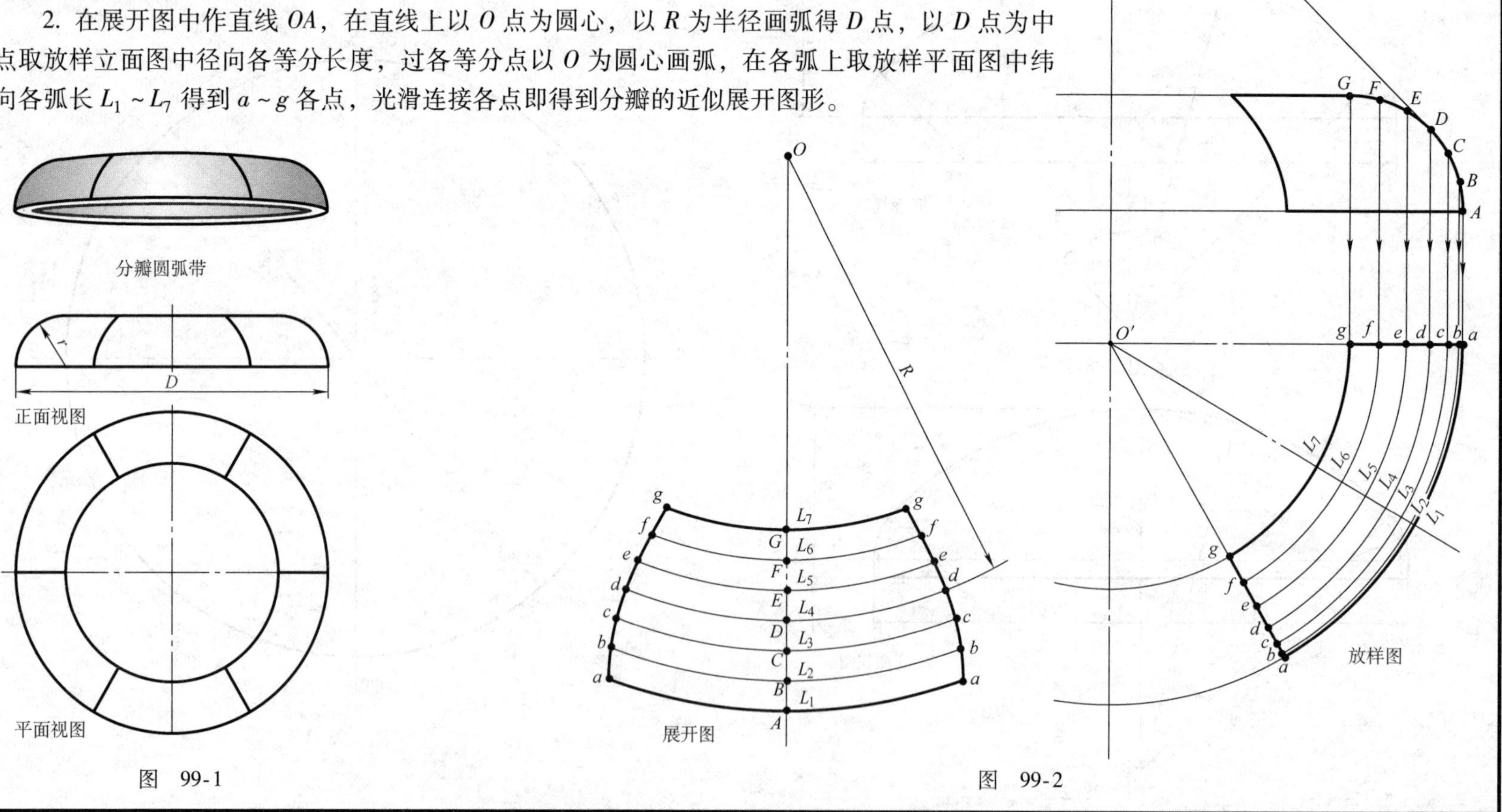

图　99-1

图　99-2

图例 100　圆柱正螺旋面

图 100-1 所示为一个圆柱正螺旋面。螺旋面是不可展直纹面，正螺旋面是母线一端沿着圆柱螺旋线运动，并且母线始终保持垂直于圆柱轴线而形成的曲面。螺旋面可按三角形法的原理展开，也可用经验展开法或用计算方法进行展开，计算法展开可见第八章。

设母线长度为 L，导程为 H，内圆导柱直径为 d，则外圆导柱直径为 $D=d+2L$，图 100-2 为正螺旋面的画法步骤：

1. 以 D 和 d 为直径作同心圆为螺旋面的平面投影，将内外圆作 12 等分得 1～12 和 a～1 各点，过各点作轴线的平行线。

2. 在中心轴线上取线段长度为 H 并作和圆周同样的等分，过各等分点作轴线的垂线，和轴线的各平行线对应相交，用曲线光滑连接各点和直线得到正螺旋面－导程的正面投影。

图 100-3 是用三角形法展开的放样图和实长线求作图。

1. 将放样平面图中内外圆的 12 等分点对应连接，将每段弧近似的看作是直线，得到 12 个相同的等腰梯形，连接对角线得到 12 对相同的三角形。

2. 在放样立面图中用直角三角形法求出各弧和对角线的实长。

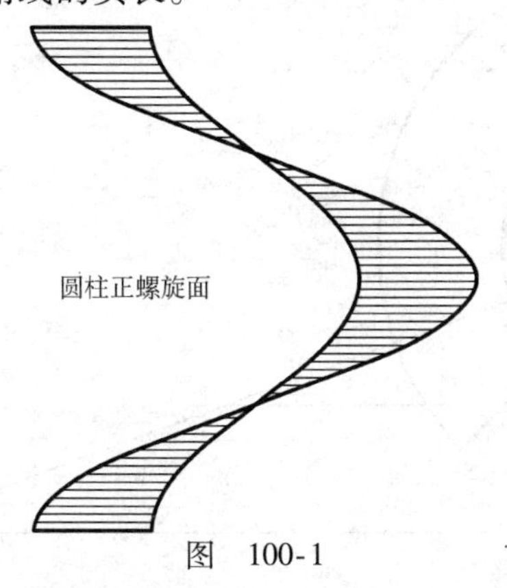

图　100-1

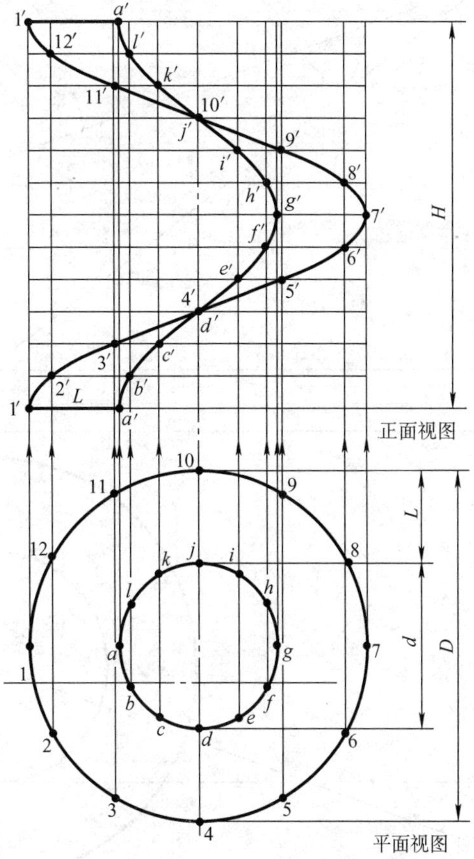

图　100-2

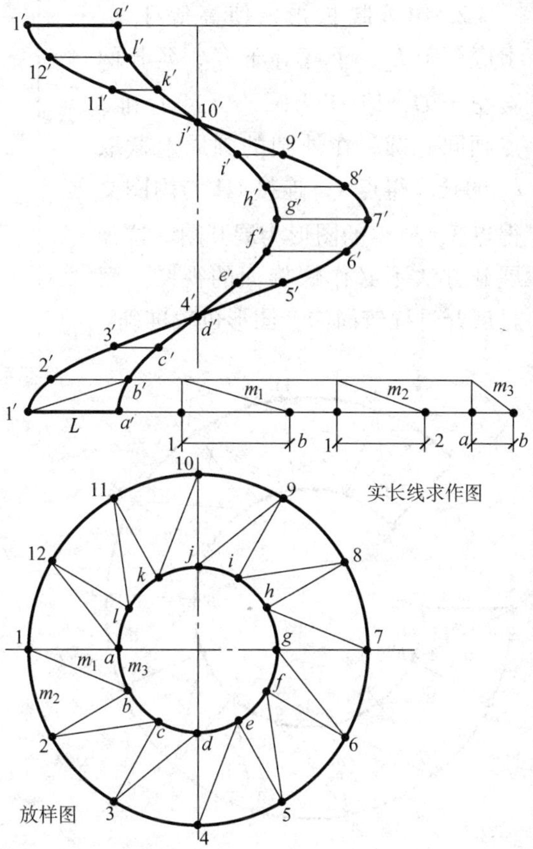

图　100-3

图 100-4 是用三角形法作出的正螺旋面的展开图。画法步骤：

因各素线在放样平面图中反映实长，用三角形三边的实长依次作三角形，即可得到螺旋面的展开图形。

图 101-5 是正螺旋面用经验展开法作出的放样图及展开图。画法步骤：

1. 作直角三角形 ABC 和 ABD，使 AB 长度等于导程 H，BC 和 BD 分别为内外螺旋线平面投影圆的展开长度，斜边长度 L_2 和 L_1 即为内外螺旋线的展开长度。

2. 作等腰梯形，使高等于 L，上底等于 L_2，下底等于 L_1，延长两腰交于 O，以 O 为圆心，过 1 和 2 点画同心圆，在外圆的圆周上截取 L_1 的长度得点 4，连接 $O4$ 与内圈交得点 3，所得的图形为展开图。这种展开方法不必作螺旋面的视图。而且展开过程较简洁，图形也较准确。

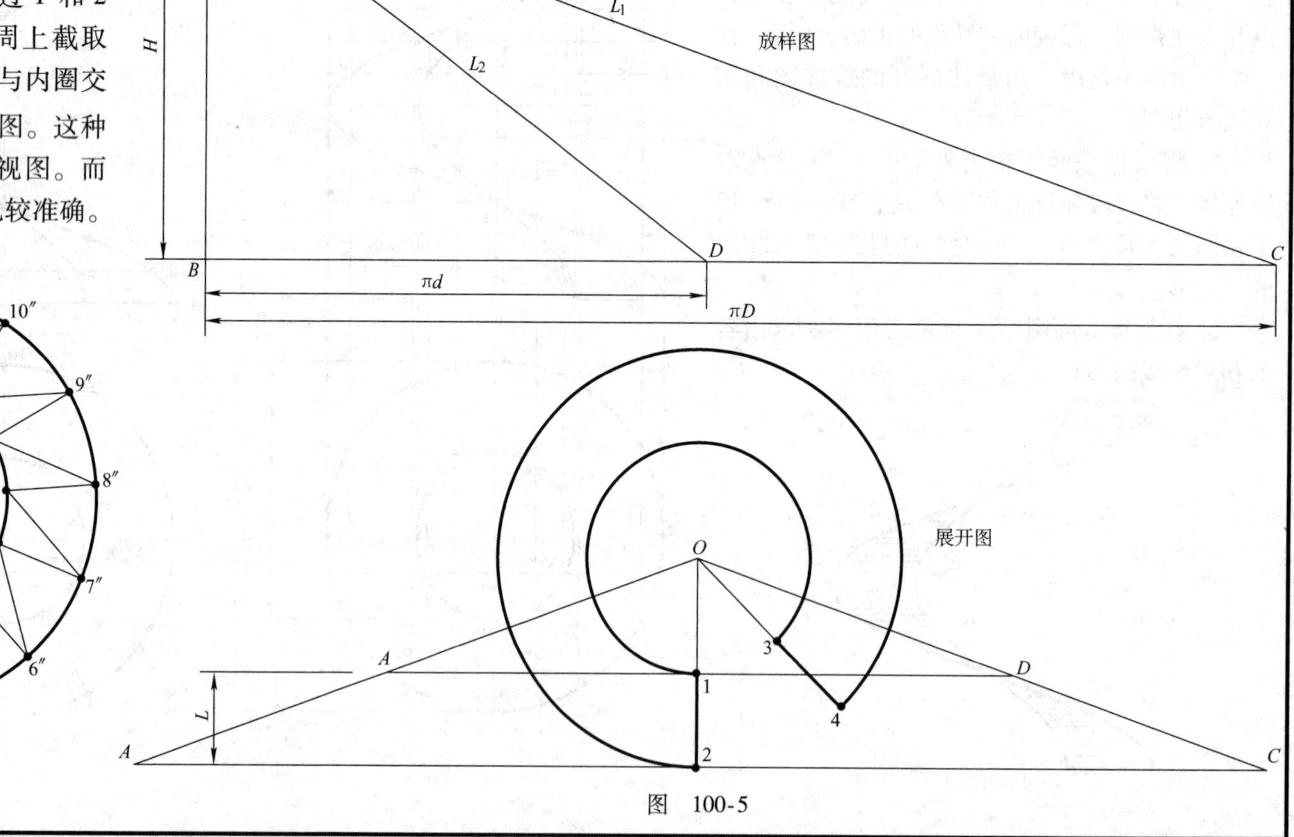

图 100-4

图 100-5

图例 101　等截面 180°矩形螺旋管

图 101-1 所示为一个等截面 180°矩形螺旋管。螺旋管的内、外侧板为被截切的圆柱面，上、下面板为相同的被两圆柱面截切的正螺旋面，螺旋面的半导程为 H。本图例内、外侧板的展开用平行线法，上、下面板的展开用三角形法。

图 101-2 是用螺旋管内径尺寸画出的放样图：将平面投影的两个半圆周画出并各自作 6 等分，过各等分点向上画轴线的平行线。将螺旋半导程高度 H 也 6 等分，过各等分点作轴线的垂线，和两半圆的上投线各对应交于 $1'\sim7'$ 和 $a'\sim g'$ 点，光滑连接两条曲线和直线得到上面板的正面投影，同理将 H 的 6 等分平行下移 M 距离，各交点的连接可得到下面板的投影。

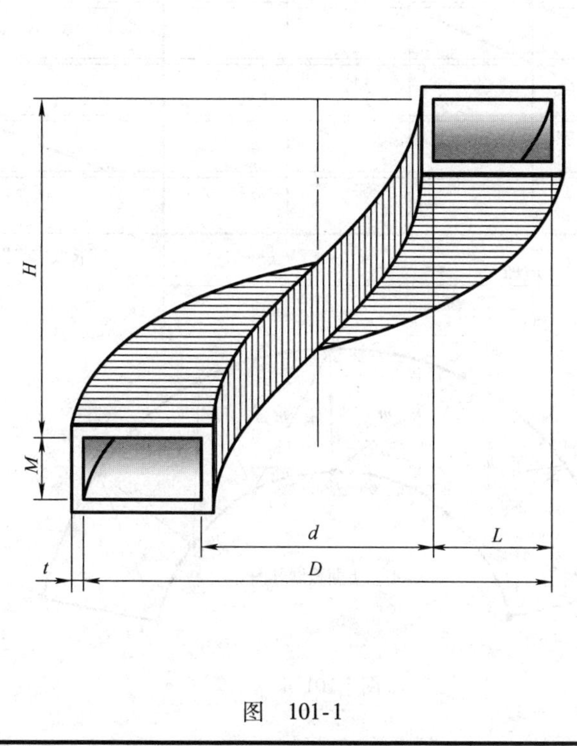

图　101-1

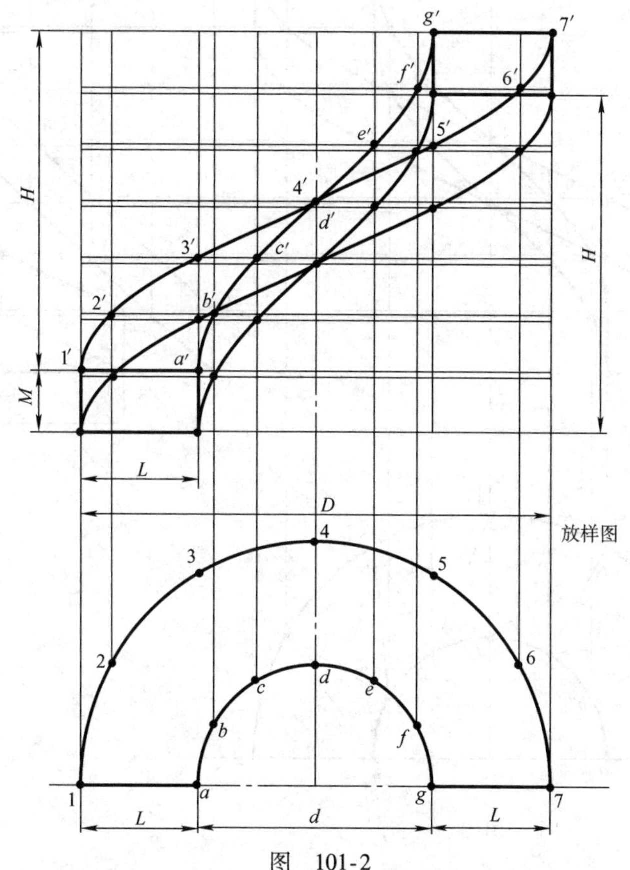

图　101-2

图 101-3 是螺旋管内、外侧板的放样图及展开图：对应连接等分点 $a1 \sim g7$ 得到螺旋面各素线，因圆柱螺旋线的展开是一条直线，所以用平行线法将四条螺旋线展开后得到的两侧板展开图应是两个平行四边形。螺旋线的展开线上每等分间的长度相同并为实长。

图 101-4 是螺旋管上、下面板的展开图：作相邻两素线间的对角连线并求出实长 m，用所有实长按三角形法画出上、下面板的展开图。

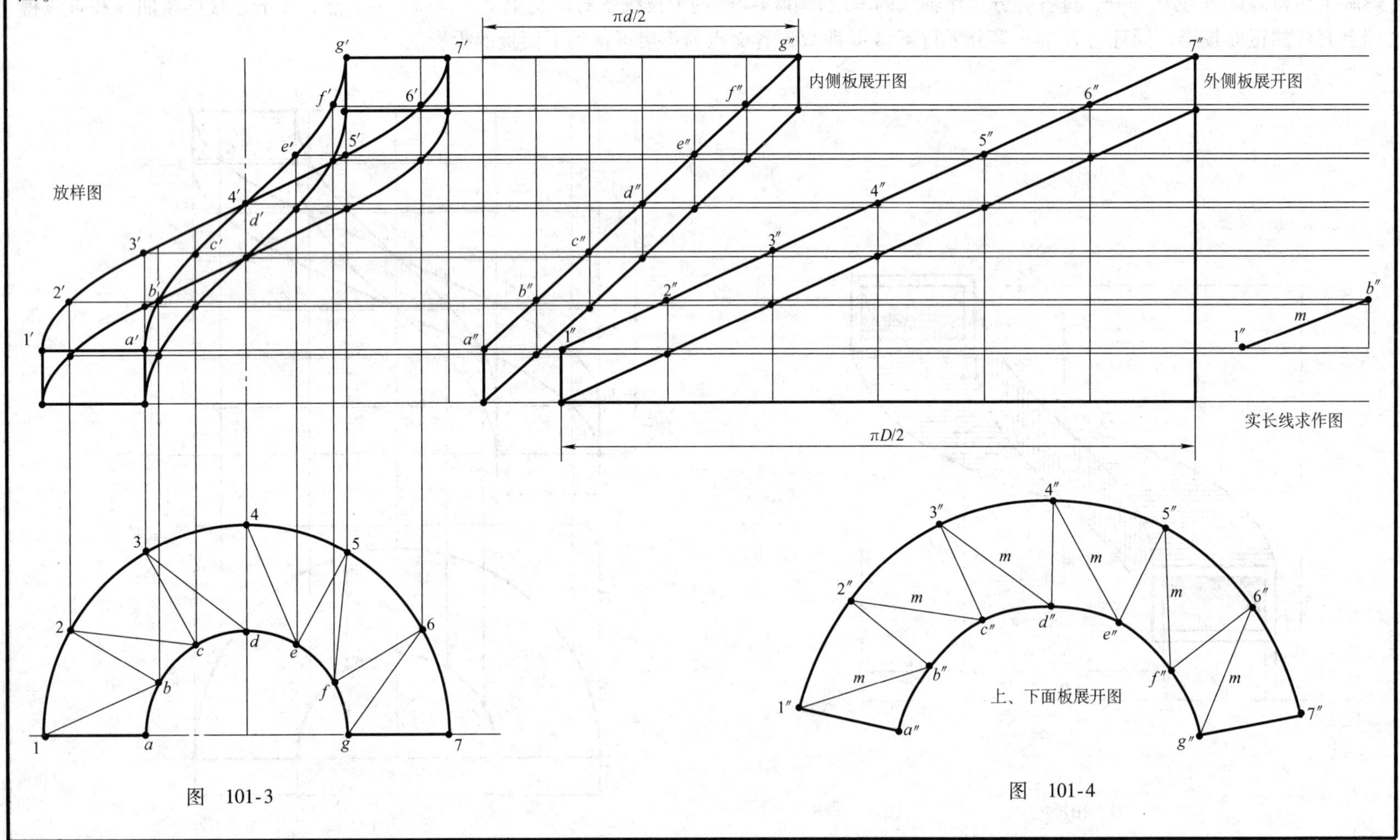

图 101-3

图 101-4

图 101-5 和图 101-6 是用正螺旋面的经验展开法来展开螺旋管的画法：

1. 如图 101-5 所示，作直角三角形 *AOB* 和 *AOC*，使一直角边为半导程高度 *H*，另一边为半导程平面投影两半圆周各自的展开长度，两三角形的斜边长度 L_1 和 L_2 即为螺旋面内外缘螺旋线的展开。

2. 以 *M* 为距离垂直平移螺旋线的展开直线，得到的平行四边形 *ABB′D* 和 *ACC′D* 为螺旋管内、外侧板的展开图形。

3. 如图 101-6 所示，作直角梯形 *EFHG*，应使两底边长度分别为 L_1 和 L_2，高为 *L*。延长两边交于 *O* 点，以 *O* 为圆心，分别以 *OE* 和 *OG* 为半径画圆，在外圆上取 L_2 的长度得 *I* 点，连接 *OI* 在内圆上得 *J* 点，所得扇形为螺旋管上、下面板的展开图形。

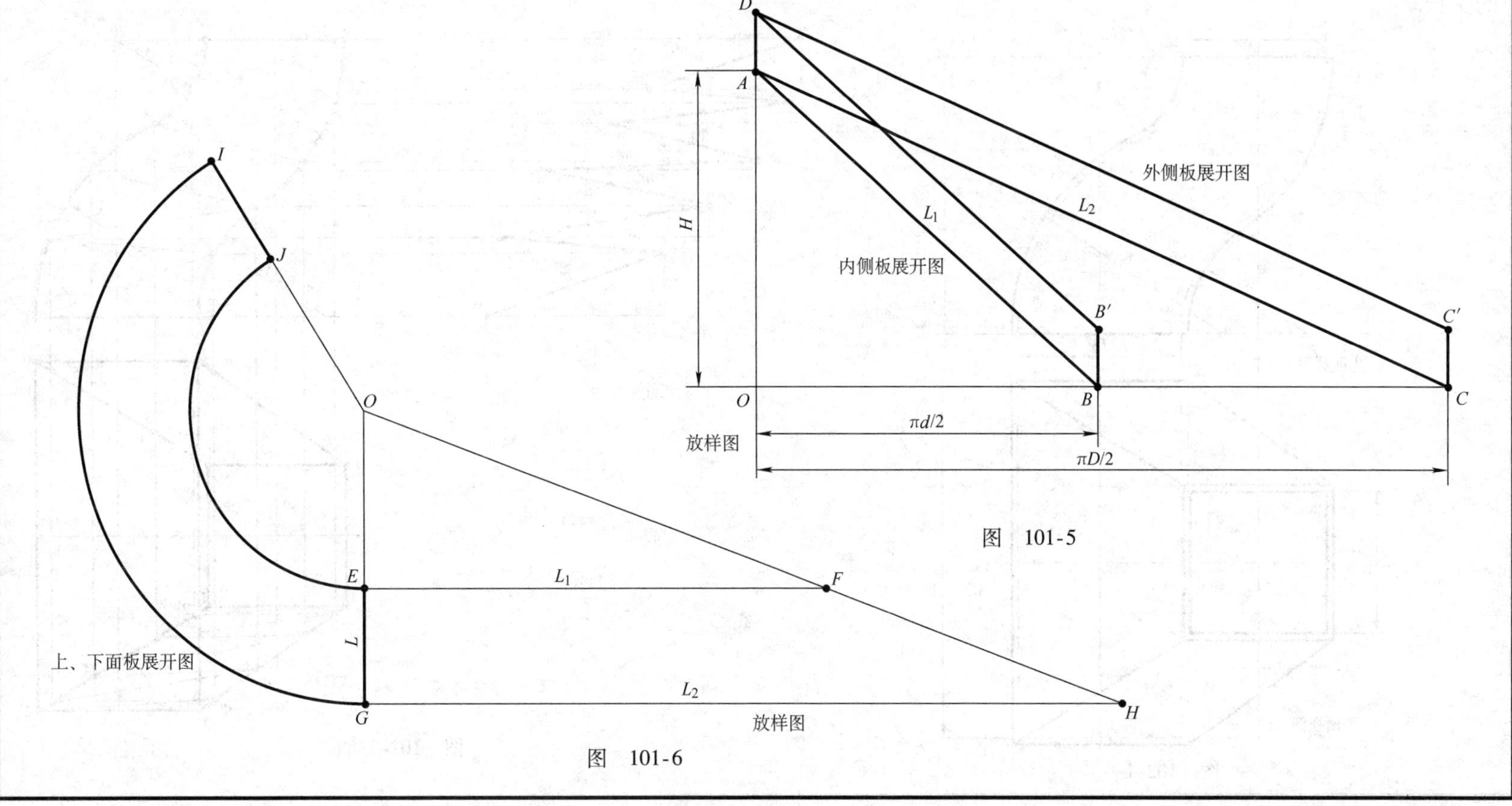

图 101-5

图 101-6

图例 102 方顶矩形底 S 形弯管

图 102-1 是方顶矩形底 S 形弯管的两面视图。构件下端是矩形口，上端是方形口且两口平行，从正面视图看左、右侧面板是被截切的圆柱面，前、后面板是对称的不可展直纹面。用弯管的内壁尺寸放样和展开。直纹面等分圆弧设置素线，素线实长用弯管内壁尺寸放样求出，用三角形法展开。左、右侧面板用平行线法展开，它们的展开长度用圆柱面的中径尺寸，放样图和展开图画法步骤：

1. 图 102-2 是按图 102-1 所示尺寸，用内壁尺寸画出的放样图，同时在放样图中画出两侧面板中性层的中径弧线。

2. 将放样立面图中两侧面板的两段弧线各分作 5 等分，得到 1 ~ 6 点和 a ~ f 点，对应连接 a、1，b、2、…各点即为前、后面板设置的素线，各素线间连接 a、2、b、3、…各点，将前面板分成 10 个三角形面，用各素线端点的位置，按直角三角形法求出各素线和连线的实长。

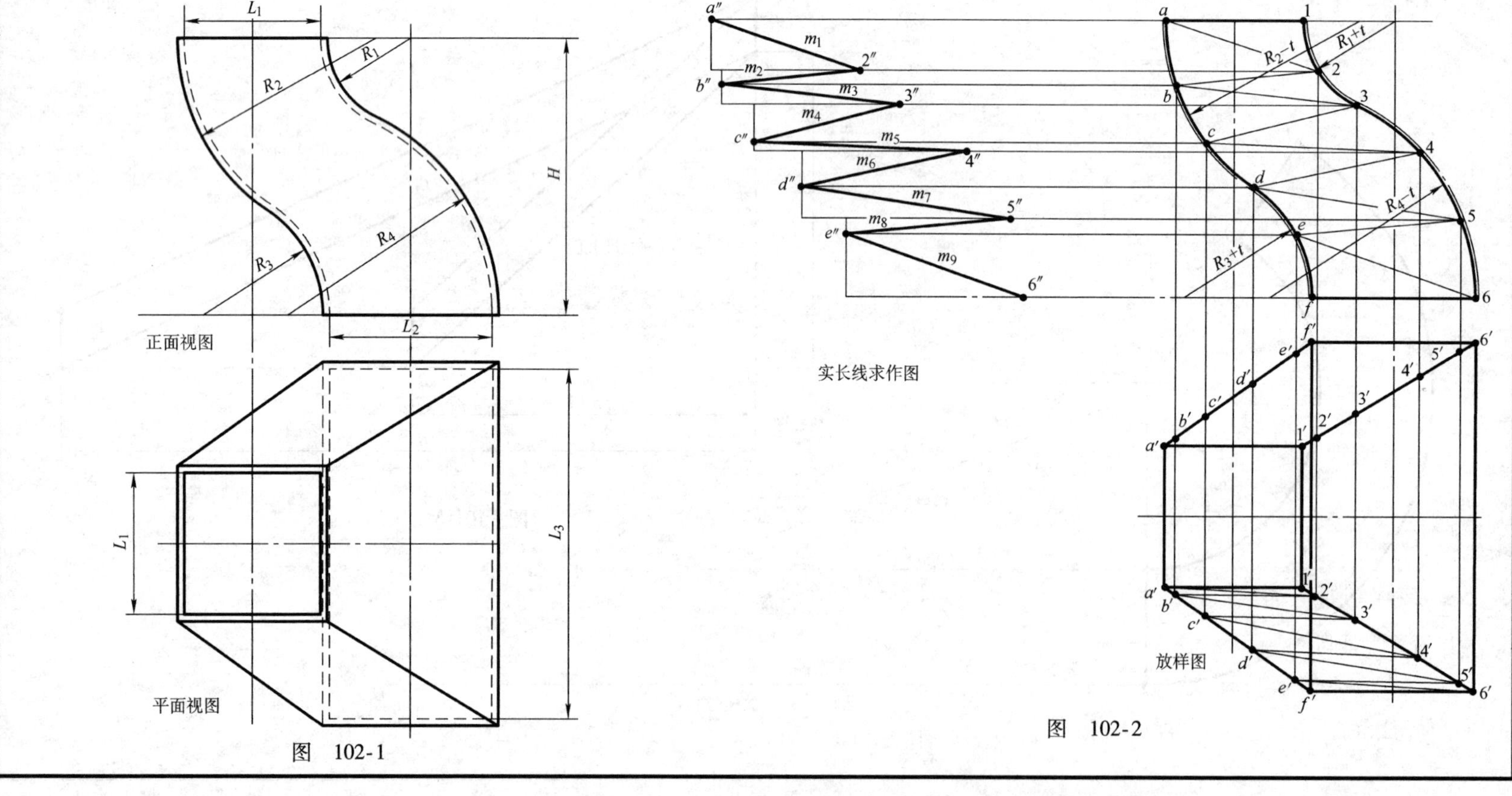

图 102-1

图 102-2

3. 如图 102-3 所示，用两侧面板中径的展开长度，用放样平面图中各素线的端点位置，按平行线法作出右侧面板的展开图，同样作出左侧面板的展开图形。两展开图中展开曲线各等分间的弧段长度可近似的对应作为前、后面板两侧各弧段的实长，如要求较高时可参阅图例 103 和图例 104 的求法。

4. 如图 102-4 所示，用各素线和连线的实长 $m_1 \sim m_9$，以及各弧段的实长 $M_1 \sim M_{10}$，两口的端线反映实长，用三角形法依次画出各三角形实形，即得到前、后面板的展开图形。

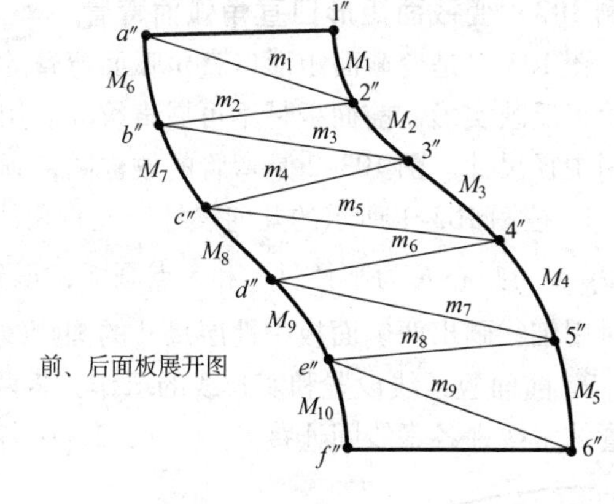

图 102-4

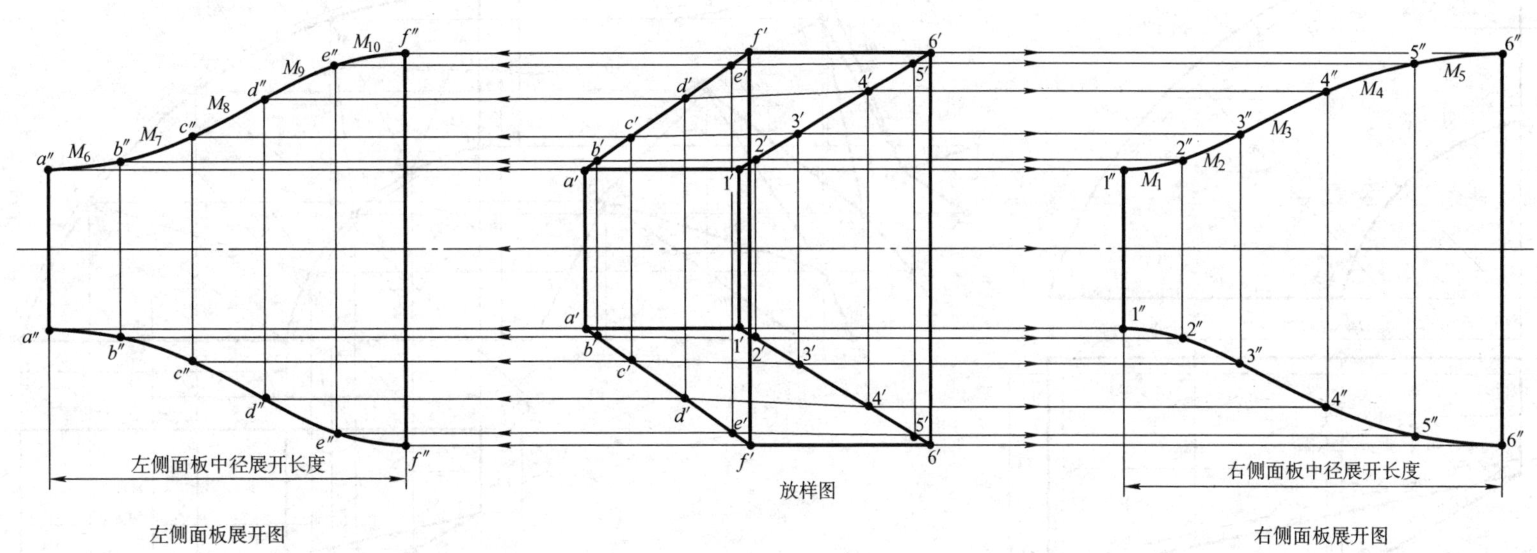

图 102-3

图例 103　变截面矩形口直角弧面弯管

图 103-1 是变截面矩形口直角弧面弯管的两面视图。构件两端口都是矩形且互相垂直，正面视图看左、右侧板是被截切的圆柱面，后面板反映实形，前面板是不可展直纹面。用弯管内壁尺寸放样，直纹面用三角形法展开。左、右侧板用平行线法展开，它们的展开长度用中径尺寸。图 103-2 是弯管的放样图，画法步骤：

1. 按图 103-1 所示的几何尺寸，在直角线上用内径尺寸取得 1、5 和 a、e 点。分别以 1 和 5 点为圆心 R 为半径画圆交于 O_2 点，再以 O_2 点为圆心 R 为半径过 1 和 5 点画弧，得到右侧面板的正面投射线，同理可画出左侧面板的投射线。正面投影即为后面板的展开图。同时用细线画出两侧面板中性层尺寸的圆弧线。再画出内壁尺寸的平面投影图。

2. 前面板素线设置和实长线的求作：将两侧面板的弧线长度各作 4 等分，得 1 ~ 5 点和 a ~ e 点，对应连接 a、1 ~ e、5，即为前面板设置的素线，各素线间连接 b、1、c、2、…各点，将前面板分割成 8 个三角形面。用直角三角形法求出各素线、连线和各弧段的实长。

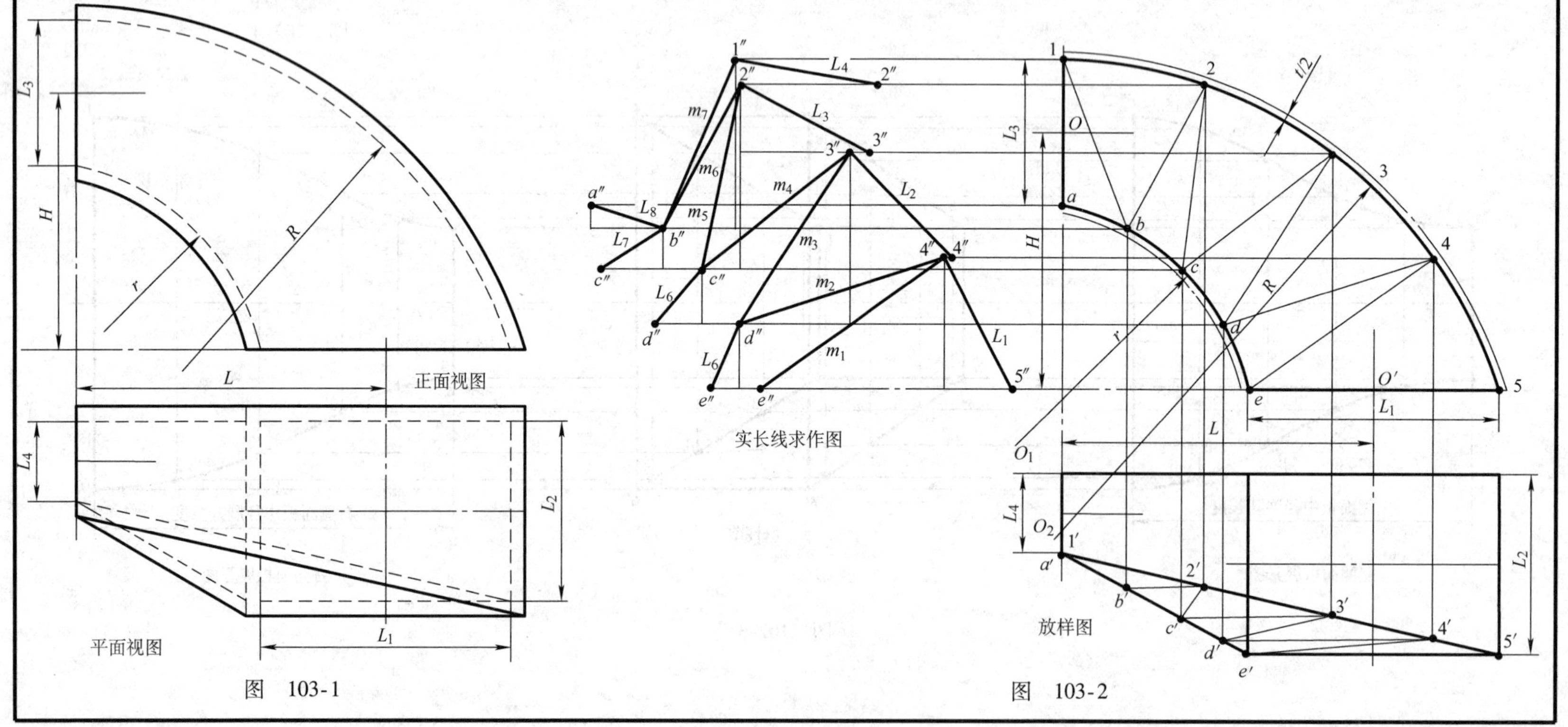

图　103-1

图　103-2

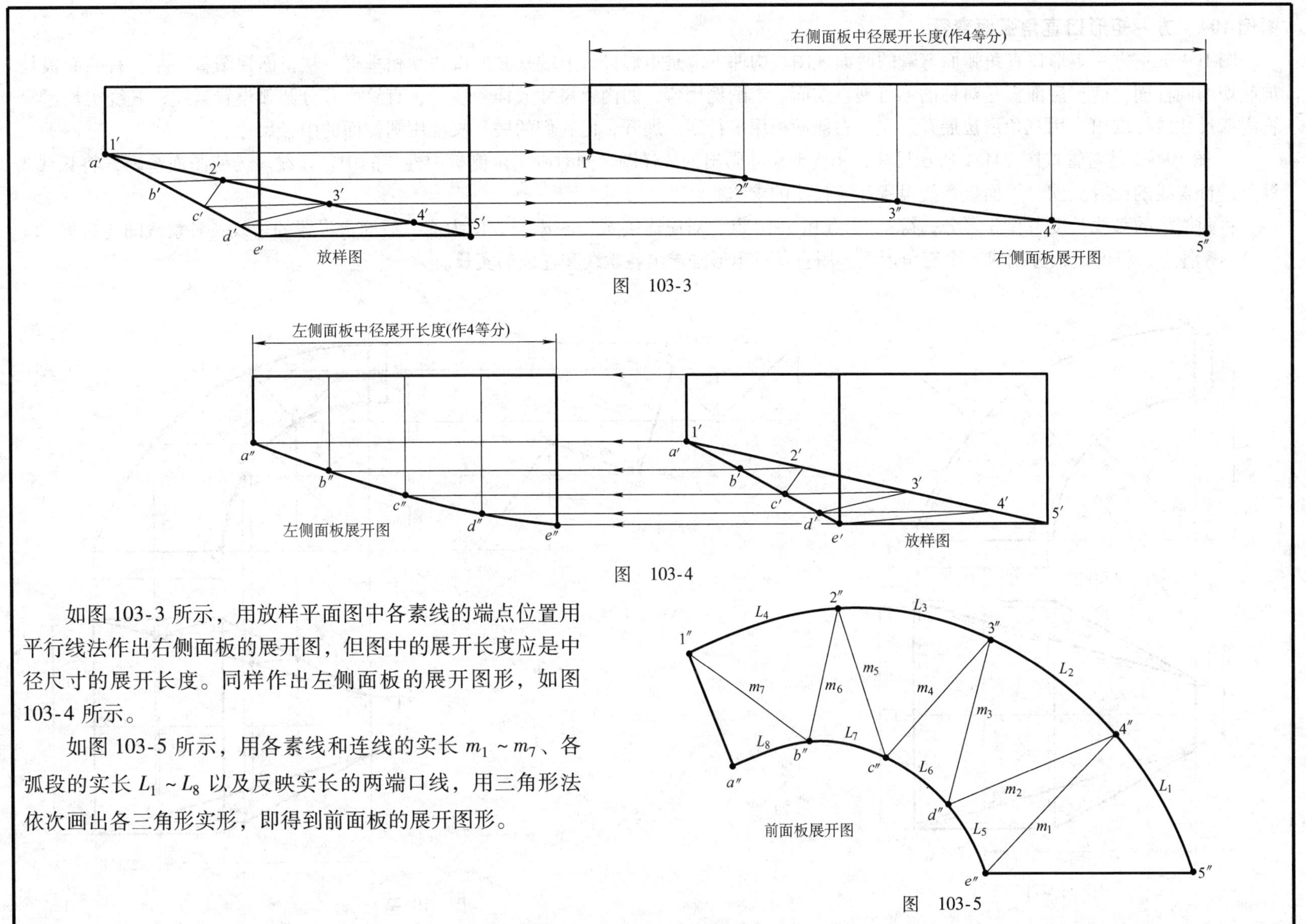

图　103-3

图　103-4

如图 103-3 所示，用放样平面图中各素线的端点位置用平行线法作出右侧面板的展开图，但图中的展开长度应是中径尺寸的展开长度。同样作出左侧面板的展开图形，如图 103-4 所示。

如图 103-5 所示，用各素线和连线的实长 $m_1 \sim m_7$、各弧段的实长 $L_1 \sim L_8$ 以及反映实长的两端口线，用三角形法依次画出各三角形实形，即得到前面板的展开图形。

图　103-5

图例 104　方－矩形口直角弧面弯管

图 104-1 是方－矩形口直角弧面弯管的两面视图。构件下端是矩形口，上端是方形口并互相垂直，从正面视图看，左、右侧面板是被截切的圆柱面，前、后面板是对称的不可展直纹面。本图例用弯管的内壁尺寸放样和展开，直纹面等分圆弧设置素线，素线实长用弯管内壁尺寸放样求出，用三角形法展开。左、右侧面板用平行线法展开，但它们的展开长度用圆柱面的中径尺寸。

1. 图 104-2 是弯管按图 104-1 所示尺寸，用内壁尺寸画出的放样图，同时画出两侧板中性层的中径弧线。为使图面清晰，将弧线 3 等分进行素线的设置。前、后面板素线设置和实长线的求作：

将两侧板的弧线长度各作 3 等分，得 1～4 点和 a～d 点，对应连接 a、1～d、4，即为前、后面板设置的素线，各素线间连接 b、1、c、2、…各点，将前面板分割成 6 个三角形面。用直角三角形法求出各素线和连线的实长。

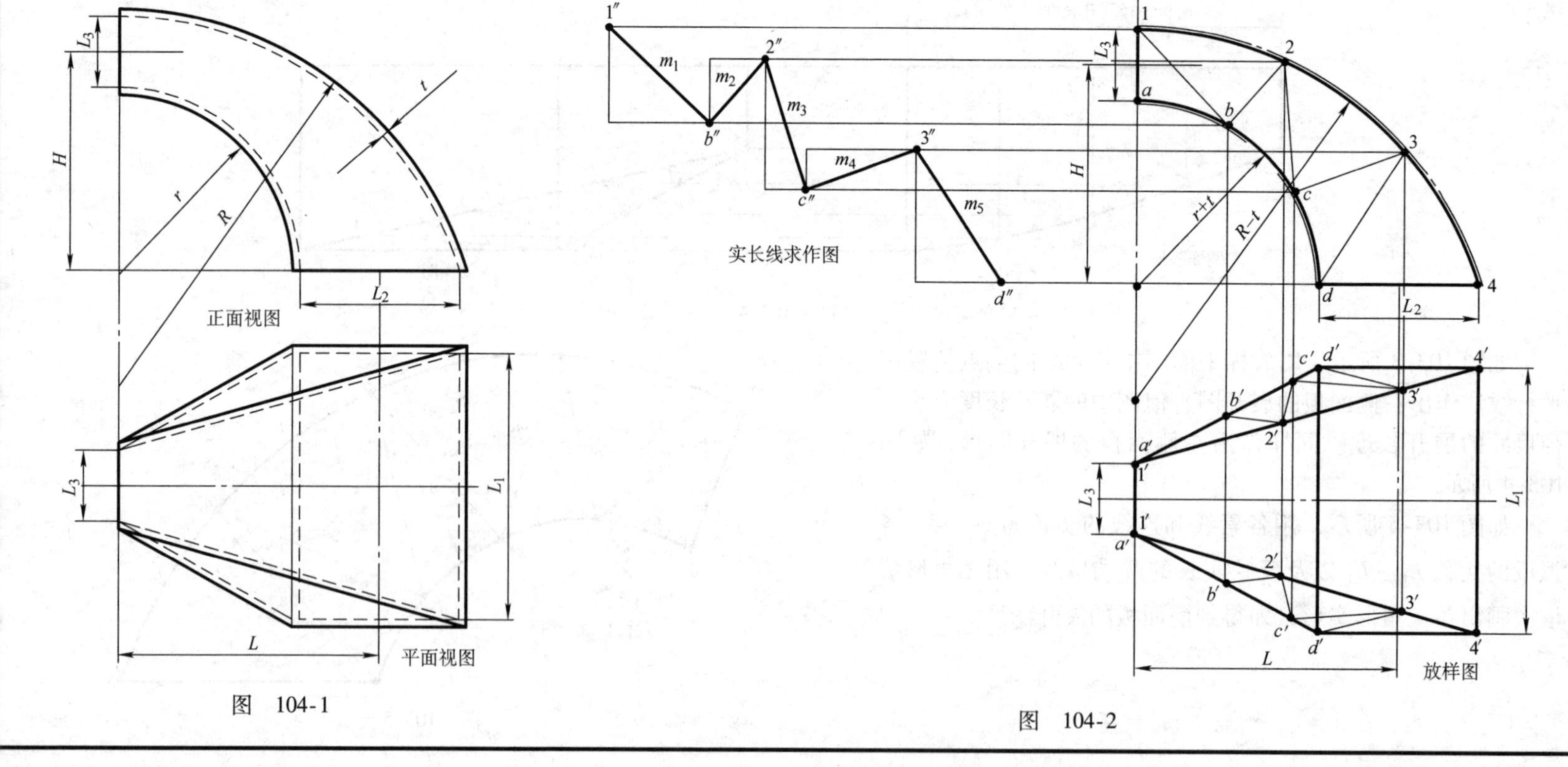

图　104-1

图　104-2

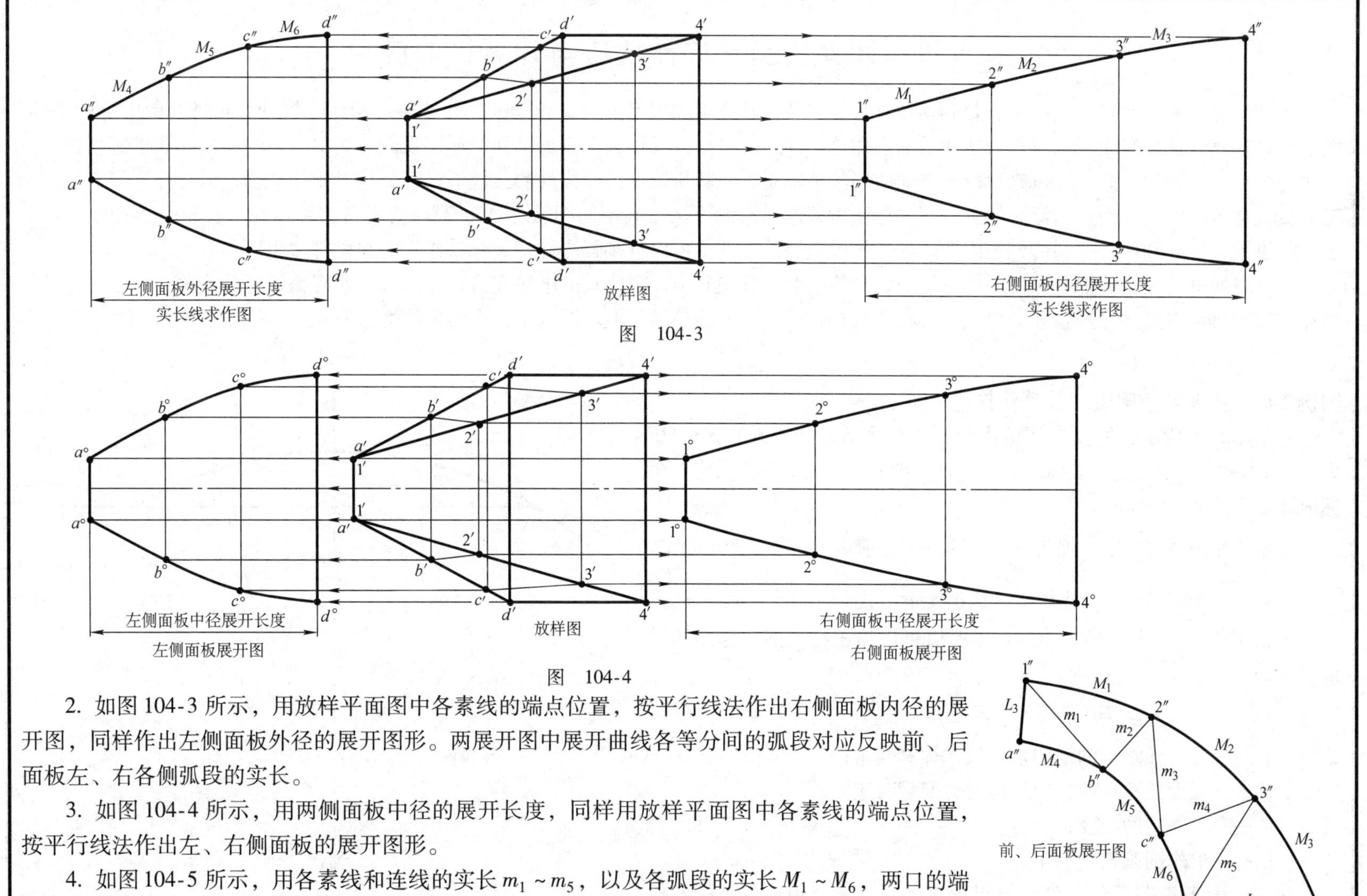

图 104-3

图 104-4

图 104-5

2. 如图104-3所示，用放样平面图中各素线的端点位置，按平行线法作出右侧面板内径的展开图，同样作出左侧面板外径的展开图形。两展开图中展开曲线各等分间的弧段对应反映前、后面板左、右各侧弧段的实长。

3. 如图104-4所示，用两侧面板中径的展开长度，同样用放样平面图中各素线的端点位置，按平行线法作出左、右侧面板的展开图形。

4. 如图104-5所示，用各素线和连线的实长 $m_1 \sim m_5$，以及各弧段的实长 $M_1 \sim M_6$，两口的端线反映实长，用三角形法依次画出各三角形实形，即得到前、后面板的展开图形。

第八章　计算法展开放样技巧与计算机的应用

所谓计算法展开放样，实际上就是利用数学计算代替图解法中的展开方法，减少放样和作图过程，直接计算出展开图中点的坐标、图形边缘的直线长度和曲线的解析表达式，然后用这些计算值在材料或样板上作出展开图形，或由计算机直接绘出图形和进行切割。计算法的优点是展开精度高，并可避免放样作业时的场地限制，尤其是较大尺寸构件的排板下料就更是方便和准确，因计算器的方便和施工人员文化水平的提高而被广泛采用，是现在施工中普遍采用的方法。利用制图软件 AutoCAD 为平台，可以在计算机上更加快速和准确的解决钣金展开和排板下料的许多问题。如果用钣金展开软件就可以直接解决许多展开放样问题并可打印出图。

本章将通过前六章中部分图例的展开图形，分析一般计算展开中计算公式的推导方法；介绍常用的程编计算公式法、系数法等计算展开方法和排板下料的操作技巧，以及钣金展开放样在计算机上的应用。本章图例中长度的单位均为 mm。

图例 105　特大半径圆弧的计算法作图

如图 105-1 所示，所要求作的大圆弧半径为 R，已知弧的弦长 AB 为 $2L$，取弦的中点为直角坐标原点 O，设 b 点为圆弧上的一点，它的坐标值即是 $X=bc$，$Y=ab$。

直角三角形 AOO_1 中，因为 $R^2=L^2+OO_1^2$，所以 $OO_1=\sqrt{R^2-L^2}$。

直角三角形 O_1bc 中，因为 $R^2=O_1c^2+bc^2$，所以 $O_1c=\sqrt{R^2-bc^2}$。

因为 $Y=ab=O_1c-OO_1$，$X=bc$，所以可以得出特大圆弧作图的计算公式：

$$Y=\sqrt{R^2-X^2}-\sqrt{R^2-L^2}$$

式中　X——圆上任意点的横向坐标值，计算变量；

Y——圆上任意点的纵向坐标值，变量对应值；

R——求作圆的半径；

L——求作圆弦长的一半。

在公式中 X 取若干值，可计算得出 Y 的若干值，用这些坐标值作图，可得到圆弧上的若干点，光滑连接各点即得到所求特大圆弧。

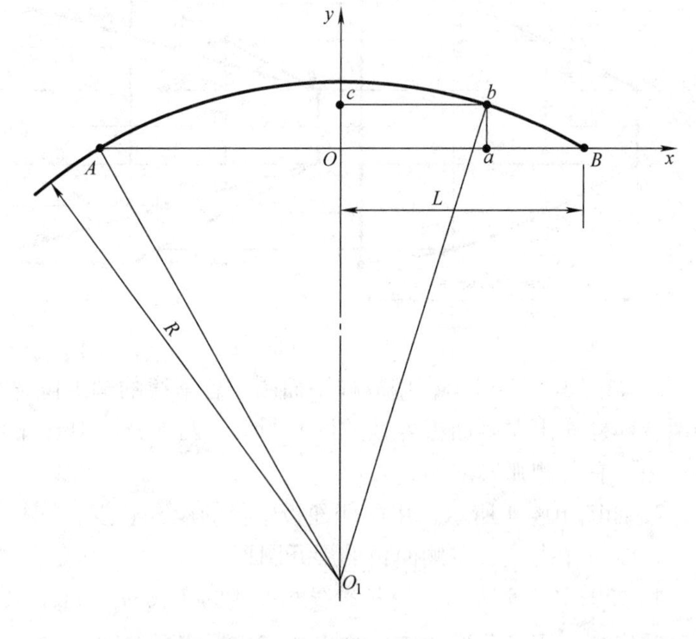

图　105-1

如求作半径 $R=50000$，弦长为 50000 的圆弧段时，将 $R=50000$ 和 $L=25000$ 代入公式并计算：

$$Y=\sqrt{R^2-X^2}-\sqrt{R^2-L^2}$$

设 $X=5000$ 时， 得 $Y=6448.1$；

设 $X=10000$ 时，得 $Y=5688.5$；

设 $X=15000$ 时，得 $Y=4395.7$；

设 $X=20000$ 时，得 $Y=2524.5$；

设 $X=25000$ 时，得 $Y=0$。

如图 105-2 所示，用计算结果在直角坐标系的 x 轴方向上取所设的 X 各点，过各点作垂线，在垂线上取 Y 值的对应点，光滑连接各点即得到所求的特大半径圆弧。

计算法展开放样的基本方法和步骤：

1. 依据展开图形推导计算公式。
2. 用公式计算出需要的数值。
3. 用计算出的数值作图。

本图例的作图法可见图例 20。

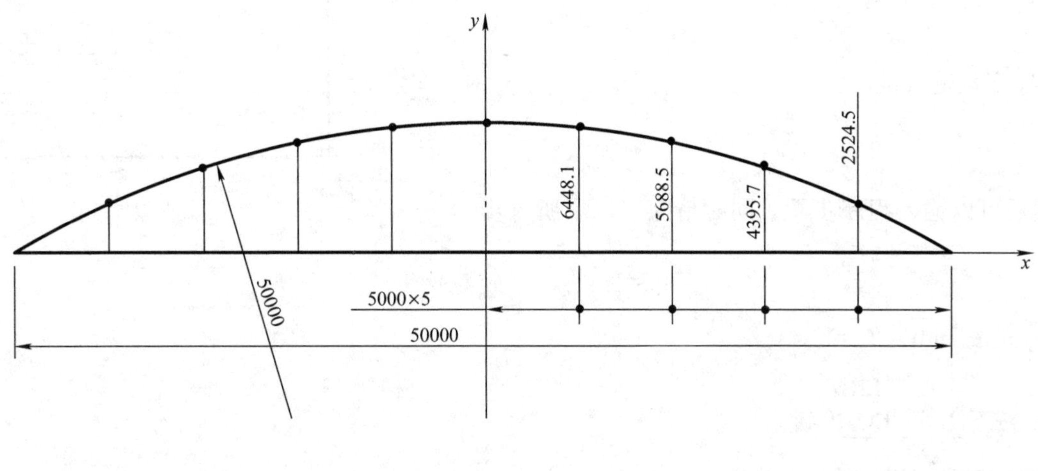

图 105-2

为使图面清洁本图例中计算时只求了5点，但实际施工时需要求很多的点，可以看出计算较繁杂，多次的反复计算也容易出错误，这是计算法展开放样的一个较大的缺点。用计算器的程编运算就可以解决这个问题，可以随身携带的袖珍计算器是计算法展开放样在现场施工中可以实用的重要手段。利用计算器的程编计算功能，将计算公式输入后，就可以连续的每输入一个变量值，就直接得到变量的对应值，十分快捷和准确，可以充分体现计算法展开放样的优越性。

现以夏普（SHARP）EL－514型袖珍计算器为例来介绍程编运算的方法，读者如使用其他类型计算器，可以按其使用方法同样做程编运算来进行展开放样。

程编运算常用按键说明：

[2ndF] 第二功能键；

LRN
[COMP] 程序计算键/设定或清除程序键；

(x)
[( ] 左括弧键/程序变数输入键。

程编运算的步骤：

1. 按[2ndF][COMP](LRN)键后可以输入程序步骤，同时清除记忆中所有步骤。

2. 当要输入可变数时先按[2ndF][( ](x)键。

3. 当输入步骤完成，按下[2ndF][COMP](LRN)键。

4. 按下[COMP]键时执行程序记忆内的所有步骤。

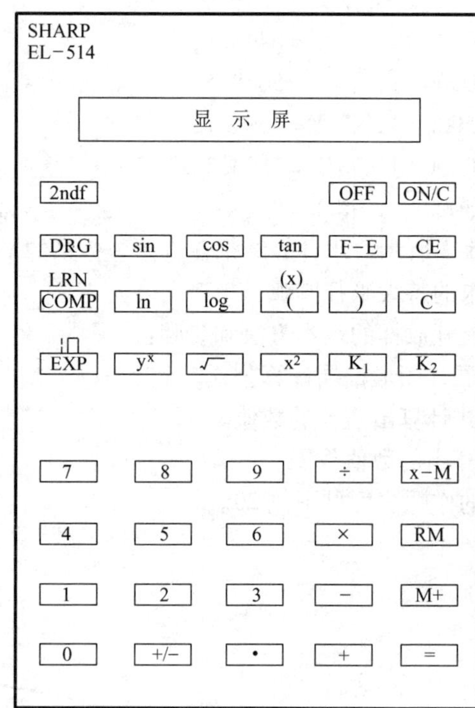

图 105-3

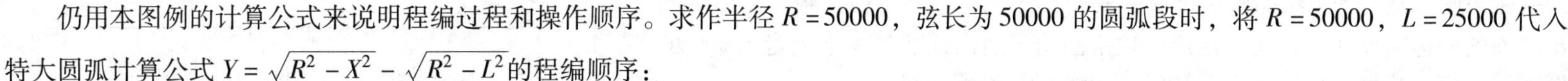

仍用本图例的计算公式来说明程编过程和操作顺序。求作半径 $R=50000$，弦长为 50000 的圆弧段时，将 $R=50000$，$L=25000$ 代入特大圆弧计算公式 $Y=\sqrt{R^2-X^2}-\sqrt{R^2-L^2}$ 的程编顺序：

1. 按[2ndF] [COMP]（LRN）键，显示屏显示[LRN　　0]，表示选择程序运算形式。
2. 按 50000 [X^2] [−] 25000 [X^2] [=] [√] [M+]键，显示[LRN　M　43301.27]，表示 $\sqrt{R^2-L^2}$ 的计算结果并记忆。
3. 按[ON/C] 50000 [X^2] [−] [2ndF] [(]（x）键，显示[LRN　M　[1]]，示意可以输入第一个变量。
4. 按[1] [X^2] [=] [√] [−] [RM] [=]键，显示[LRN　M　6698.72]，表示以 $X=1$ 输入并得出计算结果。
5. 按[2ndF] [COMP]键，显示屏显示[M　　0]，表示程序编排结束。

使用此程编运算的调用：

1. 按[COMP]键，显示屏显示[M　　[1]]，表示调用程序，示意输入 X 值。
2. 按 0 [COMP]键，显示屏显示[M　6698.7]，显示 $X=0$ 时的 Y 值。
3. 按[COMP]键，显示屏显示[M　　[1]]，表示调用程序，示意输入 X 值。
4. 按 5000 [COMP]键，显示屏显示[M　6448.1]，显示 $X=5000$ 时的 Y 值。
5. 按[COMP]键，显示屏显示[M　　[1]]，表示调用程序，示意输入 X 值。
6. 按 10000 [COMP]键，显示屏显示[M　5688.5]，显示 $X=10000$ 时的 Y 值。
7. 按[COMP]键，显示屏显示[M　　[1]]，表示调用程序，示意输入 X 值。

可以看出经过一次运算过程，将运算程编记忆后，调用时只要输入变量值，按一键就可显示对应值，不用大量反复的运算，这就是展开放样中的程编计算公式法，是展开放样计算的最好方法，非常适合在现场施工中使用。

图例 106　大圆弧曲线墙面板的施工排板图

图 106-1 是一个钢结构建筑墙面的安装尺寸图。为使图面简晰，图中仅画出墙面的外边缘尺寸，其他连接构件均不画出。墙面顶部是一半径为 50000 的圆弧，墙面安装材料是用尺寸为 1250 × 8000 的复合板拼接。

此例的施工方法一般是先放样，根据放样尺寸画出排板图，或者用计算法作出排板图，然后用排板图指导施工人员进行下料、加工和安装。因顶部是较大半径的圆弧，在场地不受限制的情况下可以用放样作图的方法，大圆弧的画法可以用图例 20 的方法作图，也可以用钢尺拖拉描点作图的方法，但放样作图的工作量比计算作图要大的多。

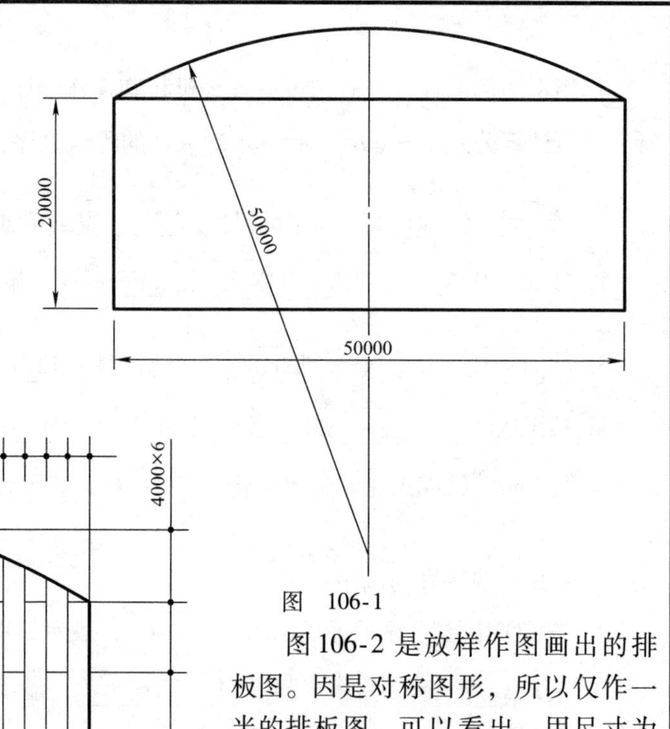

图　106-1

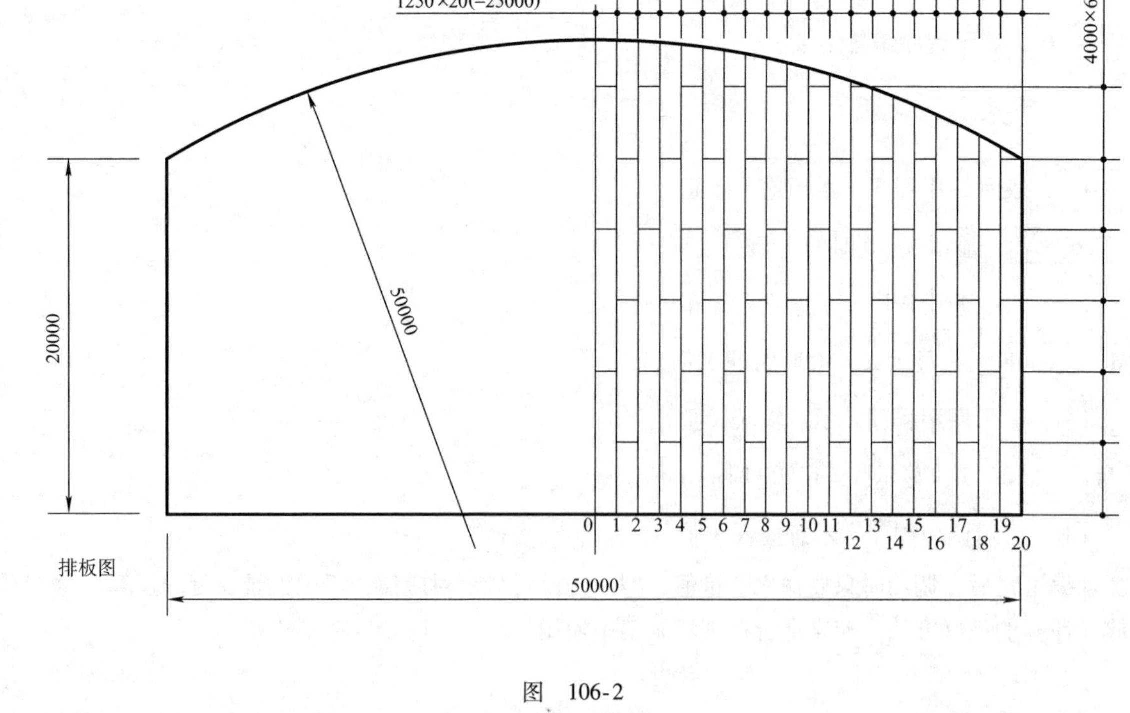

图　106-2

图 106-2 是放样作图画出的排板图。因是对称图形，所以仅作一半的排板图。可以看出，用尺寸为 1250 × 8000 的复合板材料竖向安装，需要 20 条。半面墙需要整板材料 52 张，还需要 20 块有圆弧切割的材料，放样时需要画出大半径圆弧和量出 0 ~ 20 号线的长度。有了这 21 条线的长度，错出接缝后需要 57 块矩形板的排列可以在画排板图时排出，带圆弧板两竖向边的长度也可以算出，用圆弧样板就可以完成 20 块带圆弧板的画线。

用程编计算公式法放样时，仍用特大圆弧计算公式 $Y=\sqrt{R^2-X^2}-\sqrt{R^2-L^2}$，并进行程编运算就可以很快求出21条线的长度值，只是要把20000长的直边预先加到公式中，公式变成：$Y=\sqrt{R^2-X^2}-\sqrt{R^2-L^2}+20000$

因相邻两线间距离为1250，所以变量 X 以1250的数值逐步增加，将 $R=50000$，$L=25000$ 代入公式并进行程编运算得到：

当 $X=0$ 时，　$Y=26698.7$（0号线）；　当 $X=1250$ 时，$Y=26683.1$（1号线）；

当 $X=2500$ 时，$Y=26636.2$（2号线）；　当 $X=3750$ 时，$Y=26557.9$（3号线）；

当 $X=5000$ 时，$Y=26448.1$（4号线）；　当 $X=6250$ 时，$Y=26306.6$（5号线）；

当 $X=7500$ 时，$Y=26133.0$（6号线）；　当 $X=8750$ 时，$Y=25927.2$（7号线）；

当 $X=10000$ 时，$Y=25688.5$（8号线）；　当 $X=11250$ 时，$Y=25416.7$（9号线）；

当 $X=12500$ 时，$Y=25111.0$（10号线）；　当 $X=13750$ 时，$Y=24770.9$（11号线）；

当 $X=14000$ 时，$Y=24698.7$（12号线）；　当 $X=16250$ 时，$Y=23984.4$（13号线）；

当 $X=17500$ 时，$Y=23536.2$（14号线）；　当 $X=18750$ 时，$Y=23049.9$（15号线）；

当 $X=20000$ 时，$Y=22524.5$（16号线）；　当 $X=21250$ 时，$Y=21958.4$（17号线）；

当 $X=22500$ 时，$Y=21350.2$（18号线）；　当 $X=23750$ 时，$Y=20698.0$（19号线）；

当 $X=25000$ 时，$Y=20000$（20号线）。

排板时要相邻板间错开接缝，如图106-2所示，先将8000和4000的整数板排出，再将每线的整数板长度减去，剩下的长度为带圆弧板的长度。可以看出，此图例用计算法排板后就可直接按排板图下料，不必大圆弧的作图。为施工方便，可将板按竖向编号，如从中间向两边排号为1~20#板。13号线的长度是23984.4，使12#板右上部缺角，可用图106-3所示的方法，将下面的整板边长由8000调整为7800。

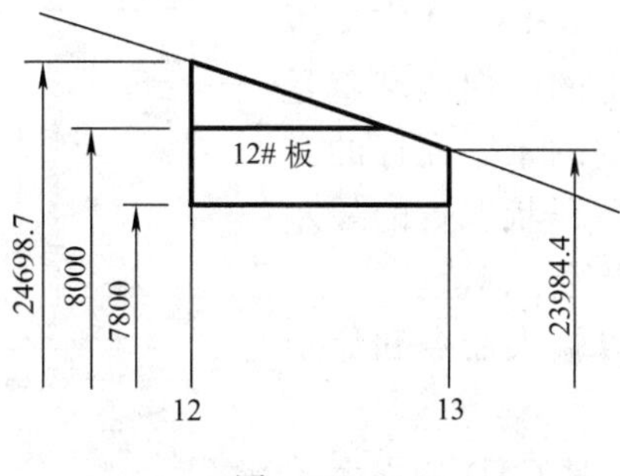

图　106-3

本图例也可以在计算机上利用制图软件 AutoCAD 计算尺寸和排板。计算机作图的优点是可以缩小比例或直接用 1∶1 的实际尺寸作图，同时不用操作计算就可以在图形中求出任意点的坐标或线段长度，而且可以将图形打印出来，施工条件允许时是展开放样较先进的方法，但要求施工人员掌握软件的绘图基本操作方法与技巧才能使用。

计算机作图，就是将人工作图时的放样平台用屏幕显示来代替，用鼠标移动来到达屏幕显示的任意位置，人工作图时的所有工具被CAD 的命令代替，利用各种命令可以快速绘出各种图形。并且可以利用工具条中查询或标注等功能在图形中直接求出所要求线段的尺寸或点的坐标。是作图法和计算法都无法相比的最先进的展开放样作图工具。本章对计算机 CAD 软件的使用不做过多叙述，因目前介绍它的教材和书籍很多，读者可根据自己的需要选读。本章仅作一些展开放样中图例的作图步骤供读者参考，有软件操作基础的读者可以试用本章图例的介绍方法，也可作为学习计算机 CAD 软件时的作图参考。

图 106-4 所示为 AutoCAD 中文版的操作界面。屏幕上的空白区域就是作图区，由鼠标控制的十字光标的交点代表当前点的位置，状态行的最左边显示光标所在位置的坐标值。

命令对话区可以输入命令和显示提示与结果。

菜单栏和工具条是 CAD 最强大的作图工具，作图时可根据作图的需要来选择和调用。

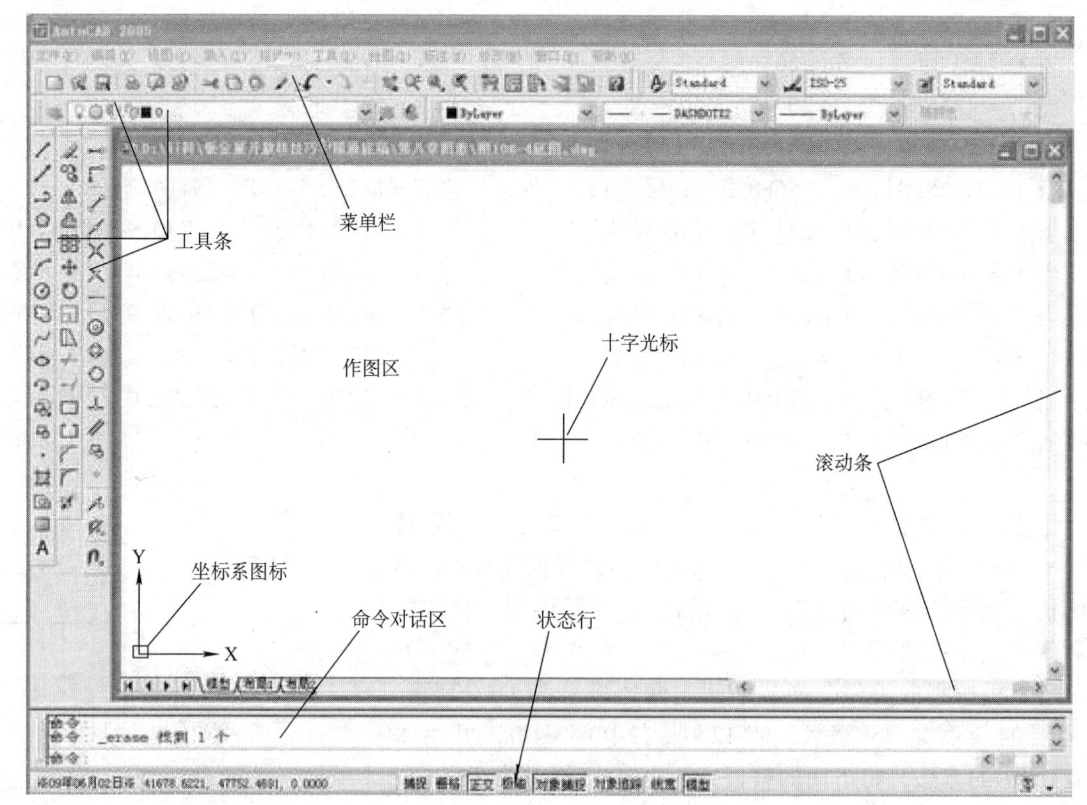

图 106-4

图 106-5 是用 CAD 以 1∶1 的实际尺寸画出的排板图，这样作图的优点是可以直接查询或标注出所求线段的长度。如图所示，调出查询工具条，用距离查询命令查询 13 线两端点的距离，计算机在命令对话区圈示的位置显示出：距离 =23984.4306。就是 13 线的长度是 23984.4。同样方法可准确的查出其他所有线的长度。有了 21 条线的长度就可以直接排板下料。可以看出，在计算机上作图不用现场放样也不用计算就可求出任意线段的长度，查询命令就可看作是现场放样后用尺的量度。

尺寸查询的方法一般多用于图形尺寸较大的计算作图中，放样步骤：

1. 用 1∶1 尺寸在计算机上作图。

2. 打印出线条图。

3. 调用查询工具条，将查询出全部所求线段的长度填写到线条图中，将矩形板排出，完成所求的放样作图。

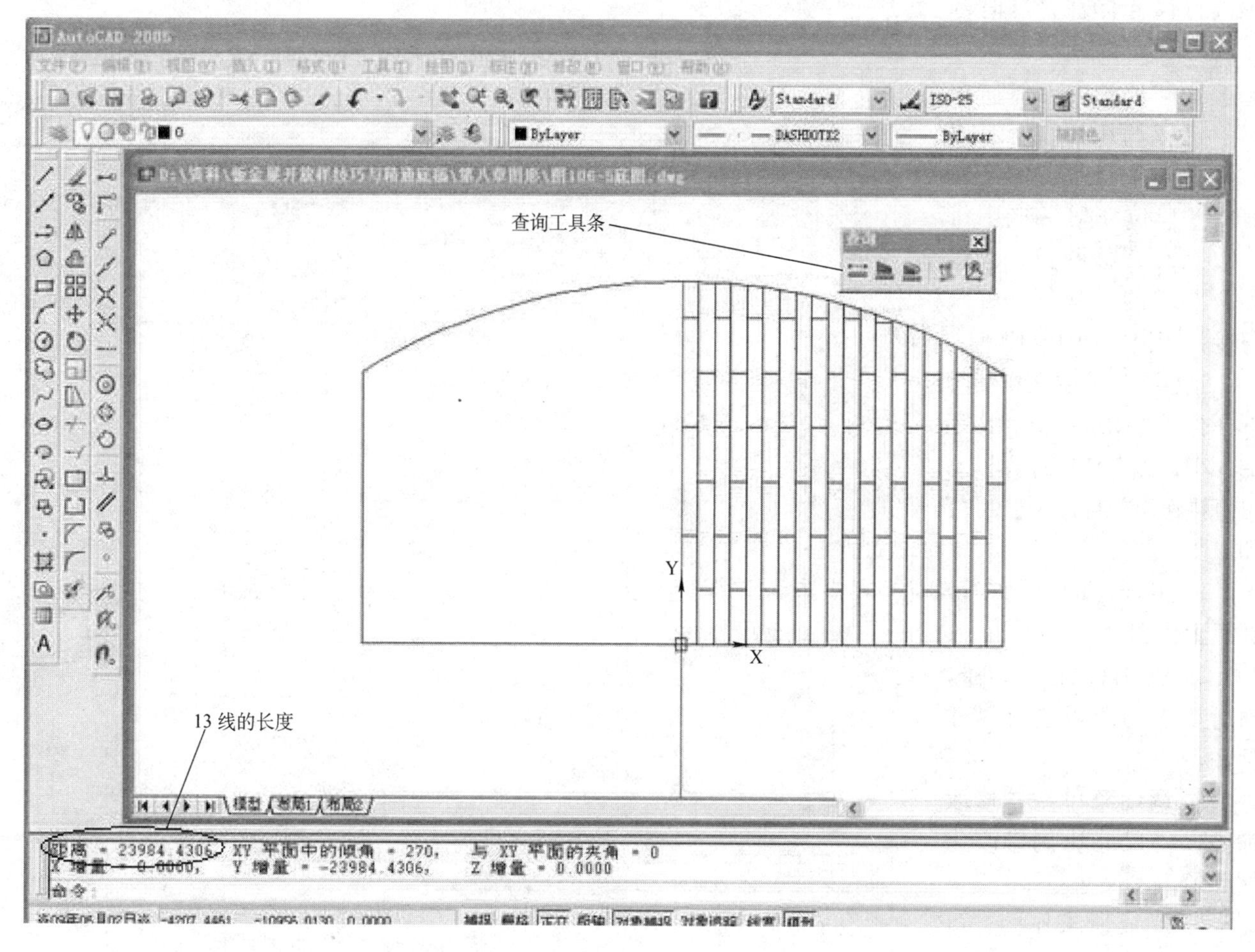

图 106-5

图 106-6 是本图例在计算机上缩小比例画出的排板图，此图例图形比例是 1∶100。调出标注工具条，用线性标注命令对所要求的线段进行尺寸标注，这时标注出的尺寸都和实际尺寸是 1∶100 的关系，然后在菜单栏中调用修改—对象—文字—编辑命令，将所有尺寸单位在对话框中将小数点向右移两位，就得到所要求的排板图，可以直接打印出图使用。

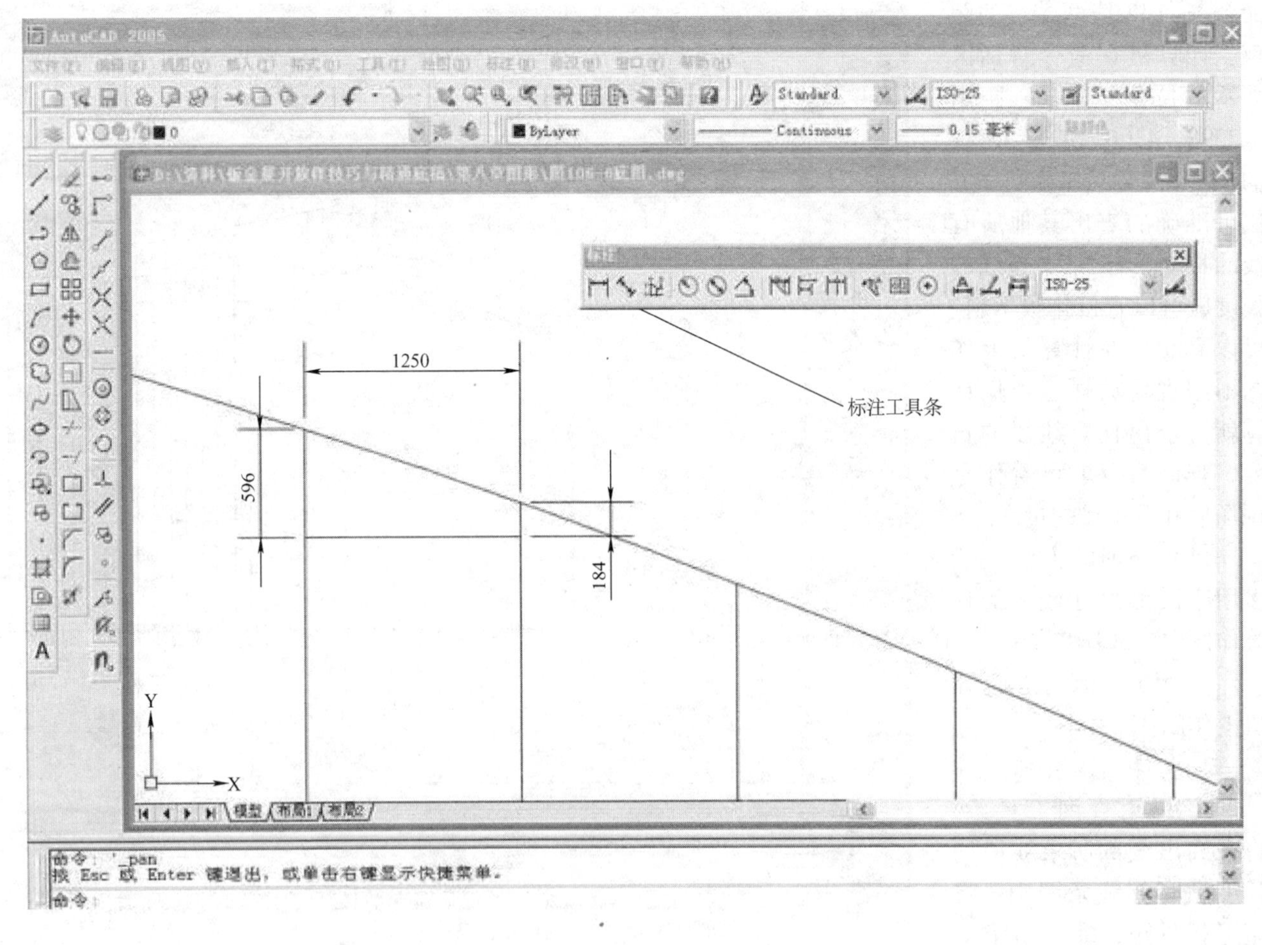

图 106-6

这种方法需要在作图时选择合适的图形比例和文字的大小，优点是在计算机上可直接作出放样图形并可打印出图。放样步骤：

1. 用合适的比例在计算机上作图。

2. 调用标注工具条，对所要求的线段进行尺寸标注。

3. 调用菜单栏的修改命令，将尺寸比例修改为实际的1∶1 尺寸。

4. 完成所求作图，可选择合适的图纸尺寸打印出图。

图例 107　线段等分的计算法作图

线段等分是展开放样作图中常遇到的问题，用作图法在尺寸较大时就不太准确也不方便，用程编计算就可以很简单的解决这个问题。

线段等分计算公式：

$$X=\frac{n}{N}L$$

式中　X——任意等分的长度，变量对应值；

N——线段的等分数；

n——线段的任意等分数，计算变量；

L——线段长度。

在展开放样中经常可遇到圆周等分并且要圆周展开后对应等分的作图，因圆周展开长度 $L=2\pi R$，式中 R 为圆的半径。这样就得到圆周等分展开计算公式：

$$X=\frac{n}{N}2\pi R$$

式中　X——圆周任意等分的展开长度，变量对应值；

N——圆周的等分数；

n——圆周的任意等分数，计算变量；

R——圆的半径。

如图 107 所示，已知圆的直径为 300，圆周的展开长度 $L=\pi D=942.5$，将圆周 12 等分并展开。

可以用线段的展开计算公式，将圆周长度计算展开后再计算等分，也可以用圆周等分展开计算公式。图中是计算出的展开直线上第 8 等分的展开长度。

用程编计算时线段等分的作图就十分方便，尤其是尺寸较大的作图。用计算器将计算公式程序记忆后，就可随时调用算出任意等分的长度，计算器携带方便，非常适合现场施工使用。

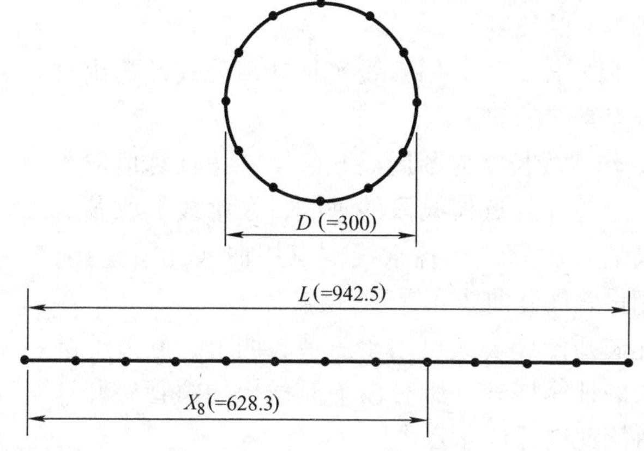

图　107

图例 108　两节直角圆管弯头的计算法展开

两节直角圆管弯头用作图法展开的作法可见图例 27，在展开图中可以看出，只要算出放样图中圆周展开长度和各等分点的位置以及过各等分点素线的长度，就可得到截平面中相贯线的展开曲线和展开图形。

图 108-1 是两节直角圆管弯头用程编计算公式法展开的放样示意图。圆周展开长度和各等分点的位置可用上例圆周等分展开计算公式，过各等分点素线实长的计算公式：

$$Y = \tan\alpha\left(L - R\cos\frac{360^\circ n}{N}\right)$$

式中　Y——圆周任意等分点对应素线实长值；

α——截面和圆管轴线的垂面间夹角；

L——截面和圆管轴线的垂面的交线到圆管轴线的距离；

R——圆管放样图半径；

n——等分变量（$0\sim2N$）；

N——圆周等分数。

计算展开作图的方法是：

1. 用圆周等分展开计算公式计算出圆周展开长度和各等分的长度。

2. 以同样的等分用素线实长计算公式计算出过各等分点素线的实长。

3. 作线段长度为圆周展开长度并按计算值取等分点，过各等分点作线段的垂线，在垂线上取各对应素线的长度值，将各素线端点用曲线光滑连接，得到相贯线展开曲线和展开图形。

此展开计算公式可用于三节、四节、五节等圆管弯头的计算展开，所有被平面截切的圆管展开计算都可用此展开计算公式。

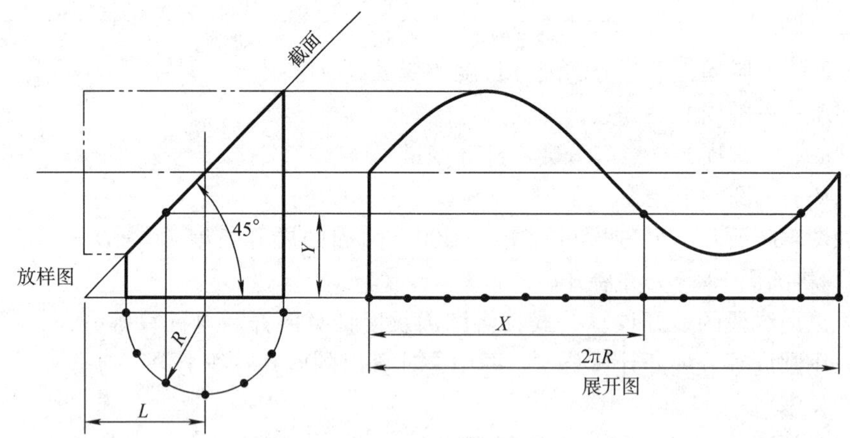

图　108-1

图 108-2 是两节直角圆管弯头用中径尺寸画出的放样图，用程编计算公式法计算，12 等分展开。按图示将 $R=250$，$L=600$，$\alpha=45°$，$N=12$ 代入公式：

$$X=\frac{n}{N}2\pi R \text{ 和 } Y=\tan\alpha\left(L-R\cos\frac{360°n}{N}\right)$$

以 n（0～12）为变量代入计算式程编计算得到：

当 $n=0$ 时，$X=0$，$Y=350$；

当 $n=1$ 时，$X=139.9$，$Y=383.5$；

当 $n=2$ 时，$X=261.8$，$Y=475$；

当 $n=3$ 时，$X=392.7$，$Y=600$；

当 $n=4$ 时，$X=523.6$，$Y=725$；

当 $n=5$ 时，$X=654.5$，$Y=816.5$；

当 $n=6$ 时，$X=785.4$，$Y=850$；

当 $n=7$ 时，$X=916.3$，$Y=816.5$；

当 $n=8$ 时，$X=1047.2$，$Y=725$；

当 $n=9$ 时，$X=1178.1$，$Y=600$；

当 $n=10$ 时，$X=1309$，$Y=475$；

当 $n=11$ 时，$X=1439.9$，$Y=383.5$；

当 $n=12$ 时，$X=1570.8$，$Y=350$。

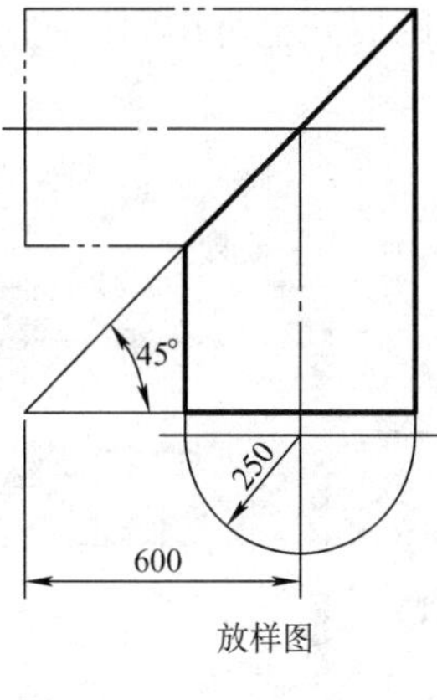

图 108-2

作线段长度为 1570.8，在线段上取计算出 X 的 12 等分长度值，过各等分点作垂线，在垂线上取计算出 Y 的对应值，将各素线端点用曲线光滑连接，得到相贯线的展开曲线和展开图形。

作展开图形时，可将接口位置放在 4 线，也可以放在 0 线位置。因是对称图形，展开时只需要计算出一半的数值。即计算到 $n=6$ 就可以。

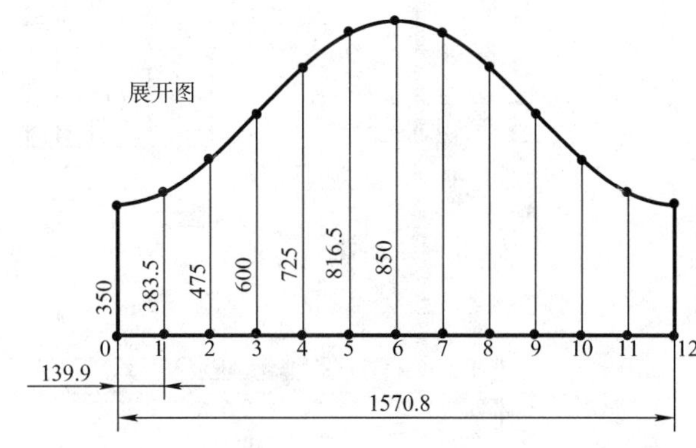

图 108-3

用计算机作此图例的展开就更加快捷和简单，如求作图 108-2 中放样图的展开，如图 108-4 所示，用 CAD 以 1∶1 的尺寸作图，调用菜单栏绘图功能中点的定数等分命令，将半圆周 6 等分，在放样立面图中作出过各等分点的素线，这些素线的长度就是展开图中各素线的长度。如图所示调用标注工具条，用线性标注命令对所有素线进行标注，就得到图面上标注出各素线长度的图形。可打印出图供作展开图使用，圆周的展开也可用同样的方法作出等分展开。不用作图展开放样也不用计算，同时又快速准确，是用计算机展开放样的最大优点。

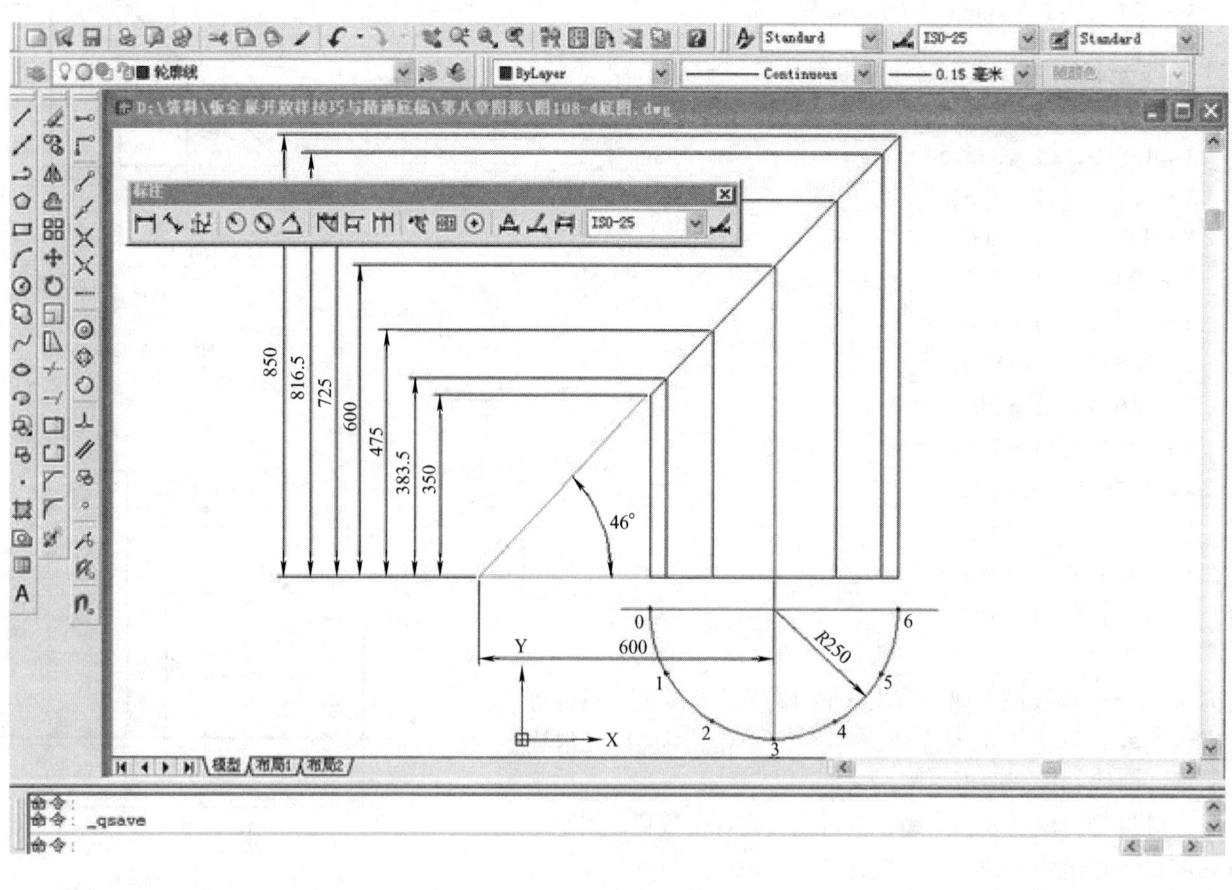

图 108-4

系数法展开是在公式法展开的基础上，将部分运算过程算出结果并列出表格，使计算式简化，使用时按表格中数字，作比较简单计算的展开方法。

仍以图 108-2 的放样图为例，将 $\alpha=45°$，$N=12$，代入圆周等分展开计算公式和素线实长的计算公式：

$$X=\frac{n}{N}2\pi R \text{ 和 } Y=\tan\alpha\left(L-R\cos\frac{360°n}{N}\right)$$

以 n（0 ~ 12）为变量代入计算式，将计算公式简化得到系数值：

当 $n=0$ 时，$X=\frac{0}{12}\times2\pi R=0$，　$Y=1\times\left(L-R\cos\frac{360°\times0}{12}\right)=L-R$；

当 $n=1$ 时，$X=\frac{1}{12}\times2\pi R=0.524R$，$Y=1\times\left(L-R\cos\frac{360°\times1}{12}\right)=L-0.866R$；

当 $n=2$ 时，$X=\frac{2}{12}\times2\pi R=1.047R$，$Y=1\times\left(L-R\cos\frac{360°\times2}{12}\right)=L-0.5R$；

当 $n=3$ 时，$X=\frac{3}{12}\times2\pi R=1.571R$，$Y=1\times\left(L-R\cos\frac{360°\times3}{12}\right)=L$；

当 $n=4$ 时，$X=\frac{4}{12}\times2\pi R=2.094R$，$Y=1\times\left(L-R\cos\frac{360°\times4}{12}\right)=L+0.5R$；

当 $n=5$ 时，$X=\frac{5}{12}\times2\pi R=2.618R$，$Y=1\times\left(L-R\cos\frac{360°\times5}{12}\right)=L+0.866R$；

当 $n=6$ 时，$X=\frac{6}{12}\times2\pi R=3.142R$，$Y=1\times\left(L-R\cos\frac{360°\times6}{12}\right)=L+R$。

这就是两节直角圆管弯头 12 等分展开时的计算展开系数值，使用时只要将 L 和 R 的值代入，计算时较快捷和简单，同理可求出其他各种等分数的计算展开系数值。为使用方便一般都将系数值列成表格，便于查阅，因是对称图形，只要列到 $n=6$ 就可以，展开作图时的方法和公式法计算展开时一样，对称作图就可以得到全部展开图形。

上面是 α 角度为 45°，n 为变量的 12 等分系数值，用于两节直角圆管弯头的展开。但用于三节或四节圆管弯头时，α 角度变化一次，就要有一套表格，这就使系数值的表格数量较大，目前还没有十分全面的系数值书籍，这也是系数法计算展开的一个缺点。

下面是两节直角圆管弯头常用等分计算展开系数值表，因是对称图形，只列出一半的展开系数值。

两节直角圆管弯头 12 等分计算展开系数值：

当 $n=0$ 时，$X=0$，$Y=L-R$；　当 $n=1$ 时，$X=0.524R$，$Y=L-0.866R$；　当 $n=2$ 时，$X=1.047R$，$Y=L-0.5R$；

当 $n=3$ 时，$X=1.571R$，$Y=L$；　当 $n=4$ 时，$X=2.094R$，$Y=L+0.5R$；　当 $n=5$ 时，$X=2.618R$，$Y=L+0.866R$；

当 $n=6$ 时，$X=3.142R$，$Y=L+R$。

两节直角圆管弯头 16 等分计算展开系数值：

当 $n=0$ 时，$X=0$，$Y=L-R$；　当 $n=1$ 时，$X=0.393R$，$Y=L-0.924R$；　当 $n=2$ 时，$X=0.785R$，$Y=L-0.707R$；

当 $n=3$ 时，$X=1.178R$，$Y=L-0.383R$；　当 $n=4$ 时，$X=1.571R$，$Y=L$；　当 $n=5$ 时，$X=1.963R$，$Y=L+0.383R$；

当 $n=6$ 时，$X=2.356R$，$Y=L+0.707R$；　当 $n=7$ 时，$X=2.749R$，$Y=L+0.924R$；　当 $n=8$ 时，$X=3.142R$，$Y=L+R$。

两节直角圆管弯头 24 等分计算展开系数值：

当 $n=0$ 时，$X=0$，$Y=L-R$；　当 $n=1$ 时，$X=0.262R$，$Y=L-0.966R$；　当 $n=2$ 时，$X=0.524R$，$Y=L-0.866R$；

当 $n=3$ 时，$X=0.785R$，$Y=L-0.707R$；　当 $n=4$ 时，$X=1.047R$，$Y=L-0.5R$；　当 $n=5$ 时，$X=1.309R$，$Y=L-0.259R$；

当 $n=6$ 时，$X=1.571R$，$Y=L$；　当 $n=7$ 时，$X=1.833R$，$Y=L+0.259R$；　当 $n=8$ 时，$X=2.094R$，$Y=L-0.5R$；

当 $n=9$ 时，$X=2.356R$，$Y=L+0.707R$；　当 $n=10$ 时，$X=2.618R$，$Y=L+0.866R$；　当 $n=11$ 时，$X=2.880R$，$Y=L+0.966R$；

当 $n=12$ 时，$X=3.142R$，$Y=L+R$。

两节直角圆管弯头 36 等分计算展开系数值：

当 $n=0$ 时，$X=0$，$Y=L-R$；　当 $n=1$ 时，$X=0.175R$，$Y=L-0.985R$；　当 $n=2$ 时，$X=1.349R$，$Y=L-0.940R$；

当 $n=3$ 时，$X=0.524R$，$Y=L-0.866R$；　当 $n=4$ 时，$X=0.698R$，$Y=L-0.766R$；　当 $n=5$ 时，$X=0.873R$，$Y=L-0.643R$；

当 $n=6$ 时，$X=1.047R$，$Y=L-0.5R$；　当 $n=7$ 时，$X=1.222R$，$Y=L-0.342R$；　当 $n=8$ 时，$X=1.396R$，$Y=L-0.174R$；

当 $n=9$ 时，$X=1.571R$，$Y=L$；　当 $n=10$ 时，$X=1.745R$，$Y=L+0.174R$；　当 $n=11$ 时，$X=1.920R$，$Y=L+0.342R$；

当 $n=12$ 时，$X=2.094R$，$Y=L+0.5R$；　当 $n=13$ 时，$X=2.269R$，$Y=L+0.643R$；　当 $n=14$ 时，$X=2.444R$，$Y=L+0.766R$。

当 $n=15$ 时，$X=2.618R$，$Y=L+0.866R$；　当 $n=16$ 时，$X=2.793R$，$Y=L+0.940R$；　当 $n=17$ 时，$X=2.967R$，$Y=L+0.985R$；

当 $n=18$ 时，$X=3.142R$，$Y=L+R$。

表中的 X 值和 Y 值，在作展开图时就是直角坐标系的横向坐标值和纵向坐标值，各种圆管弯头系数法展开计算中，只要展开等分数相同，X 值的系数值也都是相同的。为使用方便，后面的系数值表中都将 X 值的系数值同时列出。

图 108-5 是两节直角圆管弯头用中径尺寸画出的放样图，图中 $\alpha=45°$，用系数法计算，16 等分展开，即 $N=16$。

将 $L=750$，$R=500$，代入两节直角圆管弯头 16 等分计算展开系数式中，得到：

当 $n=0$ 时，$X=0$，$Y=L-R=250$；

当 $n=1$ 时，$X=0.393R=196.5$，$Y=L-0.924R=288$；

当 $n=2$ 时，$X=0.785R=392.5$，$Y=L-0.707R=396.5$；

当 $n=3$ 时，$X=1.178R=589$，$Y=L-0.383R=558.5$；

当 $n=4$ 时，$X=1.571R=785.5$，$Y=L=750$；

当 $n=5$ 时，$X=1.963R=981.5$，$Y=L+0.383R=941.5$；

当 $n=6$ 时，$X=2.356R=1280$，$Y=L+0.707R=1103.5$；

当 $n=7$ 时，$X=2.749R=1374.5$，$Y=L+0.924R=1212$；

当 $n=8$ 时，$X=3.142R=1570.8$，$Y=L+R=1250$。

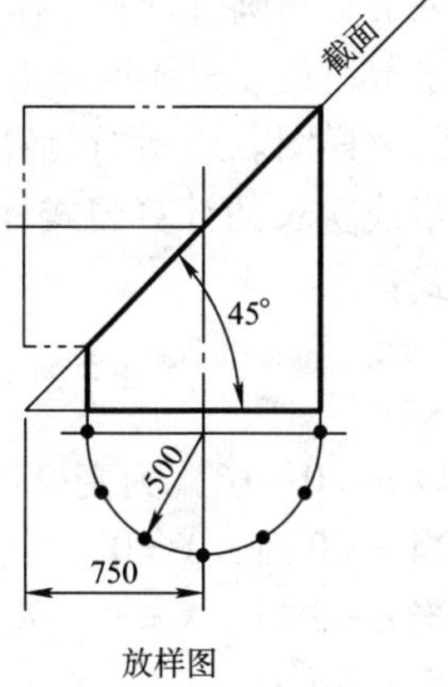

图 108-5

展开图的画法如图 108-6 所示，作线段长度为 1570.8，用计算出的 X 值取点将其 8 等分，过各等分点作线段的垂线，在垂线上取各等分点的对应 Y 值得到各素线，将各素线端点用曲线光滑连接，即得到弯头一半的展开曲线和展开图形，对称作图得到全部的展开图形。

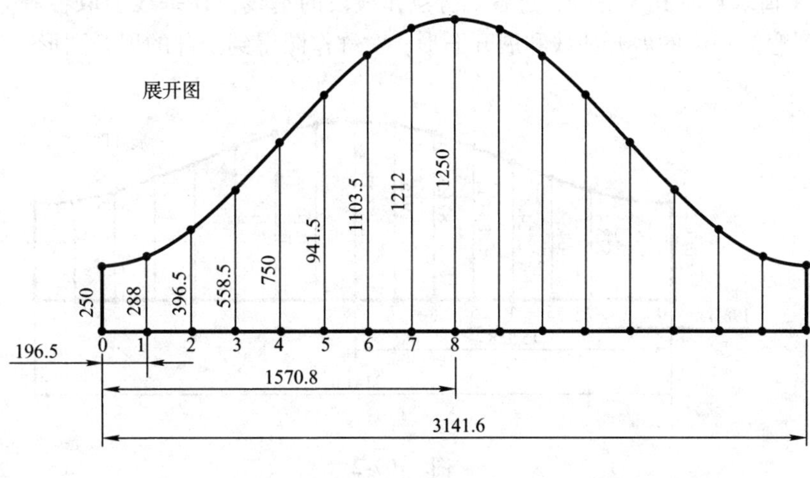

图 108-6

图例 109 三节直角圆管弯头的计算法展开

三节直角圆管弯头用作图法展开的作法可见图例 29。弯头由一个整节和两个相同的半节组成，只要展开半节就可得到全部展开图形。图 109-1 是弯头用中径尺寸画出的放样图。16 等分计算展开，仍用图例 108 中圆周等分展开计算公式和过各等分点素线实长的计算公式计算展开，按图中尺寸将 $L=1750$，$R=500$，$\alpha=22.5°$代入公式：

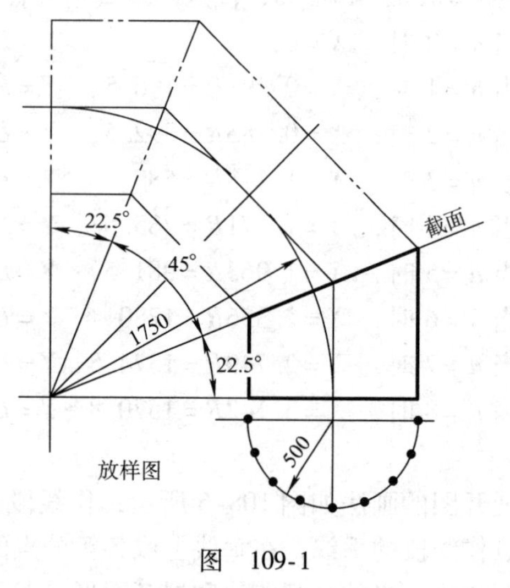

图 109-1

$$X=\frac{n}{N}2\pi R \text{ 和 } Y=\tan\alpha\left(L-R\cos\frac{360°n}{N}\right)$$

以 n（0～16）为变量代入计算式程编计算得到：

当 $n=0$ 时，$X=0$，$Y=517.8$；当 $n=1$ 时，$X=196.4$，$Y=533.5$；

当 $n=2$ 时，$X=392.7$，$Y=578.4$；当 $n=3$ 时，$X=589.1$，$Y=645.6$；

当 $n=4$ 时，$X=785.4$，$Y=724.8$；当 $n=5$ 时，$X=981.8$，$Y=804.1$；

当 $n=6$ 时，$X=1178.1$，$Y=871.3$；当 $n=7$ 时，$X=1374.5$，$Y=916.2$；

当 $n=8$ 时，$X=1570.8$，$Y=932$。

因是对称图形，所以只求出一半的计算值，展开图的画法如图 109-2 所示，作线段长度为 1570.8，用计算出的 X 值取点将其 8 等分，过各等分点作线段的垂线，在垂线上取各等分点的对应 Y 值得到各素线，将各素线端点用曲线光滑连接，即得到弯头一半的展开曲线和展开图形，对称作图得到全部的展开图形。

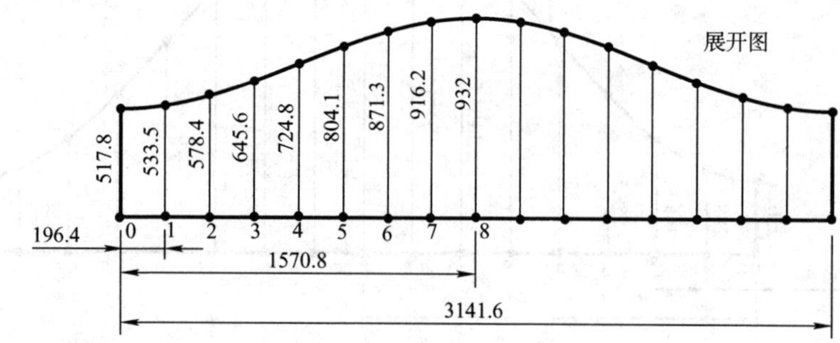

图 109-2

下面是三节直角圆管弯头常用等分计算展开系数值表，因是对称图形，只列出一半的展开系数值。

三节直角圆管弯头12等分计算展开系数值：

当 $n=0$ 时，$X=0$，$Y=0.4142L-0.4142R$；

当 $n=2$ 时，$X=1.047R$，$Y=0.4142L-0.2071R$；

当 $n=4$ 时，$X=2.094R$，$Y=0.4142L+0.2071R$；

当 $n=6$ 时，$X=3.142R$，$Y=0.4142L+0.4142R$。

当 $n=1$ 时，$X=0.524R$，$Y=0.4142L-0.3587R$；

当 $n=3$ 时，$X=1.571R$，$Y=0.4142L$；

当 $n=5$ 时，$X=2.618R$，$Y=0.4142L+0.3587R$；

三节直角圆管弯头16等分计算展开系数值：

当 $n=0$ 时，$X=0$，$Y=0.4142L-0.4142R$；

当 $n=2$ 时，$X=0.785R$，$Y=0.4142L-0.2929R$；

当 $n=4$ 时，$X=1.571R$，$Y=0.4142L$；

当 $n=6$ 时，$X=2.356R$，$Y=0.4142L+0.2929R$；

当 $n=8$ 时，$X=3.142R$，$Y=0.4142L+0.4142R$。

当 $n=1$ 时，$X=0.393R$，$Y=0.4142L-0.3827R$；

当 $n=3$ 时，$X=1.178R$，$Y=0.4142L-0.1586R$；

当 $n=5$ 时，$X=1.963R$，$Y=0.4142L+0.1586R$；

当 $n=7$ 时，$X=2.749R$，$Y=0.4142L+0.3827R$；

三节直角圆管弯头24等分计算展开系数值：

当 $n=0$ 时，$X=0$，$Y=0.4142L-0.4142R$；

当 $n=2$ 时，$X=0.524R$，$Y=0.4142L-0.3587R$；

当 $n=4$ 时，$X=1.047R$，$Y=0.4142L-0.2071R$；

当 $n=6$ 时，$X=1.571R$，$Y=0.4142L$；

当 $n=8$ 时，$X=2.094R$，$Y=0.4142L-0.2071R$；

当 $n=10$ 时，$X=2.618R$，$Y=0.4142L+0.3587R$；

当 $n=12$ 时，$X=3.142R$，$Y=0.4142L+0.4142R$。

当 $n=1$ 时，$X=0.262R$，$Y=0.4142L-0.4001R$；

当 $n=3$ 时，$X=0.785R$，$Y=0.4142L-0.2928R$；

当 $n=5$ 时，$X=1.309R$，$Y=0.4142L-0.1073R$；

当 $n=7$ 时，$X=1.833R$，$Y=0.4142L+0.1073R$；

当 $n=9$ 时，$X=2.356R$，$Y=0.4142L+0.2928R$；

当 $n=11$ 时，$X=2.880R$，$Y=0.4142L+0.4001R$；

三节直角圆管弯头36等分计算展开系数值：

当 $n=0$ 时，$X=0$，$Y=0.4142L-0.4142R$；

当 $n=2$ 时，$X=0.349R$，$Y=0.4142L-0.3894R$；

当 $n=4$ 时，$X=0.698R$，$Y=0.4142L-0.3173R$；

当 $n=6$ 时，$X=1.047R$，$Y=0.4142L-0.2071R$；

当 $n=8$ 时，$X=1.396R$，$Y=0.4142L-0.072R$；

当 $n=1$ 时，$X=0.175R$，$Y=0.4142L-0.408R$；

当 $n=3$ 时，$X=0.524R$，$Y=0.4142L-0.3587R$；

当 $n=5$ 时，$X=0.873R$，$Y=0.4142L-0.2663R$；

当 $n=7$ 时，$X=1.222R$，$Y=0.4142L-0.1740R$；

当 $n=9$ 时，$X=1.571R$，$Y=0.4142L$；

当 $n=10$ 时，$X=1.745R$，$Y=0.4142L+0.072R$；当 $n=11$ 时，$X=1.920R$，$Y=0.4142L+0.1740R$；

当 $n=12$ 时，$X=2.094R$，$Y=0.4142L+0.2071R$；当 $n=13$ 时，$X=2.269R$，$Y=0.4142L+0.2663R$；

当 $n=14$ 时，$X=2.444R$，$Y=0.4142L+0.3173R$；当 $n=15$ 时，$X=2.618R$，$Y=0.4142L+0.3587R$；

当 $n=16$ 时，$X=2.793R$，$Y=0.4142L+0.3894R$；当 $n=17$ 时，$X=2.967R$，$Y=0.4142L+0.408R$；

当 $n=18$ 时，$X=3.142R$，$Y=0.4142L+0.4142R$。

三节直角圆管弯头 48 等分计算展开系数值：

当 $n=0$ 时，$X=0$，$Y=0.4142L-0.4142R$；当 $n=1$ 时，$X=0.1309R$，$Y=0.4142L-0.4107R$；

当 $n=2$ 时，$X=0.2618R$，$Y=0.4142L-0.4001R$；当 $n=3$ 时，$X=0.3927R$，$Y=0.4142L-0.3827R$；

当 $n=4$ 时，$X=0.5236R$，$Y=0.4142L-0.3587R$；当 $n=5$ 时，$X=0.6545R$，$Y=0.4142L-0.3286R$；

当 $n=6$ 时，$X=0.7854R$，$Y=0.4142L-0.2929R$；当 $n=7$ 时，$X=0.9163R$，$Y=0.4142L-0.2522R$；

当 $n=8$ 时，$X=1.0472R$，$Y=0.4142L-0.2071R$；当 $n=9$ 时，$X=1.1781R$，$Y=0.4142L-0.1585R$；

当 $n=10$ 时，$X=1.3090R$，$Y=0.4142L-0.1072R$；当 $n=11$ 时，$X=1.4399R$，$Y=0.4142L-0.0541R$；

当 $n=12$ 时，$X=1.5708R$，$Y=0.4142L$；当 $n=13$ 时，$X=1.7017R$，$Y=0.4142L+0.0541R$；

当 $n=14$ 时，$X=1.8326R$，$Y=0.4142L+0.1072R$；当 $n=15$ 时，$X=1.9635R$，$Y=0.4142L+0.1585R$；

当 $n=16$ 时，$X=2.0944R$，$Y=0.4142L+0.2071R$；当 $n=17$ 时，$X=2.2253R$，$Y=0.4142L+0.2522R$；

当 $n=18$ 时，$X=2.3562R$，$Y=0.4142L+0.2929R$。当 $n=19$ 时，$X=2.4871R$，$Y=0.4142L+0.3286R$；

当 $n=20$ 时，$X=2.6180R$，$Y=0.4142L+0.3587R$；当 $n=21$ 时，$X=2.7489R$，$Y=0.4142L+0.3827R$；

当 $n=22$ 时，$X=2.8798R$，$Y=0.4142L+0.4001R$；当 $n=23$ 时，$X=3.0107R$，$Y=0.4142L+0.4107R$；

当 $n=24$ 时，$X=3.1416R$，$Y=0.4142L+0.4142R$。

仍用图 109-1 的放样图，用系数法 16 等分计算展开。将 $L=1750$，$R=500$ 代入计算式：

当 $n=0$ 时，$X=0$，$Y=0.4142L-0.4142R=517.8$；当 $n=1$ 时，$X=0.393R=196.5$，$Y=0.4142L-0.3827R=533.5$；

当 $n=2$ 时，$X=0.785R=392.5$，$Y=0.4142L-0.2929R=578.4$；当 $n=3$ 时，$X=1.178R=589$，$Y=0.4142L-0.1586R=645.6$；

当 $n=4$ 时，$X=1.571R=785.5$，$Y=0.4142L=724.9$；当 $n=5$ 时，$X=1.963R=981.5$，$Y=0.4142L+0.1586R=804.2$；

当 $n=6$ 时，$X=2.356R=1178$，$Y=0.4142L+0.2929R=871.3$；当 $n=7$ 时，$X=2.749R=1374.5$，$Y=0.4142L+0.3827R=916.2$；

当 $n=8$ 时，$X=3.142R=1571$，$Y=0.4142L+0.4142R=932$。

得到和公式法计算展开同样的计算值，用同样的作图方法也可得到图 109-2 的展开图形。

此例用计算机作展开图时，可参阅图例 108 的方法。

图例110　三节任意角度圆管弯头的计算法展开

三节任意角度圆管弯头用作图法展开的作法可见图例31，弯头由一个整节和两个相同的半节组成，只要展开半节就可得到全部展开图形。图110-1是弯头用中径尺寸画出的放样图，弯头两端面间夹角为60°，所以$\alpha=60°/4=15°$，16等分计算展开，仍用图例108中圆周等分展开计算公式和过各等分点素线实长的计算公式计算展开，按图中尺寸将$\alpha=15°$，$L=1750$，$R=500$代入公式：

$$X=\frac{n}{N}2\pi R \text{ 和 } Y=\tan\alpha\left(L-R\cos\frac{360°n}{N}\right)$$

以n（0~16）为变量代入计算式程编计算得到：

当$n=0$时，$X=0$，　$Y=334.9$；　当$n=1$时，$X=196.4$，$Y=345.1$；
当$n=2$时，$X=392.7$，$Y=374.2$；　当$n=3$时，$X=589.1$，$Y=417.6$；
当$n=4$时，$X=785.4$，$Y=468.9$；　当$n=5$时，$X=981.8$，$Y=520.2$；
当$n=6$时，$X=1178.1$，$Y=563.6$；　当$n=7$时，$X=1374.5$，$Y=592.7$；
当$n=8$时，$X=1570.8$，$Y=602.9$。

因是对称图形，所以只求出一半的计算值，展开图的画法如图110-2所示，作线段长度为1570.8，用计算出的X值取点将其8等分，过各等分点作线段的垂线，在垂线上取各等分点的对应Y值得到各素线，将各素线端点用曲线光滑连接，即得到弯头一半的展开曲线和展开图形，对称作图可得到全部的展开图形。

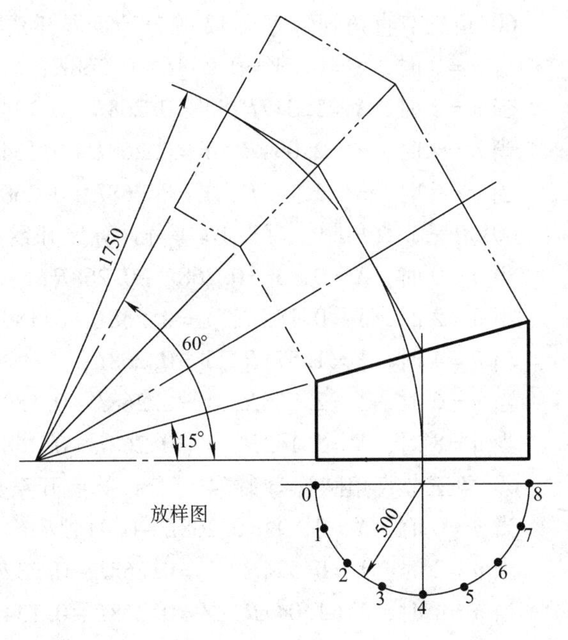

图　110-1

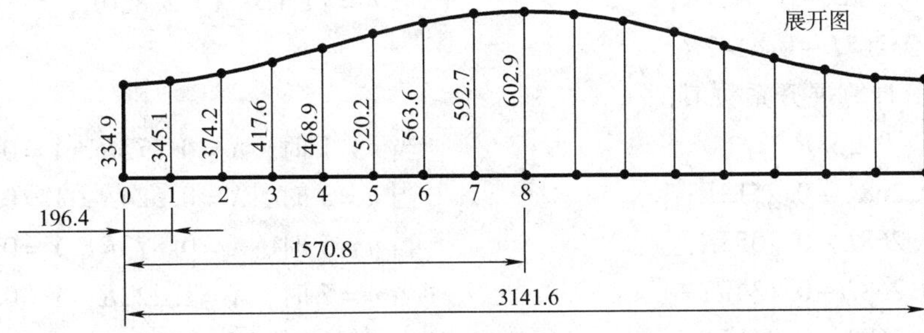

图　110-2

下面是60°角三节圆管弯头常用等分计算展开系数值表，因是对称图形，只列出一半的展开系数值。

60°角三节直角圆管弯头12等分计算展开系数值：

当 $n=0$ 时，$X=0$，$Y=0.268L-0.268R$；
当 $n=1$ 时，$X=0.524R$，$Y=0.268L-0.2321R$；
当 $n=2$ 时，$X=1.047R$，$Y=0.268L-0.134R$；
当 $n=3$ 时，$X=1.571R$，$Y=0.268L$；
当 $n=4$ 时，$X=2.094R$，$Y=0.268L+0.134R$；
当 $n=5$ 时，$X=2.618R$，$Y=0.268L+0.2321R$；
当 $n=6$ 时，$X=3.142R$，$Y=0.268L+0.268R$。

60°角三节直角圆管弯头16等分计算展开系数值：

当 $n=0$ 时，$X=0$，$Y=0.268L-0.268R$；
当 $n=1$ 时，$X=0.393R$，$Y=0.268L-0.2476R$；
当 $n=2$ 时，$X=0.785R$，$Y=0.268L-0.1895R$；
当 $n=3$ 时，$X=1.178R$，$Y=0.268L-0.1025R$；
当 $n=4$ 时，$X=1.571R$，$Y=0.268L$；
当 $n=5$ 时，$X=1.963R$，$Y=0.268L+0.1025R$；
当 $n=6$ 时，$X=2.356R$，$Y=0.268L+0.1895R$；
当 $n=7$ 时，$X=2.749R$，$Y=0.268L+0.2476R$；
当 $n=8$ 时，$X=3.142R$，$Y=0.268L+0.268R$。

60°角三节直角圆管弯头24等分计算展开系数值：

当 $n=0$ 时，$X=0$，$Y=0.268L-0.4142R$；
当 $n=1$ 时，$X=0.262R$，$Y=0.268L-0.2588R$；
当 $n=2$ 时，$X=0.524R$，$Y=0.268L-0.2321R$；
当 $n=3$ 时，$X=0.785R$，$Y=0.268L-0.1895R$；
当 $n=4$ 时，$X=1.047R$，$Y=0.268L-0.134R$；
当 $n=5$ 时，$X=1.309R$，$Y=0.268L-0.0694R$；
当 $n=6$ 时，$X=1.571R$，$Y=0.268L$；
当 $n=7$ 时，$X=1.833R$，$Y=0.268L+0.0684R$；
当 $n=8$ 时，$X=2.094R$，$Y=0.268L-0.134R$；
当 $n=9$ 时，$X=2.356R$，$Y=0.268L+0.1895R$；
当 $n=10$ 时，$X=2.618R$，$Y=0.268L+0.2321R$；
当 $n=11$ 时，$X=2.880R$，$Y=0.268L+0.2588R$；
当 $n=12$ 时，$X=3.142R$，$Y=0.268L+0.4142R$。

60°角三节直角圆管弯头36等分计算展开系数值：

当 $n=0$ 时，$X=0$，$Y=0.268L-0.268R$；
当 $n=1$ 时，$X=0.175R$，$Y=0.268L-0.2639R$；
当 $n=2$ 时，$X=0.349R$，$Y=0.268L-0.2518R$；
当 $n=3$ 时，$X=0.524R$，$Y=0.268L-0.2321R$；
当 $n=4$ 时，$X=0.698R$，$Y=0.268L-0.2053R$；
当 $n=5$ 时，$X=0.873R$，$Y=0.268L-0.1722R$；
当 $n=6$ 时，$X=1.047R$，$Y=0.268L-0.134R$；
当 $n=7$ 时，$X=1.222R$，$Y=0.268L-0.0916R$；
当 $n=8$ 时，$X=1.396R$，$Y=0.268L-0.0425R$；
当 $n=9$ 时，$X=1.571R$，$Y=0.268L$；
当 $n=10$ 时，$X=1.745R$，$Y=0.268L+0.0425R$；
当 $n=11$ 时，$X=1.920R$，$Y=0.268L+0.0916R$；

当 $n=12$ 时，$X=2.094R$，$Y=0.268L+0.134R$；

当 $n=13$ 时，$X=2.269R$，$Y=0.268L+0.1722R$；

当 $n=14$ 时，$X=2.444R$，$Y=0.268L+0.2053R$；

当 $n=15$ 时，$X=2.618R$，$Y=0.268L+0.2321R$；

当 $n=16$ 时，$X=2.793R$，$Y=0.268L+0.2518R$；

当 $n=17$ 时，$X=2.967R$，$Y=0.268L+0.2639R$；

当 $n=18$ 时，$X=3.142R$，$Y=0.268L+0.268R$。

60°角三节直角圆管弯头 48 等分计算展开系数值：

当 $n=0$ 时，$X=0$，$Y=0.268L-0.268R$；

当 $n=1$ 时，$X=0.1309R$，$Y=0.268L-0.2656R$；

当 $n=2$ 时，$X=0.2618R$，$Y=0.268L-0.2588R$；

当 $n=3$ 时，$X=0.3927R$，$Y=0.268L-0.2476R$；

当 $n=4$ 时，$X=0.5236R$，$Y=0.268L-0.2321R$；

当 $n=5$ 时，$X=0.6545R$，$Y=0.268L-0.2126R$；

当 $n=6$ 时，$X=0.7854R$，$Y=0.268L-0.1895R$；

当 $n=7$ 时，$X=0.9163R$，$Y=0.268L-0.1631R$；

当 $n=8$ 时，$X=1.0472R$，$Y=0.268L-0.134R$；

当 $n=9$ 时，$X=1.1781R$，$Y=0.268L-0.1025R$；

当 $n=10$ 时，$X=1.3090R$，$Y=0.268L-0.0694R$；

当 $n=11$ 时，$X=1.4399R$，$Y=0.268L-0.035R$；

当 $n=12$ 时，$X=1.5708R$，$Y=0.268L$；

当 $n=13$ 时，$X=1.7017R$，$Y=0.268L+0.035R$；

当 $n=14$ 时，$X=1.8326R$，$Y=0.268L+0.0694R$；

当 $n=15$ 时，$X=1.9635R$，$Y=0.268L+0.1025R$；

当 $n=16$ 时，$X=2.0944R$，$Y=0.268L+0.134R$；

当 $n=17$ 时，$X=2.2253R$，$Y=0.268L+0.1631R$；

当 $n=18$ 时，$X=2.3562R$，$Y=0.268L+0.1895R$。

当 $n=19$ 时，$X=2.4871R$，$Y=0.268L+0.2126R$；

当 $n=20$ 时，$X=2.6180R$，$Y=0.268L+0.2321R$；

当 $n=21$ 时，$X=2.7489R$，$Y=0.268L+0.2476R$；

当 $n=22$ 时，$X=2.8798R$，$Y=0.268L+0.2588R$；

当 $n=23$ 时，$X=3.0107R$，$Y=0.268L+0.2656R$；

当 $n=24$ 时，$X=3.1416R$，$Y=0.268L+0.268R$。

仍用图 110-1 的放样图，用系数法 16 等分计算展开。将 $L=1750$，$R=500$ 代入计算式：

当 $n=0$ 时，$X=0$，$Y=0.268L-0.268R=335$；

当 $n=1$ 时，$X=0.393R=196.5$，$Y=0.268L-0.2476R=345.2$；

当 $n=2$ 时，$X=0.785R=392.5$，$Y=0.268L-0.1895R=478.5$；

当 $n=3$ 时，$X=1.178R=589$，$Y=0.268L-0.1025R=417.8$；

当 $n=4$ 时，$X=1.571R=785.5$，$Y=0.268L=469$；

当 $n=5$ 时，$X=1.963R=981.5$，$Y=0.268L+0.1025R=520.3$；

当 $n=6$ 时，$X=2.356R=1178$，$Y=0.268L+0.1895R=563.8$；

当 $n=7$ 时，$X=2.749R=1374.5$，$Y=0.268L+0.2476R=592.8$；

当 $n=8$ 时，$X=3.142R=1571$，$Y=0.268L+0.268R=603$。

得到和公式法计算展开同样的计算值，用同样的作图方法也可得到图 110-2 的展开图形。

此图例用计算机作展开图时，可参阅图例 108 的方法。

图例 111　正交等径圆管三通的计算法展开

正交等径圆管三通用作图法展开的作法可见图例36。图111-1是三通的展开计算示意图。仍可用图例108中圆周等分展开计算公式和过各等分点素线实长的计算公式计算展开，因两圆管轴线相互垂直，所以 $\alpha=45°$。因三通左、右对称，同时前、后对称，所以只要作1/4的展开计算就可作出全部展开图形。计算公式：

$$X=\frac{n}{N}2\pi R \text{ 和 } Y=\tan\alpha\left(L-R\cos\frac{360°n}{N}\right)$$

为计算和作图的方便，将两管的直段部分和相贯线所含部分分开计算和展开，使公式中 $L=R$，因 $\tan45°=1$，公式变为

$$X=\frac{n}{N}2\pi R \text{ 和 } Y=\left(1-\cos\frac{360°n}{N}\right)R$$

垂直管计算展开作图的方法是：

1. 用圆周等分展开计算公式计算出圆周展开1/4长度和各等分的长度。

2. 以同样的等分用素线实长计算公式计算出过各等分点素线的实长。

3. 先将圆管直段部分展开，展开图形是一矩形。将圆周展开长度的边4等分，在各等分内按计算值取等分点，过各等分点作线段的垂线，在垂线上取各对应素线的长度值，将各素线端点用曲线光滑连接，得到相贯线展开曲线和展开图形。

水平管计算展开作图的方法是：

1. 作出主管的展开图，展开图形是一矩形。

2. 将圆周展开长度的边4等分，在2等分内按计算值取等分点，过各等分点作线段的垂线，在垂线上取各对应素线的长度值，将各素线端点用曲线光滑连接，得到一条相贯线的展开曲线，对称作图得到水平管的开孔展开图形。

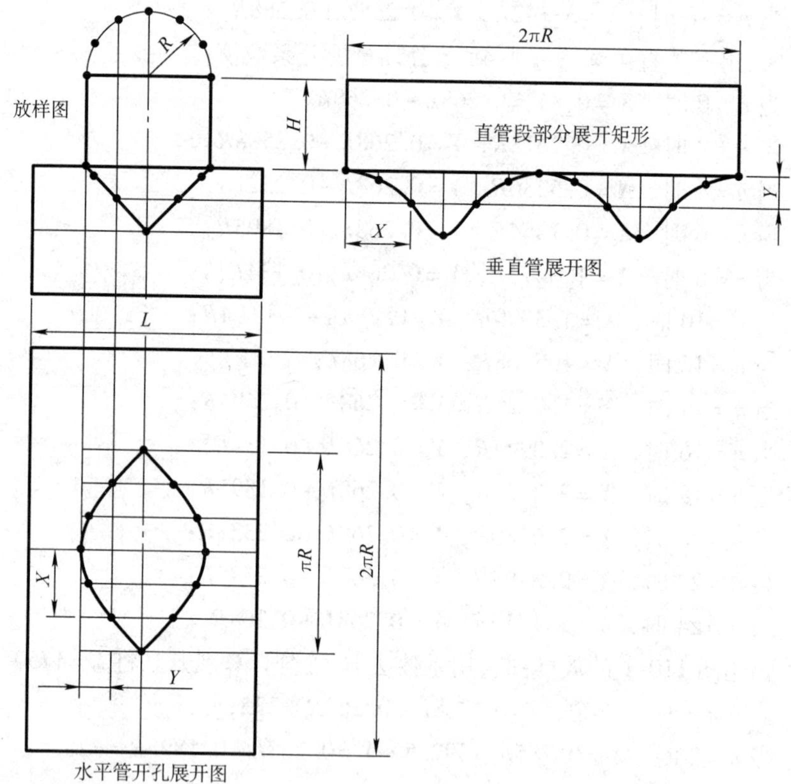

图　111-1

图 111-2 是一个正交等径圆管三通用中径尺寸画出的放样图。圆管半径 $R=500$，垂直管直段部分长度为 250，水平管长度为 1800，12 等分计算展开。将 $R=500$，$N=12$ 代入计算公式：

$$X=\frac{n}{N}2\pi R \text{ 和 } Y=\left(1-\cos\frac{360°n}{N}\right)R$$

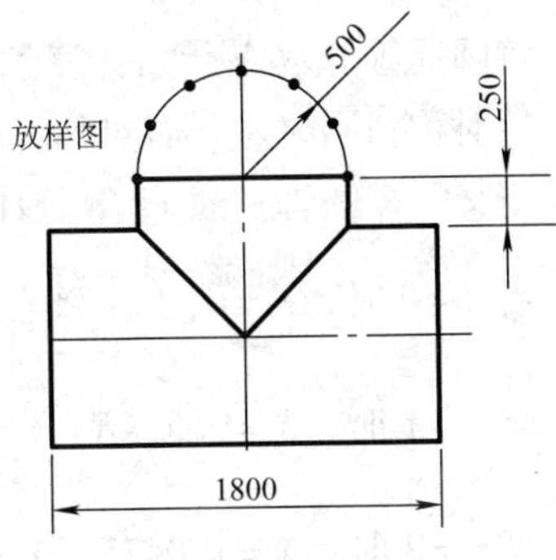

图　111-2

以 n（0～12）为变量代入计算式程编计算得到：

当 $n=0$ 时，$X=0$，　　$Y=0$；

当 $n=1$ 时，$X=261.7$，$Y=67$；

当 $n=2$ 时，$X=523.6$，$Y=250$；

当 $n=3$ 时，$X=785.4$，$Y=500$。

垂直管计算展开作图的方法是：

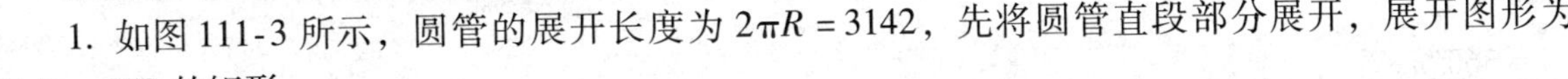

1. 如图 111-3 所示，圆管的展开长度为 $2\pi R=3142$，先将圆管直段部分展开，展开图形为 3142×250 的矩形。

2. 将圆周展开长度的边 4 等分，在各等分内按计算值取等分点，过各等分点作线段的垂线，在垂线上取各对应素线的长度值，将各素线端点用曲线光滑连接，得到相贯线展开曲线和展开图形。

水平管展开作图的方法是：

1. 如图 111-4 所示，作出主管的展开图，展开图形为 3142×1800 的矩形，作出矩形的十字中心线，在展开方向上作和中心线距离为 500 的平行线，得到 0 点。

2. 以 0 点为坐标原点，按 X 的计算值取等分点，过各等分点作线段的垂线，在垂线上取各对应素线的长度值，再对称作图，将各素线端点用曲线光滑连接，得到一条相贯线的展开曲线，对称作图得到水平管的开孔展开图形。

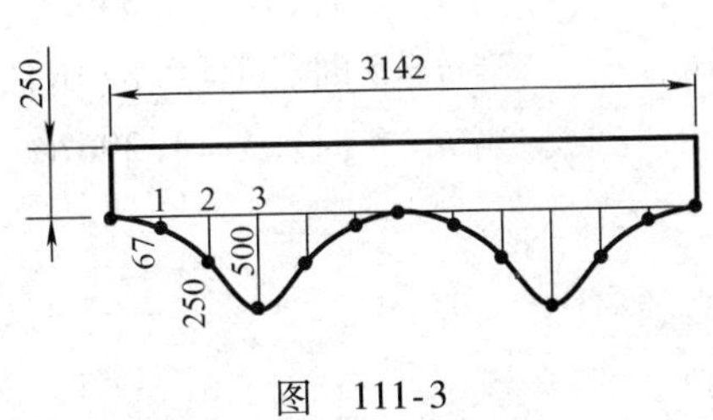

图　111-3

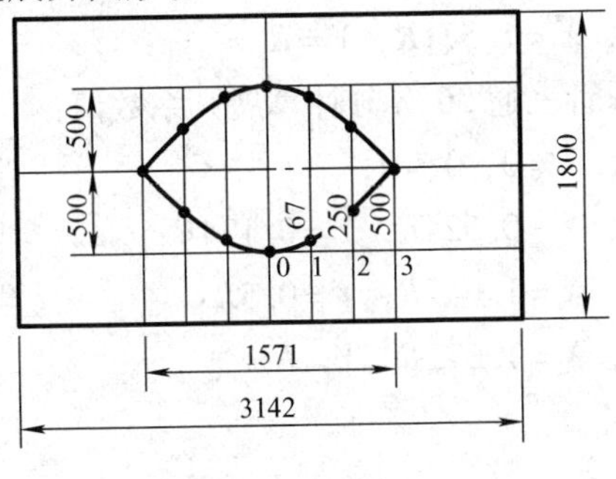

图　111-4

将圆周等分数 N 代入计算式，以 n（0～12）为变量将计算公式简化得到正交等径圆管三通 12 等分的计算展开系数值表，因三通前、后对称，同时左、右对称，所以只列出 1/4 的展开系数值。用同样方法可推出任意等分的系数值表。

正交等径圆管三通 12 等分计算展开系数值：

当 $n=0$ 时，$X=0$，$Y=\left(1-\cos\dfrac{360°n}{N}\right)R=0$；

当 $n=1$ 时，$X=0.524R$，$Y=\left(1-\cos\dfrac{360°n}{N}\right)R=0.134R$；

当 $n=2$ 时，$X=1.047R$，$Y=\left(1-\cos\dfrac{360°n}{N}\right)R=0.5R$；

当 $n=3$ 时，$X=1.571R$，$Y=\left(1-\cos\dfrac{360°n}{N}\right)R=R$。

正交等径圆管三通 16 等分计算展开系数值：

当 $n=0$ 时，$X=0$，$Y=0$；　当 $n=1$ 时，$X=0.3927R$，$Y=0.076R$；　当 $n=2$ 时，$X=0.7854R$，$Y=0.293R$；

当 $n=3$ 时，$X=1.1781R$，$Y=0.617R$；　当 $n=4$ 时，$X=1.571R$，$Y=R$。

正交等径圆管三通 24 等分计算展开系数值：

当 $n=0$ 时，$X=0$，$Y=0$；　当 $n=1$ 时，$X=0.262R$，$Y=0.034R$；　当 $n=2$ 时，$X=0.524R$，$Y=0.134R$；

当 $n=3$ 时，$X=0.785R$，$Y=0.293R$；　当 $n=4$ 时，$X=1.047R$，$Y=0.5R$；　当 $n=5$ 时，$X=1.309R$，$Y=0.741R$；

当 $n=6$ 时，$X=1.571R$，$Y=R$。

正交等径圆管三通 36 等分计算展开系数值：

当 $n=0$ 时，$X=0$，$Y=0$；　当 $n=1$ 时，$X=0.175R$，$Y=0.015R$；　当 $n=2$ 时，$X=0.349R$，$Y=0.060R$；

当 $n=3$ 时，$X=0.524R$，$Y=0.134R$；　当 $n=4$ 时，$X=0.698R$，$Y=0.234R$；　当 $n=5$ 时，$X=0.873R$，$Y=0.357R$；

当 $n=6$ 时，$X=1.047R$，$Y=0.5R$：　当 $n=7$ 时，$X=1.222R$，$Y=0.658R$；　当 $n=8$ 时，$X=1.396R$，$Y=0.826R$；

当 $n=9$ 时，$X=1.571R$，$Y=R$。

图 111-5 是正交等径圆管三通用中径尺寸画出的放样图，用系数法计算，16 等分展开，即 $N=16$。

将 $R=500$ 代入正交等径圆管三通 16 等分计算展开系数式中，得到：

当 $n=0$ 时，$X=0$，　$Y=0$；

当 $n=1$ 时，$X=0.3927R=0.3927\times500=196.4$，$Y=0.076R=0.076\times500=38$；

当 $n=2$ 时，$X=0.7854R=0.7854\times500=392.7$，$Y=0.293R=0.293\times500=146.5$；

当 $n=3$ 时，$X=1.1781R=1.1781\times500=589.1$，$Y=0.617R=0.617\times500=308.5$；

当 $n=4$ 时，$X=1.571R=1.571\times500=785.5$，　$Y=R=500$。

图 111-6 和图 111-7 是垂直管和水平管用系数法计算展开的图形，展开图的画法和公式法计算展开的作图方法一样，可参阅本图例。

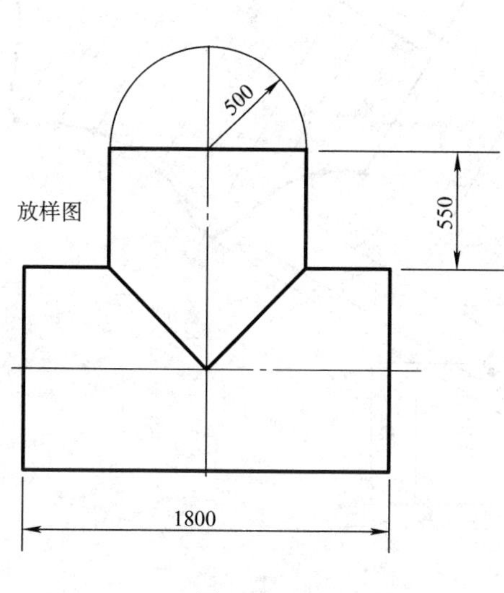

图　111-5

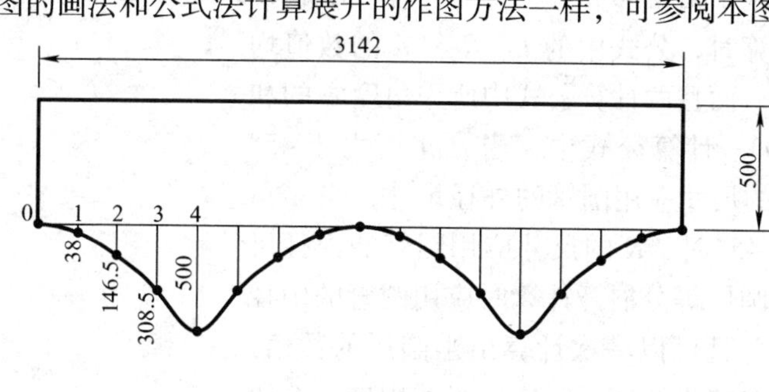

图　111-6

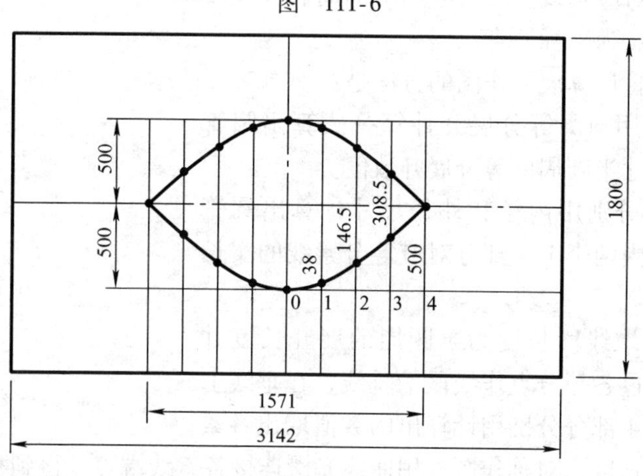

图　111-7

图例 112　斜交等径圆管三通的计算法展开

斜交等径圆管三通用作图法展开的作法可见图例 38，图 112-1 是斜交等径圆管三通的展开示意图。仍用图例 108 中圆周等分展开计算公式和过各等分点素线实长的计算公式计算展开，本例仅作斜管无破口处理要求时的计算展开。因构件前、后对称，所以只要计算出一半的数值，对称作图就可以得到全部的展开图形。计算公式：

$$X=\frac{n}{N}2\pi R \text{ 和 } Y=\tan\alpha\left(L-R\cos\frac{360°n}{N}\right)$$

但在斜管展开素线实长计算时应将半圆周分作两个 1/4 部分分别计算，在两次素线实长计算时，公式中的 L、R 和 α 的数值均不相同，而且两计算公式中所用角度 α 的和应为 90°。计算公式中，当 α 角度大于 45°时，R 的尺寸应用圆管的外径尺寸；当 α 角度小于 45°时，R 的尺寸应用圆管的内径尺寸。在圆周等分展开计算时应用圆管的中径尺寸，并且可以一次计算出半圆周的数值，而在取对应素线实长时应用半圆周展开线段的两端点为坐标原点。

斜管计算展开作图的方法是：

1. 用圆周等分展开计算公式算出圆管中径尺寸半圆周的等分展开数值。

2. 分别用内径和外径尺寸计算出圆管半圆周内两个 1/4 部分对应等分素线的实长值。

3. 取线段长度为半圆周的展开长度并等分，过各等分点作线段的垂线，在垂线上两个 1/4 部分分别用计算出的数值取出各素线对应长度，对称作图，用曲线光滑连接各素线端点，得到相贯线的展开曲线和展开图形。

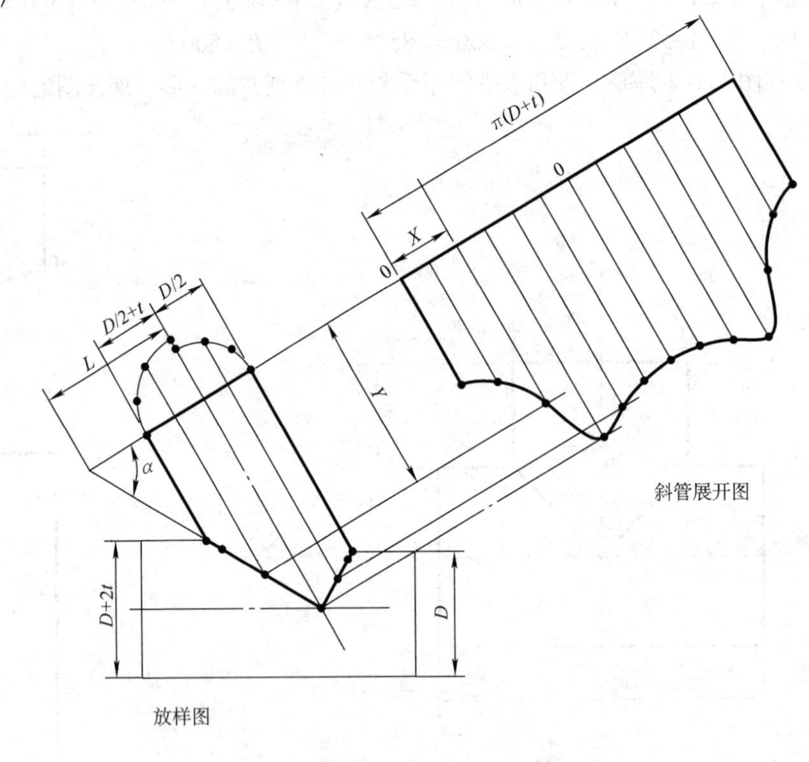

图　112-1

图 112-2 是斜交等径圆管三通的放样图。放样图中圆管的内壁直径为 960，厚度为 20，两圆管轴线相交为 60°角，斜管的长度为 2000。所以计算公式中，斜管左侧部分的 $\alpha=60°$，右侧部分的 $\alpha=30°$。斜管左侧部分 $L=2000/\tan60°=1155$，右侧部分 $L=2000/\tan30°=3464$。圆管的中径尺寸 $R=490$，内径尺寸 $R=480$，外径尺寸 $R=500$。斜管用程编计算公式法计算，12 等分展开。

将 $R=490$，$N=12$ 代入圆周等分展开计算公式：$X=\frac{n}{N}2\pi R$

以 n（0~6）为变量代入计算式程编计算得到：

当 $n=0$ 时，$X=0$；　当 $n=1$ 时，$X=256.6$；　当 $n=2$ 时，$X=513.1$；　当 $n=3$ 时，$X=769.7$；

当 $n=4$ 时，$X=1026.3$；　当 $n=5$ 时，$X=1282.8$；　当 $n=6$ 时，$X=1539.4$。

将 $\alpha=60°$，$L=1155$，$R=500$ 和 $\alpha=30°$，$L=3464$，$R=480$ 分别代入素线实长的计算公式：$Y=\tan\alpha\left(L-R\cos\frac{360°n}{N}\right)$

以 n（0~3）为变量代入计算式程编计算得到左侧 1/4 部分素线实长：

当 $n=0$ 时，$Y=1134$；　当 $n=1$ 时，$Y=1250.5$；

当 $n=2$ 时，$Y=1567.5$；　当 $n=3$ 时，$Y=2000$。

得到右侧 1/4 部分素线实长：

当 $n=0$ 时，$Y=1722.8$；　当 $n=1$ 时，$Y=1759.9$；

当 $n=2$ 时，$Y=1861.4$；　当 $n=3$ 时，$Y=2000$。

展开图的画法：

取线段长度为半圆周的展开长度并等分，过各等分点作线段的垂线，如图 112-3 所示，在垂线上两个 1/4 部分分别用计算出的数值取出各素线对应长度，过两个 1/4 部分交点的素线为两部分的公用线。对称作图，用曲线光滑连接各素线端点，得到相贯线的展开曲线和展开图形。

因篇幅所限，不可能列出所有的计算式系数，所以此图例不用系数法展开。

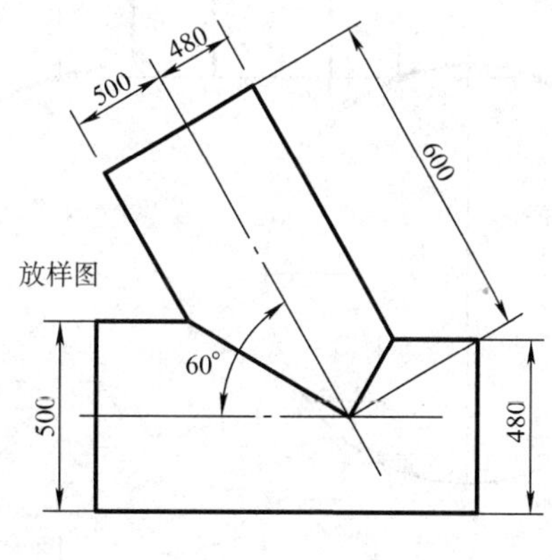

图 112-2

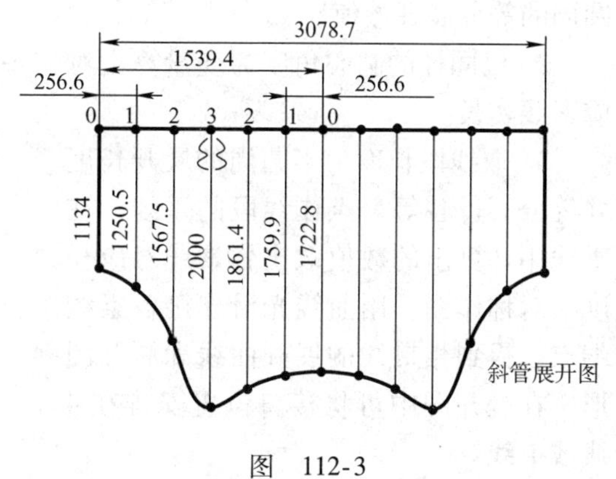

图 112-3

图例 113　正交异径圆管三通的计算法展开

正交异径圆管三通用作图法展开的作法可见图例 79。三通由轴线垂直相交的两个不等径圆管组成，图 113-1 是三通支管的计算展开示意图，和作图法展开放样一样，放样图中主管用外径尺寸画出，支管用内径尺寸画出，展开图中支管用中径尺寸展开。

圆周等分展开计算公式和对应素线实长计算公式：

$$X=\frac{\pi r_1\phi}{180^\circ}\text{和 }Y=H-\sqrt{R^2-(r\sin\phi)^2}$$

式中　X——支管展开时对应圆心角 ϕ 的弧长值；

ϕ——支管展开 X 值对应圆心角值，等分变量（0°~180°）；

Y——支管素线对应 ϕ 的实长值；

H——两管轴线的交点到支管上端面的距离；

R——放样图主管外径的半径尺寸；

r——放样图支管内径的半径尺寸；

r_1——展开图支管中径的半径尺寸。

支管计算展开作图的方法是：

1. 用圆周等分展开计算公式，以对应圆心角度为变量算出圆管中径尺寸半圆周的等分展开数值。

2. 以同样的圆心角度为变量算出对应素线实长。

3. 取线段长度为半圆周的展开长度并等分，过各等分点作线段的垂线，在垂线用计算出的数值取出各素线对应长度，对称作图，用曲线光滑连接各素线端点，得到相贯线的展开曲线和展开图形。在展开图中可将接口位置安排在 4 线或 1 线。

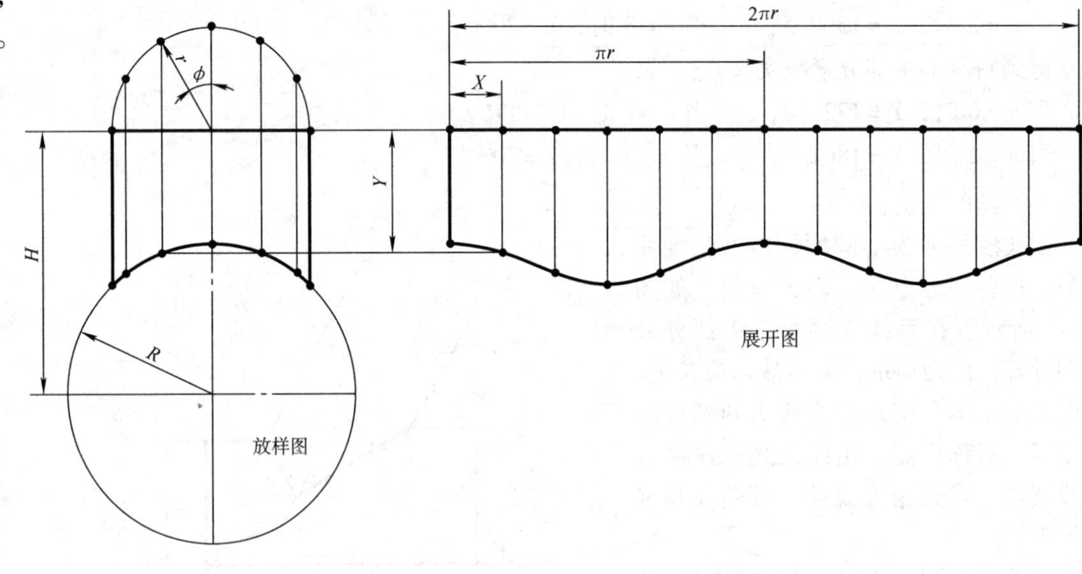

图　113-1

图 113-2 是正交异径圆管三通的放样图。放样图中主管的外壁直径为 2000，支管的内壁直径为 980，厚度为 10，两管轴线的交点到支管上端面的距离为 1600。所以计算公式中，支管的中径尺寸 $r_1=495$，内径尺寸 $r=490$，主管的外径尺寸 $R=1000$，$H=1600$。斜管用程编计算公式法计算，12 等分展开。

将 $r_1=495$，$r=490$，$R=1000$，代入圆周等分展开计算公式和对应素线实长计算公式：

$$X=\frac{\pi r_1\phi}{180°}\text{和 } Y=H-\sqrt{R^2-(r\sin\phi)^2}$$

以 ϕ（0°～180°）为变量代入计算式程编计算得到：

当 $\phi=0°$时，$X=0$，$Y=600$；

当 $\phi=30°$时，$X=259.2$，$Y=630.4$；

当 $\phi=60°$时，$X=518.4$，$Y=694.5$；

当 $\phi=90°$时，$X=777.5$，$Y=728.3$；

当 $\phi=120°$时，$X=1036.7$，$Y=694.5$；

当 $\phi=150°$时，$X=1295.9$，$Y=630.4$；

当 $\phi=180°$时，$X=1555.1$，$Y=600$。

展开图的画法：

取线段长度为半圆周的展开长度并等分，过各等分点作线段的垂线，如图 113-3 所示，在垂线上用计算出的数值取出各素线对应长度。对称作图，用曲线光滑连接各素线端点，得到相贯线的展开曲线和展开图形。

因篇幅所限，不可能列出所有的计算式系数，所以此图例不用系数法展开。

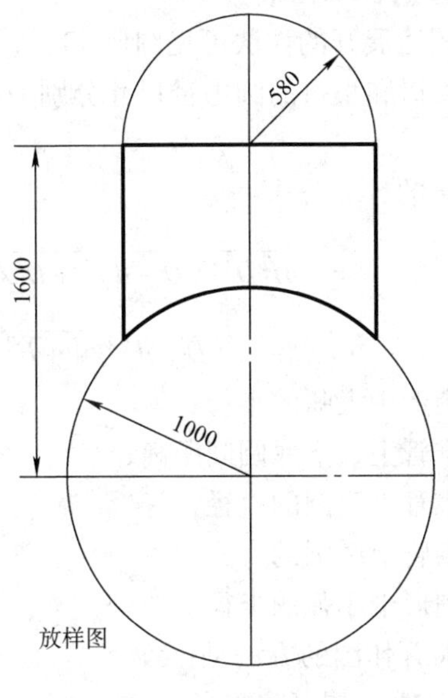

图 113-2

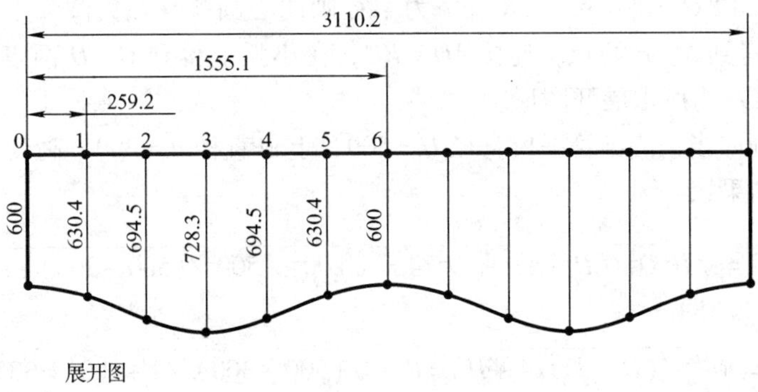

图 113-3

图例 114 正圆锥管的计算法展开

正圆锥管用作图法展开的作法可见图例 43，它的展开图形是一个扇形。图 114 是正圆锥管的计算展开示意图，放样图中已知正圆锥管的高度为 H，大口和小口的圆中径尺寸分别为 D 和 d。计算展开时中只需要计算出展开半径 R、r 和 πD 的尺寸，就可直接作出展开图形。

展开半径 R 和 r 的计算公式：

$$R=\sqrt{H^2D^2/(D-d)^2+D^2/4}$$

$$r=R-\sqrt{(D-d)^2/4+H^2}$$

式中 R——展开图形中大弧的半径；

H——正圆锥管上、下底圆间距离；

D——正圆锥管下底圆的直径；

d——正圆锥管上底圆的直径；

r——展开图形中小弧的半径。

正圆锥管计算展开作图的方法是：

1. 用计算公式计算出展开扇形的两个圆弧的半径 R、r 和大口圆周展开长度 πD。

2. 以 O 为圆心，以 R 和 r 为半径画同心圆弧，在大圆弧上量取弧长为 πD，得到 A、B 两点，连接 AO、BO，在小弧上得到 C、D 两点，得到的扇形 $ABCD$ 为所求展开图形。

例如当正圆锥管下口直径 $D=500$，上口直径 $d=300$，高度 $H=200$ 时，计算结果：

$$R=\sqrt{H^2D^2/(D-d)^2+D^2/4}=\sqrt{200^2\times500^2/(500-300)^2+500^2/4}$$
$$=559$$

$$r=R-\sqrt{(D-d)^2/4+H^2}=R-\sqrt{(500-300)^2/4+200^2}=335.4$$

$$\pi D=1570.8$$

利用计算出的数值可直接作出此正圆锥管的展开图形。

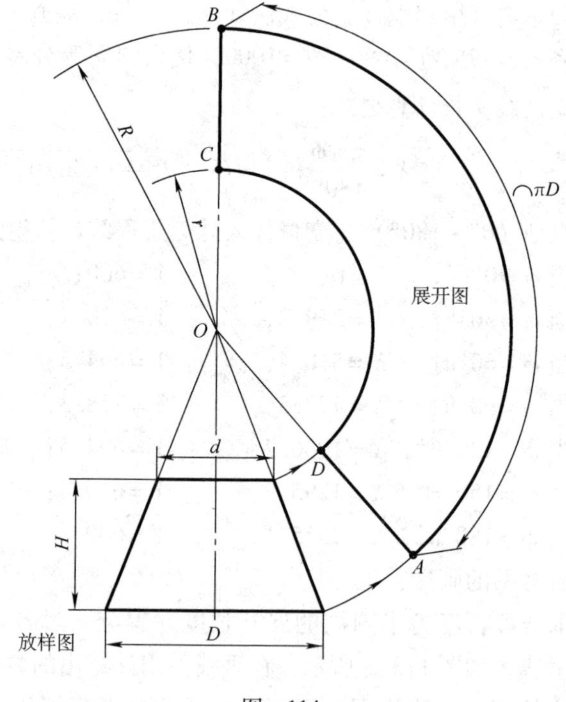

图 114

图例 115　椭圆锥管的计算法展开

椭圆锥管用作图法展开的作法可见图例45，它的展开图形近似于一个扇形。图115是椭圆锥管的计算展开示意图，用作图法展开的过程中可以看出只要按椭圆锥计算出各素线的长度Y和两素线间底圆的弧长X的尺寸，就可直接作出展开图形。

椭圆锥管展开各素线实长的计算公式：

$$X=\sqrt{H^2+L^2+R^2+2LR\cos\phi}$$

式中　X——底圆上圆心角ϕ对应素线的长度；

H——椭圆锥的高度；

L——椭圆锥顶点在底面的投影到底圆圆心的距离；

R——椭圆锥底圆放样半径；

ϕ——每条素线在底圆上对应圆心角。

椭圆锥管展开相邻素线间弧长的计算公式：

$$Y=0.017453R\phi$$

式中　Y——椭圆锥底圆两素线间的弧长值；

R——椭圆锥底圆放样半径；

ϕ——每条素线在底圆上对应圆心角。（计算变量）

椭圆锥管计算作图的方法是：

1. 将椭圆锥管上、下底圆分成同样的等分，如示意图所示，将H、L、R的值代入椭圆锥管展开各素线实长的计算公式，以ϕ为变量，计算出以下底圆为底圆的椭圆锥体过各等分点的素线长度。

2. 将h、l、r的值代入椭圆锥管展开各素线实长的计算公式，同样以ϕ为变量，计算出以上底圆为底圆的椭圆锥体过各等分点的素线长度。

3. 用椭圆锥管展廾相邻素线间弧长的计算公式计算出下底圆每等分的弧长。

4. 用计算出的这三组数值，按图例45的方法就可直接作出椭圆锥管的展开图形。

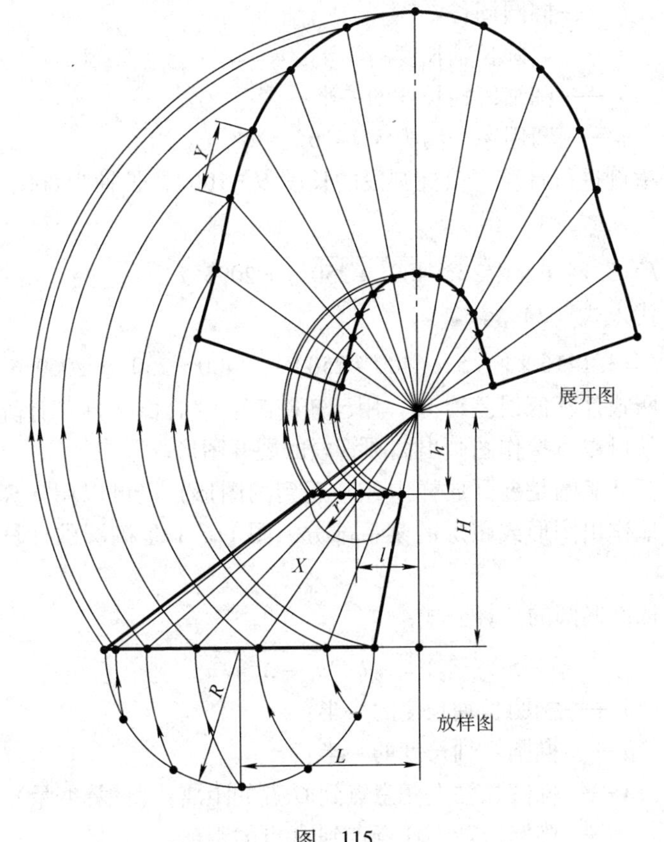

图　115

图例 116　椭圆的计算法展开和作图

和圆管的计算展开作图一样，椭圆也可以近似计算出椭圆周长的近似值不用放样盘弧长而直接作图下料。

椭圆周长的近似计算公式：

$$L=\pi\sqrt{2(a^2+b^2)} \tag{1}$$

椭圆周长较精确的计算公式：

$$L=\pi[1.5(a+b)-\sqrt{ab}] \tag{2}$$

式中　L——椭圆周长；

a——椭圆长轴长度的一半；

b——椭圆短轴长度的一半；

π——圆周率，约为3.1416。

举例进行计算。设椭圆段的长度 $H=1000$，长轴为800，短轴为500，即 $a=400$，$b=250$。

代入式（1）得

$$L=3.1416\times\sqrt{2\times(400^2+250^2)}=2095.7$$

代入式（2）得

$$L=3.1416\times[1.5\times(400+250)-\sqrt{400\times250}]=2069.6$$

两式计算值误差约16，用已知椭圆管段的长度 H 和计算出的周长 L 就可以直接作图画出椭圆管段的展开图形。

标准椭圆是展开放样中经常遇到的图形，也可以用计算法十分准确地作出图形或图形的某一部分。图116-1是椭圆的计算作图示意图。

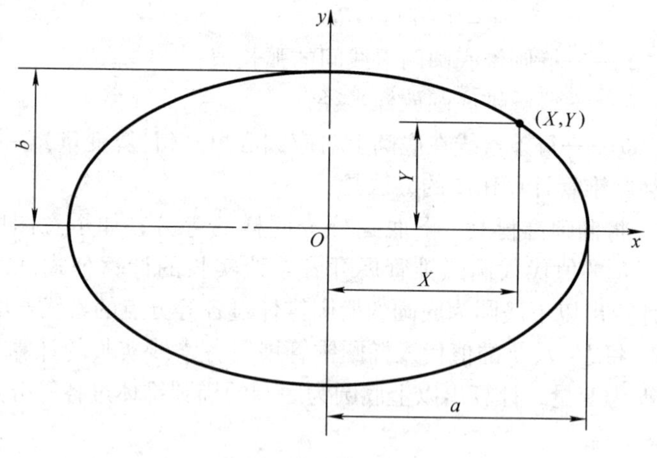

图　116-1

标准椭圆的计算公式：

$$Y=\sqrt{b^2(a^2-X^2)/a^2}$$

式中　a——椭圆长轴长度的一半；

b——椭圆短轴长度的一半；

X——椭圆长轴上任意点到 O 点的距离；（计算变量）

Y——椭圆短轴上任意点到 O 点的距离。

例如要求作一长轴为800，短轴为400的标准椭圆，将 $a=400$，$b=200$ 代入计算公式，以 X 为变量计算，得到：

当 $X=0$ 时，　$Y=200$；

当 $X=100$ 时，$Y=193.6$；

当 $X=150$ 时，$Y=185.4$；

当 $X=200$ 时，$Y=173.2$；

当 $X=250$ 时，$Y=156.1$；

当 $X=300$ 时，$Y=132.3$；

当 $X=350$ 时，$Y=96.8$；

当 $X=400$ 时，$Y=0$。

标准椭圆的画法如图116-2所示，作直角坐标。在 X 轴上从原点 O 开始用计算变量 X 的值依次取点，过各点作 X 轴的垂线，在各垂线上依次截取 Y 的对应值，得到 a、b、c、…各点，光滑连接各点并对称作图即得到所求的椭圆曲线。

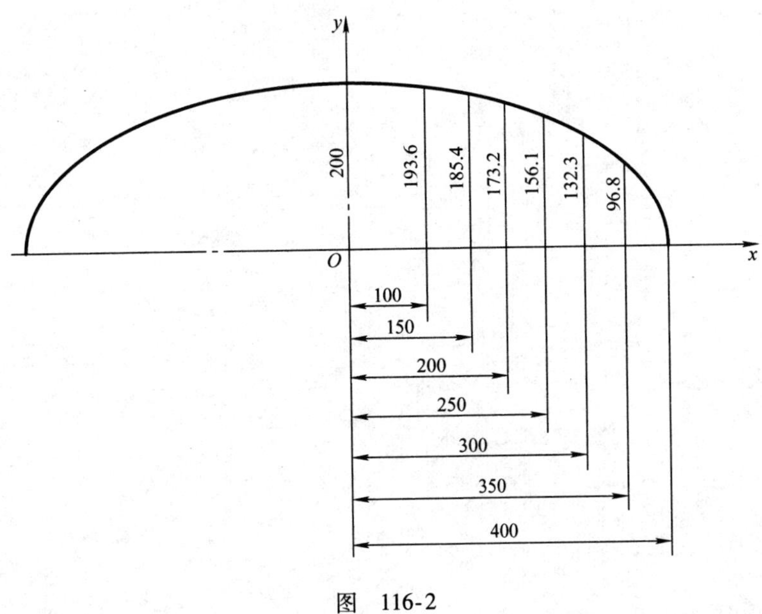

图　116-2